아토믹 걸스

**THE GIRLS
OF
ATOMIC
CITY**

아토믹 걸스

THE GIRLS
OF
ATOMIC
CITY

원자 도시,
사이트 X의
숨겨진 여성들

드니즈 키어넌

고정아 옮김

조에게

차례

들어가는 말

✦

애팔래치아 남부 지역에는 오랜 비밀이 숨겨져 있다. 그것은 셰일과 석탄층에 덮인 채 컴벌랜드의 유서 깊은 언덕들 아래 엎드려 있다. 그 위로는 미국 동부 해안의 척추 애팔래치아의 끝자락인 스모키산맥The Smokies이 그림자를 드리운다. 여러 차례의 조약, 개척민들, 토지 공여로 인해 원주민인 체로키족은 사라졌다. 외지인들은 교차하는 산등성이와 계곡에 농장과 삶의 터전을 건설하려고 컴벌랜드 고개를 넘어 이 숨겨진 땅, 단절되고 자립적인 곳으로 들어왔다.

그런데 1942년, 이곳에 새로운 비밀이 생겨났다. 땅은 몸을 떨며 인류 역사상 가장 강력하고 논쟁적인 무기를 만들기 위한 미증유의 군軍–산産–학學의 동맹에게 자리를 내어주었다. 이 무기는 우리에게 보이지 않는 세계에 숨어 있는 힘을 끌어내서, '원자'라는 물질의 기본단위에 내재된 에너지를 폭발시키는 것이었다.

작가 웰스라면 그 계곡과 산등성이에 정착한 사람들을 '태양의 포획자Sun Snarers'라고 불렀을지도 모른다.

"우리는 안다. 원자, 매우 단단해 깨뜨릴 수 없으며, 내부에 침투할 수도 없고, 물질의 가장 근원적인 형태이며 생명력이라고는 없는 줄 알았던 원자가 거대한 에너지의 보고라는 것을….."

웰스는 1914년에 발표한 책《자유를 맞이한 세계The World Set Free》에 위와 같이 썼다.《우주 전쟁》으로 유명한 웰스의 저작 가운데 이 책은 상대적으로 덜 알려졌지만, 이미 핵의 힘을 이용하는 방법을 설명하고 있다.

"그날 밤 과학자들이 세상에 터뜨린 이 원자폭탄은 그것을 사용하는 사람들에게도 이상하게 여겨졌다."

웰스는 이 책을 핵분열은 말할 것도 없고 중성자도 발견되기 전에 썼지만, 이 작품 때문에 '원자폭탄'이라는 말은 실제로 그 장치가 세상에 태어나기 훨씬 전부터 사람들 입에 오르내리게 되었다. 하지만 지역 주민들은 수십 년 전, 땅 위에 또 한 명의 예언자가 있었다고 말한다. 그 사람은 테네시 언덕 지대에서 태양을 포획하는 일이 벌어지는 환상을 보았다.

지역 주민들은 그가 원자폭탄의 개발을 예견한 것이라고 말한다. 한 장군이 그 일을 감독했다. 그리고 세계 최고의 과학자 집단이 그것을 실현하는 임무를 맡았다.

하지만 예언자의 환상과 장군의 계획 그리고 과학자들의 이론을 현실로 만든 것은 다른 사람들, 보이지 않는 위대한 사람들이었다. 수만 명의 사람들이—그 일부는 당시에 아직 대공황의 후유증을 떨치지 못했었고, 또 일부는 외국에서 벌어지는 역사상 최대의 전쟁에 가족을 보내고 걱정과 두려움에 시달렸다—이 프로젝트를 위해 밤낮없이 일했지만, 정작 자신이 하는 일의 자세한 내용을 알지 못했다. 2차대전 동안 테네시주 오크리지Oak Ridge로 간 야심찬 젊은 남녀들은 자기 몫을 하기 위해 비밀 도시에 살아야 했다. 그 도시는 오직 한 가지 목적, 즉 세계 최초의 원자폭탄에 쓸 우라늄을 농축하기 위해 만들어진 곳이었다.

한편 그곳은 모든 것이 뿌리를 깊이 내리는 곳이기도 했다. 그 프로젝트 때문에 컴벌랜드 산악 지대에 온 외지인들은 수많은 초목의 뿌리를 파냈지만, 정작 자신들은 땅의 인력引力에 저항하지 못하고 그 땅에 뿌리를 내리게 되었다. 산지의 비에 젖고 천 개의 태양으로 익은 땅에 영원히.

언덕 지대에 감추어진 이 비밀 프로젝트에 참여한 사람들 가운데는 자신의 방식으로 전쟁에 기여하기 위해 고향을 떠난 젊은 여자가 많았다. 그들은 기꺼이 농장을 떠나 공장으로 갔고, 희망의 편지를 썼으며, 굳게 인내하고, 맹렬히 일했다.

이 여자들—그리고 남자들—중 많은 이들이 아직도 그곳, 테네시주 오크리지에 살고 있다. 나는 감사하게도 그들을 직접 만나서 인터뷰하고 울고 웃으며 비밀 도시에서 알 수 없는 목표를 위해 묵묵히 작업을 수행한 이야기를 들을 수 있었다. 그들은 몇 년 동안 너그럽게 시간을 내주었으며 거듭된 질문과 70년 전 일들을 기억해달라는 어처구니없는 요구를 받아들여주었다. 그들은 기뻐하며 적극적으로 도와주었지만 거기에 허세는 눈곱만큼도 없었다. 교만은 그들의 방식이 아니다. 나는 맨해튼계획을 둘러싼 사람들의 삶을 이해하게 되었고 그들의 모험심, 독립심, 겸허함, 그리고 역사를 보존하려는 열의에 깊은 감명을 받았다. 그들의 이야기를 남김없이 이 책에 담을 수 있으면 좋겠지만 그런 일은 불가능에 가까울 것이라 생각한다. 본문에 이름을 싣지 못하고 감사의 글에만 언급한 많은 분들에게도 진심으로 감사드린다. 아직까지 생존해 계신 분들을 알게 된 것은 내게 큰 행운이었지만, 집필 작업 도중에 몇몇 분의 부고를 듣는 일은 가슴 아픈 일이었다.

그들 없이는 태양을 포획하는 이 사업—이 맨해튼계획—은 목적을 달성하지 못했을 것이다. 그들의 노력 덕분에 완전히 달라진 세상, 새로운 시대가 태어났다.

여기에 그들의 이야기 일부를 풀어놓으려 한다.

주요 인물과 장소

주요 여성들

실리아 삽카 Celia Szapka
뉴욕시에 있던 맨해튼계획 첫 사무실에서 일하다 옮긴 비서. 펜실베이니아주의 탄광 도시 셰넌도어 출신이다.

토니 피터스 Toni Peters
이웃 도시 테네시주 클린턴 출신의 비서. 토니는 프로젝트가 시작된 직후 바로 그 이야기를 들었다. 정부가 비밀 도시 부지를 확보하기 위해 토니의 이모네 농장을 몰수했기 때문이다.

제인 그리어 Jane Greer
테네시주 패리스 출신의 통계 및 수학 전문가. Y-12 플랜트의 생산율을 파악하기 위해 24시간 숫자를 계산하는 여자들의 팀을 감독했다.

캐티 스트릭랜드 Kattie Strickland
앨라배마주 오번 출신의 청소부. 남편과 함께 오크리지에 와서 K-25에서 일했다.

버지니아 스파이비 Virginia Spivey
노스캐롤라이나주 루이스버그 출신의 화학자. 노스캐롤라이나 대학을 졸업하고 오크리지에 왔다. Y-12 화학부에서 '물건'을 분석하는 일을 했다.

콜린 로언 Colleen Rowan
K-25 플랜트의 파이프 누출 검사원. 열 명이 넘는 대가족과 함께 테네시주 내슈빌을 떠나 오크리지로 왔다.

도로시 존스 Dorothy Jones
테네시주 혼비크 출신의 칼루트론 큐비클 오퍼레이터cubicle operator(각종 측정 및 작동 기구들을 관찰하고 조절하는 사람—옮긴이). 고등학교 졸업 후 곧바로 채용되었다.

헬렌 홀 Helen Hall
테네시주 이글빌 출신의 칼루트론 큐비클 오퍼레이터이자 스포츠광. 작은 커피숍 겸 약국에서 일하다가 채용되었다.

로즈메리 마이어스 Rosemary Maiers
아이오와주 홀리크로스 출신의 간호사. 오크리지 최초의 병원 설립에 참여했다.

* 등장 순서대로

그 밖의 여성들

바이 워런 Vi Warren
〈오크리지 저널Oak Ridge Journal〉의 칼럼니스트이자 프로젝트 의무부장인 스태퍼드 워런의 아내.

이다 노다크 Ida Noddack
독일의 지구화학자로, 핵분열이 발견되기 훨씬 전에 그 가능성을 예견했다.

리제 마이트너 Lise Meitner
나치 독일을 피해 망명한 오스트리아의 물리학자로, 핵분열을 발견한 팀의 일원이었다.

리오나 우즈 Leona Woods
최초의 지속된 핵반응을 만들어낸 미국의 물리학자.

H. K. 퍼거슨 부인 Mrs. H. K. Ferguson
H. K. 퍼거슨 회사의 대표로, S-50 플랜트의 주요 위탁 시공사. 그녀의 실명은 나중에 밝혀진다….

조앤 힌튼 Joan Hinton
미국의 물리학자로, 뉴멕시코주 로스앨러모스에 있는 엔리코 페르미의 팀에서 일했다.

엘리자베스 그레이브스 Elizabeth Graves
미국의 물리학자로 '장치'의 핵심 부분을 둘러싼 중성자 반사체 개발에 참여했다.

주변 남성들

레슬리 그로브스 Leslie Groves **장군**
맨해튼계획의 총책임자.

로버트 오펜하이머 Robert Oppenheimer
맨해튼계획 산하 로스앨러모스 연구소 소장. '고속분열 책임자.'

케네스 니컬스 Kenneth Nichols **대령**
맨해튼 공병단장으로, 맨해튼계획의 행정을 이끌었다.

헨리 스팀슨 Henry Stimson
국방장관.

제임스 에드워드 '에드' 웨스트콧 James Edward 'Ed' Westcott
2차대전 당시 클린턴 공병사업소Clinton Engineer Works(CEW)의 공식 사진사.

에릭 클라크 Eric Clarke

맨해튼계획 오크리지 지부의 수석 정신과 의사.

에브 케이드 Ebb Cade

K-25의 건설 노동자.

스태퍼드 워런 Stafford Warren

맨해튼계획 의무부장.

엔리코 페르미 Enrico Fermi

이탈리아의 물리학자로 헨리 파머Henry Farmer, 이탈리아 항해자라고도 불렸다. 시카고 금속공학연구소 물리학 그룹의 대표이자 로스앨러모스 연구소 부소장.

어니스트 로런스 Ernest Lawrence

미국의 물리학자로 어니스트 로슨이라고도 한다. 전자기 분리 공정에 쓰는 사이클로트론과 칼루트론을 개발했다. 맨해튼계획 산하 버클리 방사선연구소의 대표.

닐스 보어 Niels Bohr

덴마크 물리학자로, 니컬러스 베이커Nicholas Baker라는 별명도 있다. 원자 구조와 양자역학에 대한 현대적 이해에 기여했다.

아서 콤프턴 Arthur Compton

아서 홀리Arthur Holly, 홀리 콤프턴Holly Compton 또는 코머스Cosmos라고도 한다. 미국 물리학자로 시카고 금속공학연구소의 대표였다.

주요 장소

테네시주 오크리지 Oak Ridge

사이트 X, 킹스턴 폭파시험장, 클린턴 공병사업소, 특별구역이라고도 불렸다. '클린턴 공병사업소'라는 말은 테네시주의 사이트 X 전체를 가리키지만, '오크리지'는 그중에서도 특별히 '타운사이트Townsite' 등의 비플랜트 주거 지역을 가리켰다.

Y-12

오크리지의 전자기 분리 플랜트. 칼루트론들이 있는 곳.

K-25

오크리지의 기체확산 플랜트. 한때 세계에서 가장 큰 단일 건물이었다.

X-10

오크리지의 플루토늄 생산 파일럿 반응기. 이 성과를 토대로 워싱턴주 핸퍼드의 반응기를 만들었다.

S-50

오크리지의 액체 열확산 플랜트.

뉴멕시코주 로스앨러모스

사이트 Y라고도 했다. 맨해튼계획의 '장치'를 설계한 장소.

시카고 금속공학연구소(일리노이주 시카고 대학 소재)

금속 연구소라고도 불렸다. 시카고 파일-1CP-1을 만든 곳이자 최초의 지속적 핵반응 실행 장소.

워싱턴주 핸퍼드

사이트 W라고도 했다. 맨해튼계획이 본격적으로 플루토늄을 생산한 장소.

주요 물질과 맨해튼계획

장치Gadget

원자폭탄을 가리킨다. 내폭형과 포신형 두 가지가 있었다.

튜벌로이Tubealloy

우라늄을 가리키는 말. 원자폭탄의 연료로 쓰기 위해 농축한 형태는 '물건'이라고도 불렸다.

49

플루토늄. 원자번호 94. 원자폭탄의 연료로 쓸 때는 '물건'이라고도 불렸다.

프로젝트

맨해튼계획. 공식 명칭은 맨해튼 공병단Manhattan Engineer District(MED). MED는 본래 뉴욕시에 있던 프로젝트의 본부를 가리켰지만 나중에는 맨해튼계획 사이트 전체를 포괄하게 되었다.

클린턴 공병사업소
Clinton Engineer Works

테네시주
1943~1945

올리버스프링스 게

블랙오크리지

오크리지 고속도로

베어크리크 로드

블레어 게이트
(해리먼 방면)

포플러 천개

K-25

K-27

해피 밸리
주거지

베설 밸리

S-50

발전소

X-

갤러허 게이트
(킹스턴 방면)

화이트윙 로드

화이트윙 게이트
(르누아르 시티 방면)

엘자 게이트
(클린턴 방면)

에지무어 게이트
(클린턴 방면)

올드 테네시 61번 도로

오크리지

베어크리크 밸리

갬블 밸리

스카버러 로드

□□인리지

Y-12

솔웨이 게이트
(녹스빌 방면)

베설 밸리 로드

클린치강

프롤로그

✦

1945년 8월의 깨달음

그날 아침, '캐슬'이라고 불리는 건물 안에는 흥분이 전염병처럼 번졌다. 해서는 안 되는 말, 다른 사람들은 이 세상에 있는 줄도 모르는 말들이 담벼락에 부딪히고 메아리쳐서 사이트 X에서 가장 아는 게 없는 사람들도 그 말을 거침없이 입에 올렸다.

토니는 정신이 없었다. 당연했다. 전화가 계속 울렸고, 여자들은 그런 말을 해도 되는지 신경 쓰지 않고 떠들었지만 아무도 그들을 말리지 않았다. 신문, 라디오 아니면 입소문으로 주워들은 단편적인 정보가 복도를 달리고 모퉁이 방들로 흘러가서 비서진을 훑었다. 특별구역 전체가 천천히 점화되면서, 정보의 물결이 말과 전선을 타고 퍼져나갔다. 누군가 뉴스를 전하면 두 사람 이상이 더 빠른 속도로 그 소식을 전했고, 그래서 그 일을 알게 된 사람의 숫자는 기하급수적으로 늘어났다.

로즈메리는 라디오 앞에 앉아 있었고, 그녀의 상사 사무실은 자기 자리를 떠나 라디오를 들으러 온 사람들로 복닥거렸다. 수 킬로미터 거리에서, 콜린과 캐티도 이제 그 목적이 명백해진 휑뎅그렁한 공장에서 일하고 있었다. 제인은 사무실 바깥의 법석에 창문을 열고 아래쪽에서 떠드는 소리에 귀를 기울여보았다. 버지니아와 헬렌은 오래전에 계획한 휴가를 떠나 있었지만, 뉴스는 수백 킬로미터 바깥에 있는 그들에게도 닿았다. 그리고 실리아와

도로시는 집에 있었다. 그들은 이제 주부였다. 2년 전과는 많은 것이 달라졌다.

'척도 알고 있었나?' 토니는 궁금했다.

그녀는 전부터 자신보다 먼저 척이 그 일을 알게 될 거라고 생각했다. 이제 그녀는 알았고, 그것은 분명했다. 그의 말을 듣고 싶었다. 이제 모든 것이 바뀔 것이다.

'당연히 그렇지 않겠어?'

하지만 토니가 척에게 전화를 했을 때 그는 아무런 반응이 없었다.

"척! 내 말 들었어?"

하지만 그녀의 귀에 들리는 것은 딸깍 소리뿐이었다.

척이 말없이 전화를 끊은 것이다.

그녀가 알면 안 되는 것이었다.

'그런 거였나?'

그녀는 모르는 채로, 궁금해하며 때로는 혼자 상상해보다가 결국 포기한 채로 여러 해를 보냈다. 여태껏 '몰라야 할' 의무를 잘 지키고 살아왔는데 지금 이렇게 된 것이다. 오늘, 명백한 이유도 없고 예고도 없이 한여름 더위 속에 그 비밀이 터져나왔다. 토니는 그날까지도 말하면 안 되었던 그 말을 이제는 했다. 세상을 바꿀 그 말을.

그녀가 맞다면 다행이지만 틀렸다면 큰일이었다.

1
모든 것이 준비되어 있을 것이다

모르는 곳으로 가는 기차, 1943년 8월

남행 열차가 습기 어린 새벽을 뚫고 달려갔다. 전진하는 강철이 잠에서 깨어나는 풍경을 가르고 지나갔다.

실리아는 새 원피스의 예쁜 주름으로 무릎을 덮고 침대칸에 앉아서 창밖을 내다보았다. 남행. 그것만큼은 그녀도 알았다. 그리고 침대칸을 선택한 것은 목적지가 상당히 멀기 때문이라는 것도. 8월의 열기 속에 지글거리는 도시와 역들이 눈앞을 스쳐갔다. 기찻길 옆에서 건물과 농장들이 지평선 위로 솟아올랐다가 사라졌다. 하지만 얼룩덜룩한 창밖으로 보이는 어떤 풍경도 그녀가 가장 궁금해하는 질문에 답을 주지 않았다. 그것은 '내가 어디로 가는 것인가?' 하는 것이었다.

이미 많은 시간이 지났고, 실리아의 여행은 최종 목적지가 수수께끼에 싸여 있어서 더욱 끝없이 느껴졌다. 남아 있는 거리를 측정할 방법도, 전체 거리 중 얼마만큼을 온 것인지 헤아려볼 방법도 없었다. 보이는 것은 끝없는 풍경과 작은 무리의 여자들뿐이었다. 그들은 처음 만난 사이였지만, 그녀는 어쨌건 그들과 이 비밀스런 모험을 함께 하고 있었다. 실리아는 확실한 정보가 없는 상태에서 이 모험을 수락했기에, 그냥 가만히 앉아서 미지의 장소에 속히 도착하기를 기다릴 뿐이었다.

스물네 살의 곱슬머리 처녀 실리아는 언제나 변화를 꿈꾸었고, 이 여행이 첫 번째 모험도 아니었다. 그녀의 진갈색 머리는 그

모든 것이 준비되어 있을 것이다

녀의 고향 펜실베이니아주 셰넌도어의 석탄재만큼 까맣지는 않았다. 셰넌도어는 필라델피아에서 150킬로미터 정도 떨어진 거리였는데, 체감으로는 150광년은 되는 거리 같았다. 작가 조지 로스 레이턴George Ross Leighton은 그곳을 "산업이 맹위를 떨치던 시대의 기념비 같은 도시"라고 말했다. 그는 '한때 번성했던' 그녀의 고향을 미국의 다른 많은 도시들과 비슷하게 묘사했다. 전성기를 도래하게 한 그 산업에게 버림받고, 이제 생존을 위해 분투하는 곳. 그 이익의 많은 부분이 그곳을 건설한 사람들에게 돌아가지 않았다. 그 탄광 도시는 1939년에도 이미 쇠퇴 중이었다. 하지만 그곳은 실리아네 같은 폴란드 출신 가족, 그리고 체코, 러시아, 슬로바키아 출신 가족에게 일자리를 주었다. 일자리는 그렇게 꾸준하지는 않았지만 그래도 그것은 생활수준을 향상시킬 기회가 되었다.

무연탄의 땅! 실리아의 고향은 동부의 많은 탄광 도시들처럼 주변 언덕과 계곡 깊이 묻힌 소중한 암석을 생명 줄로 삼고 있었다. 그곳에는 고탄소, 저불순, 고광택의 천연 석탄이 있었다. 석탄이 연결된 부분에 에너지가 갇혀 있었다. 그것은 몽환적인 청색 불길 속에 풀려나서 자신을 해방시켜준 자들에게 힘을 선사했다. 하지만 석탄의 매혹과 광택이 있던 자리는 곧 검댕과 방치된 것들이 차지했고, 그 모습은 마치 대공황에 쓰러진 셰넌도어 신탁회사 자리에 할인 약국과 간이식당이 들어선 것과 비슷했다. 도시는 쇠퇴의 길을 걸었다. 녹슨 공장 굴뚝이 오염된 지평선에 군데군데 솟아 있고, 붉은 벽돌 건물들은 생기를 잃고 과로한 대지의 검댕에 무릎을 꿇었다. 모든 것이 한때 그곳에 번성했다가 간신히 명맥을 유지하는 광산업의 흔적을 보여주었다.

그녀는 그곳을 떠났다. 매순간이 실리아를 재투성이 광부의 아내가 될 미래에서 더 멀리 데려가고 있었다. 그녀는 그런 미래를 원한 적은 없지만, 그 운명을 피할 수 있다는 건 최근에야 알게 되었다. 새로 얻은 직업과 새로 살 곳과 관련해서는 '비밀'이라는 말이 핵심이었다. 그 말이 어찌나 자주 쓰이는지 아주 순진한 질문도 뻔뻔한 참견처럼 보였다. 실리아가 당연한 질문―제가 어디로 가는 건가요?―을 했을 때, 그에 대한 대답은 이미 들은 것 이상을 알려고 하지 말라는 것이었다. 그녀는 목적지에 도착하기 위해 필요한 정보들만을 알게 될 것이라고 했다. 질문은 환영받지 못했다.

그녀는 이 '묻지 마' 세계를 뉴욕시의 프로젝트 사무실에서 잠시 비서로 일할 때 맛보았다. 비밀이 비밀인 데에는 이유가 있었다. 그녀는 그렇게 믿어야 했다. 자신이 중요한 것을 알아야 할 때가 되면 적절한 때에 알려주는 사람이 있을 것이다. 그 비밀이 무엇이건, 그것은 중요한 게 분명했다. 아무리 그렇다고 해도 단출한 여행가방 하나만 들고 이렇게 기차에 타는 일은 몹시 기이한 느낌이었다. 내가 내려야 할 역은 어떻게 알게 될까? 풍경 속에서 무언가 툭 튀어나와서 "실리아 삽카! 여기가 네 목적지다!" 하고 소리쳐 주나? 어쨌건 그녀는 평생 남부 지방에 간 적이 없었는데 지금 가는 곳은 남쪽이었다. 그것만큼은 그녀도 알 수 있었다.

"모든 것이 준비되어 있을 것이다…."

지금까지 상사가 한 많지 않은 말은 모두 사실이었고, 실리아는 그를 믿기로 했다. 전날 아침 리무진이 그녀를 태우러 뉴저지주 패터슨시의 언니 집으로 왔다. 차에 승객은 그녀뿐이었고, 운전기사는 중간에 한 번도 서지 않고 남쪽으로 달려서 뉴어크역에 도착했다. 그녀는 거기서 기차를 탔고, 예약된 침대칸에 약소한 소지품을 내려놓고 출발을 기다렸다. 기차역에 들어서자 다른 여자들도 보였는데, 대부분 그녀 또래였고, 누구도 그녀 이상의 정보를 갖고 있지 않았다. 아무것도 모르는 사람이 혼자가 아니라는 데에서 실리아는 약간 안도감을 느꼈다. 그녀와 주변의 젊은 (아마 미혼일 듯한) 여자들은 모두 목적지가 같았다. 모두 한 배를 타고 있었다.

실리아도, 또 함께 가는 다른 여자들도 비밀에 대해서 불평하지 않았다. 1943년에는 불평이 유행하지 않았다. 수많은 목숨이 그녀가 본 적도 없는, 바다 건너 수천 킬로미터 밖의 땅에서 희생되고 있었기 때문이다. 많은 이가 생명과 가족을 잃었다. 자신을 포함해서 안전하고 좋은 일자리를 찾아가는 사람 중 누가 불평을 할 수 있을까? 설탕, 휘발유, 육류의 배급에서 고철 모으기 운동과 징병까지 전쟁은 생활 전반에 스며들어 있었다. 전국의 사업체들은 평소 생산하던 제품—주방 용품부터 나일론까지—을 버리고 타이어와 탱크, 탄약과 비행기 등 전쟁에 필요한 물자들을 만들고 있었다.

전투 소식과 군대 이동 소식은 편지들이 바다를 건너오는 길고 고통스러운 시간을 달래주지도 못했고, 가족을 잃은 슬픔이나 사망자 명단에 가족의 이름이 없을 때의 죄책감 어린 안도를 덜어주지도 못했다. 참전 장병이 있는 집은 파란별을 새긴 깃발을 내걸었다. 너무 많은 창문에 너무도 많은 별이 걸렸다. 불안한 어머니, 누이, 애인들이 그것을 만들었다. 어느 도시라도 주택가를 잠깐만 걸으면 거실 창문에 걸려서 참전 장병의 무사귀환을 위해 함께 기도해달라고 부탁하는 깃발을 볼 수 있었다. 그리고 어머니들은 그 별이 어느 날 전보나 인편으로 전해지는 소식으로 금색으로 바뀔지 모른다는, 그래서 기도의 호소가 애도의 상징으로 바뀔지 모른다는 두려움 속에 살았다.(파란별은 참전 군인을, 황금별은 전사 군인을 상징했다—옮긴이)

모든 사람이 인내하며 살았고 실리아도 예외가 아니었다. 샵카 가족도 그들 몫의 어려움을 헤쳐나갔다. 그 모든 것—부족한 돈, 아버지의 장시간 탄광 노동, 끊임없는 집안일—에도 불구하고 그들은 인내했다. 불평한다고 해서 두 오빠 앨과 클렘이 무사히 돌아오는 것은 아니었다. 불평이 아버지의 일을 안전하게 만들지도, 갈수록 심해지는 만성 기침을 낫게 하지도 않았다.

여름 동안 탄광에는 아버지의 일감이 없었다. 그는 아무리 힘들어도 지원금을 받은 적 없는 자랑스러운 폴란드인이었기에 실업수당을 거절했다. 그랬더니 아이들을 먹일 돈도 없어서 부모님은 실리아를 포함한 3남 3녀를 뉴저지주의 할머니 집으로 보내야 했다. 그 여름 할머니 집에서의 기억은 사방치기와 수영과 쿠키 만들기 같은 것들로 채워지지 않았다. 실리아는 집 안을 청소해야 했다. 조부모는 탄광이 다시 문을 열고 아이들이 다시 학교에 갈 때까지 실리아 부모님의 생활이 조금 더 편해지도록 실리아의 형제들을 돌보았다. 하지만 그녀의 오빠들이 할 수 있는 탄광일은 없었다. 부모님은 아들들이 그 일을 하는 것을 원하지 않았다. 그들은 이제 모두 고향을 떠났다. 앨은 필리핀으로, 클렘은 이탈리아로. 그리고 에드, 착한 에드, 집안의 장남이자 실리아가 가장 사랑하는 오빠 에드는 텍사스주의 소읍 버넌에 있었다. 그곳은 가톨릭 신부인 에드가 자신의 교구를 가질 수 있는 유일한 곳이었다.

실리아는 이렇게 자기 역할을 하려 하고 있었다. 잠깐의 대화로도 기차의 여자들은 모두 그녀와 똑같은 이야기를 하고 있다는 것을 알 수 있었다. 그들의 새 일자리는 오직 한 가지 목적을 달성하기 위해 만들어졌고, 그 목적은 종전을 앞당기는 것이라는 얘기였다. 실리아는 그 사실만으로 충분했다.

✦ ✦ ✦

실리아가 셰넌도어, 그리고 어머니와 맺은 유대를 깨는 데는 몇 년이 걸렸다. 실리아가 고등학교를 졸업하자 어머니는 그녀를 언니가 사는 뉴저지주 패터슨, '일자리가 있는 곳'으로 보냈다. 하지만 어머니는 실리아가 그보다 먼 곳으로 가는 것은 원하지 않았다. 실리아는 주급 3달러짜리 비서 자리에 취직했지만, 그 일을 몹시 싫어했다. 그녀는 대학에 가고 싶었지만 돈이 없었다. 부모님은 실리아 대신 여동생 캐시를 지원해야 한다고 생각했다. 주급 3달러로는 짧은 시간 안에 대학에 갈 돈을 모을 수 없었다. 패터슨에서의 삶도 셰넌도어에서의 앞날과 크게 달라 보이지 않았다.

그때 새로운 기회가 나타났다. 실리아의 사촌이 공무원 자리가 있다고 말했다. 수업을 받고 시험을 봐야 한다고 했다. 직장 위치는 어디가 될지 몰랐다. 때로는 유럽 같은 데로도 간다고 했다. '유럽', 그 가능성 하나만으로도 그녀는 수업에 참여할 동기가 충분했다. '게다가 시험을 보는 게 무슨 문제가 되겠어?' 하는 생각이었다.

과연 3주 안에 첫 번째 취업 제안이 왔다. 재건再建 금융회사였다. 실리아는 그곳이 정확히 무슨 일을 하는 회사인지도 몰랐지만, 정작 그것보다는 어머니의 반대가 문제였다.

"가면 안 돼. 너는 너무 어려. 집에서 멀어지면 안 돼…." 어머니는 실리아에게 온 평생 가장 좋은 기회를 거절해야 하는 이유를 줄줄이 읊었다. 실리아의 언니는 결혼했다. 여동생은 대학에 갈 예정이었다. 실리아는 둘 사이에 끼어 꼼짝할 수 없었다. 어머니의 반대가 워낙 강해서 실리아는 그 제안을 결국 거절했다. 그런데 그 뒤에 다른 제안이 왔다. 워싱턴 DC의 국무부로부터 받은 제안이었다.

실리아가 그 제안서를 받았을 때, 집에는 텍사스에서 사제 서품을 받은 지 얼마 안 된 오빠가 와 있었다. 그녀는 에드 오빠가 너무 반가웠다. 에드는 실리아보다 일곱 살이 많았고, 그녀가 아직 초등학생이었을 때 집을 떠났다. 오빠가 떠날 때 그녀는 몇 날 며칠을 울었다. 형제들 사이에 편애를 하는 건 안 좋은 일이겠지만 실리아는 상관하지 않았다. 그녀는 에드가 가장 좋았다. 엄마는 언제나 에드와 실리아가 결이 같다고 말했다. 에드는 실리아가 국무부 제안서를 받고 표정이 밝아졌다가, 어머니가 워싱턴이 너무 멀다고 반대할 때 우울해하는 것을 보았다. 어머니는 실리아가 대학에 못 간 아픔도 극복했고, 지난번 취직 자리에 가지 못한 일도 극복했으니 이번 일도 극복할 거라 생각했다.

하지만 에드 신부가 나섰다. 어머니 메리 샵카는 엄격했지만 사명감을 띤 사제의 상대가 되지 않았다. 논의는 뜨거웠지만 길게 이어지지는 않았고 결국 실리아가 워싱턴에 가서 그 일을 하기로 결정되었다. 얘기가 끝나자 에드가 말했다.

"제가 직접 데리고 갈게요."

워싱턴은 멋진 경험이 되었고, 거기서 실리아는 미래에 대한 생각이 바뀌었다. 그녀는 E 스트리트의 하숙집에서 또래의 룸메이트들과 함께 살며 국무부에서 일하는 것이 즐거웠다. 그리고 봉급! 그곳에서 일했던 마지막 해에 그녀의 수입은 연간 1440달러였다! 그녀는 그렇게 높은 봉급을, 그것도 스물두 살의 나이에 벌 수 있을 줄은 미처 몰랐다. 그녀는 하숙집에서 여자 다섯 명과 한방을 썼고, 매일 도보로 출근했다. 그녀를 비롯한 비서들의 사무실에는 백악관의 로즈가든이 내다보이는 작은 발코니가 있었다. 실리아는 쉴 때면 자주 거기로 나갔고, 가끔 운이 좋으면 루스벨트 대통령이 그 정돈된 경내를 천천히 돌아다니는 모습을 보기도 했다. 그럴 때면 여자들은 열광적으로 손을 흔들었다. 한번은 대통령이 손을 흔들어 답하기도 했다. 미합중국 대통령의 손짓에 그들은 열광했다.

워싱턴 시절 실리아와 가족의 유대는 헐거워졌지만, 어머니는 그 유대의 끈을 계속 당기려 애썼다. 그러다 실리아의 상사 조지프 그루Joseph Grew 대사가 그녀를 오스트레일리아로 발령하고 싶어 하자—그것은 실리아의 능력에 대한 믿음의 표시였다—, 어머니는 그 끈을 아주 강하게 당겼다. 하지만 실리아는 집에 돌아가지 않았다. 이제는 갈 수 없었다. 그녀는 너무 많은 것을 보았고, 너무 많은 일을 했고, 너무 큰돈을 벌었다. 셰넌도어에서의 미래는 그 어떤 가능성도 암울해 보였고, 흥미로운 일은 전혀 없을 것 같았다. 그녀는 어머니를 달래면서도 자신이 이룬 것을 버리지 않을 방법을 찾아야 했다. 고향과 가깝지만 고향은 아닌 곳에 일자리가 필요했다.

뉴욕시. 실리아의 새로운 근무지가 그곳으로 결정되었을 때 그녀가 알았던 것은 그 일이 전쟁 지원 업무라는 것, 셰넌도어가 아니라는 것, 그리고 오스트레일리아가 아니라서 어머니가 반대할 수 없다는 것뿐이었다. 그녀는 다시 뉴저지주에 살게 되었지만, 이번에는 달랐다. 이제는 진짜 직장 여성이 되어서 매일 통근무리에 섞여 기차를 타고 허드슨강을 건너 뉴욕시의 펜실베이니아역으로 갔다.

실리아는 맨해튼이, 그 소음과 더러움과 화려함과 군중이 좋았다. 기차 역에서 사무실까지 걸어가는 길에는 상점과 사람이 가득했고 거리의 활기에 발걸음도 가벼웠다. 퇴근 후에는 때로 5번가를 걷거나 타임스스퀘어를 산책했다. 셰넌도어는 다시 옛 추억이 되었다.

뉴욕시 브로드웨이 270번지의 건물은 언뜻 보기에는 특별할 것이 없었다. 시청 공원 맞은편에 자리한 그 건물은 맨해튼 남부, 대형 업무 빌딩의 바다에 있는 또 하나의 대형 업무 빌딩일 뿐이었다. 실리아가 1943년 8월 남부행 기차에 올랐을 때, 브로드웨이 270번지 건물의 18층은 육군 공병대 북대서양 지부의 사무실로, 거의 1년 전부터 맨해튼계획의 첫 번째 본부로 쓰이고 있었다.

하지만 맨해튼 내에 그 프로젝트를 수행하는 공간이 270번지 건물만 있는 것은 아니었다. 뉴욕시 전역의 여러 장소에 각 기관이 역할을 찾아 들어갔다. 5번가 261번지의 '매디슨 스퀘어 지역 공병 사무소'는 재료를 확보하는 임무를 맡았다. 컬럼비아 대학의 퓨핀 홀Pupin Hall에서는 연구를 수행했다. 베이커 앤드 윌리엄스Baker and Williams 창고회사는 캐나다 엘도라도 제련회사Eldorado Mining에서 처리해서 가져오는 수 톤의 물질을 보관했다. 그 물질은 프로젝트의 핵심이었고, 실리아의 고향 펜실베이니아에서 캐던 광물질과는 전혀 달랐다. 프로젝트의 많은 참여자가 그 광물을 '튜벌로이'라고 불렀지만 그 실제 이름은 말로도 글로도 비밀

31

에 붙여졌다. 튜벌로이는 이 프로젝트가 모든 희망을 건 원소였고, 다량의 튜벌로이가 뉴욕항 인근 스태튼Staten섬의 아처 대니얼스 미들랜드Archer Daniels Midland 창고에 보관되었다.

튜벌로이는 실리아의 일자리가 존재하는 이유였지만, 그녀는 복잡한 기차역 플랫폼에서 부딪히는 평범한 뉴욕 시민들보다 그것에 대해 더 아는 것이 없었다. 하지만 맨해튼 전역의 익명 건물과 사무실에서 수많은 사람이 '장치Gadget'에 쓸 튜벌로이를 찾고 추출하고 정제하는 일에 조용히 헌신하고 있었다.

실리아는 비서로 일하면서 금세 비밀스런 분위기에 적응했다. 그녀는 많은 서류에 서명하며 기꺼이 지문을 찍었고, 직장에서 하는 일에 대해서 함구하는 일이 얼마나 중요한지에 대한 강연을 거듭 들었다. 그녀의 귀에 계약의 위험성을 경고하는 어머니의 목소리가 들리는 것 같았다.

"서류에 서명을 할 때는 내용을 전부 읽어야 돼! 잘못 서명하면 인생을 망쳐!" 어머니는 늘 말했었다.

실리아는 그럴 때면 늘 "아, 엄마…"라고 했을 뿐이다. 하지만 그녀는 이번에는 문서를 모두 읽었다. 어쨌거나 그녀에게는 그 서류들이 별로 이상해 보이지 않았다. 세부 내용이 없는 건 그 일이 중요하기 때문이라고 여겨졌다.

남부행을 제안 받은 것은 실리아가 뉴욕시의 프로젝트 사무실로 옮긴 지 얼마 지나지 않았을 때였다. 그녀의 상사인 찰스 밴던 벌크 중령이 실리아를 자기 방으로 부르더니 다시 한번 전근을 갈 수 있겠느냐고 물었다. 사무실이 이전을 할 거라서 그녀도 함께 갈 수 있는지 알아야 한다고 했다.

"어디로 가는데요?" 실리아가 물었다.

"그건 말할 수 없어요."

실리아는 그 말을 어떻게 이해해야 할지 몰라서 적어도 어느 방향으로 가는지는 알고 싶다고 했다. 너무 멀다면 어머니에게 물어봐야 한다고.

"거리가 얼마나 되는지에 달려 있어요." 그녀가 말했다.

그래도 밴던 벌크는 대답하지 않았다. 그가 말해줄 수 있는 것은 전근 발령은 중요한 프로젝트 때문이고, 목적지는 일급비밀이라는 것뿐이라고 했다.

"그러면 제가 하는 일은 뭐죠?" 그녀가 물었다.

이번에도 자세한 답은 돌아오지 않았다. 그녀는 아직은 포기하고 싶지 않았다. 그래도 '무언가'는 말해주어야 했다. '그렇지 않은가?'

"근무 기간은요?" 거듭 물었다. 그녀가 다시 떠난다면 어머니는 적어도 얼마나 오래 떠나 있어야 하는지 알고 싶어 할 것이다. 그 정도는 말해줄 수 있어야 하지 않겠는가.

"아마 6개월 정도, 어쩌면 9개월"이라는 답이 왔다.

그것이 그녀가 받은 공식 제안이었다. 어딘가에 있는 새로운 일자리. 6개월 내지는 9개월. 그 정도면 충분했다. 어머니도 좋아할 것이다.

"거기로 어떻게 가죠?"

"우선 우리가 차로 기차역까지 태워다줄 거고, 거기서 기차를 타면 됩니다. 모든 게 준비되어 있을 겁니다."

실리아는 계약서에 서명했다. 어머니에게는 전쟁 지원 업무라고 설명할 생각이었다. 클렘과 앨을 위한 일이라고. 그렇다면 어머니는 반대하지 못할 것이다.

모든 것이 준비되어 있을 것이다

그 일은 괜찮은 일이고 급여도 만족스러운 수준이었다. 약간의 비밀 유지는 그렇게 나쁜 일 축에 끼지 않았다. 전국 방방곡곡의 도시에서 여자들이 기록적인 수치로 노동시장에 진입해서 각자가 할 수 있는 일을 하고 있었다. 1943년 9월의 〈새터데이 이브닝 포스트 Saturday Evening Post〉 표지에는 성조기 문양의 옷을 입은 여자가 '모든 것'—우유, 타자기, 나침반, 물뿌리개, 전화기, 몽키 렌치까지—을 들쳐메고 행진하는 그림이 실렸다. 노동시장에서 여성의 역할이 기하급수적으로 증가하고 있었다. 게다가 오빠가 두 명이나 해외에서 싸우고 있다 보니, 실리아는 불안을 잊게 만드는 강력한 목적의식과 의무감을 느꼈다. 자기 역할을 다하기 위해서 집을 떠나 어떤 모르는 장소로 가야 한다면, 그녀는 그렇게 해야 했다.

✦ ✦ ✦

기찻길은 앞으로 쭉 뻗어 있었고 실리아와 부모님의 거리는 그 어느 때보다 컸으며 계속 커져만 갔다. 그녀는 밤 동안 덜컹거리는 기차와 함께 조용히 흔들리면서 얼마간 잠을 잤다. 기차 안에서는 몇몇 사람들과 친구가 되었지만 이제 동틀 녘이 지나자 불안이 밀려왔다. 그녀는 동생 캐시가 사준 원피스를 입고 있었다. 모노톤에 일자 치마로 된 원피스였다. 너무 길지도 않고 당연히 너무 짧지도 않았다. 유명 브랜드의 옷은 아니라도 당시 유행하는 패션이었다. 신중하게 손질한 머리에는 예쁜 모자를 썼고, 새로운 비밀 임무를 기념해서 타임스 스퀘어에서 산 I. 밀러 구두를 신었다. 그녀는 어디를 가든 좋은 모습을 보이고 싶었다. "실리아를 붙잡지 말아요." 오빠 에드가 부모님에게 말었했다. 그가 없었으면 여기 오지 못했을 것이다. 그녀는 비로소 자신의 힘으로 무언가를 해낼 기회를 잡았다. 이 기회를 헛되이 낭비할 수는 없었다.

나직하던 목소리들이 점점 커져서 침대칸에 잠든 몸들에 부딪혀 울렸다. 여자들이 기차가 속도를 늦추고 있다고, 다음 역에 내려야 할 것 같다고 소곤거렸다. 실리아가 창밖을 내다보자 기차역 플랫폼에 걸린 표지판이 눈에 들어왔다. "테네시주, 녹스빌"

'여기인가?' 그녀는 생각했다.

실리아는 가방을 챙기고 다른 여자들을 따라 기차에서 내렸다. 플랫폼에 서자 8월의 불쾌한 공기가 얼굴을 때렸다. 새 도시의 후텁지근한 첫인사였다. 하차한 사람들의 규모는 상당했다. 승객 전부가 내린 것 같았다.

한 남자가 다가와서 여러분을 태우고 갈 차량이 대기하고 있다고 말했다.

'모든 것이 준비되어 있을 것이다….'

시간은 아직 이른 아침이었고—오전 6시 무렵이었다—, 그들을 마중 나온 담당자로 보이는 그 남자가 모두 아침 식사를 하러 갈 거라고 말했다. 실리아는 기차역 밖에 주차된 차들 중 한 대에 올라탔다. 다음번 기착지가 어디일지 궁금했다.

녹스빌 시내의 건물은 소도시 치고는 제법 높았지만, 뉴욕시의 마천루에 익숙한 실리아에게는 그리 대단해 보이지 않았다. 자동차는 녹스빌의 번화가인 게이^{Gay} 스트리트로 들어갔다. 거리는 이제 막 잠에서 깨어나고 있었다. 배달부들은 자기 몫을 얻고자 애쓰는 상점들에 배급 고기와 잡화를 전달했고, 신문팔이 소년의 외침이 아침 일을 나가는 노동자들의 부산함을 뚫고 울려퍼졌다. 리무진이 속도를 늦추더니 노스 게이 스트리트 318번지에 멈췄다. 실리아는 고개를 들어 위를 보았다. 워토가^{Watauga} 호텔 아래 리거스 브라더스^{Regas Brothers} 카페가 있었다.

그녀는 자동차에서 내려 식당으로 들어갔다. 천장이 아주 높았으며 넓고 길쭉한 공간이었다. 벽 한쪽 면에 부스들이 있고, 반대편 벽에는 긴 카운터가 있었다. 카운터 앞에는 회전 스툴 열여덟 개가 규칙적인 간격으로 놓여 있었다. 가운데에는 큰 테이블 여섯 개가 풀먹인 흰색 식탁보에 덮여 있고, 그 앞에는 등받이가 둥근 등나무 의자들이 있었다. 깨끗한 흰색 셔츠와 긴 상아색 앞치마, 좁고 검은 넥타이를 착용한 남자들이 깨끗한 타일 바닥을 바쁘게 오갔다. 실리아와 여자들은 카운터에 앉아서 메뉴를 고민했다.

한 가지 메뉴가 그들을 어리둥절하게 만들었다. 그들 대부분은 실리아처럼 펜실베이니아, 뉴욕, 뉴저지 같은 동북부 출신이었다. 아무도 '그리츠^{grits}'라는 말을 들어본 적이 없었다. 삽카가^家에서는 삼시 세끼가 모두 폴란드 음식이었고, 실리아는 그것이 잘맞았다. 형편이 어려울 때에도―늘 그랬지만―어머니는 훌륭한 식탁을 차렸다. 어머니 같은 제빵 솜씨가 없는 이웃들은 버터나 밀가루를 주고 삽카가의 오븐에서 나오는 빵과 과자를 얻어가기도 했다. 그리고 어머니가 1달러를 쥐어주고 실리아를 가게에 보내면―"감자를 최대한 많이 사오렴!"―실리아를 아기 때부터 알던 가게 주인은 언제나 몇 개를 더 얹어서 보냈다. 감자 팬케이크, 감자 파이, 감자 덤플링, 그들은 감자 요리를 많이 먹었다.

그리츠라는 말을 들었을 때 실리아는 그게 감자 요리가 아니라는 사실에 호기심이 일었다. 흰색 앞치마를 두른 키 큰 흑인 웨이터가 여자들에게 그것을 간단하게 설명해주었다. 그리츠는 옥

수수로 만드는 하얀 음식이고 버터를 얹어 먹는다고. "감자처럼
요." 웨이터는 실리아에게 한번 먹어보라고 권했다. 그래서 따끈
하고 버터를 듬뿍 넣은 옥수수죽이 왔고, 실리아는 미끌거리는 그
음식을 한 숟갈 입에 넣었다. 새로운 인생의 첫 맛이었다.

식사를 마친 여자들은 다시 리무진으로 돌아갔다. 친절하지
만 말이 없는 기사는 계속 운전을 했고, 녹스빌은 곧 등 뒤로 사라
졌다. 풍경이 사방으로 뻥 뚫리면서 멀리서 스모키산맥 남단의 낮
은 언덕들이 보였다. 동쪽에서 떠오르는 태양이 그들의 등 뒤에
펼쳐진 아침 하늘 위로 올라갔다.

이 시골길들은 실리아의 고향 펜실베이니아주와 거리가 멀었
지만, 그것의 역사를 만들어가는 신생 산업도 암석에 토대하고 있
었다. 그것은 무연탄만큼 많은 소득을 안겨주지는 않지만, 엄청난
힘을 지닌 것이었다. 대부분의 미국인이 아직 모르는 그 암석은 애
팔래치아 농업지대의 조용한 땅을 변화시키는 데 그치지 않고, 전
쟁의 지형도 바꿔놓게 된다.

실리아는 자신이 할 수 있는 유일한 일을 했다. 기다리는 것
이었다. 그러는 동안 다른 기차로 온 다른 여자들이 같은 역으로
밀려들었다. 그들의 경로는 정맥처럼 동부 해안 산업지대에서 시
작해 내려왔고, 중서부의 심장부에서도 뻗어왔다. 그들은 몰랐지
만 그들이야말로 그 프로젝트를 움직일 생명의 피였다. 그들은 이
세상에 공식적으로 존재하지 않는 장소를 향해 빠르게 흘러갔다.

모든 것이 준비되어 있을 것이다

튜벌로이

✦

보헤미안 그로브에서 애팔래치아 산지로, 1942년 9월

"거미줄 치기는 허락되지 않습니다."

이것은 1872년 이후 보헤미안 클럽의 모토였다. 그들의 샌프란시스코 본부 바깥의 명판에 이 모토가 새겨져 있다. 신문 기자들이 창립한 이 회원 전용, 남성 전용 초청 가입제 클럽은 오래지 않아 수십 년을 기다려야 가입할 수 있게 되었고, 미국 대통령, 산업계 부호, 문화계 유행 선도자들을 회원으로 보유했다. 하지만 샌프란시스코는 그들에게 맞지 않았다. 클럽의 명예는 보헤미안 그로브에 돌아갔다. 샌프란시스코에서 북쪽으로 110킬로미터 정도 떨어진 장대한 레드우드 숲 깊은 곳에 자리한 한적한 1000헥타르(약 330만 평) 면적의 보헤미안 그로브가 클럽의 연례 여름 캠프 장소였다. 캠프는 클럽의 가장 매력적이고 강력한 회합이었다. 사람들의 눈과 귀에서 멀리 떨어진 이곳에서 1942년 9월에 프로젝트의 주동자들이 만났다.

여름 캠프는 '걱정 화형식'이라는 의식으로 시작한다. 후드를 쓰고 횃불을 든 남자들이 드루이드 교와 프리메이슨풍의 의식—어떤 이들은 거기서 마디그라 스타일의 재미를 느끼고, 어떤 이들은 섬뜩함을 느낀다—을 펼치며 '미련한 걱정'이라는 이름의 인형에 불을 붙인다. 이 불의 제전의 중심지는 그로브의 호수 끝에 있는 '보헤미아의 큰 올빼미' 제단이다. 거친 나무 조각상인 이 대형 올빼미는 보헤미안 클럽의 상징으로, 제단 같은 반원형 석조 플랫폼 위에 12미터 높이로 우뚝 서 있고, 그 눈길이 꽤나 매섭다. 그 후 2~3주의 캠프 기간 동안 모든 사람이 각자에게 맞는 프로그램을 즐긴다. 공연, 연극, 음악회. 수영, 스킷 사격. 긴 점심 식사, 많은 술, 강연, 모닥불, 즐거운 교류. 비회원으로서 이 폐쇄된 회합에 초대받는 행운을 얻는 사람들은 사전에 카메라 금지, 녹음 장치 금지 등등을 알리는 서면 지시를 받는다. 보헤미안 그로브하면 사람들은 예전부터 지금까지 깊은 숲에서 벌이는 남성 유대 의식을 떠올리고, 회원들은 바깥세계에서는 그런 유대를 달성할 수 없다고 생각했다.

여름 캠프 참석자들은 '힐빌리즈Hillbillies' '포이즌오크Poison Oak' '엘리트 맨덜레이Elite Mandalay' 같은 개별 '캠프'로 나뉘었다. 어떤 캠프는 늘 특정 종류의 술을 준비하는 것으로 유명했고, 어떤 캠프는 자랑스러운 역사적 유물을 소유한 것으로 유명했다. 이 남성 집단들은 흔히 유사점을 공유했는데, 그것은 때로 그들이 종사하는 사업과 관계가 있었다. 예를 들어 '플레즌트 아일 오브 에이브스The Pleasant Isle of Aves' 캠프 회원은 거의 대부분 UC 버클리 대학과 관련이 있는 사람들이었다.

'여성 금지'라는 규칙은 굳건히 유지되었지만, '거미줄 치기'—사업 관련 작업—금지 명령은 자주 무시되었다. 프로젝트 관련자들은 실리아 같은 여자들이 스모키산맥의 그림자에 잠긴 이름 모를 역으로 달려가기 1년쯤 전에 보헤미안 그로브에 모여서 바로 그 일을 하게 되었다.

모든 것이 준비되어 있을 것이다

어니스트 O. 로런스—대평원 출신의 버클리 졸업생인 그는 알루미늄 세일즈맨을 거쳐 노벨물리학상을 받았다—가 러시안Russian강을 굽어보는 그로브 클럽하우스에서 군 인사들을 대접한 것은 그때가 처음이 아니었다. 하지만 그때는 전보다 중요한 이야기가 오갔고, 거기 모인 사람들은 사회적 영향력이 훨씬 더 컸다. 거기 모인 사람들로는 캘리포니아 대학 방사선연구소 사람들, 스탠다드 오일Standard Oil 이사, 그리고 프로젝트 소속 과학자인 제임스 코넌트James Conant와 아서 콤프턴, 그리고 체구는 작지만 두뇌 용량은 엄청나고, 페도라 모자와 동양철학을 좋아하는 J. 로버트 오펜하이머가 있었다.

얼마 후 맨해튼 공병단장이 되는 케네스 니컬스도 당시 육군 중령 신분으로 거기 참석했다. 안경을 쓴 공병인 니컬스는 그로브스 장군의 오른팔로 떠오르고 있었고, 장군의 기대에 대처하는 법을 최선을 다해 습득하고 있었다. 장군의 기대는 '비합리와 비현실 사이'를 넘나들었지만 그것 없이는 프로젝트의 불가능한 목표가 현실이 될 수 없을지 몰랐다.

중령은 레드우드 숲에 모인 사람들에게 전할 소식이 있었다. 벨기에의 사업가 에드가 상지에Edgar Sengier가 자신의 회사가 보유한 막대한 양의 고순도 튜벌로이를 팔 의향이 있다는 것이었다.

'결정 사항: 그것 전부를 사라. 가능하면 그 이상도 확보해서 묶어두어라.'

그리고 사이트 X의 위치에 대한 논의도 이루어졌다. 테네시주의 한 지역이 될 가능성이 높다고 여겨졌지만, 아직 확정되지는 않았다.

'결정 사항: 그것을 사라. 그 땅을 확보하기 위해 할 수 있는

40

아토믹 걸스

모든 것을 하라. 최대한 빨리 착공할 수 있도록 준비하라.'

테네시주 동부의 주민들은 자신들의 지역이 획기적 전시 모험 사업의 부지로 고려되고 있다는 사실을 전혀 몰랐고, 그것은 곧 건설될 특별구역에 들어와 일하게 될 사람들도 마찬가지였다. 이 이야기의 다른 버전은 속설의 성격이 더 강한데, 사이트 X는 워싱턴 DC의 밀실에서 선택되었다는 것이다. 그에 따르면, 국방 장관 헨리 스팀슨이 테네시주 상원의원 겸 상원 세출위원회 의장인 케네스 매켈러Kenneth McKellar에게 접근해서 비밀 전쟁 사업에 쓸 20억 달러를 '숨길' 방법이 있겠느냐고 물었다. 나비 넥타이 애호가인 매켈러는 테네시주 역사상, 아니 미국 전체 역사에서도 가장 오래 상하원 의원 생활을 한 사람이었다. 매켈러는 돕고 싶었지만 그렇게 큰돈을 어떻게 숨길 수 있을지 의문이었다. 매켈러는 이 문제를 루스벨트 대통령에게 전달하고 백악관에 가서 그를 만났다. 요청 내용은 똑같았다. 이 프로젝트는 종전을 앞당길 수 있다는 것이었다. 그래서 루스벨트 대통령이 "종전을 앞당기기 위한 비밀 프로젝트 기금 20억 달러를 숨길 방법이 있을까요?" 하고 묻자, 매켈러 상원의원은 망설임 없이 대답했다. "네, 각하, 방법이 있습니다. 테네시주 어느 곳에 숨기는 게 좋을까요?"

과정이 어땠건, 그 프로젝트의 자금 20억 달러의 절반 이상이 사이트 X로 갔고, 사이트 X의 주요 역할은 보헤미안 그로브에 모인 사람들이 궁리한 그 장치의 연료로 쓸 튜벌로이를 농축하는 것이었다.

프로젝트의 중심인물인 그로브스 장군은 보헤미안 그로브에 참석하지 않았지만, 그 회의 며칠 뒤인 1942년 9월 17일에 공식적으로 프로젝트의 총책임자가 되었다. 육군 공병대의 스타인 그는 국방부 건물 펜타곤을 신속하게 건설한 업적이 있었다. 그는 거대한 복부가 주름 하나 없이 다린 군복 바지의 벨트를 밀어내듯이, 상대를 인내심의 한계 너머로 밀어내는 성격과 관리 방식으로도 유명했다.

장군은 프로젝트의 총책임자가 되고 며칠 안에 부지를 테네시주로 확정하고, 니컬스 단장을 뉴욕시 브로드웨이 25번지로 보내서 예의 바르고 말수가 적은 에드가 상지에를 만나게 했다.

'이 사람이 협상할 권한이 있나?'

머리는 빠졌어도 패션 감각이 뛰어난 침착한 벨기에인은 궁금해했다.

상지에가 보유한 물건에 대해 물어보러 찾아온 군 관계자는 그가 처음이 아니었다. 그리고 니컬스 단장은 군인이라고는 했지만 민간인 복장이었다. 회합은 짧지만 충실했다. 단장은 상지에의 광산회사 '위니옹 미니에르 뒤 오카탕가Union Minière du Haut Katanga'가 스태튼섬에 약 1200톤의 고품질 튜벌로이 원광을 현물로 보유하고 있고, 원산지인 벨기에령 콩고에는 그보다 훨씬 더 많은 양을 가지고 있다는 것에 놀라고 기뻐했다. 상지에는 1939년에 브뤼셀을 떠나 뉴욕으로 갔다. 독일이 벨기에를 침공하고, 히틀러의 그림자가 아프리카에 드리워지려고 하기 직전이었다. 상지에는 미국으로 몸만 가지 않고 원광도 가지고 갔다. 수많은 컨테이너가 대서양을 건너 뉴욕으로 갔다. 이 물질, 한때 도기 그릇 염색에 유용하다고 여겨졌고, 어떤 이들은 그저 쓰레기, 은 같은 가치 있는 광물을 가로막는 방해물로만 여긴 그 물질은 이제 프로젝트의 중심에 있는 비밀스런 태양이었다.

니컬스 단장은 약 30분의 만남 끝에 노란색 서류 용지에 여덟 문장을 적은 뒤—탄소 복사한 사본을 상지에에게 남겨두고—, 시끄러운 맨해튼 거리로 나왔다. 그의 품에는 미국 정부가 역사상 가장 풍부한 튜벌로이 원광에 접근할 수 있게 해주는 서류가 있었 다. 그것은 지질적 이상 현상이라 할 만한 것으로, 순도가 65퍼센 트 가까이 되었다. 채굴지인 광산의 이름 신콜로브웨는 '끓는 열 매'라는 뜻이다.

며칠 후 프로젝트는 상지에가 스태튼섬에 보관해둔 분량을 구매하고 아프리카에 있는 3000톤을 추가로 구매하는 계약을 체 결했다. 가격은 파운드당 1.60달러였고, 그중 1달러가 상지에에 게, 0.6달러는 캐나다 엘도라도의 애벌가공 업체에 갔다. 업무 빌 딩, 선적 컨테이너, 저장 시설, 모든 것이 수백만 미국인의 눈앞에 펼쳐져 있었지만, 뉴욕시의 번잡함에 가려져서 아무도 그것을 보 지 못했다.

원광 확보는 프로젝트에 큰 힘이 되었다. 재료들이 한데 모 이고 있었지만, 그 규모는 획기적으로 확장될 예정이었다. 그 한 달 뒤인 1942년 11월에 프로젝트는 장치 자체의 개발을 위해 뉴 멕시코주 샌타페이에서 북서쪽으로 56킬로미터 지점에 있는 로 스앨러모스를 사이트 Y로 선택했다. 사이트 Y의 신임 대표는 그 로브스 장군에게 그곳의 과학자 팀이 늦지 않게—그러니까 독일 보다 먼저—장치를 설계하고 시험하려면 애초의 예상보다 훨씬 더 높은 수준으로 농축한 튜벌로이가 필요하다고 말했다.

거미들이 열심히 줄을 쳐서 사이트 X와 사이트 Y를 확보했 고, 프로젝트는 튜벌로이 수급 루트를 뚫었으며 이제까지 상상도 못한 초대형 규모의 플랜트들을 건설할 계획을 세웠다.

이제 남은 일은 그곳을 채울 많은 인력을 확보하는 것이었다.

모든 것이 준비되어 있을 것이다

2

복숭아와 진주

사이트 X의 취득, 1942년 가을

강물의 힘을 이용해서 살던 테네시주 산악 지대에 다시 트랙터 소리, 불도 저 소리, 해머 소리, 톱 소리가 울린다. 하지만 이번에는 미국의 두뇌와 육체가 평화로운 농지를 번영하는 현대적 공동체로 변모시키고 있다. 오크리지의 '옛사람들'(이 지역에 2주일 이상 산 사람들)은 이미 오크리지의 큰 발전에 자부심을 느끼고 있다.

— 〈오크리지 저널〉 1943년 9월 4일

블랙오크리지 근처에서 무언가 큰일이 일어나고 있는 것은 분명했고, 토니 피터스는 오늘 마침내 그것이 무엇인지 알아보러 갈 예정이었다.

토니뿐 아니라 그녀의 고향인 테네시주 클린턴의 사람이라면 누구나 클린치^{Clinch}강가에 짓는 것이 흔한 전시 물자 공장이 아니라는 것을 알았다.

그 끊임없는 물동량을 보면 그것은 평범한 것일 수 없었다. 그곳은 비행기 부품에 쓰려고 통조림통을 재가공하는 곳도, 포탄 케이싱(기계나 장치 등을 감싸기 위한 용기나 외부상자—옮긴이)을 조립하는 곳도 아니었다. 거기서 무슨 일이 벌어지는지는 심지어 거기서 일하고 있는 사람들도 모르는 것 같았다. 물건을 가득 실은 화물 열차들이 그리로 계속해서 들어갔고, 과적한 트럭들도 줄지어 그 이상한 신규 특별구역으로 들어갔다. 하지만 나오는 것은 아무것도 없는 것 같았다. 탱크도 탄약도 지프차도 나오지 않았다. 끊임없는 수송과 건설의 소음은 인근 클린턴 주민들에게 도대체 그곳에 벌어지는 수수께끼의 정체가 무엇일지 궁금증을 불러일으켰다.

토니가 고등학교 졸업반이던 지난 1년 동안 공사는 더욱 속도를 올리는 것 같았고, 학교에서 겨우 15킬로미터 거리에 전쟁 물자 공장이 들어선다는 소문도 더욱 무성해졌다. 토니를 비롯한 1943년 졸업 예정자들은 자신들이 졸업할 때까지 일자리가 남아 있기를 소망했다. 클린턴 사람들의 눈앞에서 그들이 그때껏 보지 못한 크기와 규모의 사업이 벌어지고 있었다.

'들어가는 것만 있고 나오는 건 없어….'

약국에서 양말 공장까지 사람들은 만나면 모두 그 이야기였다. 그리고 일자리 이야기. 하지만 그것은 그저 이야기일 뿐이었다. 오늘은 토니의 생일이었다. 그녀는 그곳에서 벌어지는 일이 무엇인지 직접 가서 알아보기로 했다.

토니 가족은 테네시 동부에 자리한 그 지역에 무언가 새로운 일이 벌어질 거라는 사실을 아주 일찌감치 알았다. 릴리 이모 덕분이었다. 정부가 새로 짓는 시설은 그 애팔래치아 남부 지역 한 구석에 이미 뿌리내린 주택과 농장들 사이에 욱여넣기에는 너무 덩치가 컸고, 휘트에 있는 릴리 이모와 와일리 이모부의 복숭아 농장 전체가 전시 정부의 사정권 안에 들어가게 되었다.

공병대는 지난봄부터 땅을 찾아다녔다. 그들은 열심히 토지를 조사해서 대지 경계를 답사하고, 수백 년 동안 이어졌지만 굳이 문서화될 필요가 없던 경계선들을 파악했다. 프로젝트는 여러 가지 이유로 그 지역이 적절하다고 판단했다. 서던 철도와 루이스

빌 & 내슈빌Louisville & Nashville(L&N) 철도는 프로젝트가 애초부터 눈
길을 준 그 3만 4000헥타르(약 1억 평) 땅의 북쪽 지역과 연결되었
다. 그 땅은 블랙오크리지라는 산지를 등지고 있었고, 올리버스프
링스, 킹스턴, 해리먼, 클린턴 같은 소도시의 외곽에 위치했다. 휘
트, 엘자, 로버츠빌, 스카버러 같은 소읍은 작은 비용에 많은 땅을
제공하는 지역이었다. 그곳은 상당히 고립돼 있고 해안에서도 멀
어서 쉽사리 공격당할 위험이 적었지만 그러면서도 뉴욕, 워싱턴,
시카고에서 찾아가기가 쉬웠다. 플랜트들은 산등성이 계곡에 아
늑하게 자리잡을 수 있었다. 그리고 동쪽에는 고대의 비밀 성벽처
럼 우뚝 솟은 스모키산맥이 거대한 방호물 역할을 했다. 온화한
기후도 프로젝트에 알맞은 요소였다. 플랜트들은 미친 듯한 속도
로 건설해야 했기 때문에 1년 내내 일할 수 있는 곳이어야 했다.
결정적으로 그 부지에는 노리스댐과 클린치강에 저장된 에너지가
있어 플랜트에 막대한 전기를 공급할 수 있었다. 그것은 사이트 X
같은 초대형 군용 특별구역에 아주 잘 맞았다.

❖ ❖ ❖

측량사. 그들은 테네시주 동부 지역에서 지난 20년 동안 운
명의 선구자 역할을 했다. (물론 그 이전에는 체로키 인디언에게도 그랬
다.) 삼각대 또는 측량 기구를 보면 경고의 종을 울려야 했다. 측량
사들이 마지막으로 그 일대—앤더슨 카운티와 캠벨 카운티—를
누비고 다닌 것은 1930년대 초였다. 그런 뒤 테네시강의 지류인
클린치강에 대형 노리스댐이 건설되어 그 후 오랫동안 인근 주민
들에게 식량과 더불어 많은 것들을 제공했다. 지역민들은 작살로

49

복숭아와 진주

메기를 잡기도 했지만, 클린치강은 거기에 서식하는 담치가 만들어내는 민물 진주로도 유명했다. 토니가 사는 클린턴시는 진주 산업에서 중요한 역할을 했다. 마켓 스트리트에서는 많은 진주 채취인이 보석과 조개껍데기—단추 재료로 좋은—를 팔았다. 진주 가격이 개당 100달러까지 했기 때문에 많은 이들이 부를 찾아서 클린치강으로 들어갔다.

높이가 80미터에 폭이 566미터에 이르는 노리스댐은 일대의 지형을 바꾸어놓았다. 노리스댐 건설 프로젝트는 루스벨트가 실시한 뉴딜 정책의 일환으로, 이 댐은 테네시강 개발청이 지은 대형 댐들의 선두 주자였다. 짓는 데는 3년이 걸렸다. 곧 건설 노동자들만을 위한 새 도시가 만들어졌다. 댐의 수력발전소는 단기적으로는 일자리를 창출하고 장기적으로는 전기를 공급해서 테네시주 동부 주민들의 삶을 바꾸어놓았다.

토니가 댐을 처음 본 것은 아홉 살 무렵이었다. 토니 가족은 그곳으로 자주 나들이를 나갔다. 인쇄업자인 아빠 벤저민 피터스는 아이들을 차에 태워서 인근으로 여행 다니는 것을 좋아했다. 토니, 루이, 틴시, 실버 버클스, 도피—토니 형제들의 별명—는 샌드위치를 싸 가지고 댐이 잘 보이는 곳에 나가 앉아서 거대한 기계 장치들과 파헤쳐진 흙, 길들여진 것처럼 보이는 강물과 점프하는 말에 올라탄 것 같은 풍경들을 바라보았다. 수많은 사람들이 새로 태어난 콘크리트 언덕을 불개미처럼 부지런히 오갔다. 토니는 아버지가 늘상 외치던 말이 아직도 귀에 생생했다.

"여보, 애들 불러! 댐에 가야겠어!"

댐 건설과 그로 인한 수몰은 죽은 자와 산 자를 모두 이주시켰다. 거의 3000가구에 이르는 사람들이 집을 떠나고 5000기의 무덤이 이장되었다. 그중에는 첫 번째 강제 이주가 아닌 이들도 있었다. 여러 해 전에 스모키산맥 국립공원이 들어설 때 이미 한 번 조상의 땅을 떠난 이들이었다. 그리고 노리스댐에서 방류하는 물은 너무 차가워서 미지근하고 얕은 물에 익숙한 담치들에게는 맞지 않았다. 담치는 점점 사라져 갔고, 당연히 진주도 모습을 감추었다. 1900년 파리 만국박람회에 출품되어 '빛의 도시' 파리에 애팔래치아의 광채를 더해주었던 클린치강의 진주는 그렇게 사라졌다.

하지만 스모키산맥과 노리스댐, 진주 산업의 종언은 또 한 차례의 강제 이주, 또 한 차례의 역사적 변곡의 배경이 되었을 뿐이다.

1942년 10월 무렵 측량사들이 토지 면적, 주택, 별채들을 평가해서 삶과 생계를 통계로 분해하였고, 뒤이어 주민들에게 통지들이 날아들었다. 취득 공고, 몰수 공고, 퇴거 요청이었다. 통지는 다양한 형태로 왔지만 받아들이기 쉬운 것은 아무것도 없었다. 사람들은 불의의 일격을 당해 숨을 헐떡이면서 살길을 모색하는 느낌을 받았다. 때로는 아이들이 학교에서 돌아와서 소식을 전했다. 정부에서 우리가 다른 데로 이사 가서 살아야 한대요. 또 어떤 이들은 퇴근해서 아니면 들일을 마치고 돌아왔다가 문이나 나무에 통지문이—그 땅은 국유지이고 킹스턴 폭파 시험장을 만드는 데 써야 한다—붙어 있는 것을 보았다. 또 어떤 이들은 우편이나 인편으로 그 당황스런 소식을 들었다. 농작물과 아이들을 키우느라 이미 고된 나날에 그 노크 소리는 새로운 충격을 안겨주었다. '킹스턴 폭파 시험장'이라는 이름 자체가 이주 동기가 되었다. 어떤 여자는 그 지역에 폭탄이 떨어질 것이기 때문에 거기 남아 있으면 위험하다는 말을 들었다고 했다.

이주에 주어진 시간은 다양했다. 운이 좋은 경우는 6주 또는 그 이상을 받았다. 그렇지 못한 사람들은 2~3주 내에 짐을 싸야 했다. 올리버스프링스의 팔리 라비는 1942년 9월 11일 자로 된 '킹스턴 폭파 시험장 건설을 위한 공병대 토지 취득부'의 편지를 받았다.

> 국방부는 귀하의 농장을 1942년 12월에 취득하고자 합니다. 귀하는 그 이전에 이주해주셔야 합니다.
>
> 빠른 대금 지급을 위해, 귀하의 토지 대금은 테네시주 녹스빌 소재 연방 법원에 기탁될 것입니다.
>
> 법원은 귀하가 이 대금의 상당 부분을 지체 없이 인출하는 것을 허락할 것입니다. 그런 일이 있어도 국방부가 귀하의 재산에 매긴 평가액에 대해 이의를 신청할 권한은 손상되지 않습니다.
>
> 귀하의 대금은 10일 이내에 법원에 기탁되고, 이 통지를 받는 즉시 법원에 연락해서 그중 얼마만큼을 인출할 수 있는지 확인하시기 바랍니다.
>
> 귀하의 협력이 전쟁 지원에 귀중한 도움이 될 것입니다.
>
> 프로젝트 매니저
> 프레드 모건

통지에 뒤이어 공병대 토지 취득부의 협상가들이 왔다. 그들은 예전의 평가에 토대해서 땅값을 매겼다. 땅값 시점으로만 보아도 보상은 공정하지 않았고, 이주해야 하는 이들이 받는 스트레스까지 고려하면 더욱 그랬다. 살던 집을 떠나는 것만도 충격인

데, 이번에는 학교, 교회, 농장, 상점, 익숙한 길에서까지 다 떠나야 했다. 공병대가 취득한 토지에는 넓은 땅과 작은 농장, 판잣집, 큰 농가, 추억이 어린 언덕, 작물, 과수원이 모두 포함되었다. 밴길더라는 남자는 400헥타르(120만 평)를 잃었다. 브러밋가※는 16헥타르(약 5만 평)를 내주고 900달러를 받기로 되었지만 한 푼도 받지 못했다. 어윈가※는 갬블 밸리의 농장─고전풍 대저택, 방 다섯 개짜리 주택, 임대 주택 두 채, 헛간, 별채, 작물, 농기구를 모두 포함한─에 대해 1만 500달러를 받았다. 그 돈으로는 그들이 '판' 것의 절반도 살 수 없었다. 지역사회 전체와 그곳을 터전으로 삼았던 수많은 삶이 몇 주 안에 사라져야 했다. 어떤 주민들은 이번이 세 번째 강제 이주였다. 이미 스모키산맥 국립공원 건설 때 한 번, 노리스댐 건설 때 한 번 강제 이주를 당했기 때문이다.

강제 이주자의 수를 추정할 때는 구획지의 수에 평균 가구 구성원의 수를 곱했다. 800구획지로 이루어진 동네라면 약 1000가구와 3000명의 사람이 있다고 추정되었다.

하지만 강제 이주자들의 실제 수는 그보다 훨씬 더 많았을 것이다. 별채나 남의 땅에 사는 소작농들이 계산에서 뭉텅 빠졌기 때문에 강제 이주자의 수를 파악하기는 더욱 어려웠다. 그들은 자신들의 땅이 그랬고, 그곳의 수백 년 역사가 그랬듯이 제대로 된 평가를 받지 못했다.

쫓겨난 이들은 대부분 제시된 조건을 바로 받아들였다. 정부 관리들은 이주 날짜를 미룰수록 돈을 받을 확률이 줄어든다고 강력하게 경고했다. 정책에 항의해서 대책 회의를 꾸린 사람도 있고, 정부와 협상하여 보상 금액을 약간 높인 사람도 있었지만, 어쨌건 모두 떠나야 했다.

복숭아와 진주

그들이 불만을 표했던 건 전쟁에 힘을 보태고 싶지 않아서가 아니었다. 그들도 애국심 넘치는 사람들이었다. 그들 중에는 미국의 건설에 기여하고 독립전쟁에 참여한 유공자의 후예도 있었다. 온화한 기후와 더 좋은 경작지를 찾아 남부로 내려온 아일랜드와 네덜란드 출신 이민자들도 있었다. 그들은 대공황을 이겨냈다. 힘겨웠지만 어쨌건 이겨냈다. 전쟁은 모두에게 희생을 요구했다. 하지만 이제는 나라가 고철 모으기 운동에 녹슨 주전자를 내는 것 이상을 요구했다. 한 술 더 떠서 집, 땅, 생계 수단까지 요구하고 있었다. 그것은 단순한 구조물들이 아니라 그들의 일이자 사랑, 그들의 인생 전부였다. 그들은 아이들 사이에 전해지는 비밀 은신처, 지붕 위로 크게 자란 지난날의 묘목, 떠나간 이들을 기리는 교회와 뒷마당의 묘지, 열병에 죽은 아이들, 다른 시대 다른 전쟁에 나가서 죽은 남자들을 넘겨주어야 했다.

금전적인 측면에서 볼 때 '잃을 게 적은' 사람들이 훨씬 더 힘들었다. 그들은 약소한 살림을 옮길 차도 트럭도 없었다. 신발 한 켤레가 전부인 사람도 있고, 아무것도 없는 사람도 있었다. 정부는 이주비를 지원해주지 않았다. 게다가 주민들이 보상금으로 받은 돈을 쓰고 나면 무엇으로 생계를 유지한다는 말인가? 끼닛거리는 어떻게 마련한다는 말인가? 그들의 농장은 산업화된 대형 담배 농장이나 면화 농장이 아니라 생계형 농장이었다. 이 사람들은 많은 것을 요구하지 않았다. 그저 아이들을 먹이고, 자기 땅에서 일하고, 나중에 자신의 배우자, 부모, 조부모 곁에 묻히는 것을 원했다.

토지 취득이 1942년 말을 지나 1943년까지 이어지면서 토지 취득부는 애초에 사이트 X 부지로 계획한 3만 3000헥타르 가운데 약 2만 3000헥타르를 확보했다. 이 땅은 약 27킬로미터 길이에 뻗었고, 그 폭은 평균 11킬로미터였다. 최종 면적은 2만 4000헥타르에 이르러서 컴벌랜드 구릉지대를 벗어나 파인^{Pine}이나 체스트넛^{Chestnut} 같은 산마루들도 포함하게 되었다. 사이트 X는 3면이 클린치강에 둘러싸였다. 기존 구조물들 중 180여 개는 철거되지 않고, 사이트 X를 건설할 때 그리고 그 이후에도 숙소와 창고 용도로 쓰이게 되었다.

토니의 이모 릴리와 이모부 와일리는 집과 복숭아 과수원을 잃었다. 인근 론 카운티는 1920년대에 미국의 복숭아 주산지였지만 1930년대에 강추위가 작황을 완전히 망친 뒤로 그 명성을 잃은 상태였다. 하지만 그 작은 복숭아 농장은 토니 일가에게는 재산이나 수입 이상의 깊은 의미가 있었다. 토니에게 과수원은 여름 그 자체였다. 그 냄새와 맛, 솜털과 끈끈한 촉감이 한여름을 고스란히 담았다. 과수원은 형제자매가 다 같이 이모 부부와 함께 그 즙 많은 과일을 따던 추억을 선사했다. 복숭아는 수확 시기를 잘 맞추어야 했다. 너무 늦기 전, 너무 물러지기 전에 따야 복숭아가 오래가고, 뜨거운 여름날에 모양과 맛을 보존할 수 있었으며 파이에 넣기 좋은 탱탱함을 유지했다. 하지만 너무 일찍, 그러니까 너무 단단할 때 따도 안 되었다. 당도가 올라가야 했고, 한입 깨물었을 때 과육이 부드럽게 씹히면서 달콤한 과즙이─태양과 비가 한 철 동안 만든 작품─턱을 주루룩 흘러내려야 했다.

피터스가家 아이들은 모두 복숭아를 따고, 먹고, 복숭아로 병조림을 만들고, 또 그걸 팔았다. 복숭아를 따면 토니와 도피가 품질에 따라 선별하고 종류별로 양동이에 담아서 클린턴 고속도로로 나갔다. 광고판도 만들어 세웠다. '최고급' 복숭아 한 양동이에 1달러, '중등급' 복숭아 한 양동이에 75센트, '하등급' 복숭아 한 양동이에 50센트, 그리고 '최하급' 복숭아는 한 양동이에 25센트였다. 하지만 최하급 복숭아도 꽤 팔렸다. 잼을 만드는 데는 문제없었기 때문이다. 그 시절 여름날의 아침 식사에는 얇게 썰어 설탕과 우유에 재운 복숭아가 항상 함께했다.

그 뜨겁고 싱그러운 아침들은 대지가 릴리 이모와 와일리 이모부의 수고에 보답해서 과일과 곡물로 베풀어주는 선물이었다. 하지만 이제 모두 끝났다. 이모와 이모부는 인근의 친척 농장으로 이주해서 앞날을 계획해야 했다. 가까운 데 친척이 사는 것은 그나마 다행이었지만, 토니의 복숭아 가득한 여름날은 그렇게 사라졌다.

✦ ✦ ✦

예언자가 그것을 보았다는 말이 있다.

전하는 말에 따르면, 산에 사는 존 헨드릭스라는 노인은 예전부터 환상을 보았는데 이번에 본 환상은 특히 규모가 크고 정교했다. 그는 자기 집 근처인 스카버러와 로버츠빌 인근의 숲에 들어가 땅바닥에서 40일을 잤다. 하늘이 그렇게 지시했다고 했다. 그리고 마침내 숲에서 나와 사람들에게 자신이 본 환상을 전했다.

"베어크리크 밸리는 어느 날 큰 건물과 공장으로 가득 찰 것이고, 그것들은 역사상 가장 큰 전쟁에서 승리를 안겨줄 것이다."

그는 이전부터 자신의 환상을 자주 전하던 지역 상점에서 말했다. 대부분은 그저 "네네" 하며 들었다. 하지만 이번 환상에 대한 묘사는 아주 세밀했다. 이 지친 대지의 남자는 블랙오크리지에 도시가 들어서고, 철도가 놓이고, 수많은 사람과 기계가 들어온다고 말했다.

"내가 봤어. 그 일이 일어날 거야…."

존 헨드릭스는 1915년에 죽었다. 그로부터 30년 가까운 시간이 지났고, '그 일'이 정말로 일어날 거라 생각한 사람은 거의 없었다.

사이트 X가 착공된 1942년에 갑자기 뿌리 뽑힌 삶들의 파편, 흔적들은 아직도 땅 위에 흩어져 있었다. 버려진 농장 울타리들은 엉키고 부서진 채 뒹굴었고 소떼들은 정처 없이 떠돌았다. 버려진 땅에 들어온 건설 노동자들과 폐품업자들은 책, 사진, 신발, 냄비, 연장 등 먼지 속에 버려진 온갖 물건을 발견했다. 그것은 희생당한 기억, 전란의 상흔이었다.

땅값이 천정부지로 솟아서 대부분 사람들은 땅을 살 수 없었다. 쫓겨난 사람들은 이 지역에 건설 일자리가 있다는 소식을 듣고 남부 곳곳에서 몰려드는 신규 노동자들하고도 경쟁해야 했다. 그래서 많은 지역민이 자신들을 쫓아낸 그 프로젝트에서 일자리를 구하게 되었다. 집을 잃고 세입자로 전락한 그들은 한때 자신들의 땅이었던 사이트 X에서 임금 노동자로 일하게 되었다.

1943년 8월, 건설이 한창 진행 중이고, 실리아 같은 사람들이 특별구역에 들어오기 시작했을 때, 하원 군사소위원회는 재산 보상이 충분하지 않았다고 여기는 강제 이주민들의 계속되는 진정을 처리하기 위해 조사위원회를 열었다. 하원의원 존 제닝스 2세 John Jennings Jr.가 참석했고, 주민들은 큰 소리로 각자의 사례를 말했다. 그들의 먼지 낀 얼굴이 눈물로 얼룩졌다. 하지만 할 수 있는 일이 별로 없었다. 프렌티스 쿠퍼Prentice Cooper 주지사도 1943년까지, 그러니까 토지 취득, 개간, 정비가 다 이루어질 때까지 그 프로젝트를 알지 못했다.

1943년 가을에는 세 개의 플랜트, Y-12, X-10, K-25 건설이 진행되어서, 수천 명의 인부가 이제 '클린턴 공병사업소CEW'라는 이름을 얻은 현장에서 토대를 쌓고 건축물을 지어올리는 일을 하고 있었다. 여러 가지 사정을 고려해 보면 토니의 가족은 운이 좋은 편이었다. 소규모 지역 공동체들은 풍경에서 지워졌다. 클린턴시는 화를 면했다. 토니의 가족은 집을 빼앗기지 않았다. 아이들은 여전히 동네에서 뛰어놀고, 남의 자동차로 놀러다니고, 불붙인 래빗토바코rabbit tobacco 풀을 담배처럼 피웠다. 토니가 여름마다 일당 1.42달러를 받고 일하고, 그중 25센트로 햄버거를 사먹은 '파이브 앤드 텐 센트 스토어'도 여전히 즐거운 수다와 댄스파티의 장소로 남아 있었다. 호스킨스Hoskins 약국은 예전보다 더 바빠졌고, 로럴과 하디Laurel and Hardy 시리즈 영화를 빠짐없이 개봉하던 클린턴 극장도 영업을 계속했다. 진주 채취인들이 사라진 뒤에도 마켓 스트리트에는 여전히 무언가 팔고자 하는 사람들이 모여들었다.

토니는 대학에 갈 돈이 없다는 것을 알았기에 등록금에 대해서는 굳이 묻지도 않았다. 어머니는 전부터 자녀들에게 너희도 학교를 마치면 집세를 내야 한다고 말했다. 토니는 1943년 봄에 고등학교를 졸업한 뒤 법률 사무소에 취직했고, 가족의 반대로 몰래 결혼을 한 언니 틴시의 집에서 살았다. 그 집에서는 술, 웃음, 담배, 법석이 끊이지 않았다. 하지만 어떤 일로 촉발됐건, 또는 어떤 불법 술집에서 시작되었건 (그 지역은 금주법 시행 지역이었다) 틴시

무리의 밤늦은 놀이는 늘 토니의 방에서 끝났다. 토니는 문소리, 웃음소리, 복도의 그림자, 언니의 따뜻한 포옹, 기름 묻은 종이봉투에 담긴 따뜻한 햄버거에 잠이 깨곤 했다.

하지만 토니는 새로운 것을 시작할 마음의 준비가 되어 있었다. 그녀는 지성만큼이나 정신력도 강했다. 어깨 길이의 곱슬머리에 감싸인 얼굴에는 늘 장난스런 미소가 가득했다. 아버지는 즐거움은 가까운 데서도 찾을 수 있다고 가르쳤다. "어떤 남자가 죽기 전에 자기 장례식을 치르기로 했다는군…." 어느 날 아버지가 신문을 보더니 말했다 "얘들아! 차에 타렴!" 그리고 온 식구가 그 낯선 이의 '생전' 장례식에 가게 되었다. 이제는 토니가 모험에 나설 차례였다. 그녀는 다른 여자들처럼 인근의 그 거대한 시설에 생겨난 일자리를 찾아가기로 했다.

토니 역시 동시대 젊은 여자들의 새로운 가치관에 영향을 받았다. 그 시절은 리벳공 로지Rosie the Riveter의 시대였다. 레드 에번스Redd Evans와 존 제이콥 로엡John Jacob Loeb가 작사한 노래 〈리벳공 로지〉는 이미 두건과 작업복 차림으로 노동시장에 들어간 100만 명 이상의 여자들에게 힘을 주었다. 화가 J. 하워드 밀러J. Howard Miller는 웨스팅하우스Westinghouse에서 포스터를 의뢰받자, 17세 소녀 제럴딘 호프 도일Geraldine Hoff Doyle—미시건주 랜싱 출신의 첼리스트 겸 공장 노동자—의 사진을 토대로 로지의 얼굴을 만들었다. 밀러의 포스터를 본 화가 노먼 록웰Norman Rockwell이 로지를 전시 노동 여성으로 새롭게 표현했는데, 1943년 5월 29일 〈새터데이 이브닝 포스트〉가 그 그림을 표지에 실어서 로지라는 이름을 그 이미지와 완전히 결합시켰다. 작업복을 입은 로지가 성조기를 배경으로 샌드위치를 들고 앉아 있는 그림이었다. 그녀의 무릎에는 리벳 못을 박는 리벳 건과 '로지'라고 적힌 도시락통이 놓여 있었다. 위로 젖힌 고글과 용접 마스크 아래로 당당한 표정의 때 묻은 얼굴이 드러났고, 지친 발은 책《나의 투쟁》을 밟고 있었다.

로크웰은 세상을 있는 그대로 그리지 않고 자신이 원하는 대로 그렸다고 말했다. 그의 의도는 전쟁에 휩싸인 세계를 위로하는 것, 결단과 끈기, 그리고 가족과 고향을—그 고향과 고향의 삶의 방식이 위협받고 있다 해도—강조하는 것이었다.

로크웰의 의도는 그 지역 출신 한 젊은 무명 사진가에게도 영향을 미쳤다. 그는 사이트 X가 처음 땅을 파고 울타리를 세울 때 이미 그곳의 역사를 기록하는 사진사로 채용되었다. 21세의 제임스 에드워드 '에드' 웨스트콧James Edward Ed Westcott은 키가 크고 앙상해서 다림질한 셔츠가 헐렁했다. 옆통수에서 가르마를 탄 머리는 다정한 얼굴 위에 말끔하게 자리했고, 길고 가는 목에는 늘 카메라가 걸려 있었다. 그는 무제한 접근권을 가지고 매일같이 사이트 X와 그곳에서 일하는 수많은 사람들을 살펴보며 다녔다. 그의 렌즈는 거대하고 밋밋해 보이는 것들을 피사체로 삼았다. 공사 중인 높은 건물, 집을 잃고 일자리를 찾는 사람들의 무겁거나 밝은 얼굴들이 그것이었다. 특별구역이 커지고 신규 이주자들이 자리를 잡으면서, 그는 사이트 X를 프로젝트가 꿈꾸는 미래, 그곳에 온 사람들이 원하는 모습으로 포착했다. 그는 신생 도시의 개척 정신과 집을 떠나온 사람들의 새로운 동료애를 사진에 담았다. 어쩌면 이곳의 삶도 모두가 원하는 대로 될 수 있을 것이라는 믿음, 긍정과 희망이 어린 시선, 성실하게 일하고 역경을 극복하려는 마음가짐. 그것은 가장 힘든 시기를 살아낸 많은 사람이 공유한 정서였다.

최하품 복숭아로도 잼을 만드는 데는 문제가 없었다.

오늘은 토니의 열여덟 살 생일이었다. 이제 세상에 나가서 자신이 원하는 일을 찾을 나이였다. 그녀는 도로를 걸어갔다. 그 도로는 무장 게이트를 지나고 가시철망 울타리도 지나서 그동안 수많은 이야기가 들려오는 그곳으로 이어졌다. 모험은 가까운 데서도 찾을 수 있었다.

그녀는 소문의 근원을 찾아갔다.

튜벌로이

✦

이다와 원자, 1934년

1934년 〈네이처〉에 이탈리아 물리학자 엔리코 페르미의 논문 "원자 번호 92번 이상 원소들의 생산 가능성"이 실렸다. 당시 38세였던 이다 노다크라는 독일의 지구화학자는 전 세계의 다른 모든 과학자와 마찬가지로 이 논문을 흥미롭게 읽었다.

하지만 이다는 페르미의 결론에 동의하지 않았다.

페르미의 획기적인 연구는 '중성자 충격으로 만들어지는 새로운 방사성 원소'의 정체를 밝히는 것이었다. 중성자는 물리학 세계를 바꾸어놓았고, 페르미는 이 아원자 입자들이 다른 원소에 미치는 영향을 분석하는 데 세계에서 가장 앞서가고 있었다.

물질세계의 기본 구성 단위인 원자는 그 중심에 '양자'와 '중성자'로 이루어진 '핵'이 있고, 그 주변의 궤도를 '전자'가 돈다. 어니스트 러더퍼드Ernest Rutherford가 최초로 '원자는 양전하를 띤 조그만 핵을 가지고 있고, 전자가 그 주변을 돈다'는 가설을 내놓았다. 그는 나중에 중성자의 존재에 대한 이론을 세우고 곧 그것이 맞다는 것을 증명했다. 양성자는 양전하를 띠고, 전자는 음전하를 띠며, 중성자는 스위스처럼 중립을 취한다.

원자 내의 양성자의 개수는 '원자번호'를 결정하고, 어떤 의미로 그 정체성도 결정한다. 그것은 그 원소가 주기율표의 어디에 자리할지도 결정한다. 원자 속 '중성자'의 개수는 '동위원소'를 결정한다. 어떤 원소는 동위원소가 하나뿐이지만, 어떤 원소는 여러 개다. 탄소 12와 탄소 14는 탄소라는 흔한 원소의 동위원소들이다. 둘 다 탄소고, 양성자가 여섯 개지만, 중성자의 개수가 달라서 행동도 달라진다.

원자계에서 중성을 띠는 것은 정치적 중립과 비슷한 이점이 있다. 바로 힘과 힘이 팽팽히 겨루는 상황에 쉽게 들어갈 수 있다는 것이다.

중성자는 양성자보다 다른 (양전하를 띤) 원자의 핵에 더 쉽게 들어갈 수 있고 그 속도를 늦출 수도 있다.

왜 중성자를 다른 원자의 핵에 들여보내려고 하는가? 당연히 무슨 일이 벌어지는지 보기 위해서다. 페르미가 1934년에 로마라 사피엔자 La Sapienza 대학의 유명한 물리학 연구소에서 한 일이 바로 그것이다. 페르미와 '파니스페르나 거리의 남자들 i ragazzi di Via Panisperna'로 알려진 그 연구팀은 원소들의 행동을 보기 위해서 주기율표에 있는 모든 원소들에 중성자 충격을 가했다.

핵이 다른 중성자를 흡수하면, 흔히 방사선이 방출되면서 새로운 동위원소가 만들어졌다. 이 새로운 동위원소는 대체로 중성자 충격을 당한 원소와 주기율표의 같은 자리에 위치했다.

하지만 페르미가 주기율표에 존재하는 천연 원소들 가운데 가장 무거운 원자번호 92번 원소(프로젝트가 '튜벌로이'라 부르게 된)로 실험을 하자 흥미로운 상황이 벌어졌다.

페르미가 원자번호 92번에 중성자 충격을 주자, 몇 가지 산출물이 관찰되었지만, 그들의 팀은 그것들을 모두 파악하지는 못했다. 페르미는 92번으로 한 실험의 산출물을 원자번호 91, 90 등의 속성과 비교하며 주기율표의 역방향으로 원자번호 82번인 납까지 내려갔다.

일치하는 것이 아무것도 없었다.

페르미는 중성자 충격의 결과로 나온 미확인 조각들은 새 원소, 그러니까 아직 누구도 본 적 없는 원자번호 93번 이상의 원소에서 비롯된 것일지 모른다고 결론을 내렸다.

'왜 납에서 멈췄지?'

이다 노다크는 그것이 의아했다.

이다는 주기율표에 대해서 약소한 지식만을 갖춘 여자가 아니었다. 그녀는 과학계에 알려진 원소들을 말끔하게 정리한 멘델레예프의 주기율표를 오래도록 연구해서 1925년에 자기 버전의 주기율표를 따로 만들었다. 검은 머리를 뒤통수에 묶어붙이고 화학자 발터 노다크와 함께 연구에 몰두하던 이다는 나중에 그와 결혼했다. 그리고 남편과 함께 원자번호 75번 원소인 레늄을 발견했다. 원소의 이름은 고향에 흐르는 라인강의 이름을 딴 것이었다. 이다는 페르미가 연구를 너무 일찍 멈추었다고 생각했다.

페르미의 연구가 불완전하다고 본 그녀는 1934년 말에 "Über Das Element 93(93번 원소)"라는 논문으로 페르미의 발견에 대한 자신의 견해를 발표했는데, 대부분의 사람들은 그 내용을 터무니없고 비현실적인 것으로 받아들였다.

이다는 이런 종류의 실험을 하면 "이전까지 관찰되지 않은 완전히 새로운 핵반응이 일어난다… 무거운 핵이 중성자 충격을 받으면 여러 개의 커다란 조각으로 갈라지는데, 그것은 알려진 원소의 동위원소이고 이웃한 원소는 아니다"라는 가설을 세울 수 있다고 썼다.

페르미와 물리학계는 이다 노다크의 견해를 무시했다. 그녀의 논문은 무시되거나 때로는 조롱당했다. 하지만 노다크가 제안했다가 무시당한 이론—핵은 '분열될 수 있다'—은 틀리지 않았다.

이다 노다크는 시대를 앞서갔을 뿐이다.

3

게이트를 지나서

클린턴 공병사업소, 1943년 가을

~~~~~~~~

우리는 친구들에게 어디로 가는지 무슨 일인지도 말하지 못하고 고향 땅을 떠나야 한다는 데 분노했다. 그 일이 그렇게 중요하다면, 왜 '실상'을 알려주지 않는가? 도대체 이게 다 무슨 일인가?

—바이 워런, 〈오크리지 저널〉

캐티Kattie는 자동차 등받이에 지친 몸을 기댔다. 이제 길은 그렇게 많이 남지 않았다. 시동생 하비가 차를 운전했고, 그녀와 남편 윌리는 창밖으로 앨라배마주에서 테네시주로 넘어가는 모습을 바라보았다. 그들은 채터누가Chattanooga에 도착하면 일단 쉬겠지만, 날이 밝으면 다시 달려야 했다. 윌리는 그동안 집과 캐티를 떠나 있었지만, 그것도 바뀌고 있었다.

지금은 남자들이 집에 없는 시절이었다. 캐티는 그것을 알았다. 어쨌거나 그녀의 남편은 전쟁터에 나가지 않았다. 윌리는 언제나 가족을 위해 최선의 길을 선택했고, 이제 그녀도 같은 일을 하려고 500킬로미터나 떨어진 클린턴 공병사업소로 가고 있었다. 그녀가 본 적도 없고 지도에도 없는 곳이었지만 그곳에는 벌이가 좋은 일자리가 있었다.

"아직 안 왔어요." 캐티가 기대를 품고 앨라배마주 오번의 웨스턴 유니언Western Union 사무실에 갈 때마다 출납원이 말했다.

캐티는 윌리가 규칙적으로 집에 보내는 50달러, 70달러, 때로 100달러를 받기 위해 그곳을 계속 찾아갔다.

그러다 마침내 돈을 찾으면 캐티는 그것을 꽉 움켜잡고, 먹을 것을 마련하거나 은행에 저금하는 경우가 아니면 손에서 놓지 않았다. 테네시주에 가면 그녀도 집에 돈을 보낼 것이다. 어쩔 수 없이 두고 떠나온, 사랑하는 아기들에게 돈을 보낼 것이다.

하비가 테네시에 먼저 갔다가 그곳에 어떤 대형 전쟁 시설이 생겨나서 오번에는 있을 수 없는 규모로 사람들을 채용하고 있다는 소식을 가지고 돌아왔다. 그 정보는 확실하고, 아주 많은 일꾼이 필요하다고 하비가 말했다. 그래서 윌리가 그와 함께 가보고는 앨라배마에 돌아와서 캐티도 함께 테네시로 가야 한다고 한 것이다. 그곳에는 그녀가 할 일도 있다고.

캐티의 어머니는 사위와 사이가 좋았지만 그 계획에는 반대했다. 캐티도 이제 4남매의 어머니였지만, 캐티 부모님의 9남매 중 유일하게 집에 남아 부모님을 돕고 있었다. 캐티는 대학교 도서관에서 열람실과 서가를 청소하는 일을 했고, 집에 오면 어머니를 돕고 네 아이를 돌보았다. 하지만 테네시주의 일자리에 대해서는 반대할 명분이 별로 없었고, 결국 캐티의 어머니도 승낙했다. 집에 돈을 더 벌어온다는 말에는 누구도 반대할 수가 없었다.

캐티는 그곳에 무엇이 있는지 전혀 몰랐다. 윌리 역시 그동안 본 것이라고는 자신의 막사, 건설 현장, 식당뿐이라서 말해줄 것이 별로 없었다. 고된 노동은 두렵지 않았다. 힘든 일이라면 다 겪어보았다. 앨라배마에서는 낮 동안 끝없이 면화를 따고 저녁에 어머니를 도와 식사를 준비했으며 다음 날 아침 일어나서 암소 네 마리의 젖을 짰다. 젖소 한 마리는 성미가 고약하기 이를 데 없었다(오빠 코모도어가 그 소를 묶어놓아야 캐티가 젖을 짤 수 있었다). 어렸을 때는 젖을 짜고 나서야 학교에 갔고, 학교에선 수학 문제를 틀렸다고 매를 맞았다. 어렸을 때 캐티는 매질을 좋아하는 선생님과 그 암소 중에 어느 쪽을 상대하는 게 더 괴로운지 알 수 없었다. 둘 다 매일 만나야 했는데, 그것은 정말로 고통스러운 일이었다. 혼자서 건초 더미를 만드는 것도 힘들었다. 꼬맹이 시절부터 해온 이 밭 저 밭에서의 농사일, 그것도 고된 일이었다.

테네시주의 그 일이 어떤 일이건 그녀는 감당할 수 있었다. 오번이 점점 멀어져 갔고, 그녀가 평생 동안 알고 지낸 소도시들과 도로들, 탈곡법을 배운 옥수수밭도 멀어졌다. 그녀는 그 밭에서 옥수수수염을 챙겨서 머리카락을 잃은 인형들에게 가발을 만들어주었다. 이제는 어머니도, 그 망할 암소도 아득히 멀어졌다.

하지만 앨라배마 북부의 길을 구불구불 달릴 때 캐티가 눈물을 터뜨린 것은 그런 것 때문이 아니었다. 고향에서 멀어지는 만큼 아이들도 멀어졌다. 그 새로운 일터는 아이들을 환영하지 않는다고 했다. 어쨌거나 흑인의 아이들은 안 된다고 했다. 아이들을 두고 떠나는 일은 견디기 힘들었다.

◆ ◆ ◆

실리아를 태운 큼직한 리무진은 비포장도로를 덜컹덜컹 달려서 가시철망 울타리에 둘러싸인 게이트 앞에 섰다. 양쪽으로 뻗은 가시철망 중간중간에 높은 망루들이 서 있었다. 자동차가 멈추자 군복을 입은 무장 경비병들이 다가왔다. 운전기사가 차에서 내려서 어떤 서류를 보여주며 짧게 대화를 하더니 돌아왔다. 경비병들은 손을 흔들어 차를 들여보냈다.

실리아의 눈앞에서 그 새로운 곳—그곳을 뭐라고 불러야 할까. 마을? 캠프? 기지?—의 풍경이 천천히 지나갔다. 어쨌건 군사 시설이라는 것은 금세 알 수 있었다. 실리아가 워싱턴과 뉴욕에서 이미 여러 규약과 보안 지침을 경험했지만 이곳은 달랐다. 자동차는 운전기사가 원한다 해도 속도를 높일 수 없었다. 진흙 때문이었다. 실리아는 그렇게 많은 진흙은 난생처음이었다. 탄광 지대 출신인 그녀는 흙이 낯설지 않았다. 반짝이거나 탁한 검댕이 집의 구석구석과 옷의 모든 솔기에 들어와 박히는 것을 보면서 자랐다.

하지만 이곳은 마치 끈끈한 지구, 그 깊은 구덩이 같았다. 그녀도 다른 여자들도 모두 오랜 기차 여행과 부족한 수면으로 피곤한 상태였다. 아침 식사는 반가웠지만 수수께끼 가득한 시간만 늘려주었다. 자신들이 앞으로 어디 살고, 어디서 일하게 될지 몹시 궁금했기 때문이다. 그리고 이제 차창 밖으로 끈적거리는 흙이 타이어에서 튀어오르는 모습을 보니 별로 전망이 밝아 보이지 않았다. 그들이 느낀 첫인상은 온통 진흙빛이었다. 이곳은 새 땅에 도착했다는 느낌보다는 진흙 바다에 가라앉는 느낌을 주었다.

사방에서 건설 공사가 진행되고 있었다. 울타리는 가장 먼저 세워진 구조물 중 하나였고, 일꾼들은 버려진 농장과 집의 가시 철망들을 가져다가 재활용했다. 인도는 보이지 않았고, 여기저기 굴착된 땅 위로 나무 널빤지들만이 놓여 있었다. 흙길가에는 거의 똑같은 모양의 집들이 줄지어 자리 잡고 있었다. 좀 큰 건물들도 있었는데, 대부분 흰색이고 모양과 분위기가 비슷했다. 실리아가 본 다른 도시의 건물들처럼 벽돌과 돌과 지붕널로 되어 있지도 않았고, 뉴욕의 고층 빌딩처럼 콘크리트와 강철로 된 것도 아니었다. 도시 자체는 생긴 지 1년도 되지 않았는데, 진흙 때문에 모든 것이 허름해 보였다. 어디를 보아도 완성된 것 같지 않았다. 실리아는 상사들이 도대체 왜 뉴욕에서 이런⋯ 뭐라 말할 수 없는 곳으로 옮기는 것인지 의아했다. 하지만 그런 궁금증을 품었다 해도 그것을 소리 내 묻지는 않았다. 그동안 프로젝트에서 일한 시간이 그 정도는 가르쳐주었다.

그녀는 운전기사에게 어디로 가는지 묻는 게 소용없다는 것도 알았다. 하지만 마침내 그가 말했다. "여러분이 가장 먼저 일하게 될 겁니다."

그는 큰길을 벗어나 완만한 경사를 오르다가 마침내 멈춰 섰다. 실리아가 창밖을 보니 좁은 땅 위에 자신이 새로 일할 건물이 보였다. 그 건물은 H자 모양이었다. 삼각 지붕을 인 길쭉한 흰색 건물이 가운데 있고, 그 양옆에 직각 방향으로 2층 건물이 있었다. 실리아는 중앙 구조물을 양옆으로 훑어보았다. 건물은 완공된 것 같지 않았지만─주변의 땅은 아직도 공사 현장 같았다─완공된 것이었다. 자동차와 납작한 흰색 건물 사이에는 역시 진흙뿐이었다. 이제 해가 하늘 위에 좀 더 높이 올라왔지만, 그걸로도 진흙을 말릴 수는 없었다.

실리아가 가방을 챙기며 내릴 준비를 하는데 다른 여자들이 일제히 한숨을 터뜨렸다. 실리아가 돌아보니, 놀랍게도 차에서 내린 한 여자가 늪에 빠지듯 진흙 속으로 쑥 가라앉고 있었다.

발! 발목! 정강이⋯?

여자는 간신히 빠져나왔지만, 신발은 진흙 속에서 꺼낸다 해도 엉망이 되어 있을 게 분명했다. 다음 여자가 용감하게 차에서 내리며 그런 곤경을 피해보려고 했지만, 그것은 불가능했다. 그녀도 몇 걸음 후에 피할 수 없는 진창으로 빠져들었다.

실리아는 경악했다. 저렇게 좋은 옷을 입고 좋은 구두를 신고 왔는데 첫날 바로 엉망이 되다니! 그녀는 곧 힘겹게 마련한 자신의 복장을 걱정해야 했다. 동생이 사준 원피스와 소중한 I. 밀러 구두.

'이 구두를 신고 여기서 내릴 수는 없어.'

그것은 실리아가 살면서 신어본 것 중 가장 비싼 구두였고, 자신이 직접 산 것이었다. 그녀는 좋은 인상을 주고 싶었고, 이런 상황에 구두를 희생하고 싶지 않았다.

운전기사는 그녀가 내리기를 기다렸다.

"못 나가요! 이 구두는 23달러나 주고 산 거예요!" 그녀가 말했다.

실리아는 자리에 굳건히 앉아서 꼼짝도 하지 않았다. 그러자 운전기사가 차에서 내려서 실리아 옆의 문을 열었다. 그리고 자신이 할 수 있는 유일한 해결책을 내놓았다. 실리아를 번쩍 들어 진흙밭을 건넌 뒤 행정 건물 문 앞에 안전하게 내려준 것이다.

실리아는 안도하고 현관 안쪽에 자리 잡은 작은 세면대에서 발과 신발을 닦는 동료들 옆을 지나갔다. 그녀는 안에서 밴던 벌크 중령을 잠시 만난 뒤 이어 민간인 스미츠와 템프스를 만났다.

실리아는 두 개의 식별 배지를 받았다. 하나는 '타운사이트 주민 통행증Townsite Resident's Pass'이었고, 다른 하나는 이 행정 건물의 출입용이었다. 건물 이름은 '캐슬 온 더 힐Castle on the Hill'이었다. 그녀는 배지들을 보았다. 주민 통행 배지에는 발급 날짜와 ID 번호 아래 큰 글씨로 '클린턴 공병사업소'라고 적혀 있었다. 거기에 그녀의 나이, 키, 몸무게, 눈동자 색도 기록되어 있었다. 또 실리아가

'테네시주 오크리지 주민'이며, '61번 고속도로 변의 게이트들(클린턴, 엘자, 올리버스프링스)로 드나들 권리를 인가받았다'고도 적혀 있었다.

실리아는 배지의 '보안 책임자' 서명 옆에 자신도 서명했다. 배지는 언제나 눈에 보이게 착용해야 했다. 이제 한 가지는 알 수 있었다. 그녀는 오크리지의 주민이고, 클린턴 공병사업소에서 일한다는 것.

잠시 후 실리아는 여행 가방과 진흙을 피한 소중한 신발을 들고 캐슬 밖으로 나가 맨발로 테네시 대로를 걸었다. W-1 기숙사로 가기 위해서였다. 그것은 타운사이트 최초이자 그때까지도 유일한 여직원 기숙사였다. 방이 필요한 여자가 실리아뿐은 아니었기에 공간은 귀했다. 사감이 더블룸을 쓰는 한 여자가 룸메이트를 찾는다고 말했다. 그렇게 해서 실리아는 위스콘신주에서 온 메이벨 팬서를 만났다.

메이벨은 실리아를 2층 건물의 2층으로 데리고 갔다. 방에는 싱글 침대 두 개가 있고 그 사이에 작은 협탁이 있었다. 작은 서랍장 두 개가 있고, 문 대신 커튼이 달린 아주 작은 옷장이 하나 있었다. 모두가 새것이었다. 매트리스도 그리 나빠 보이지 않았다. 창문은 하나였고, 창밖으로 캐슬이 보였다. 공동 욕실은 같은 층에 있었다. 짐이 별로 없었기에 짐 푸는 건 간단했다. 갈아 입을 옷 몇 벌에 기본적인 화장품 정도였다. 케이크 타입 파운데이션, 립스틱, 아이브로우 펜슬, 블러셔 정도. I. 밀러 구두는 바로 옷장으로 들어가서 나오지 않았다.

사감은 엄격했고, 사전 허락을 받거나 야간조 근무를 하는 경우가 아니라면 통금 시간은 밤 10시였다. 방값은 적절해 보였다. 실리와 메이벨은 그 방을 쓰는 비용을 한 달에 각각 10달러씩 내야 했다. 1층의 로비에는 개별 우편함이 있었다. 그녀는 어머니와 오빠들에게 편지하겠다고 약속했다. 가족들이 자신에게 답장할 방법은 아직 알아내지 못한 채로.

✦ ✦ ✦

그렇게 이야기를 많이 들었던 클린턴 공병사업소를 토니는 이제 직접 보았다. 총을 든 경비병은 그녀의 면접 약속이 사실인 것을 확인하고 그녀를 안에 들여보냈다. 이런 대공사, 이 많은 사람들이, 그리고 이런 일이 클린턴에서 이렇게 가까운 곳에서 벌어지고 있다는 것이 놀라웠다. 이것은 클린치강의 마지막 진주 같았다.

경비병들은 토니에게 면접을 볼 행정 건물로 가는 길을 일러주었다. 프로젝트는 계속해서 많은 사람을 채용했고, 녹스빌에는 다양한 플랜트와 관리 사업부를 운영하는 협력 업체들의 사무실이 있었다. 안에 들어가보니 캐슬은 기이하게 조용했다. 바깥의 소음과는 딴판이었다. 그녀는 지원자가 자신뿐인가 싶었다. 그렇다면 행운일 것이다. 토니는 회계 강의를 들었고, 타자 실력에도 자신이 있었다. 적어도 비서 일 정도는 되어야 했다. 할 수만 있다면 공장 일은 피하고 싶었다.

르시어라는 사람이 그녀를 친절하게 맞아서 긴장을 누그러뜨려주었다. 하지만 르시어는 면접관이 아니었다. 그녀는 다이아몬드의 방으로 인도되었고, 토니는 그를 보자마자 양키(뉴욕 인근의 미국 동북부 지역 사람—옮긴이) 스타일이구나 하고 생각했다. 양키를 이렇게 가까이서 본 것은 처음이었지만 이야기는 많이 들었다.

또 북부 사람들이 클린턴의 마켓 스트리트에서 진주 상인들과 흥정하는 모습은 심심치 않게 보았던 터였다.

다이아몬드는 목소리가 우렁차고 덩치도 우람했다. 토니는 이 사람하고는 '처음 뵙겠습니다'라거나 '고향이 어디십니까' 같은 초면의 인사치레—남부인인 그녀에게는 제2의 천성이자 예의인—는 없을 것을 직감했다.

다이아몬드는 바로 본론으로 들어갔다.

"구술 받아쓰기, 할 수 있나요?"

"네, 할 수 있습니다."

다이아몬드는 토니에게 노트를 내밀고 바로 받아쓰기 테스트를 시작했다.

그 말은 토니가 평생 들은 어떤 말과도 달랐다. 그녀는 몸을 기울이고, 방금 씻은 귀까지 온몸을 긴장한 채 그의 말을 들었다. 너무 집중한 나머지 몸 어딘가가 삘 것만 같았다. 그녀는 언어의 롤러코스터에 탄 것처럼 어지러웠고, 들리지 않는 R자를 찾아서 끝없이 헤맸다.

'세상에, 이 사람이 도대체 무슨 말을 하는 거지? 이게 정말 영어야?'

다이아몬드가 말을 마치고 토니를 바라보았다. 토니는 노트를 내려다보았다. 세 단어 중 하나 꼴로 빈 칸이 있었다. 하지만 어쩔 수 없었다. 그녀는 받아쓰기 결과를 다이아몬드에게 보여주었다.

"아니! 받아 적으라니까!" 그가 소리쳤다.

토니는 아무 말도 하지 않았고 다이아몬드의 목소리는 불안했다. 그의 말을 다 알아듣지는 못해도 그가 답답해하는 것은 알 수 있었다.

"그래도 타자는 칠 줄 알지요?" 그가 곧바로 말했다.

"네, 그리고 받아쓰기도 잘합니다. 다만 방금 하신 말씀을 못 알아들은 것뿐이에요!"

"나도 피터스 양의 말을 못 알아듣겠습니다."

그걸로 끝이었다. 면접은 끝났다. 다이아몬드가 르시어를 불렀다. "피터스 양을 데리고 나가요!"

르시어는 토니를 데리고 나와서 잠깐 기다리라고 했다.

'다른 사람들도 있어. 내가 꼭 저 사람 밑에서 일해야 하는 건 아냐. 할 일은 많아.'

토니는 생각했다. 그리고 어쩌면, 만약 꼭 그래야 한다면 공장 일도 할 수 있었다.

그녀는 한참 동안 기다렸다.

'아, 너무해. 더는 못 기다려.'

토니가 일어서서 나가려고 할 때 르시어가 불쑥 나타났다.

"피터스 양, 다이아몬드 씨가 월요일부터 근무할 수 있는지 물어보시네요."

◆ ◆ ◆

알고 있는가… 우리 신문은 우리가 좌우할 수 없는 상황 때문에 현재 칼럼 작성자들의 이름을 실을 수가 없다. 우리가 다양한 뉴스, 볼링 스코어를 전달하지 못하는 이유가 그것이다. 우리는 전국에서 뉴스가 없는 유일한 신문이다.

—〈오크리지 저널〉, 1943년 10월 17일

제인은 얇은 반투명지를 펼쳤다. 전보였다. 드디어 왔다. 클린턴 공병사업소와 테네시 이스트먼Tennessee Eastman Corporation사가 테네시주 패리스에 있는 그녀의 집으로 지시 내용을 담은 전보를 보냈다. 파워스와 면접을 잘 치렀고, 합격 소식은 10월 첫 주에 받았다. 하지만 그게 끝이 아니었다.

"우리는 현재 필요한 조사를 하고 있고, 만족스러운 결과가 나오는 대로 그리어 양은 즉시 출근할 수 있을 것입니다."

'조사? 무슨 조사?' 제인은 의아했다.

모든 것이 조심스럽기 짝이 없었다. 제인의 아버지는 이웃 주민들에게서 어떤 남자들이 와서 제인에 대해 많은 질문을 했다는 말을 들었다. 그들은 '비밀 기관원'이었다. 어쨌건 동네 사람들은 그렇게 불렀다. 아니면 FBI라고.

제인 핼리버턴 그리어 양은 어떤 여자입니까? 거친 성격입니까? 학교 다닐 때는 어땠나요? 술을 마시나요? 솔직히 말해주세요. 가족은 어떤가요? 골칫거리 인물이 있나요? 그들은 고교 시절 교사와 대학 시절 교수, 이웃 등 모두를 찾아다니는 것 같았다.

제인은 프로젝트의 상세한 내용은 몰랐지만, 그게 무엇이건 자신이 중요한 일을 하는 것은 분명해 보였다. 그렇지 않다면 왜 이렇게 까다롭게 굴겠는가?

조그만 체구의 스물두 살 처녀 제인은 대대손손 테네시주 중부에 살아온 집안 출신으로 아주 현실적인 스타일이었다. 왼쪽에서 가르마를 탄 숱 많은 진갈색 머리는 광대뼈가 도드라진 얼굴을 감싸고 다부진 어깨 아래로 내려가서 평생토록 승마를 한 완벽한 자세의 척추 상부에 가볍게 내려앉았다. 'FBI 남자'들이 어떤 흠결을 찾아다녔는지는 몰라도, 어쨌건 그런 걸 찾지는 못한 것 같왔다. 이제 제인이 그 전보를 받았기 때문이다. 그녀는 녹스빌시 마켓 스트리트의 엠파이어 빌딩 204호로 출근해야 했다. 그녀가 할 일은 통계 처리였고 급여는 훌륭했다. 초봉이 주급 35달러였다. 그것은 제너럴 일렉트릭스General Electric가 제안했던 것보다 3달러가 많았다. 그녀는 매주 48시간을 일하기로 되었다. 그러니까 추가 근무까지 고려하면 주급 총액은 45.50달러까지 올라갔다. 훌륭한 금액이었다.

하지만 돈이 전부는 아니었다. 그녀는 집 근처에서 일하고 싶었고, 이 일은 그녀가 배운 것을 활용할 수 있는 직무였다. 그것은 그녀가 원했던 일은 아니지만, 어쨌건 배운 일이었다. 그녀는 몇 년 전에 엔지니어가 되기로 결심했었다. 그래서 앨라배마주의 저드슨 대학Judson Junior College에서 공부하면서 고향의 테네시 대학University of Tennessee 공대로 전학하는 데 필요한 선수 과목을 모두 이수했다. 하지만 등록일이 되었을 때, 공대에 등록하려고 줄을 선 그녀를 대학 교직원이 무례하게 끌어냈다.

"우리 공대는 여학생을 받지 않아요." 그가 말했다.

제인은 그를 쳐다보았다. 얼굴이 달아오르고 말문이 막혔다. 화도 났다. 이 사람이 대체 뭐라고 제인 핼리버턴 그리어의 길을 가로막지?

"저기 저 남자 보여요?" 직원이 제인에게 폴 바넷 교수를 가리켜 보였다. "저 분은 통계학 교수예요. 통계학은 공부할 수 있어요."

그녀가 전문대학에서 열심히 공부하고 필요한 과목을 이수하며 좋은 학점을 받은 것이 다 소용없어지는 순간이었다. 어쨌건 공대에는 들어갈 수 없었다. 결국 제인은 통계학을 공부하기로 했고, 2년 뒤에 공공경제학 학위를 받으며 경영학과를 졸업했다. 그리고 2년 동안 대학에 개설된 통계학 과목을 모두 수강하고 수학과 물리학도 수강했다. 테네시 대학 여학생 중 최초였다. 그런 노력 후에는 성과가 있었다. 들어오는 취직 자리들이 확실히 좋았다. 조지워싱턴 대학George Washington University은 그녀가 녹스빌 근처에서 일하기로 한 것을 안타까워했다. 그 대학은 제인을 워싱턴에데려와서 시내를 구경시켜주겠다는 제안까지 했다.

"그리어 양이 어떤 이유로 클린턴 공병사업소의 제안을 받아들였는지 모르겠지만 아마도 집에서 가깝다는 것이 크지 않았나 합니다." 조지워싱턴 대학이 보낸 편지의 말투는 자못 도도했다. "하지만 그리어 양의 편지에서 보건대 그곳에서 할 일은 그리어 양의 취향과 완전히 맞지 않을 것 같고, 아마도 우리 같은 프로젝트가 클린턴 공병사업소와 같은 위치에 있었다면 우리 쪽을 선택했을 거라고 봅니다."

그녀는 집에서 가까운 곳을 원한 것은 맞지만, 그게 다른 곳으로 가기 싫어서는 아니었다. 제인은 언제든 짐을 싸고 나가서 세상을 볼 준비가 되어 있었다. 하지만 운수와 창고업을 하는 아버지가 지금 혼자 지내셨다. 어머니가 몇 년 전에 돌아가셨기 때문이다. 전공을 살려서 전쟁을 지원하고 집 근처에서 일할 수 있다면 그 일을 해야 했다. 아버지와 돌아가신 어머니를 위해서.

녹스빌에 당도하자 제인은 통행증—2449번—을 받고 작은 글씨가 빼곡이 박힌 많은 서류에 서명을 했다. 계약서에는 그녀가 "언제라도, 구두나 문서 또는 다른 어떤 방식으로라도, 테네시 이스트먼사의 총책임자가 문서로 지정해준 사람 이외의 그 누구에게도, 테네시 이스트먼사에서 일하는 동안이나 또 이후에 이 비숫한 곳에서 일하는 동안, 미국 정부를 위해 직간접적으로 수행한 모든 일과 관련된 내용 일체를 일절 밝히지 않아야 한다"고 적혀 있었다.

하, 정부 관리들은 이토록 긴 문장을 구사했다.

제인은 다른 사람들처럼 망설임 없이 서명했다. 그리고 버스를 타고 클린턴 공병사업소에 가서 대학 친구 도리스를 만났다. 도리스 역시 비슷한 직무로 취직했고, 제인과 같은 방을 쓸 것을 기대하며 기숙사에 입소했다. 하지만 주거 공간이 부족해서 도리스는 다른 사람을 미리 받아들여야 했다. 주거 담당관들은 사람들을 계속 이리저리 옮기고, 싱글룸을 더블룸으로 개조하는 등, 늘어나는 인력을 수용할 수 있도록 온갖 수단과 방법을 동원했다. 아직 제인의 자리가 나지 않아서 그녀는 임시 숙소로 구내 '호텔'인 게스트하우스에서 지냈다. 그곳은 길쭉한 2층짜리 건물로, 흰 기둥 네 개가 선 중앙 출입문에서 부속 건물 두 동이 양옆으로 뻗어나가 있었다. 위치는 버스 정류장과 직원식당이 있는 타운사이트 정중앙이었다.

도리스가 제인을 마중 나와서 게스트하우스로 데리고 갈 때, 그녀의 남자친구 짐도 함께 왔다. 도리스와는 버스에서 만난 사이라고 했다. 제인은 게스트하우스 앞에서 하차해서 단단한 땅인 줄 알고 밖에 발을 디뎠다가 다른 여자들처럼 진흙에 푹 빠지고 말았다. 도리스와 짐은 전혀 놀란 기색이 아니었다. 짐은 제인이 쓰러지지 않도록, 그리고 신발을 찾도록 도와준 뒤 그녀의 여행 가방을 안으로 들어다주었다. 제인은 아직 테네시 대학 시절의 남자친구를 만나고 있었지만, 이 친절하고 잘생긴 젊은이가 눈에 들어왔다. 짐이 가방을 들고 올라간 2층에는 숙소 배정과 교육과 다음번 기숙사 신축을 기다리는 이들을 위해 군용 침대를 채워 넣은 대형 객실들이 있었다. 하지만 흥미로운 일, 높은 봉급, 손쉽게 만날 수 있는 예의 바른 젊은이가 가득한 도시에서는 기다림도 즐거울 것 같았다.

◆ ◆ ◆

테네시주에 대형 전쟁 시설이 들어선다는 소식이 남쪽 멀리 앨라배마주 오번에 있는 캐티의 집에까지 닿았을 때, 그것은 입소문으로만 전해진 것이 아니다. 인력 채용관들은 남부의 농촌 지역을 누비고 다니며 노동자를 대규모로 고용하고 있었다. 대형 K-25 플랜트—윌리가 일하는—의 건설을 맡은 J. A. 존스 건설J. A. Jones Construction은 조지아주, 앨라배마주, 아칸소주에서 최대한 많은 노동자를 끌어모았고, 때로는 전시인력위원회War Manpower Commission(WMC)의 규칙도 어겼다(WMC는 미 전역에서 전시인력에 대한 수요가 치솟자, 노동인력 모집과 분배를 통제하기 위해 만든 정부기구 중 하나였다). WMC가 작성한 어떤 진정서에는 J. A. 존스의 인력 채용관들이 앨라배마주 모빌시의 미국 고용사업부에 대형 트럭을 가지고 와서 40명의 흑인 노동자를 데리고 가는 '노동자 해적질'을 자행했다는 내용도 있었다.

한편, 1942년에 발표된 대통령 행정명령 8802호는 "방위 산업체나 정부 기관의 고용에서 인종, 종교, 피부색, 출신 국가를 이유로 차별이 있어서는 안 된다"고 못박았다. 전시 산업체들의 차별을 막기 위해 공정고용위원회도 설립되었다. 그렇다고 테네시주 같은 남부에서 인종 분리가 끝난 것은 아니었다. 정부는 특별구역을 인종이 완전히 통합된 공간으로 만들 수도 있었지만 그렇게 하지 않았다. 클린턴 공병사업소의 흑인은 주로 노동자, 청소부, 잡역부였고, 교육 정도나 경력과 상관없이 백인과 분리되어 살았다. 그 때문에 시카고 대학 금속공학연구소의 유명한 수학자이자 물리학자, 엔지니어인 J. 어니스트 윌킨스 2세J. Ernest Wilkins Jr.는 오크리지로 가지 못했다.

헝가리 물리학자 에드워드 텔러Edward Teller는 1944년 9월에 컬럼비아 대학의 전쟁 연구 책임자인 해럴드 유리Harold Urey에게 편지를 보내서, 윌킨스의 능력에 대해 그리고 그가 피부색 때문에 사이트 X로 가지 못하는 문제에 대해서 말했다.

> 위그너Wigner, Eugene의 말에 따르면, 금속공학연구소 내 위그너 그룹 Wigner's group의 윌킨스 씨는 뛰어난 실력을 갖고 있습니다. 그는 유색인인데, 위그너 그룹이 '사이트 X'로 옮기기 때문에 더 이상 그 그룹과 함께 일할 수가 없습니다. 그래서 우리에게 와서 우리와 함께 일을 할 수 있으면 좋을 것 같습니다.

캐티, 윌리, 하비는 남서부의 킹스턴 쪽을 통해서 클린턴 공병사업소, 즉 CEW에 들어갔다. 하비와 윌리는 이제 그곳의 방식을 알았다. 경비병들이 차를 세우고, 세 사람에게 캐티가 공식 서류를 받아올 등록부 건물로 가는 길을 일러주었다. 캐티는 게이트로 돌아가서 경비병에게 서류를 보여주고 배지를 얻어서 특별구역의 출입을 허락받았다.

그런 뒤 하비와 윌리는 그녀를 K-25 플랜트의 캠프 사무소로 데리고 갔고, 캐티는 거기서 청소부의 일을 배정받았다. 그녀는 평생 K-25 같은 것은 본 적이 없었다. 그 건물은 아직 미완성인데도 그녀가 평생 본 그 어떤 것보다 컸다. 건물이 어찌나 긴지 끝이 보이지 않았고, 과연 끝이 있는지도 알 수 없었다. 사방에 넘쳐나는 일꾼들이 건물을 계속 늘려나가고 있었다.

하지만 반대로 캐티의 숙소는 아주 작았다. 가로세로 5미터도 안 되는 합판 '막사' 건물로, 정중앙에 배불뚝이 난로(가운데 부분이 장독 모양으로 불룩하며 갈탄, 장작 등을 넣어 사용하는 난로—옮긴이)가 있고, 연통이 지붕 밖으로 이어져 있었다. 제대로 된 창문도 유리도 없고, 덧창만 있었다. 그리고 이 24제곱미터의 공간을 윌리 대신 다른 여자 세 명과 함께 써야 했다. 캐티와 윌리는 정식 부부고 네 아이가 있었지만, 흑인 부부는 특별구역에서 부부로 살 수 없었다.

캐티는 짐을 풀었다. 짐을 급하게 싸느라 가방 하나와, 면바지와 셔츠를 담은 트렁크 하나가 전부였다. 캐티는 요즘 여자들 출근 복장을 보면 남자와 여자를 구별하기가 어렵다고 생각했다. 어딘가 교회가 있기를 소망하면서 교회에 입고 갈 옷도 가지고 왔다. 하지만 약소한 소지품에도 불구하고 막사에는 짐을 보관할 공간이 부족했다. 작고 허름한 보금자리였지만 적응할 수 있을 것 같았다. 방세가 주당 1.50달러밖에 하지 않는다는 큰 장점도 있었다. 그녀는 여기서 평생 그 어느 때보다 많은 돈을 벌 것이다. 그리고 번 돈은 기본적인 비용만 빼면 모두 앨라배마의 아이들에게 보낼 예정이었다.

이곳이 어떤 곳이건, 그녀는 버티며 적응하는 방법을 찾을 것이다.

게이트를 지나서

＊ ＊ ＊

　　프로젝트는 많은 노력을 기울였지만 인력 채용에 어려움을
겪었다. 남자들은 군대에 자원입대하거나 징병되었다. 애국심의
물결 때문에, 고향에 남은 신체 건강한 사람들은 전쟁 관련 산업
에 종사했다. 전기나 배관 기술자는 수요가 너무 많아서 동북부
에서 테네시주까지 불려 내려오는 일도 많았다. 하지만 프로젝트
는 비밀 사업이다 보니 다른 전시 산업체들과 구인 경쟁을 할 때
광고에 어려움을 겪었다. 다른 업체들이 구인하는 직종을 정확
히 말하는 데 반해서—"타코마에서 폭격기를 만드세요! 시카고
의 탄약공장이 배관공을 찾습니다!"— 프로젝트는 자신들이 가
진 것을 다 보여주지 못했다. 그들은 직종을 아주 기초적으로 적
을 수밖에 없었다. "목수, 운전기사, 배관공, 전쟁에 중대한 기여
를 하는 일입니다." 협력 업체들은 구체적 장소나 수행하는 업무
와 관련된 추가적 내용을 거의 밝히지 않았다.

　　하지만 그곳에는 숙소도 있고, 공짜 버스도 있고, 백인 노동
자들의 자녀를 위한 학교도 있었다. 고용주들이 다른 직장의 노
동자들을 빼가지 못하도록 만들어진 연방 규제는 인플레이션을
우려해서 높은 임금을 제안할 수 없게 했다. 하지만 프로젝트는
때로 규제에 굴하지 않고 높은 임금과 기숙사, 직원식당과 낮은
집세로 노동자들을 유혹했다. 그래도 자신들이 사람을 뽑는 목적
이 전쟁을 종식시킬 대단한 장치를 만들기 위해서라는 사실은 광
고에 언급할 수 없었다.

　　일반 산업체들과 달리 군이 제공할 수 있는 약간의 특전이
있었는데 그중 큰 것이 징병 유예였다. 거기에 듀폰^{DuPont} 같은 개

별 협력업체가 다른 지역의 직원들을 빼내서 클린턴 공병사업소로 보내기도 했고, 때로는 정부가 스스로의 인력을 약탈해서 해외 파병될 청년들을 전혀 예상치 못한 자리에 배치하기도 했다.

1943년에 특수공병파견대Special Engineer Detachmen(SED)를 만든 것은 프로젝트가 숙련된 기술 인력을 확보하기 위해 고안해낸 한 가지 방법이었다. 이를 통해서 특별한 기술—예를 들면 화학 전공자나 공학 분야의 경력—을 가진 군인들이 프로젝트에 직접 배치되었다. 334명이 SED의 첫 명단에 들었지만 그걸로는 충분하지 않았다. 가을이 다가오자 SED는 대학으로도 탐색을 나서서 적절한 기술을 가진 잠재적 징병 대상자들로 인력을 충원했다. 그런 뒤에 군은 손을 더 멀리까지 뻗어서 신병훈련소나 육군 특수훈련 프로그램에서도 인력을 뽑아왔다. 이렇게 모집한 인력은 여전히 군복을 입고 클린턴 공병사업소 안팎에서 일을 하면서 특별히 지정된 대형 막사에서 살았다.

프로젝트는 CEW로 보낼 고학력 군인들을 찾는 데 많은 노력을 기울였다. 대학에도 접촉해서 징병된 졸업생 명단을 얻고, 그들이 어디 배치되었는지 알아낸 뒤 본래의 파견지에서 빼내서 오크리지에 재배치하기도 했다. 오크리지, 또는 일부 북부 출신이 깡촌이라는 뜻으로 '도그패치Dogpatch'라는 별명을 붙인 곳에.

P. E. 오미라 대위님께

〈오크리지 저널〉 10월 16일 자에 훌륭한 '메시지'를 실어주신 것에 감사드립니다. 이제 누군가 일어서서 군이 이곳에서 한 멋진 일들을 격려하고 비난을 멈출 때가 되었다고 생각합니다.

일전에 어느 아침에 식당 문을 열기를 기다리던 어느 '애국자' 한 명이 바깥에서 그렇게 서 있는 일에 불평을 했습니다. 저는 이 사람이 애투 침공 소식을 알고 있는지 의아했습니다….

우리는 모두 가족과 함께 집에 살고 싶고, 살레르노 해안에 내린 젊은이들도 그럴 테지만, 그 일부는 집으로 돌아오지 못할 것입니다. 대위님 메시지에서 틀린 것은 질책이 너무 가벼웠다는 것뿐입니다.

테네시주 오크리지
타운 매니저, 미국 공병대
M-6 기숙사
W. J. O'B.

◆ ◆ ◆

"대체 어쩌자고 나를 이런 오지에 데려온 거야?"

실리아는 그 말에 웃지 않을 수 없었다. 두 자매가 기숙사 로비에서 싸우고 있었다.

버스에서 내려서 방금 등록 절차를 마친 그들은 아직도 낯선 환경에 당황해하고 있었다. 신입들은 오래 저항하지 않았다. 전국에서 수많은 사람이 계속 밀려와서 실리아는 겨우 몇 주일이 지났는데도 자신이 그곳의 터줏대감인 것 같은 느낌을 받았다. 그곳은 일반적인 소도시, 평생 동안 같은 얼굴에 둘러싸여 살고, 형제자매 부모 조부모가 대대손손 서로를 알고 지내온 그런 곳과는 달랐다. 오크리지에 뿌리를 둔 원주민 집단은 없었다.

원주민이 없으니 외지인도 없었다. 모든 사람이 다른 곳 출신이었다. 모두가 새로운 사람들을 만나고 싶어 했다.

어떤 사람들은 특별구역에 금세 적응했고 어떤 사람들은 환경이 예상보다 더 거칠다고 여겼다. 그래도 모두가 서로의 이야기를 잘 들어주었고, '흙투성이 새 도시'에서 '부족한 대로 최선을 다해보자'는 정신이 가득했다.

"우리는 할 수 있다!" 로지가 했던 말이다.

"투덜이 짓은 그만!" 애팔래치아 사람들이 하는 말이다.

누구도 클린턴 공병사업소를 인생 계획에 넣었던 사람은 없었다. 그건 불가능한 일이었다. 그럼에도 불구하고 그들은 여기서 모두 함께, 진흙에 무릎까지 발이 빠져도, 이 지옥 같은 오랜 전쟁이 끝날 때까지 버텨야 했다. 그들은 자신들이 하는 일이 종전을 앞당길 거라고 들었다. 그들은 그것이 진실이라고 믿어야 했다. 그리고 어쨌건 그들은 모두 한 배에 탄 운명이었다.

여름이 끝나고 폭염이 꺾이면서 찾아온 가을은 펜실베이니아에 비하면 훨씬 따뜻했지만, 그래도 반가웠다. 실리아가 그곳에 처음 온 1943년 8월에는 매일 비가 온 것 같았다. 무더운 남부의 한낮에 하늘을 뚫고 쏟아져 내리던 뜨거운 여름비는 후텁지근한 기억을 남겼다. 콘크리트와 타르에서 수증기가 올랐고, 목조 인도 아래 진흙이 물결치면서 최근에 초목을 베어낸 흙 위에 개천이 만들어졌다. 지역 주민들은 이런 폭우를 '개구리도 때려잡는 비'라고도 불렀다. 다행히 일부 상점, 식당, 레크리에이션 홀, 버스 정류장은 막사, 일터에서 멀지 않았다. 정말로 보행을 방해하는 것은 오직 진흙뿐이었다. 실리아는 곧 진흙이 우연히 생긴 게 아니라는 것을 알게 되었다. 그것은 그 자리를 지킬 운명이었고, 그보다 더 짜증스러운 것은 이따금 불어와 마른기침을 일으키는 건조한 먼지바람이었다.

"오크리지 후두염입니다…." 많은 의사가 숨을 씨근덕거리는 환자들에게 그렇게 말했다.

가장 큰 직원식당은 기숙사에서 가까워 도보로 갈 수 있는 거리였고, 실리아가 캐슬 온 더 힐에 가는 길 중간에 있었다. 그곳의 음식은 기본적이고 저렴하며 양도 많았지만 어머니가 해주던 음식과는 비교할 수 없었다. 식당은 커피 모임, 노래 부르기 모임의 회합 장소 역할도 했고, 그런 모임에는 여자들뿐 아니라 남자들, 매일같이 종일토록 이 사업소가 명령하는 무언지 알 수 없는 일을 하는 젊은 독신 남성들도 많았다.

첫날 리무진을 타고 거기 들어갈 때 실리아는 흙길 주변의 상점들을 전혀 못 보았는데, 그렇게 사방이 공사판이고 똑같은 조립식 건물이 들어선 곳에서는 어디서 무슨 일이 벌어지는지 파악하기가 쉽지 않았다. 그 뒤로 잭슨Jackson 광장에 윌리엄스Williams 약국을 비롯한 몇 개의 상점이 문을 열었고, 타운사이트 중심에는 쇼핑-식당 복합 건물도 생겼다. 심지어 녹스빌의 밀러스 백화점을 본뜬 미니 백화점도 있었고, 배급품과 더불어 비배급품 도시락과 고기 통조림, 비엔나와는 거리가 먼 소시지를 파는 식품점도 있었다. 그 달의 〈오크리지 저널〉에는 레이온 팬티—고무줄이 있는!—, 셔츠 앞판, 심지어 25게이지 레이온 스타킹 광고까지 실렸다. 하지만 정말로 쇼핑을 원하는 여성들은 녹스빌에 가야 했다. 30킬로미터라는 거리는 단숨에 다녀올 만한 거리가 아니었다. 버스는 24시간 지역을 운행하며 구역 외 거주 노동자들을 클린턴 공병사업소로 실어 나르고, 타운사이트의 주민을 녹스빌 등의 인근 도시로 수송했다. 하지만 자동차가 더 편하고 빠른데다 덜 붐볐다.

실리아는 대부분의 주민들과 마찬가지로 자동차가 없었다. 그래서 친구 루가 녹스빌 기차역으로 친구를 마중 나간다며 같이 나가지 않겠느냐고 했을 때 몹시 기뻤다.

　루 파커는 시너 신부의 청년 모임에서 만난 남자였다. 실리아는 여기저기서 다양한 '모임'이 만들어진다는 이야기를 들었다. '여기도 대학과 같은가? 내가 너무 많은 걸 놓친 건 아니겠지?' 미사에 참석하면서 실리아는 새 생활에 더 쉽게 적응할 수 있었고, 사교 생활에 큰 도움을 받았다. 그리고 곧 알게 되지만 가톨릭 신자 가운데는 좋은 남자들도 많았다.

　실리아가 여기 처음 왔을 때는 교회가 없었지만 하나를 짓고 있다는 소식은 들었다. 그녀는 시카고 출신 간호사 로즈메리 마이어스를 만났다. 그녀는 거기 진료소를 세우는 일에 참여하고 있었다. 두 사람은 미사가 열리는 곳을 찾아다녔다. 초기 시절에는 모든 교파가 임시방편을 찾아야 했다. 레크리에이션 홀에서 예배를 볼 때는 맥주통 두 개 위에 합판을 얹고 그 위에 방수포를 씌워서 임시 제단을 만들었다. 미사는 저니바^Geneve 로에 있는 시너 신부의 집에서 열렸다. 그의 거실이 작은 성당이 되었다.

　9월 말에 마침내 채플 온 더 힐^Chapel on the Hill이 봉헌되자, 각 종교와 교파의 대표가 열쇠를 나눠 받았다. 모두가 그 흰색 목조 건물에서 기도를 했다. 그곳에서 유대교, 가톨릭, 침례교, 미국 성공회 등 여러 종교 분파의 의식이 열렸다. 하지만 실리아는 시너 신부 집의 친근한 분위기가 더 좋았다. 각자 가져온 음식, 기도 모임, 라틴어 미사의 익숙한 리듬, 반복하는 그 자체로 마음에 안정을 주는 앉았다 일어났다 하는 방식. 거기서 그녀는 루를 만났다.

　루는 본래 앨라배마주의 듀폰사에서 일했는데, 듀폰사가 X-10 파일럿 플랜트의 관리를 맡자 그 일을 하려고 CEW에 왔다. 지금 기차역으로 오는 사람은 루의 설득으로 이곳에서 함께 일하기로 한 옛 룸메이트였다. 루는 실리아에게 말했다. "같이 리거스에 가서 저녁 식사를 하자." 문제없었다. 짧은 나들이라도 좋은 데서 식사를 하지 못할 이유는 없었다.

그들은 기차역에서 헨리를 맞았고, 실리아와 두 남자는 식당으로 갔다. 실리아는 두 친구가 서로 소식을 전하는 것을 지켜보았고, 자신의 마음이 한 사람으로부터 다른 사람에게로 움직이는 것을 느꼈다.

'이 사람은 누굴까?' 그녀는 궁금했다. 그는 매력적이고 매너가 좋았다.

돌아오는 길에 헨리는 뒷좌석에 앉아서 가족 이야기도 하고, 앨라배마주에 두고 온 여자친구 이야기도 했다.

'뭐라고? 폴란드? 이 사람도 폴란드계야?'

'어쩌면 이 사람하고 데이트를 하게 될지도 몰라.' 실리아는 생각했다. 그리고 루가 기분 나빠하지 않기를 바랐다. 그는 차츰 진지해지려는 것 같았지만, 실리아는 그렇지 않았다. 이 곳의 울타리 안에는 만나볼 만한 남자가 너무 많았다. 데이트는 많이 해볼수록 좋았다. 루는 게이트 안으로 들어가 타운사이트의 기숙사에 실리아를 내려주었다. 그녀는 두 남자와 작별 인사를 하며 매력적인 헨리 클렘스키의 소식을 계속 들을 수 있기를 바랐다.

◆ ◆ ◆

실리아는 생활 관리가 어렵지 않았다. 월요일부터 금요일까지는 오전 8시부터 오후 4시 30분까지 일하고, 필요하면 야근했다. 다행히 교대 일은 할 필요가 없었다. 그녀가 기숙사나 식당에서 만나는 여자들 중에 공장에서 일하는 사람들은 근무 일정이 계속 바뀌고 때로는 밤샘 일도 해야 했다. 여기서는 휴식이라는 개념이 없는 것 같았다.

기숙사와 캐슬 온 더 힐 사이의 진흙길은 짧았지만 하루에 두 번은 돌파해야 하는 장애물 코스였다. 멋내는 일은 불가능했다. I. 밀러 구두는 메이벨과 함께 쓰는 작은 옷장에서 먼지가 쌓여갔다. 그녀는 튼튼하면서도 유행에 뒤지지 않는 배색 단화—이제 잭슨 광장의 밀러스에 입고되었습니다!—를 선택할 때가 더 많았지만 그것조차 끊임없이 들러붙는 오물을 다 막아낼 수는 없었다. 오래지 않아 그녀는 출근길에 왼쪽으로 가야 할 곳에서 오른쪽으로 발을 디뎠다가 무릎까지 진창에 빠졌다. 진흙 속에서 힘겹게 발을 빼냈지만, 새 단화는 사라지고 없었다. 힘겹게 번 돈을 진창에 바쳤다는 사실에 화가 치밀었다.

이제 프로젝트 전체의 본부가 된 캐슬 온 더 힐에서는 바쁜 하루하루가 이어졌다. 실리아가 도착한 날인 1943년 8월 13일에 케네스 니컬스 대령이 공병단장으로 공식 취임해서 모든 프로젝트 사업장의 관리를 책임지게 되었다. 실리아는 니컬스 대령의 오른팔인 밴던 벌크 중령의 비서진이었지만 실무 책임은 대부분 스미츠가 맡았다. 실리아가 하는 일의 상당 부분은 서신과 공문을 타이핑하고 구술을 받아쓰는 것이었는데, 그녀가 조금씩 알아차리는 바에 따르면 사무실에서는 CEW에서 일하는 사람들을 위한 일종의 상해보험 업무도 하는 것 같았다. 그녀는 아직 모르는 것이 많았다. 특별구역 어딘가에 큰 공장들이 있다고 했지만 실제로 보지는 못했다. 루와 헨리가 그런 공장에서 일하는 것 같았다. 그녀는 사람들이 Y-12, K-24, X-10 같은 이름이 붙은 버스에 타는 것을 보았다. 하지만 CEW에서는 통행증이 허용하는 범위 밖으로 나갈 수 없었다. 그것을 어기면 최소한 큰 질책이 기다렸고, 여차하면 영원히 특별구역을 떠나야 했다. 그리고 직원들이 자신이 하는 일과 그 일을 하는 장소에 대해서 떠들고 다니는지 아닌지를 여기저기서 감시한다고 했다.

그녀는 필요할 때면 밴던 벌크 중령의 개인 비서 셰리의 대체 역할도 했다. 그래서 어느 날 잠깐 셰리의 일을 대신해달라는 부탁을 받았을 때도 그렇게 놀라지 않았다. 그녀가 밴던 벌크의 방에 들어가자 다른 남자가 함께 그녀를 기다리고 있었다.

"셰리가 없는데 손님이 오셨으니까 삽카 양이 구술을 받아 적어줘요." 밴던 벌크가 말했다. 실리아는 노트와 펜을 들고 서 있었다.

레슬리 그로브스 장군이 앞으로 걸어왔다. 실리아가 볼 때 그는 일단 군복 입은 현역 군인이었고 나이는 40대 후반 같았다. 풍성한 곱슬머리를 뒤로 빗어 넘겼는데, 한쪽 눈 위로 드리운 일부 머리칼에는 백발이 약간 섞여 있었다. 풍성한 콧수염은 차림새와 마찬가지로 말끔하게 정리되어 있었고, 허리는 엄청나게 두꺼웠다. 실리아가 그를 알아볼 수는 없었다. 그들은 전에 만난 적이 없었다. 둘 다 맨해튼에 있었지만 업무 공간이 겹치지 않았던 것이다. 하지만 사람들이 주변에서 허둥대며 그를 바라보는 모습을 보면 중요한 사람임이 분명했다. 그것 말고 다른 시각적 단서는 별로 없었다. 군복에는 명찰이 없었고, 밴던 벌크도 이 높은 남자가 누구인지 실리아에게 소개하지 않았다.

실리아는 그분이 누구인지, 왜 여기 왔는지, 그의 군복의 여러 색깔 줄무늬는 무슨 뜻인지 묻지 않았다. 하지만 그 남자가 왠지 마음에 들었다. 그는 미소를 보였고, 매너가 좋았고, 진지하지만 따뜻한 어조로 말했다. 하지만 그걸로는 충분하지 않았다. 실리아는 그의 호칭을 알고 싶었다. 제대로 된 호칭을 써야 한다고 교육받으며 컸기 때문이다. 그래서 밴던 벌크 중령의 이름 모를 손님에게 뭐라고 불러야 할지 물었다.

"그냥 G. G.라고 불러요." 이름 모를 손님이 말했다.

✦ ✦ ✦

1943년 크리스마스. 〈크리스마스에는 집에 갈 거야I'll Be Home for Christmas〉가 전국의 라디오 전파를 탔고, 무거운 화음에 담긴 그 간절한 가사가 가족과 친구를 이역만리에 두고 크리스마스를 맞는 사람들의 마음을 울렸다. 아이가 있는 여자들은 클린턴 공병 사업소 타운사이트의 몇 안 되는 상점에서 선물이 될 만한 것을 찾아보았다. '미끄럼틀과 사다리Chutes and Ladders'라는 새로운 보드게임이 대인기였지만, 전시 상황과 배급 체제는 아이들에게도 영향을 미쳤다. 크리스마스 선물로 리오넬사Lionel의 장난감 기차 세트를 받고 싶은 아이들에게는 실망이 기다리고 있었다. 리오넬 사가 전쟁용 나침반을 만들기 위해서 금속 기차 생산을 중단했기 때문이다. 그해 그들은 개당 1달러짜리 종이 기차 세트만 내놓았고, 그것들은 접는 부분과 구멍을 잘 맞추어야 해서 조립하기가 몹시 힘들었다. 화학자들과 큐비클 오퍼레이터들은 명절에도 영업을 하는 식당에서 밀주로 건배를 했고, 오직 물만 담게 만들어진 원뿔형 종이컵의 접착제는 그 술에 금세 녹았다.

12월, 개인적 평가와 기억의 달은 이제 악명을 얻게 되었다.

12월은 프로젝트에 여러 차례 역사적 전환을 가져온 달이었기 때문이다.

꼭 1년 전인 1942년 12월에는 프로젝트의 과학자들이 새로운 힘의 시대로 가는 문을 열었다. 지금 그들은 그것을 완전히 이해하기 위해 바쁘게 일하고 있었다.

1941년 12월에는 일본이 진주만의 해변과 상공을 습격해서 미국을 2차대전에 끌어들였다.

하지만 1938년 12월에는 원자—그리스인이 '아토모스^{atomos}'라고 부른—에서 풀려난 힘을 대서양 너머 알리게 된 사건들이 일어났다. 그 소식이 결국 이 프로젝트를 낳게 되었다.

튜벌로이

✦

리제와 분열, 1938년

이다 노다크가 엔리코 페르미의 발견에 의문을 제기하고 4년이
지났을 때 다른 여성 과학자가 예기치 못한 데이터를 해석하려고
노력하고 있었다. 리제 마이트너는 조카 오토 프리쉬Otto Frisch와 함
께 얼어붙은 북유럽 땅에 내린 12월의 눈을 밟으면서 걸었다. 프
리쉬는 크로스컨트리 스키를 타고 스웨덴 해변 마을 쿵엘브 근처
의 숲을 누볐고, 오스트리아 출신 물리학자 리제 마이트너는 그를
따라 걸었다.

리제는 생각에 잠겼다. 차가운 공기가 콧구멍과 피부와 눈을
찌르며, 이미 팽팽한 대기를 더욱 날카롭게 만들었다. 1938년이
저물어 갔다. 웰스의 소설《우주 전쟁》을 각색한 라디오 드라마
가 미국인들에게 공포를 안겨주고, 두 번째 세계대전이 빠른 속
도로 다가오기 시작한 해였다. 아돌프 히틀러라는 남자가 〈타임〉
선정 '올해의 인물'이 되었다. 리제는 자신이 종사하는 물리학 분
야의 발전들에 대해 생각했고, 점점 불안해지는 세계 정세 속에
서 그것이 가진 잠재적 파급효과를 생각했다. 실제로 그녀는 그런
정세 때문에 여러 달 전에 베를린을 떠나야 했다.

리제는 최근에 이제 장거리 동료가 된 베를린의 카이저 빌헬
름Kaiser-Wilhelm 화학연구소의 방사화학자 오토 한Otto Hahn의 편지

를 받았다. 그녀와 한은 한 달 전에 코펜하겐에서 만났다. 이 수줍지만 열정적인 여성은 망명자가 되었다고 옛 팀원과 만나는 일을 포기할 수 없었다. 리제에게는 선택의 여지가 없었다. 오스트리아가 독일에 합병되자, 그녀는 오스트리아 국적도 과학자로서의 명성도 자신을 나치로부터 보호해줄 수 없다는 것을 깨달았다. 그녀는 이미 나치 친위대 대장 하인리히 힘러Heinrich Himmler의 레이다에 걸려 있었다. 그녀는 출생과 동시에 세례를 받고 스스로 개신교인이라 여기며 살았지만, 나치의 눈에는 여전히 유대인이었다.

그녀의 움직임은 어쩌면 너무 늦은 것처럼 보였다. 주변의 정치적 상황이 악화되는데도 고개를 숙이고 일에만 파묻혀 있었던 것이다. 그러다 오스트리아가 합병되고 친구들의 망명 설득이 이어지자 결국 네덜란드행 기차에 올랐다. 최측근 몇 명을 뺀 다른 사람들에게는 휴가를 간다고 했다. 그녀가 가진 여권은 효력이 없었기에 친구들은 네덜란드 정치계나 이민국에 가진 연줄을 총동원했다. 한은 유사시에 도움이 되기를 바라며 그녀에게 자기 어머니의 반지를 주었다. 기차역으로 가는 길에 그녀는 절박하게 되돌아가고 싶었다. 기차가 네덜란드 국경에 다가갈 때 리제의 불안은 더 커졌다. 기차가 멈추고 순찰대원이 기차 안을 순찰했다. 친구들의 노력 덕분에 리제는 무사히 네덜란드에 들어갈 수 있었다. 그런 뒤 그녀는 스웨덴으로 갔고, 물리학자 친구 닐스 보어가 스웨덴 왕립학술원 물리학연구소의 칼 만네 예오리 시그반Karl Manne Georg Siegbahn 연구실에 자리를 만들어주었다.

리제는 그 자리에 감사했지만 매일같이 오토 한, 그리고 화학자 프리치 슈트라스만Fritz Strassman과 함께 3인조로 일하던 날들이 그리웠다. 한과 함께 실험을 할 때 그녀는 연구실에서 조용히 노래를 흥얼거리곤 했다. 한은 수십 년 동안 그녀의 동료였고, 한은 상사 한 명이 여자는 위험한 존재라고—머리카락에 불이 붙을 수 있기 때문에—그녀를 지하 연구실에서 추방했던 시절부터 그녀를 알았다. 리제는 한과 계속 편지를 주고받았고 그들의 작업을 의논하기 위해 코펜하겐에서 비밀리에 만났다. 마이트너-한-슈트라스만의 팀은 아직도 중성자로 튜벌로이에게 충격을 가하는 연구에 집중하고 있었다. 그것은 그 분야의 많은 연구가 그렇듯이 엔리코 페르미에 의해 촉발된 것이었다. 페르미는 느린 중성자로 핵반응 연구를 해서 1938년에 노벨상을 받았다. 그 후 리제의 연구소를 비롯한 여러 연구소가 중성자를 쏘면서 그 결과를 발표하고 있었다.

이다 노다크의 남편 발터 노다크가 오토 한에게 페르미의 연구에 대한 이다의 비판을 한의 저술이나 강연에서 언급해달라고 했다. 한은 그럴 마음이 별로 없어서 자신은 이다를 '우스꽝스럽게' 만들고 싶지 않다고 말했다. "핵이 커다란 조각들로 부서진다는 가정은 정말로 터무니없다"고.

하지만 한과 슈트라스만의 최신 연구 결과들을 받아든 리제는 쿵엘브 숲 산책 길에서 지성의 마라톤을 했다. 그들에게는 답이 필요했다. 그리고 한은 리제가 그 답을 제공해줄 사람이라고 생각했다.

'액체 방울' 모델

한이 리제에게 보낸 편지는 동짓날 도착했는데, 높은 위도와 긴급한 상황 때문에 그날은 하루가 더욱 짧게 느껴졌다. 한과 슈트라스만이 중성자로 튜벌로이에 충격을 가하자 바륨의 동위원소들이 나왔다고 했다. 바륨은 크기가 튜벌로이의 절반쯤 되는 원소다. 어떻게 그런 일이 일어난 것일까? 튜벌로이는 분열될 수 없지 않는가? 리제는 즉시 한에게 답장했다. 자신도 그 결과가 '놀랍다'고.

"당신이라면 그 이유를 멋지게 설명해낼 수 있지 않을까?" 한이 답장에 썼다. "우리는 그게 바륨으로 분열될 수는 없다고 알고 있어. 그러니까 다른 가능성을 생각해 봐야 돼… 이걸로 세상에 내놓을 만한 어떤 성과를 얻어내면, 우리 셋은 다시 함께 일할 수 있게 될 거야."

리제는 숲에 앉아 스케치하며, 방한모를 쓴 머릿속에 요동치는 물리학을 정리해보려고 했다. 34세의 조카 오토 프리쉬 역시 핵물리학자로 코펜하겐에서 보어와 함께 일했는데, 그가 미술 솜씨가 더 좋아서 리제가 말하는 이미지를 정리했다. 프리쉬는 처음에는 한의 발견에 대해 토론하고 싶지 않았다. 그가 60세의 이모와 함께 스웨덴의 쿵엘브에 온 것은 겨울 휴가를 즐기기 위해서였고, 그에게는 자신의 실험이 따로 있었다. 하지만 리제는 물러서지 않았다. 그녀의 생각은 보어가 내놓은, 핵이 '액체 방울'이라는 모델에 영향을 받았다. 그 모델은 이다 노다크가 페르미의 발견에 대한 견해를 발표했을 때는 아직 알려지지 않았던 것이었다.

노벨상 수상자 닐스 보어는 이미 원자에 대해 많은 사실을 발견했다. 그는 최초로 전자가 핵 주변의 특정한 '궤도'를 움직인다는 이론을 내놓았다. 이것은 때와 상황에 따라 껍데기, 구름, 에너지 준위라고도 불렸다. (원자에 대한 보어의 모델은 그 뒤로 몇십 년 동안 많은 스티로폼 볼 모빌을 낳았고, 학생 과학 발표회의 단골 주제가 되었다.)

'액체 방울' 모델은 말 그대로다. 원자의 핵은 딱딱한 구체가 아니라 액체 방울과 더 비슷하게 이동성과 신축성이 있고… 어쩌면 '분리도 가능'하다는 것이다. 핵이 정말로 분리된다면, 원자를 결합시키는 엄청난 에너지가 그 과정에서 방출될 것이다. 그 에너지는 핵의 질량에 비례할 것이다. 리제는 1909년에 아인슈타인이 잘츠부르크에서 한 강연에 참석했다. 거기서 아인슈타인은 질량이 에너지로 변한다는 혁명적인 개념을 논했다.

$$E = mc^2$$

이것과 다른 공식들을 활용해서—리제의 조카는 이모가 그런 방정식들을 척척 떠올리는 데 놀랐다—두 과학자는 손으로 계산을 했다. 그들은 튜벌로이의 핵이 분열되면 다른 중성자들이 방출될 뿐 아니라 개별 원자당 2억 전자볼트의 에너지가 주변에 방출된다고 추정했다.

이 힘은 주목할 만했다. 프리쉬는 나중에 그 에너지는 사람 눈에 보이는 모래 알갱이를 튀어오르게 할 정도라고 설명했다. 튜벌로이 1그램—1/5티스푼—에는 원자가 약 2.5×10^{21}개 있다. 그것은 25뒤에 0이 스무 개가 붙는 개수다.

'1그램에.'

원자 한 개가 모래 알갱이를 튀게 한다면 1그램은 사막을 날릴 수 있었다.

프로젝트의 탄생

리제는 스톡홀름에 돌아와서 한에게 "바륨으로 분리된다는 사실을 상당히 확신한다"는 내용의 편지를 보냈다.

그런데 한이 '오랜 동료였지만 이제 망명한 유대인 과학자'

와 공동 연구를 발표하는 것은 쉬운 일이 아니었다. 리제는 당시에는 이해했다. 그녀는 물론 증거를 확인하는 것이 중요하지만, 목격한 것을 설명하는 능력도 그 못지않게, 어쩌면 더 중요하다는 것을 알았다. 그녀와 조카는 그 일을 했다. 그녀는 페르미가 여러 해 전에 관찰했지만 완전히 설명하지 못한 것, 노다크가 가능할 거라 여겼지만 모두가 의심했던 것을 말로 표현해냈다. 한과 슈트라스만은 증거를 발견했지만 리제가 그것을 설명했다.

'분열.'

리제와 프리쉬는 그것을 그렇게 부르기로 했다.

프리쉬는 보어가 드로트닝홀름Drottingholm호를 타고 미국으로 건너가기 직전에 그에게 그 소식을 전했다. 그는 미국 과학계의 인사들과 그 발견에 대해 토론을 할 예정이었다. 한과 슈트라스만은 1939년 1월에—리제 없이—과학 저널 〈나투어비센샤프텐Naturwissenschaften〉에 논문을 발표해서 그들이 관찰한 것을 설명했다. 그 발표는 보어가 미국으로 출발한 직후에 있었다. 리제는 프리쉬와 전화로 협업해서—그는 코펜하겐에 있고, 그녀는 스웨덴에 있었으니—한과 슈트라스만의 관찰 결과를 설명하는 독자적 논문을 작성했고, 그것을 〈네이처〉에 실었다. 그것은 분열 과정에 대한 최초의 이론적 해석이었다. 그러자 몇몇 나라에서 많은 후속 연구가 이루어져서 분열 중 중성자가 방출되는 것, 그리고 엄청난 양의 에너지가 함께 방출된다는 것이 확인되었다.

보어를 마중 나온 사람은 엔리코 페르미와 그의 아내 라우라Laura였다. 그들 부부도 바로 얼마 전에 아이들을 데리고 미국에 와 있었다. 그들은 엔리코의 노벨상을 받기 위해 스톡홀름에 갔다가 이탈리아로 돌아가지 않았다. 라우라는 유대인이었고, 베니토 무솔리니^{Benito Mussolini}의 이탈리아는 남편의 명성에 상관없이 그녀에게 안전하지 않았다. 미국에서도 헝가리 물리학자 레오 실라르드^{Leo Szilard}를 비롯한 많은 사람이 이제 비밀이 필요하다고 생각했다. 과학계는 그 이상의 발견에 대해서는 입을 다물어야 했다. 전쟁이 다가오고 있었다. 또 한 명의 헝가리 물리학자 유진 위그너는 실라르드와 함께 프린스턴 대학으로 아인슈타인을 찾아가서 핵물리학 분야의 엄청난 발전을 설명하고, 루스벨트 대통령에게서 튜벌로이 연구에 대한 지원을 받아내야 한다고 이 헝클어진 머리의 천재 교수를 설득했다. 그들은 독일이 이미 독자적인 연구를 시작했다는 내용을 담은 편지의 초안을 작성해 갔다. 아인슈타인은 그 편지에 서명했다. 경제학자이며 대통령의 친구인 알렉산더 삭스^{Alexander Sachs}가 그 편지를 대통령에게 전달했다.

그 직후인 1939년 10월에, 차후에 생겨난 무수한 위원회, 자문 그룹, 비밀 전문가 회의—그것은 결국 맨해튼 공병단과 프로젝트로 발전한다—의 최초 집단이 꾸려지고, 6000달러라는 미미한 지원금을 받았다. 1941년 12월 6일에 이런 행정 조직 하나—과학 개발처 S-1부—가 또 하나의 행정 기구 대신 이 새로운 힘을 뽑아낼 '종합적 사업단'을 꾸릴 것을 제안했다. 그 회의의 참석자 가운데 결국 맨해튼계획으로 발전하게 된 그 사업단에 시간과 돈과 인력을 투여할 가치가 있을까 걱정하는 사람이 있었다면, 바로 그 다음 날인 1941년 12월 7일 벌어진 진주만 폭격으로 마음을 바꾸었을 것이다.

망명한 오스트리아 여성 물리학자가 눈밭에서 깨달은 내용이 군사, 산업, 과학 세계의 전에 없던 협력을 이끌어냈다. 빠르게 날아가는 총탄과 느리게 움직이는 중성자는 둘 다 '전쟁 승리'라는 같은 목적을 겨냥했다. 이다 노다크의 이론과 리제 마이트너의 설명이 일으킨 그 나름의 연쇄반응인 셈이다. 과학이 군사 및 산업과 충돌해서 분리구획된 수많은 개별 단위로 분열했다. 그리고 그것들이 모두 각자의 궤도를 따라 움직이며 사막의 모래를 폭발시킬 준비를 하고 있었다.

아토믹 걸스

4
불펜과 감시원

신입 직원을 맞는 프로젝트의 자세

어디서 시작해야 할지 모르겠다. 여기서의 직장 이야기 3년치면 전쟁 전 평균적인 남자의 직장 이야기 총량과 맞먹을 것이다.

— 바이 워런, 〈오크리지 저널〉

버지니아 스파이비는 연옥에 있었다. 서류가 불충분한 사람으로 분류되어 이도저도 아닌 상태로 지내야 했기 때문이다. 수줍으면서도 활기찬 성품의 이 스물한 살 처녀에게 닥친 징벌은 자신과 함께 이 '불펜(본래는 우사牛舍라는 뜻, 야구에서 구원투수가 워밍업을 하는 장소를 가리키기도 한다—옮긴이)'이라는 곳에 갇힌 불안한 개인들에게 매일 가르칠 거리를 고안하는 것이었다. 인증을 기다리는 일과 입조심까지 삼중의 고난이었다.

    CEW에 처음 온 사람들이 새 일을 시작하려면 먼저 적절한 신원 인증을 받아야 했고, 신체검사를 통과해야 했고, 사진과 지문을 찍어야 했고, 소변검사를 해야 했으며, '입을 다물겠다'라고 맹세하는 수많은 서류에 서명해야 했다. 숙소에 들어갈 수도 있었지만 직무 인증을 얻기 전까지는 기본적으로 불펜에 머물러야 했다. 인증에 걸리는 시간은 개인에 따라 또 직무에 따라 달랐다. 비밀에 더 가까운 플랜트 지역에서 일하는 사람은 식당 일꾼보다 훨씬 더 높은 단계의 인증이 필요했다.

허가를 원하는 간절함이 서린 승인 도장을 받기 전에도 삶은 이어졌다. 사람들은 트레일러, 주택, 기숙사에 들어갔고, 많은 이들이 낮 시간 동안 캐슬 근처의 불펜에서 대기했다. 그곳에서 담배를 피우거나 책이나 신문을 읽었다. 또 앞으로의 직무와 관련이 있을 수도 있고 없을 수도 있는 기술을 익히며 배정을 기다리며 무료한 일상을 보내기도 했다.

CEW는 남의 일에 간섭하지 않는 분위기였다. 경비병이 선 게이트를 통과한 순간 사람들에게는 비밀의 베일이 내려왔다. 게이트 안쪽 세계에 대한 정보는 아무리 시시한 것이라도 외부와 공유가 금지되었다. 말해도 좋은 것인지 어쩐지 잘 모르겠으면 입을 다물어야 했다.

신입 주민들은 그곳에 온 지 몇 주일 된 '고참'들에게서 비공식 교육을 받았다. 특별구역 전역에 설치된 광고판과 안내문은 모두에게 '입조심'을 당부했다. 주민 안내서 첫 페이지에는 다음과 같은 글이 실렸다.

이 군사 지역에는 중대한 전쟁 시설이 있습니다. 전쟁 지원 업무를 하는 다른 시설들과 마찬가지로, 이곳의 보안을 지키기 위해서는 모두가 협력해서 이 장소, 여기 접근할 수 있는 사람들, 그리고 관련 정보와 물질과 사업부에 대한 규칙을 준수해야 합니다.
그러므로 모두가 잊지 말아야 할 중요한 규칙은 여기서 하는 일, 여기서 보는 것, 여기서 들은 것을 바깥에 알리지 않는 것입니다.

경력 확인은 하나의 단계일 뿐, 그것이 채용을 보장하지는 않았다. 채용 담당자들은 대기 시간과 훈련 과정도 지켜보고 사람들을 걸러냈다.

한 이야기에 따르면, 훈련 동기들에게 자신이 열쇠를 잘 딴다고 자랑하던 열쇠공이 있었다. 그는 거기 플랜트들에 침입해서 군 당국에 그곳의 보안 상태가 얼마나 허술한지를 보여주고 싶어 했다.

그는 곧바로 Y-12 훈련 과정에서 사라졌다.

어떤 사람들은 고향에서 일으킨 문제로 탈락했는데, 그 가운데는 사람을 뽑는 데 그런 걸 왜 신경 쓸까 싶은 개인적인 일들도 있었다. 하지만 이곳은 평범한 직장이 아니었다. 예를 들면 돈 문제를 겪는 사람은 금전적 이익을 위해 무슨 일을 해주거나 아니면 기밀을 누설할 가능성이 더 컸다. 프로젝트의 인력난 속에서도 아무런 설명을 듣지 못한 채 탈락하는 지원자들이 끊이지 않았다.

어떤 신입자들은 적을 무시무시하게 묘사하는 교육 영화를 보았다. 또 어떤 신입자들은 이런 질문을 받았다.

-술을 마시나요? 얼마나 자주?

-가까운 사람이 비밀을 밝히면 신고하겠습니까?

-공산주의와 관련 있거나 민주 정부에 반대하는 단체에 소속된 적이 있나요?

사방에 늘 감시의 눈길이 있었다. Y-12 플랜트에서 감독관 훈련을 받던 한 사람은 이곳 사람들 넷 중 한 명꼴로 FBI라는 말을 들었다. 등록부 사람들은 때때로 신입자들에게 "입 다물라"는 메시지를 담은 사연들을 방송했다. 그 내용은 신빙성 있을 만큼 구체적이었지만, 규칙을 어긴 개인들의 운명은 모호하게 남겨두

불펜과 감시원

었다.

"가족에게 보내는 편지에 새 거주지에 있는 시설의 크기와 숫자를 아무 생각 없이 적은 여자, 일기를 쓴 사람, 플랜트에서 본 기계의 종류에 대해 친구에게 말한 남자…."

신원 등록 및 훈련 시기에 각 개인은 위치에 상관없이 자신의 일을 수행하는 데 필요한 정보를 전달받았지만 그 이상은 조금도 더 알 수 없었다.

한 수습 과학자는 Q 인가(원자력, 핵 설비와 관련된 일급비밀에 접근하기 위한 허가 절차. 현재는 미국 에너지부가 주관한다—옮긴이)를 기다리는 동안, 고등학교 시절에 배운 것을 복습하는 강좌를 수강했다. 그는 직무 설명 때 교관의 발언 하나를 좀 더 자세히 설명해달라고 했다. 교관은 대답했다. 호기심을 위한 호기심은 좋지 않다고, 그곳에 남아 일하고 싶다면 일에만 관심을 집중하라고, 자신이 알아야 할 것은 꼭 필요할 때 꼭 필요한 만큼 전달될 것임을 믿어야 한다고.

◆ ◆ ◆

황당한 일이지만, 버지니아는 이미 인증을 받았다. 그녀는 1943년 12월에 CEW에 와서 면접을 봤을 때 이미 많은 질문에 답하고 서류에 서명하고, 여러 가지 절차를 거쳤다. 하지만 그때는 아직 학생이라서 바로 일할 수 없었다. 그런데 다시 이곳에 왔을 때 담당자들은 그녀의 인증 서류가 어디 있는지를 몰랐다. 그녀는 새로 지어진 웨스트 빌리지West Village 기숙사의 방을 배정받았고, 매일 불펜으로 나가서 기다렸다. 그리고 대졸자였기 때문에 예기치 않게도 볼펜에서 교사 역할을 하게 되었다.

채플힐 소재 노스캐롤라이나 대학 시절에 버지니아는 교사가 되지 않겠다고 특별히 마음먹었다. 처음에 영문학을 전공할 때 수강했던 교직 과정 때문이었다. 그 일은 지루하고 재미없었다. 하지만 과학에는 전부터 관심이 많았다. 과학은 너무도 흥미로웠다. 언제나 배울 게 있었고, **오늘날**의 현실과 접목되었다. 그녀는 화학으로 전공을 바꾸고 흔들림 없이 그 길을 갔다.

버지니아가 졸업 직전에 만난 인력 채용관은 그녀에게 2만 3200헥타르에 걸쳐 뻗은 지역에 대해 설명했다. 그곳에는 전시 산업 플랜트들이 있고 무료 버스가 밤낮없이 다닌다고 했다. 거기로 가면 버지니아는 전공을 살려서 일할 수 있었다. 채용관은 그 마법의 장소는 테네시주에 있으니 크리스마스 휴가 때 면접을 보러 오라고 했다.

버지니아는 그때 평생 처음으로 기차를 탔다. 그녀는 노스캐롤라이나주 루이스버그에 있는 본가에 가서 크리스마스를 보낸 뒤 버스를 타고 그린즈버러로 갔다. 거기서 그린즈버러 대학의 친구들과 함께 밤을 보내고 다음 날 아침 택시로 기차역에 갔다. 기차는 서쪽으로 달렸고, 평탄하던 피드몬트 지형은 노스캐롤라이나 서부 산악지대의 애슈빌에 가까워지자 점점 높아졌다. 그녀는 예전에 가족들과 함께 자동차를 타고 그곳을 지나간 적이 있었다. 블루리지 산악 경치는 그녀에게 익숙한 낮은 땅과는 크게 달랐다. 스모키산맥의 거친 비탈면에 걸린 엷은 구름들이 차창 가에서 춤을 추는 것 같았다. "창문을 내리고 구름에 손을 씻어보렴." 아버지가 말했다.

이미 CEW에서 일하고 있던 버지니아의 친구 조니가 꽃을 들고 녹스빌역으로 마중 나와 있었다. 밤늦은 시각이었고, 그녀는 바로 인력 채용관이 예약해둔 녹스빌 시내의 하숙집으로 갔다. 버지니아의 대학 친구 버지니아 켈리는 고향 뉴욕주 로체스터에서 거기까지 왔다. 녹스빌은 호황을 맞은 듯 사람이 가득했다. 버지니아는 그곳에서 함께 생활할 친구들이 있어서 기뻤다.

아침 식사는 반갑기 짝이 없었다. 식당차의 음식값이 어떨지 몰라서 버지니아는 저녁 식사 알림을 모른 척하고 배고픈 채로 잠을 잤다. 아침 식사 후에 자동차가 와서 여자들을 녹스빌로 데리고 가서 신체검사를 받게 했다. 그런 뒤 운전기사는 두 버지니아를 데리고 경비병이 선 에지무어Edgemoor 게이트를 통과해 특별구역에 들어갔고, 바로 Y-12 플랜트로 갔다. 버지니아는 서리 내린 클린치강을 즐겁게 바라보았다. 게이트를 지나자 풍경의 색채가 바뀌었다. 공사 차량들의 통행 때문에 언 진흙땅에 커다란 타이어 자국들이 박혀 있었다.

Y-12의 면접은 짧아서 좋았고, 거기서 들은 이야기는 학교에서 인력 채용관에게 들은 이야기와 크게 다르지 않았다. 버지니아는 합격했다. 그녀는 중요한 전쟁 프로젝트의 연구소에서 실험 조수로 일하게 되었고, 일은 졸업 후에 시작하기로 했다.

그런데 이제 CEW에 왔더니 아무도 버지니아의 서류를 찾지 못했다. 그러더니 담당자들이 버지니아에게 불펜에 있는 다른 사람들을 교육시켜주었으면 좋겠다고 했다. 무슨 교육을 해야 할지는 그들도 몰랐다.

버지니아는 흥미로운 즉석 수업을 고안하느라 머리를 쥐어짰다. 그곳에 온 사람들은 각자의 직무만큼이나 다양했고, 출신 지역도 테네시주는 물론 미국 전역에 걸쳐 있었다. 남부 사람, 북부 사람, 고학력자, 학업 중퇴자, 도시 사람, 시골 사람, 남자, 여자. 버지니아가 아무리 열심히 준비해도 일부는 죽을 듯이 지겨워하는 것 같았다. 하지만 어떤 사람들을 놀라울 만큼 흥미로워했다. 힘든 상황이지만 버지니아는 최선을 다했다. 심지어 간단한 화학 실험을 수행해서 화학반응이 어떻게 일어나는지, '기체'가 무엇인지를 설명하기도 했다. 실험은 화학 수업에 흔한 베이킹 소다와 식초를 섞는 것이었다. 식초의 수소가 베이킹 소다의 중탄산과 부딪히면, 식초가 이산화탄소와 물로 변해서 뽀글뽀글 거품을 일으킨다. 그 실험은 조용한 두 종류의 비활성 물질이 만나서 활기찬 움직임을 일으키는 것을 눈으로 보게 해주었다.

버지니아는 수량계와 전기 계기 읽는 법도 가르쳤다. 어떤 사람들은 평생 야드 자나 미터 자를 써본 적도 없고 심지어 본 적도 없었다. 버지니아는 사람들에게 야드와 미터의 차이를 설명했다(1야드는 약 0.9미터—옮긴이). 어쨌거나 그 일 덕분에 그냥 하염없이 기다리는 일은 피할 수 있었다. 때로는 수업 중간에 수강생이 일어나서 나가기도 했다. 그런 사람들은 1시간 후에 돌아오기도 했고, 돌아오지 않기도 했다.

그들 중에는 젊은 여자가 많았고, 특히 이제 막 테네시주 시골의 고등학교를 졸업한 10대 소녀가 많았다. 교육 내용 가운데는 그들에게 다이얼과 게이지 읽는 법을 일러주고, 다이얼과 게이지가 뭔지 정확히 가르쳐주는 것도 있었다. 버지니아는 여자들이 왜 장치를 읽어야 하는지 이유를 몰라서 수업에서는 기본 개념만을 전달했다. 일부 사람들의 낮은 학력을 생각하면 그 방법이 더 좋았다. 그녀는 아주 기초적인 동작과 원리를 설명했다. 어떤 다이얼, 게이지, 손잡이는 0 또는 중앙부를 중심으로 양쪽으로 움직이고, 그런 것은 그냥 왼쪽에서 오른쪽으로, 작은 수치에서 큰 수치로 변하는 계기와는 다르다고 설명했다. 그런 내용은 집에 수도도 전기도 없는 18세 소녀들에게는 약간 직관에 어긋나는 것이었다. 하지만 버지니아는 새로운 사람을 만나는 것이 좋았고, 실제로 많은 여자들이 수업을 주의 깊게 들으며 높은 학습 능력을 보였다.

불펜에 꾸준히 온 사람 중에 맥 파이퍼라는 남자가 있었다. 그는 버지니아에게 특히 관심을 보였다. 그는 그녀에게 인사하고, 자신이 Y-12 플랜트의 인사 팀장이 될 거라고 말했다. Y-12는 애초에 버지니아가 배정받은 곳이었다. 맥은 버지니아에게 자신의 팀에 들어오지 않겠느냐고 물었다. 그 일은 인사관리 업무로 과학과 관련된 일이 아니었다. 하지만 그녀는 불펜을 벗어나야 했다. 그 길이 가장 빠른 자유의 길인 것 같아서 그녀는 그 제안을 수락했다.

일이 버지니아의 계획대로 흘러가지 않은 것이 그때가 처음은 아니었다. 그녀는 주어지는 상황이 고통스럽고 부당해 보여도 그것을 인정하고 최선을 다해야 한다는 것을 어린 나이에 깨달았다. 모두 겪어본 일이었다. 이것은 그저 예기치 못한 방향으로의 전환일 뿐이었고, 그녀는 기꺼이 바뀐 경로로 갈 각오가 되어 있었다.

✦ ✦ ✦

도로시 존스는 그 지겨운 기계 사용법을 6주 동안이나 배웠다. 고등학교를 졸업하면서 시간표와 교사에게서 벗어난 줄 알았는데 여기 와서 다시 수업을 받게 된 것이다.

도로시는 자기 앞의 패널panel(계기판)이 진짜가 아니라는 것을 알았다. 하지만 교육이 끝나고 플랜트에 그녀가 일할 건물이 준비되기 전에는 진짜 패널을 볼 수가 없었다. 그 전까지는 손잡이 장치와 다이얼 등에 대해 훈련받았다. 테네시주 혼비크에서는 한 번도 본 적이 없는 것이었다. 테네시주 북서부 오지의 그 소읍은 미주리주와 테네시주를 가르며 흐르는 미시시피강에서 차로 20분 정도 거리에 있었다.

프로젝트는 어린 고졸 여성, 특히 농촌 출신을 좋아했다. 인력 채용관들은 젊은 여자들이 지시하기 좋다고 여기고, 그들을 끊임없이 채용했다. 그들은 보통 시키는 대로 했고 과도한 호기심도 없었다. 소도시 출신 18세 소녀들은 무슨 일을 지시받으면 아무것도 묻지 않고 그대로 했다. 고학력자들, 대졸 남녀들은 자신들이 무언가를 '안다'고 생각해서 문제를 일으켰다. 프로젝트는 테네시주와 그 인접 주의 시골들을 돌아다니며 졸업한 지 얼마 안 된 고졸 여자들을 찾았다.

도로시는 고등학교 졸업 이후에 특별한 계획이 없었지만, 그것이 딱히 그녀만의 문제는 아니었다. 졸업반의 열두 명 정도 중에 대학에 가는 친구는 두세 명뿐이었다. 그녀는 학교에 구인 공고가 걸리자 지체 없이 지원했고, 인력 채용관 앞에서 간단한 필기시험을 보았다. 시험을 볼 때는 덜덜 떨었고 어떻게 봤는지도 기억나지 않았지만 기쁘게도 수학은 없었다.

그녀는 다른 아이들은 왜 인력 채용관을 만나지 않는지, 왜 평생 혼비크에서 살고 싶어 하는지 이해하지 못했다. 그녀는 언제나 그곳을 떠나고 싶었다. 방법은 몰라도 파리 같은 곳에 가고 싶었다. 그녀는 좋은 사람, 대학을 졸업한 사람, 자신을 지원해주는 사람과 결혼하고 싶었다. 그 모든 것이 농장의 삶과는 한없이 동떨어져 있는 것 같았지만, 그래도 미래를 꿈꾸었다. 그걸 포기할 이유가 있을까? 그리고 떠나지 않을 이유도? 이런 기회가 혼비크에 몇 번이나 올까? 여길 떠나서 무언가를 할 기회, 어딘가 다른 곳으로 갈 기회가.

집을 떠나고 싶어 했지만 두려움이 없던 것은 아니었다. 그런데 도로시의 일자리가 마련되었다는 소식이 놀라울 만큼 빨리 왔다. 아버지가 트럭으로 내슈빌의 버스 정류장까지 그녀를 태워다 주었다. 녹스빌에 도착하자 기다리던 버스가 그녀를 태우고 먼지 낀 게이트를 지나 그녀가 새 삶을 일굴 특별구역으로 들어갔다. 일자리를 찾아 혼비크에서 녹스빌까지 간 사람은 남자든 여자든 그녀가 유일했다.

하지만 그곳은 그녀가 예상했던 것과는 달랐다. 혼비크가 아무리 시골이라고는 해도 여기와는 달리 적어도 도로에 인도는 있었다.

그 경비병과 울타리, 그리고 컴벌랜드 구릉지대에 자리한 서부 개척시대 같은—아직 다 짓지도 않고 사방이 진흙에 덮인—도시를 처음 보자 도로시는 '돈을 모으면 집으로 돌아갈 거야!' 하고 생각했다. 인력 채용관들과 안내서와 경고판들은 불안을 부추겼다. 자신이 말을 잘못할까 봐 겁이 났다. 말 한마디 잘못하면 체포되거나 사살될 것만 같았다. 그녀는 평생 시골에 살던 10대 소녀였다.

하지만 도로시는 곧 편안해졌다. 기숙사에는 그녀와 같은 여자들이 있었다. 그들은 불편한 환경 속에서 인증을 기다렸고, 괴상한 기계들에 대한 교육을 받고 있었다. 그리고 아주 유능해 보이는, 어쨌거나 행동은 그렇게 하는 여자들도 있었다.

그래도 도로시는 엄마가 그리웠다. 나이가 몇 살이어도 안아주는 넉넉함, 어떤 위기에도 답을 주고, 어려울 때 기댈 수 있는 푸근함. 하지만 도로시는 집으로 달아나지 않을 것이다. 부모님은 그녀의 취직을 기뻐했다. 도로시는 농장 일에는 맞지 않았고, 그녀 자신도 그걸 알았다. 펌프가로 물을 길으러 가는 단순한 일을 할 때도 그녀는 라디오 앞에 앉아서 연속극에 빠져들곤 했다.

7남매 중 막내인 도로시는 가장 늦게 집을 떠났다. 언니들은 모두 도시로 나가 취직했고, 오빠들은 오래전에 전쟁터로 갔다. 우드로와 데이비드는 육군이고, 쇼티는… 쇼티는 해군의 갑판 포병이었다. 도로시는 그가 보내는 신기한 엽서들을 좋아했다. 가장 좋았던 것은 쇼티가 술에 취해 찍은 사진이었다. 하얀 해군 상의를 입고 하의는 풀잎 치마를 입은 그 사진은 하와이에서 보낸 것이었다.

식구들이 크리스마스 직전에 소식을 들었을 때 그는 겨우 스물셋이었다.

"실종자 가운데 포함된 것으로 추정…"

그녀와 부모님이 들은 것은 그게 전부였다. 그가 죽었다는 소식은 오지 않았다. 하지만 그들은 소식이 오기 전부터 결말을 알았다. 애리조나함의 운명이 알려졌을 때 그녀도 가족도 알았다. 그는 아직도 거기 있을 것이다. 다른 많은 군인들과 함께 그 혼탁한 바닷속에.

"테네시 동부 어딘가"는 단순한 직장이 아니었다. 도로시는 그것이 쇼티를 빼앗아간 전쟁을 끝내는 한 가지 길이라고 여겼다. 마지막 엽서에서 쇼티는 여전히 그녀를 '아기'라고 불렀다. 도로

불펜과 감시원

시는 그 말에 웃음이 났다. 이제 더 이상 자라지 못하는 사람은 쇼
티였기 때문이다.

◆　◆　◆

봄이 왔다. 타운사이트는 나날이 커졌고―"매크로이 스토어
가 잭슨 광장의 리지 극장 옆에 문을 열었습니다!"―, 〈오크리지
저널〉은 주민들에게 '입이 근질거리는지'를 물었다.

… 추축국樞軸國 첩보 활동과 방해 행위 전문가들이 그들의 지도자
앞에 서 있다… 그들은 나치를 위한 핵심 임무에 나설 것이다… 지
금 적군 요원들은 이런 지시를 받고 있다….
테네시주 어딘가에서 전쟁 관련 신프로젝트가 수행된다는 이야기
가 있다. 그에 대한 자세한 정보를 얻어 오라….
사람들에게 말을 걸고 그들의 말을 들어라. 지금 이루어지고 있는
일들에 대한 여론과 현지의 추정 내용을 알아내라.
원주민과 노동자들이 도와줄 것이다. 그들이 말해줄 테니, 그것을
들어라. 누군가는 분명 아무 의심 없이 이야기를 술술 털어놓을 것
이다. 또 자신들이 정보를 누설한다는 사실도 모르는 자들이 있을
것이다.
버려진 설계도를 찾고 쓰레기를 뒤져라. 최대한 많은 대화를 들어
라. 미국인들은 끊임없이 자기 일에 대해 이야기를 한다… 심리적
방해 행동은 괴벨스Goebbels 박사가 통달한 우리의 무기다. 소문을
들으면 그것을 최대한 전파하라… 음식의 질, 진흙, 병, 저임금, 파
업, 쓰레기, 차별, 인종 편견과 학대에 대해서―현장이 너무 더럽고

한심하고 관리 상태가 형편없고 효율도 엉망이라는 이미지를 만들어서 멀쩡한 사람은 그곳을 떠나고 싶게 만들어라.

그들이 테네시주를 저주하며 우르르 떠나게 만들어라….

그들의 경솔한 입과 허술한 두뇌를 우리에게 유리하게 활용하라.

테네시주의 이 프로젝트가 미국에게 아무런 도움이 되지 않을 거라는 보고를 가져오라. 하일 히틀러!

◆　◆　◆

노크 소리가 났다.

헬렌은 기숙사 방에 앉아서 빨래를 개다가 놀라서 고개를 들었다. 그녀를 찾아올 사람이 없었다.

누가 방을 착각했을 것이다.

헬렌은 그날도 불펜에서 길고 지루한 하루를 보내고 돌아와 있었다. 아직도 인증이 나오지 않았고, 언제 정식으로 일을 시작할지 알 수 없었다. 그녀는 여자들이 내일 입을 속옷을 위해 세탁실로 몰려들기 전에 빨래를 하려고 일찍 돌아왔다. 이곳의 세탁소는 별로 믿을 만하지 않다는 말을 들었기 때문이다.

그런데 다시 노크 소리가 났고, 이번에는 소리가 더 컸다. 누가 문을 두드리는지 몰라도 그냥 가지는 않을 것 같았다. 헬렌은 자리에서 일어나 빨래 더미를 피해서 문을 열었다. 기숙사 사감이었다.

"아래층에 남자가 두 분 찾아왔어요." 사감이 말했다.

"저를 찾아올 사람이 없는데요. 더군다나 남자는요." 헬렌이 대답했다.

"이름이 헬렌 홀 맞죠?"

"네."

"그분들이 헬렌을 만나고 싶어 하네요. 아래층으로 내려가 봐요."

헬렌은 그 말에 따랐다. 로비로 내려가는데 머릿속이 바쁘게 돌아갔다.

'도대체 어떤 사람들이지? 그리고 뭐 때문에 온 거야? 내가 벌써 뭘 잘못했나? 아, 안 돼, 내가 벌써 무슨 큰 잘못을 저지른 게 아니기를.' 그녀는 걱정을 떨칠 수 없었다.

로비에 내려가자 사감이 두 남자를 가리켰다. 헬렌은 그들을 보았다. 검은 정장 차림이었고, 얼굴을 보자 헬렌이 모르는 사람이 분명했다.

헬렌이 그들에게 다가갔다.

"제가 헬렌 홀입니다." 그녀가 말하고 기다렸다.

두 남자는 슬쩍 뒤를 돌아보았다. 로비에 모여드는 다른 여자나 손님들—우편물을 가지러 오거나, 전화를 하거나, 수다를 떠는—을 살펴보는 것 같았다.

"잠깐 밖에 나가서 이야기할 수 있을까요?" 한 명이 물었다.

헬렌은 좋다고 했다. 달리 어떻게 하겠는가?

세 사람은 기숙사 밖으로 나갔다. 어두웠다. 그녀는 소도시 출신이지만 어두운 데서 낯선 남자들과 이야기하는 게 바람직하지 않다는 것은 알았다. 하지만 이 사람들은 중요한 사람들이 분명했다.

남자들이 입을 열고 용건을 말했다. 헬렌은 그 이야기를 들었고, 자신이 뭘 잘못한 게 아니라는 걸 알게 되었다. 하지만 그들이

한 말은 그들 못지않게 당황스러웠다.

"주변 사람들이 하는 행동과 말을 자세히 관찰해줄 수 있나요?" 두 남자가 물었다.

헬렌은 계속 들었다.

그들은 그녀가 근무 중에 또는 식당 같은 데서 사람들이 하는 말을 유심히 들어볼 의향이 있는지 물었다. 그리고 분별없이 말하는 것 같은 사람, 예를 들면 자신이 플랜트에서 하는 일에 대해 이야기를 많이 하는 사람을 특별히 주의 깊게 관찰해야 한다고 했다.

그리고 그렇게 수집한 정보—이름, 날짜, 장소, 문제가 될 만한 발언 내용—을 적어서 그들에게 보내기만 하면 된다고 했다. 자신들에게 직접 줄 필요도 없다고, 그 메모는 우편으로 보내면 아무도 모르는 평범한 우편함으로 배달될 거라고 했다.

그리고 모든 비밀이 철저하게 보장될 것이라고.

그 말을 듣는 동안, 헬렌은 테네시주 이글빌의 한 식당 겸 약국에서 일하던 18세의 자신을 수수께끼 같은 전쟁 플랜트에서 채용한 것이 스파이 일을 맡기기 위해서라는 것을 깨달았다.

남자들은 헬렌의 대답을 기다렸다.

"어때요. 좋아요? 싫어요?"

그들은 그 일이 그곳의 전쟁 지원 사업에 아주 중요하다고 강조했다.

"헬렌 양도 힘을 보태고 싶지 않나요?"

남자들은 헬렌에게 녹스빌 시내에 있는 ACME 보험회사의 주소가 적힌 편지 봉투 한 묶음을 주고 그것을 통해서 정보를 보내라고 했다. 봉투를 넣을 우편함의 위치도 일러주었다. 걱정할 것 없다고, 모두 익명으로 처리된다고, 누구에게도 의심받지 않고 정보를 전할 수 있다고 했다.

남자들이 묻기는 했지만, 헬렌은 자신이 대답을 선택할 수 없다고 느꼈다. 그래서 할 수 있는 유일한 대답을 했다.

"네, 도와드려야죠."

그녀가 봉투를 받자, 두 남자는 고맙다고 말하고 어둠 속으로 떠났다. 헬렌은 기숙사로 돌아왔다.

다시 자기 방에 올라온 헬렌은 빨래 더미를 피해 책상 앞으로 가서 서랍에 봉투를 넣었다.

튜벌로이

✦

리오나와 시카고의 성공, 1942년 12월

"교수님이 일본 제독을 침몰시키셨어요." 리오나가 말했다.

리오나 우즈는 라우라 페르미의 질문에 달리 대답할 말이 없었다. 비밀 업무를 수행하는 사람들은 모호한 말이나 비유로 둘러대는 일이 일상이었다. 친구와 가족들에게도.

라우라의 질문은 이것이었다. "왜 사람들이 내 남편한테 축하하는 거죠?"

23세의 리오나는 지난 6개월 동안 시카고 대학 금속공학연구소에서 일하며 라우라에게서 따뜻한 대접을 받았지만, 그런 사실과 무관하게 이 질문에는 대답을 할 수 없었다.

페르미 박사 그룹은 일과 후에 미시건 호수의 프로몬터리 promontory 포인트에서 수영을 하다가 그의 집까지 갈 때가 많았다. 거기에서 아름다운 라우라가 준비한 저녁을 먹고, 그들 부부가 무솔리니 치하의 이탈리아에서 살던 이야기를 들었다. 페르미 부부는 처음 미국에 왔을 때 다른 사람들이 적국 외국인 신분인 자신들을 어떻게 볼까 끊임없이 걱정했고, 페르미가 컬럼비아 대학에서 일하던 시절에는 집 배관 속에 긴급 도피 자금을 숨겨두고 살았다. 리오나는 라우라에게 거짓말을 하고 싶지 않았지만, 진실을 말할 수는 없었다.

진실은 그날 페르미가 시카고 대학 미식축구 경기장 서쪽 스탠드 아래에 있는 옛 스쿼시 코트에서 중대한 실험을 했다는 것이었다. '시카고 파일-1(CP-1)'이 그들 앞에 우람하게 서 있었다. 1942년 달러로 약 270만 달러가 들어간 그 장치는 흑연 380톤, 금속 튜벌로이 6톤, 산화튜벌로이 약 50톤으로 만든 57층의 매트릭스(내부에서 특정한 반응이 일어나도록 설계된 장치—옮긴이)였다. 높이는 6미터, 폭은 약 7.5미터였다. 프로젝트는 이 파일이 세계 최초의 자급적 핵반응기가 되기를 희망했다.

셔츠를 벗은 페르미와 그의 팀원들은 티거, 피글릿, 캉가, 루가 작동을 시작하기를 기다렸다. 영어 공부를 위해 A. A. 밀른A.A. Milne 의 《곰돌이 푸》를 읽던 41세의 페르미는 자신의 장치들에 그 책 주인공들의 이름을 붙여주었다. 덕분에 이른바 '자살 특공대'가 필요할 만큼 위험한 작업에 장난기 어린 느낌이 더해졌다. 그들은 실험이 통제를 벗어나면 즉시 중단시키기 위해서 대기하는 사람들이었다.

리오나는 열다섯 번째 층 이후에 삽입하는 삼불화붕소 계수기로 파일에 기여했다. 리오나의 계수기는 파일에 층이 더해짐에 따라 중성자 활동이 어떻게 변화하는지를 측정했다. 그 측정치는 파일이 얼마나 커져야 '임계점'에 도달하는지를 판단하는 데 쓰일 것이다. 임계점이란 연쇄반응이 자동으로 일어나는 지점, 즉 충분한 중성자가 충분한 원자를 쪼개서 주변에 연속 분열을 일으키는 지점을 말했다.

페르미는 연쇄반응이란 '쓰레기 더미가 자발적 연소를 통해 타는 것'과 비슷하다고 말했다. 더미의 작은 일부가 '타올라서' 다른 부분을 점화시키고 이런 식으로 계속 이어져서 '쓰레기 더미 전체가 훨훨 타오르는' 것이다. 파일에서는 불꽃 대신 분열된 튜벌로이에서 나온 중성자가 인접 원자에 충격을 준다. 이것이 다시 '점화', 즉 소규모 분열을 일으키고 그 결과로 다시 더 많은 중성자가 나오고 더 많은 분열이 이루어져서, 원자 더미는 불길을 계속 유지할 수 있는 중성자를 공급받는다.

하지만 그 반응이 너무 커져서 폭발하면 곤란했다. 반응을 멈출 필요가 있으면 비상벨이 울리고, 그러면 중성자를 흡수하는 카드뮴 봉을 매트릭스 안에 삽입해서 반응을 멈추어야 했다. 봉 하나는 손으로 조절했다. 다른 것은 자동이었다. 스크램SCRAM이라는 비상 정지 장치가 통제하는 추가 봉 하나도 스쿼시 코트의 발코니에 연결해놓았고, 모든 것이 실패하면 자살 특공대가 파일 전체에 카드뮴 용액을 퍼부을 준비를 하고 있었다.

페르미는 쉰일곱 번째 층에서 파일이 임계점에 다다를 것이라고 계산했다. 1942년 12월 2일 아침, 측정치는 그의 추정이 옳았음을 증명했다. 그는 모두에게 오후에 다시 오라고 지시했다. 리오나, 페르미, 허브 앤더슨—핵물리학자이자 페르미의 오른팔—은 거기서 멀지 않은 리오나의 아파트로 갔고, 리오나는 걱정에 잠긴 그들에게 울퉁불퉁한 팬케이크를 대접했다.

오후가 되자 리오나는 검댕과 흑연이 묻은 실험 코트를 입고 냉각팀원들이 있는 옛 스쿼시 코트의 관람석으로 갔다. 그녀는 실험이 진행되는 동안 메모를 하고 다양한 장치를 살펴볼 준비를 갖추었다. 자살 특공대도 준비하고 있었다. 몇몇 과학자는 두려움을 감추지 않았지만, 페르미의 침착한 모습은 거의 푸 같았다. 오후 2시 30분에 실험이 시작되었다.

제어봉이 하나둘 제거되어 더 많은 중성자가 파일 속을 자유롭게 돌아다녔다. 컬럼비아 대학 시절부터 페르미와 함께 일한 물리학자 조지 와일이 파일에서 마지막 제어봉을 조금씩 빼냈다. 제어봉을 조금씩 뺄 때마다 계수기 딸깍거리는 소리가 점점 커졌다. 리오나는 측정치를 확인해서, 초조해하는 사람들에게 점점 커지는 수치를 큰 소리로 말해주었고, 페르미는 조지에게 마지막 제어봉을 계속 더 빼라고 명령했다.

"조지, 다시 1피트(약 30센티미터)!" 페르미가 소리쳤다.

딸깍 딸깍 딸깍….

"8! 16!" 리오나가 소리쳤다.

"다시 1피트!"

딸깍 딸깍 딸깍 딸깍….

"28! 64!"

"다시 1피트, 조지!"

명령 소리, 계수기 소리, 측정치 소리가 긴장 가득한 기대 속에 리드미컬하게 울려퍼졌고, 마침내 계수기 소리는 너무 빨라져서 하나의 소리처럼 이어졌다. 페르미가 선언했다. "파일이 임계점에 이르렀습니다!"

새 시대가 열렸다. 이론은 증명되었다. 비밀리에 이루어낸 기념비적 성취였다.

이론물리학자 유진 위그너는 프린스턴에서 가지고 온 키안티Chianti 와인을 땄다. 참석자들은 종이컵에 와인을 받아 마시면서 와인 병에 서명을 했다. 연구실 대표 아서 콤프턴은 국방연구위원회 위원장 제임스 코넌트에게 전화를 했고, 두 사람의 대화는 그 실험의 비밀스런 성격과 당시 안전한 전화선이 없던 상황 때문에 직접적인 표현을 할 수 없었다.

"이탈리아 항해자가 방금 신세계에 도착했습니다." 콤프턴이 말했다. "그 땅은 애초에 추측한 만큼 크지는 않았지만 도착 시기는 예상보다 일렀습니다."

"원주민들은 우호적이었나요?" 코넌트가 물었다.

"네. 모두 무사히 상륙했습니다."

성공이었다. 지속적 핵반응은 가능했다. 그리고 이제 프로젝트는 튜벌로이를 이용해서 분열성 높은 또 다른 원소를 만들 반응기를 제작할 수 있었다. 원자번호 94번인 그 원소는 프로젝트 내에서 '49'라고 불렸다.

◆ ◆ ◆

몇 시간 뒤 리오나와 이탈리아 항해자는 그날의 성취에 들뜬 상태로 눈길을 걸었다. 시카고 기준으로도 지독하게 추운 날씨였다. 리오나는 온몸을 꽁꽁 감싸고, 두꺼운 코트 깃 위로 검은 눈만 빠끔 내보였다. 그녀는 매력적이었고, 그날 스쿼시 코트의 유일한 여자였다. 그녀는 작고 열정적인 과학자 옆을 씩씩하게 걸었다. 그들은 각자 속으로 자신들이 정말 이 일을 최초로 해낸 것일까 아니면 그들도 모르는 새 독일이 이미 그 이상을 해냈을까 하는 생각을 하고 있었다.

그들은 몇 주 전부터 페르미 집에서 하기로 계획되어 있던 모임에 갔다. 애초에 그날은 임의로 선택한 날이었다. 하지만 그날 벌어진 일 때문에 그 모임에는 축하의 의미도 끼어들었다. 적어도 그날의 일을 아는 사람들에게는. 하지만 라우라 페르미는 그것을 알 수 없었다.

라우라는 비밀이 많아진 생활에 적응하려고 노력했다. 그녀가 모든 사건에서 배제된 것은 아니다. 그녀는 저녁이면 남편의 동료들과 함께 많은 시간을 보냈고, 와인과 음식을 나누며 그의 일에 대해 이야기했다. 그런데 그날은 달랐고, 그녀는 호기심을 누르기가 힘들었다. 집에 오는 모든 동료가 남편에게 "축하한다"고 말했다. 사람들이 계속 그의 등을 두드리며 행운을 빌어주자 라우라는 남편이 도대체 어떤 업적을 이루었는지 물었다. 하지만 답을 얻지는 못했다.

　"남편께 여쭤보세요… 직접 이야기해보세요… 언젠가 아시게 될 겁니다…."

　라우라는 리오나에게 물었다. 리오나는 라우라보다 어렸지만 나름대로 위압감을 주는 데가 있었다. 키가 크고, 건강미 넘치는 튼튼한 체격이었으며, 엄청난 IQ의 소유자였다. 하지만 리오나가 제독을 침몰시켰다고 대답하자 라우라는 어떻게 반응해야 할지 몰랐다. 잠시 리오나가 자신을 얕잡아보나 하는 생각이 들었다. 남편의 제자가 자신을 깔보다니.

　"… 일본 제독…."

　하지만 거기 있던 다른 과학자들이 리오나의 창의적인 비유를 칭찬하는 것을 보고 라우라는 더 캐물을 마음을 접었다.

　라우라가 나중에 쓴 글에 따르면, 그녀는 프로젝트 과학자들 중 많은 수가 미국 출신이 아니라는 점, 자신들처럼 최근에 이주한 사람이라는 점이 중요했다고 보았다. 다른 사람들은 전문가라면 국적에 상관없이 고도로 중요한 모험 사업에 참여할 수 있다고 생각했을지 모르지만, 라우라는 그 이상을 읽었다. 이 헝가리, 이탈리아, 독일 출신 과학자들은 독재 국가가 대학, 군대, 연구소 등을 마음대로 부리고 그 속도를 몰아붙일 수 있다는 것을 알았다. 전화에 휩쓸린 그들의 조국에서 그런 조직들이 가진 전문성과 능력은 하나의 지도 체제 아래에서 단일한 지시와 통제를 받았다.

"일을 꾸릴 때 독재자는 포고하고, 대통령은 의회의 허락을 구한다." 그녀는 나중에 이렇게 썼다.

프로젝트는 그런 실수를 저지르지 않으려는 것 같았다.

그녀의 남편은 이전에도, 믿을 수 없는 업적을 이루었다. 아마 시카고의 눈 속에 묻혀 지내면서도 배를 침몰시키는 방법이 있는 모양이었다. 그러다가 며칠 뒤 그녀가 마침내 남편에게 물었을 때 그 답 역시 혼란스럽기는 마찬가지였다.

"당신 정말로 일본 제독을 침몰시켰어?" 그녀가 물었다.

"그랬나?"라는 답이 왔다.

"안 그랬어?" 라우라가 물었다.

"안 그랬나?" 남편이 대답했다.

모호한 말과 비유. 라우라는 이런 질문을 계속하는 것이 소용없다는 것을 알았다. 그녀의 남편이 시카고 대학 금속공학연구소에서 무슨 일을 하는지는 몰랐지만, 그 일이 금속공학과 아무 관계가 없는 것은 분명해 보였다.

4년 전 12월에 리제 마이트너는 눈밭에 앉아서 지금 시카고의 팀이 현실로 만들어낸 일의 활용 가능성을 생각했다. 그녀와 이다 노다크는 아직 바다 건너, 커져가는 프로젝트의 바깥에 있었다. 리제의 조카 오토 프리쉬는 그 후 곧 뉴멕시코주 로스앨러모스의 과학자 집단에 합류한다. 리오나와 이탈리아 항해자는 마침내 사이트 W로 가서 CP-1의 성공을 대규모로 적용하게 된다.

리제도 프로젝트에 참여할 것을 권유받았지만 거절했다. 그녀는 그들이 무엇을 개발하는지 알았다. 거기 참여하고 싶은 마음은 없었다.

5

잠깐 있다 갈 곳

1944년 봄에서 여름까지

~~~~~~~~~

오크리지에 도착했을 때 우리는 다시 한번 분노에 휩싸였다. 우리의 목적
지가 이렇게 황량한 곳이라는 사실을 왜 미리 알려주지 않았다는 말인가?

—바이 워런, 〈오크리지 저널〉

콜린 로언은 조용히 차례를 기다렸다. 갈색 머리에 활달한 성격
의 18세 소녀 콜린은 샤워실 앞에 줄을 서 있었다. 트레일러 캠프
에서 그것은 일상적인 일이었다. 수천 명의 교대조 노동자가 공동
욕실을 사용했기 때문이다. 샤워도 근무조에 맞추어서 해야 했
다. 이곳에 이사 온 뒤로 콜린은 모든 곳에서 줄을 서야 했다. 이
것도 그런 일 중의 하나일 뿐이었다.

　그녀는 앞에 선 여자의 청색 셔닐 목욕 가운 등에 자수된 공
작 무늬를 바라보았다. 셔닐 천은 대유행이었다. 여기 테네시주
동부는 화려한 침구의 명산지인 조지아주 돌턴에서 그리 멀지 않
았다. 콜린의 가족이 처음 오크리지에 왔을 때 고속도로에는 셔
닐 침구를 파는 상인들이 있었다. 길가 상인들은 배고픈 여행자들
에게 다람쥐 고기도 팔았다. 구운 다람쥐의 작은 몸통이 파스텔
색상의 부드러운 직물들 옆에 대롱대롱 매달려 있었다. 사람들은
도로변에서 온갖 물건을 팔았다. 내슈빌의 로언 가족은 그들 모두
를 지나쳐 갔다. 그들은 일할 수 있는 나이의 모든 식구에게 더 좋

은 일자리가 있는 곳으로 가고 있었다. 그곳이 기회와 목적의 땅이 될 거라 믿었다.

처음에 콜린은 CEW에 가자는 말에 그렇게 끌리지 않았다. 1년 전 가족과 함께 그곳의 친척을 방문했을 때 가장 먼저 든 생각은 '절대 안 돼'였다. 그리고 어머니에게 그렇게 말했다.

"그래도 우리는 거기로 가야 돼." 콜린의 어머니는 말했다. "우리는 이 일을 해야 돼. 우리만이 아니라 지미를 위해서도. 전쟁에서 이겨야 하니까."

콜린의 외가는 배관공이 많았다. 스파이크, 로버트, 잭 삼촌이 CEW로 일을 하러 왔다. 아버지 쪽 삼촌인 존도 여기로 왔다. 그들은 배관공 조합을 통해서 이곳을 알게 되었다. 스파이크, 로버크, 잭은 모두 K-23 플랜트에서 일했고, 이제 콜린이 거기 합류했다.

CEW의 환경은 익숙해졌다. 건설 노동자들은 방 한 개짜리 막사에서 네 명이 살았다. '제대로 된 도로와 인도는 어디 있는가?!' 콜린은 원피스를 입은 여자들이 구두를 머리 위로 들고 맨발로 끝도 없어 보이는 진흙밭을 걸어가는 모습에 어안이 벙벙해지고 말았다. 어머니가 왜 내슈빌을 떠나 이곳에 오자고 했는지 이해가 되지 않았다.

하지만 아직 집에 있는 자녀가 아홉 명이고, 오빠 지미는 필리핀에 가 있는 상황에서 어머니와 다투는 것은 좋지 않을 것 같았다. 그리고 콜린은 지미가 무사히 집에 돌아오기를 간절하게 바랐다. 이것이 거기 도움이 되는 일이라면—사람들이 그렇다고들 말했다—해야 했다.

"캠핑 왔다고 생각해. 그냥 잠깐 있다 가는 거야." 어머니가 콜린을 설득하려고 그렇게 말했다.

콜린은 대공황기를 견뎌냈다. 가톨릭 고등학교의 수녀들도 견뎌냈다. 이것 또한 견뎌낼 수 있을 것이다.

그녀가 살게 된 곳은 '해피 밸리Happy Valley'라 불리는 곳이었다.

◆ ◆ ◆

타운사이트는 본래 CEW에서 생활과 쇼핑 등의 일상 활동을 위해 배정된 영역이었다. 그것은 특별구역의 동북쪽 모퉁이에 자리했고 블랙오크리지를 등진 채 남쪽으로는 올드 테네시 61번 도로에 면해 있었다. 해피 밸리는 K-25의 그림자 속에서 솟아났다. K-25의 수천 명 노동자의 주거지인 그곳은 CEW에 생겨난 몇 곳의 주거 시설 중 하나였다.

처음에 CEW에서 플랜트를 비롯한 각종 건물을 짓기로 한 업체는 보스턴의 스톤 앤드 웹스터Stone and Webster(S&W)사였고, 그들은 원주민이 아직 이주도 마치지 못했을 때 1942년 11월에 행정 건물—캐슬 온 더 힐—을 짓기 시작했다. 전광석화 같은 이주 때문에 푸르름에 싸였던 완만한 구릉은 흙투성이가 되었다. 초목이 사라지자 비가 내리면 금세 진흙 강물이 생겨났다.

그로브스 장군은 S&W의 타운사이트 주거지역 설계에 만족하지 못했다. 그래서 피어스Pierce 재단이 자신들의 협력 건축사무소인 스키드모어, 오윙스 앤드 메릴Skidmore, Owings and Merrill과 함께 들어왔다. 피어스는 일찍이 대공황 시기에 조립식 주택 시장에 발을 담가서, 모듈러 주택(공장에서 미리 만든 상자 모양의 모듈을 현장에서

결합시키는 방식으로 짓는 주택—옮긴이)에 일가견이 있고 도시 설계에
도 안목이 있었다. 그리고 실로텍스^{Celotex}사와 함께 시메스토 보드
cemestoboard라는 저렴한 다용도 건축재를 개발했다.

　　시메스토란 시멘트와 아스베스토, 즉 석면을 조합한 말이다.
오크리지시를 만들어냈다고도 말할 수 있는 이 조합은 조립식 주
택의 강력한 무기였다. 이 방법으로 벽체를 대량 생산, 선적, 보관
했다가 주택, 학교, 상점 등 다양한 건물에 사용할 수 있었다. 피
어스 재단과 스키드모어는 1943년 초에 타운사이트의 설계를 맡
았다. S&W는 전화, 하수도 같은 기반 시설의 건설과 관리를 맡게
되었다.

　　하지만 피어스-스키드모어 팀은 아주 기본적인 질문부터 해
야 했다.

　　"타운이 얼마나 커야 합니까?"

　　"타운의 위치는 어디입니까?"

　　프로젝트 관계자들은 CEW에서 벌어지는 일이 적의 스파이
들에게 새어나갈 것을 우려해서 거기에 답을 하지 않았다. 장소
와 관련해서는 많은 정보를 가린 항공 사진들만을 주었다. 그걸
로 지형의 구조는 알 수 있었지만, 그것뿐이었다. 위치는 어디인지
알 수가 없었다. 프로젝트는 애초에 피어스-스키드모어에게 인구
1만 3000명 규모의 도시를 설계해달라고 요청했다. 마침내 현장
을 방문할 때가 되자, 건축가들은 특정 시간에 뉴욕시 펜실베이니
아 역의 특정 장소로 가라는 지시를 받았다. 거기서 그들은 프로
젝트의 담당자를 만나 함께 기차에 탔고, 그런 뒤에야 목적지가
어디인지를 들을 수 있었다.

　　CEW는 곧 모습을 갖추어 나갔다. 게이트는 모두 일곱 개였

아토믹 걸스

다. 세 개의 플랜트, Y-12, K-25, X-10은 안전과 보안을 위해 타운사이트와 뚝 떨어진 곳에 위치했다. Y-12와 K-25의 거리는(중심부 기준) 약 14킬로미터였다. 한 곳에 재난이 발생해도, 다른 곳은 피해를 입지 않게 하기 위해서였다. Y-12는 334헥타르(약 100만 평)를 차지했고, 타운사이트에서 약 4.6킬로미터 거리였다. 위치는 파인리지 너머 베어크리크 밸리였다. 그런 지형은 행여 사고나 폭발이 일어나도 피해를 최소화할 수 있었다.

1943년 봄에는 이미 철도 88킬로미터와 포장도로 480킬로미터가 깔렸다. 실리아와 토니가 온 1943년 가을에는 인구 1만 3000명 규모의 도시 계획은 이미 폐기되고, CEW에 최대 4만 2000명이 살 것으로 예측되었다.

타운사이트에는 다양한 단독주택, 아파트, 기숙사가 들어서기 시작했다. 도로변의 주택들은 최대한 같은 간격으로 배치되었다. 주택은 방의 개수는 달라도 조립식 주택의 특성상 기본 구조는 똑같았다. 멀리서 보면 타운사이트는 통일성이 강했고, 그래서 주민들이 같은 환경 속에서 같은 어려움을 겪는다는 이미지를 강화해주었지만, 물론 실제로 꼭 그런 것은 아니었다.

그런데 이런 빠른 진척, 현대 과학과 도시 계획의 이런 성취에도 불구하고 그곳에는 인도가 없었다.

◆ ◆ ◆

콜린의 가족은 그래도 그들의 트레일러가 있었다. 처음에 CEW에 온 것은 콜린, 어머니, 그리고 오빠 브라이언뿐이었다. 아버지는 다른 자녀들과 함께 내슈빌에 남아서 '취업 인가'를 기다렸다.

'취업 인가'는 노동자들이 일자리를 마구 옮겨다니는 일을 막기 위해 만들어진 프로그램이었다. 전시 산업은 꾸준한 노동력에 의존했기 때문이다. 중요한 전시 사업체에서 일하던 노동자가 직장을 옮기려면, 고용주에게서 서류를 받아야 다른 곳에 취업할 수 있었다. 해고되는 경우는 문제가 없었다. 하지만 노동자가 이를테면 임금을 더 많이 주는 곳에 가려고 그만두는 경우라면, 고용주는 취업 인가를 발급해주지 않을 수 있었다. 그러면 노동자는 30일 이상이 지나야 다른 곳에 취업할 수 있었고, 그보다 더 기다려야 할 때도 많았다.

프로젝트는 전시 산업체를 돕는 이런 노동 제한 관행을 살짝 우회하기도 했다. 국방 차관 로버트 패터슨Robert P. Patterson은 미국 고용청을 통해 전시 산업체에 취업하려는 사람에 대해서는 프로젝트가 우선권을 갖는다는 명령을 냈다. 그런 사람들은 프로젝트에 채용이 탈락되어야—보안 인증을 통과하지 못한다거나 해서—다른 일자리를 찾을 수 있었다.

공사가 속도를 올리기 시작한 1943년에 노동자들은 한 달에 17퍼센트의 비율로 떠나갔다. 1943년 말 전시인력위원회의 지역 사무소는 "알려지지 않은 클린턴 공병사업소의 수요가 알려진 모든 수요에 그림자를 드리운다…"고 말했다. 유니언 카바이드사 Union Carbide는 1944년 초에 K-25 건설 노동자의 25퍼센트가 이직했다고 발표했다. 퇴직을 위해 면접을 보면, 불만은 작업 환경에서 음식, 주거 등 다양한 부분에서 나왔다. 특히 주거의 경우 건설 노동자들에게는 대개 트레일러나 소형 막사가 주어졌다. 플랜트 건설과 확장이 최고조에 이르렀던 1944년 중반에는 노동력 부족 문제가 심각했다. 그래서 국방부 차관과 국제전기노동자협회 회장은 프로젝트가 노동자들을 기존 일터에서 차출해서 석 달 동안 CEW에 가서 일하게 하는 브라운-패터슨Brown-Patterson 협약을 체결했다. 고용주는 국방부의 공식 인정을 받았다. 노동자들은 약간의 임금 인상과 추가 근로 기회를 얻었고, 복귀했을 때 본래의 직급을 그대로 인정받을 수 있었다. 이주비가 지원되었고, 주거도 제공되었다.

주거 옵션은 천차만별이었다. 4인 가족을 위한 3룸 주택도 있었고, 콜린의 삼촌들이나 캐티와 윌리가 사는 막사도 있었다. 주거 제공은 CEW 근무의 특전이었지만, 수요가 공급을 초과했다. 주거 지침은 원래도 엄격했지만, 더욱 엄격해졌다. 예를 들어 무자녀 부부는 방 두 개짜리 주택에 살 수 없었다. 단독주택은 대개 주급 60달러 이상 소득자만이 대상이었고, 자녀의 수나 성별에 따라 배정되었다. 작업반장 이하 직급의 시급 노동자가 단독주택을 원한다면 특별 승인이 필요했다. 거주지가 CEW 65킬로미터 이내라면 아무런 행운도 기대할 수 없었다. 그런 사람들은 통근해야 했다. 독신에게는 기숙사나 대형 막사가 있었다. 부부들은 때로 이성의 방문이 금지된 개별 기숙사로 흩어지기도 했다.

로언가※가 CEW에 가기로 했을 때, 콜린의 아버지 제임스 로언은 우체국 일을 그만두었다. 그리고 우편 서비스가 중요 전시 사업이었기 때문에 그는 취업 인가가 나올 때까지 기다려야 다른 직장에 취직할 수 있었다. 그런데 그들이 예상하지 못한 것은 아버지의 부재 때문에 주거 배정 문제가 복잡해진다는 것이었다. 오직 '세대주'만이 가족형 주거를 신청할 수 있었고, 여자들은 어떤 상황에서도 세대주가 되지 못했다.

콜린의 어머니는 CEW에 온 가족의 가장으로 자녀를 부양하기 위해 일했는데도—남편은 내슈빌에서 다른 자녀들을 돌보았고—'세대주'가 되지 못했고, 그래서 처음 그곳에 갔을 때 주택, 아파트, 또는 트레일러를 신청할 자격이 없었다.

수입이 높고 지위도 있는 여자들—물론 대다수는 그러지 못했지만—은 가족용 주택을 받을 수도 있었지만, 그러려면 공병단장의 추가 승인이 필요했고, 그것은 콜린의 어머니는 받을 수 없는 것이었다. 일부 여자들한테는 함께 살 다른 여자를 구하면 가족용 주택을 신청할 수도 있다는 이야기도 돌았다.

콜린의 많은 친척이 CEW에 있었다. 그래서 처음 거기 갔을 때 콜린은 잭 삼촌 부부와 함께 살았고, 어머니는 스파이크 삼촌과 함께 살았다. 콜린은 트레일러 맨 안쪽 침대에서 잤는데, 아침에 일어나면 그 침대를 접어서 테이블로 만들어야 했다. 청소는 쉬웠다. 숙모가 농담했듯이 트레일러 끝으로 걸어가서 서랍만 닫으면 되었다.

아기 의자 같은 생활용품을 놓을 공간을 찾는 것도 문제였다. 잭 삼촌이 K-25에서 금속 파이프를 가져다가 아이용 의자를 만들었지만, 안에 들여놓을 수가 없었다. 그래서 그것은 밖에 놓여서 진흙에 덮이고 햇빛에 시달렸다. 하지만 덕분에 숙모가 빨래를 너는 동안 아기를 곁에 둘 수 있었다.

◆ ◆ ◆

해피 밸리 캠프장에는 똑같이 생긴 트레일러가 동심원 구조로 배치되어 있었다. 기차가 수천 대의 트레일러를 특별구역에 싣

아토믹 걸스

고 와서 새로 개간한 땅 위에 던져 놓았다.

'들어가는 것만 있고… 나오는 게 없다….'

제임스 로언은 취업 인가를 받자 J. A. 존스 건설에 취직했다. 일가족 전체―콜린, 부모님, 그리고 형제자매 여덟 명―가 K-25 근처에 있는 J. A. 존스사 트레일러 캠프의 광폭廣幅 트레일러로 이주했다. 콜린 가족의 트레일러는 캠프 뒤편, 보안 방벽 근처에 있었는데, 아직 초등학생인 막내 여동생 조는 그 가시철망 너머에 독일인들이 숨어 있다고 생각해 겁을 먹고 그 근처에 다가가지도 못했다. 지미를 향한 그리움과 전쟁에 대한 두려움은 그들을 떠나지 않았다. 트레일러에 자리를 잡자, 어머니 베스 로언은 창문에 참전 용사 깃발을 걸어서 사람들에게 그들이 거기 온 이유를 알려주었다.

어떤 트레일러에는 임시로 꾸민 작은 마당도 있었고, 어떤 트레일러 캠프는 거주자들이 임시 거주지를 좀 더 집처럼 느끼도록 길에 도로명도 붙였다. 해피 밸리에는 남녀가 양옆으로 분리된 H자형 대형 막사도 있고, 백인 독신 남성을 위한 소형 막사도 있었다. 콜린이 사는 것과 같은 유형의 트레일러 캠프는 여름이면 뜨거운 먼지가 날리거나 변덕스러운 폭풍으로 진흙투성이가 되었다. 가로등이 24시간 교대 근무를 위해 밤새도록 밝게 빛나서 모두에게 완전한 휴식은 없는 것 같은 느낌을 주었다. 구할 수만 있다면 암막 커튼―대개 공습 대비용이었는데―이 필수였다.

로언가의 광폭 트레일러는 애초의 설계와 무관하게 때로 열한 명도 수용했다. 트레일러 양쪽 끝에 더블 침대가 있고, 가운데 부엌이 있었다. 잭 삼촌의 일반 트레일러보다는 컸지만, 내슈빌에 있는 그들의 이층집보다는 작았다. 트레일러에 전기는 들어왔지만 화장실은 없었다. 물은 언덕 아래 수도에서 길어다가 싱크대 밑에 두고 사용했고, 하숫물은 양동이로 내려갔다. 요강을 쓰는 집도 있었다. 그런 오물들은 점점 늘어가는 건축물의 위생 서비스를 맡은 팀이 비웠다. 스토브는 난방과 요리의 두 가지 역할을 했다. 기름이 새서 나무 널을 자주 적셨다. 조심하지 않으면 불꽃이 튀어서 집에 불을 낼 수도 있었다.

아늑한 금속 트레일러에서 대가족이 살려면 교대 근무를 잘 활용해야 했다. 식구들은 교대로 잠을 자고, 교대로 식사하고, 교대로 청소를 했다. 빈 침대가 있으면 거기서 자고, 시간이 되는 사람이 아이를 학교에서 데려왔다. 음식이 있으면 먹었다. 그리고 자기 쓰레기는 자기가 치워야 했다. 다른 사람 쓰레기까지 치워주기에는 모두가 너무 바빴기 때문이다.

해피 밸리의 시작은 1943년에 J. A. 존스사가 K-25 인근 갤러허 페리 로드^{Gallaher Ferry Road} 남쪽에 지은 450동의 막사였다. 기반 시설이 너무 없어서 물은 트럭으로 실어 날라야 했다. 하지만 겨우 몇 달 만에 해피 밸리는 사람으로 터져나갈 지경이 되었다. 삼촌들이 콜린에게 클린턴 주민들이 차고와 헛간을 CEW 노동자들에게 세놓고 있고, 때로는 그것도 교대제로 운영한다고 했다. 이불만 있으면 어디든 갈 수 있었다. 또 어떤 사람들은 노동자들이 24시간 드나드는 호텔의 휴게실에서 지냈다. 콜린이 출근했다 퇴근하는 사이에 새 도로가 놓이고 주거 시설이 생겨났다. 건설 팀들은 CEW 전역에서 협력해서 일했다. 한 팀이 기초 공사를 하면, 두 번째 팀이 매끈해진 땅 위에 굴뚝을 놓고, 그런 뒤 마지막으로 시멘트 합성 보드로 벽을 세웠다. 전성기에는 집이 30분에 한 채씩 올라갔다고 한다.

해피 밸리 캠프 거주자들 가운데는 겨우 16킬로미터 거리에 있는 CEW의 타운사이트에 한 번도 가보지 못한 사람이 많았다. 그들이 아는 것은 트레일러 캠프와 날로 확장되는 플랜트뿐이었다. 콜린이 타운사이트까지 버스로 나들이 가는 걸 좋아하기는 했지만, 해피 밸리에는 모든 게 있었다. 이제 CEW 전역에 열한 곳이나 있는 직원식당이 24시간 작업 스케줄에 맞추어 사실상 하루 종일 운영되었다. 새벽 2시에도 가볍게 끼니를 때울 수 있었다.

공동 목욕탕과 우체국도 있었다. 소식은 대부분 우편으로 왔다. 콜린을 비롯한 캠프 거주자들에게 편지가 왔다는 공지는 전봇대에 붙은 스피커로 전해졌다. 가정용 전화기는 거의 없었다. 그걸 꼭 필요로 하고 또 어느 정도 지위가 있는 사람들만이 집에 전화기를 둘 수 있었다.

빨래는 또 하나의 모험이었다. 콜린은 자기 빨래는 손으로 직접 하는 게 좋다는 걸 알게 되었지만, 빨랫줄에 널린 빨래의 오염을 막는 일은 대자연에 맞선 투쟁과 같았다. 돌풍이 불면 트레일러 구역에 검댕이 날아들었고, 비가 오면 진흙이 튀겼다. 그래도 그것이 이른바 '분쇄 세탁소'에 옷을 보내는 것보다는 나았다. 운이 좋으면 4~5일 후에 빨래가 돌아왔지만, 운이 없으면 옷이 없어지거나 망가져서 왔다. 모험을 할 필요는 없었다. 그리고 어떤 상황에서도 고무줄 팬티는 남에게 맡길 수 없었다. 전시에는 고무줄 구하기가 어려웠다. 고무는 젊은 여자의 허리선을 잡아주는 것보다 더 고귀한 목적에 쓰였기 때문이다.

쇼핑할 곳도 있었지만 쇼핑은 실제로는 '줄서기'에 더 가까웠다. 담배를 사려고 줄을 서고, 비누를 사려고 줄을 서고, 동나기 전에 배급 고기를 사려고 줄을 서고, '젤로'를 사려고 줄을 섰다.

인구 폭발 때문에 오크리지 주민들은 도서관, 식품점 등 어디서나 줄을 서야 했다.

젤로는 인기가 아주 많아서 줄을 서지 않고는 살 수 없었다. 설탕이 배급제로 규제되었는데, 젤로는 단맛 나는 먹을거리였다. 젤로에 뜨거운 물만 부으면 뜨거운 테네시의 여름에 즐길 수 있는 루비 빛깔의 시원하고 탱탱한 젤리가 만들어졌다.

콜린은 줄이 보이면 일단 서는 게 좋다는 것을 알게 되었다. 줄 앞에 가면 무언가 좋은 게 있을 가능성이 높았다.

생활 시설은 대부분 론-앤더슨 Roane-Anderson 사가 운영했다. 그 이름은 CEW가 걸쳐 있는 카운티 두 곳의 이름을 붙인 것이다. 론-앤더슨사는 터너 건설의 한 특수법인으로, 프로젝트를 위해 설립돼서 미국 산업기술부 산하의 정부기관으로 운영되었다. 다행히 주민들에게 다가오는 서비스도 있었다. 예를 들어 타운사이트에는 뉴욕 공립도서관의 엘리자베스 에드워즈가 관장으로 있

는 도서관이 있었다. 엘리자베스는 찾아가는 도서관을 운영했다. 찾아가는 식품점도 트레일러 캠프들을 다니며 빠른 서비스를 제공했다. 목요일에는 〈오크리지 저널〉도 팔았다.

신문의 1면에는 이렇게 적혀 있었다.

외부 반출 및 우편 발송 금지.
어떤 상황에서도 현장 시설물이나 전체 풍경의 사진을 찍어서는 안 된다!

콜린은 왜 〈오크리지 저널〉을 '지역' 밖으로 반출하는 게 왜 금지인지 의아했다. 거기에는 뉴스라고 부를 만한 것들이 없었기 때문이다.

"오크리지에서 개에 물리는 사고: 한 달에 40회…."

잠깐 있다 갈 곳

하지만 사실 신문에 실을 수 있는 게 없었다. 콜린도 자신이 무슨 일을 하는지 몰랐는데, 그들이 어떻게 남들이 하는 일을 신문에 싣겠는가? 〈오크리지 저널〉은 큰 일정이나 사교 행사를 확인하는 데는 유용했다. 또 플랜트들의 '업무 태만' 문제에 대한 보도도 있고 약간의 패션 관련 기사도 있었다. 그것은 날마다 무릎까지 진흙에 빠뜨리며 사는 여자들에게는 유용했다.

"그냥 캠핑 왔다고 생각해… 잠깐 있다가 가면 돼…."

콜린의 어머니는 늘 그렇게 말했다. 그것은 고난의 시기를 견디는 모든 이들을 위한 말이었다. 오크리지는 물론 힘들었다. 하지만 그러면서도 흥미롭고 독특했다. 콜린은 이곳의 시간을 기억하고 싶었다. 그래서 인생의 조각들을 모으기 시작했다. 어린 시절에 있던 두 차례의 화재로 인해 콜린 가족은 추억이 깃든 물건들을 거의 다 잃어버렸다. 그녀는 그 기억 때문에 약간 감상적인 성격이 되었다. 그래서 손이 닿는 모든 것을 보관했다. 주요 뉴스 기사, 의미 있는 사진, 스케치, 그리고 새로운 환경에서 쓴 시까지. 티켓도 모두 스크랩북에 붙이거나 보관함에 넣었고, 그것은 그녀가 잠깐 있다 갈 거라고 생각하는 그곳에 콜린의 자리를 더욱 공고하게 했다.

그 많은 역사의 기록! 그것들이 어떻게 시시한 것이 될 수 있겠는가?

◆ ◆ ◆

캐티의 잠자는 얼굴 위로 플래시가 번쩍거렸다. 경비병이 또 막사에 들어온 것이었다. 그들은 아무 때나 거기 들어와도 되는 권한이 있는 것 같았다.

"침대가 네 개인데 사람은 한 명뿐이네!" 경비병이 캐티에게 소리쳤다.

그는 플래시를 터뜨리곤 떠났다. 분명히 남자 구역에 가서 거기 있는 여자들을 쫓아내려고 할 것이다.

경비병은 흑인 막사에 계속 찾아왔고 언제나 '펜Pen'—캐티와 친구 케이티 마혼을 비롯한 흑인 여자들은 그들이 사는 CEW의 한 구석을 '축사'라는 뜻으로 그렇게 불렀다—바깥을 지켰다. 캐티는 처음 거기 왔을 때 바로 가시철망을 보았다. 높은 가시철망 울타리가 막사의 여자 구역과 남자 구역을 갈라놓고 있었다. 남자 구역은 도랑 건너 있었고, 시설이 조금 더 좋았다. 그곳이 윌리가 지금 살고 있고 앞으로도 한동안 살 곳이었다.

하지만 펜에 남자는 들어올 수 없었다. 그녀의 막사는 펜 뒤편, 울타리 바로 앞에 있어서 사방이 철망이었다. 펜의 진입로는 딱 한 곳이었고, 거기는 경비병들이 24시간 서서 남자들이 여자 구역에 들어가지 못하게 막았다. 그녀는 퇴근하면 매일 윌리의 막사로 가서 그를 만났다. 하지만 통행금지 시간이 있었다. 저녁 10시가 되면 사방에 플래시가 번쩍거렸고 사람들은 흩어졌다. 저 사람들은 FBI인가? 캐티는 그렇다고 생각했다. 아, 여자들은 경비병들을 정말로 싫어했다. 모두가 그런 건 아닐지라도 어쨌건 대부분은. 그래도 가장 나이가 많아 보이는 경비병 대장은 친절했다.

어린 경비병들이 그렇게 행동하는 건 권위 의식 때문이라고 그 대장은 캐티에게 말했다.

"다음에 집에 가면 혼인 증명서를 가져와요." 어느 날 그녀가 젊은 경비병에게 괴롭힘 당하는 것을 보고 그가 말했다. "그러면

잠깐 있다 갈 곳

경비병들한테서 여기에 올 수 있네 없네 그런 말을 안 들어도 될 거예요."

그는 캐티를 윌리의 오두막에서 내쫓은 적이 없었다. 물론 캐티는 항상 통금 시간 전에 펜으로 돌아왔다. 하지만 모든 여자가 그러지는 않았고, 그러면 플래시가 켜졌다.

흑인만을 위한 '니그로 빌리지Negro Village'를 건설하려는 계획이 있었다. 타운사이트와 비슷하게 흰색 주택 등을 지어서, 구별은 되지만 기본적으로 동등하게 만들 예정이었다. 하지만 1943년에 CEW 전체가 주거 문제를 겪자, 니그로 빌리지는 이스트 빌리지East Village로 바뀌어서 백인들 차지가 되었다. 프로그램 책임자 크렌쇼 중령이 그 이유를 설명했는데, 그의 글에 따르면 흑인들은 좋은 집을 원하지 않았고, 그곳에 입주 신청도 거의 하지 않았다. 흑인들은 막사가 더 편하다고 했고, 그게 그들에게 익숙하기 때문이라고 크렌쇼는 말했다. 흑인과 백인 건설 노동자와 일부 군인은 막사에 살았지만, 백인 여자는 아무도 거기 살지 않았다. 반대로 흑인 노동자들은 결혼 여부, 소득, 연령에 상관없이 막사가 유일한 주거 형태였다. 24제곱미터 공간은 여름에 난로를 치우고 간이 침대를 하나 더 들이면 성인 남자 다섯 명이 살 수 있었다. 니그로 빌리지가 이스트 빌리지가 되자, 흑인 막사 구역을 가까운 상점들과 연결하는 별개의 도로가 생겼고, 백인 구역과는 울타리로 차단되었다. 절도는 일상적이었고, 사적 공간은 없다시피 했으며, 편의 시설도 극히 드물었다.

사람들이 받는 대접은 천차만별이었다. 어떤 흑인 거주자들은 배우자 방문이 24시간 전면 금지된 것에 진정서를 써 보냈다.

론-앤더슨사의 유색인 노동자회 대변인 B. W. 로스는 이렇게 썼다.

우리는 전시인력위원회에서 이곳의 일자리를 수락할 때 부부가 함께 살 수 있다는 약속을 받았습니다. 우리 유색인 부부들은 지금 여기 정부 프로젝트에서 일하고 있습니다. 아내들은 아내끼리 모여 살고, 적법한 남편인 우리는 분리된 시설에서 우리끼리 살고 있습니다. 우리는 아내들의 숙소를 방문할 수도 없습니다. 그리고 아내들도 아무 때나 우리를 찾아올 수 없습니다.

흑인 식당은 가까웠지만—막사 근처였다—, 캐티는 아무리 해도 그 음식을 먹을 수가 없었다. 한 거주자는 흑인 식당의 음식에 대한 진정서—"이 음식들에는 돌, 유리 같은 위험하고 해로운 쓰레기가 들어 있습니다."—를 루스벨트 대통령에게 직접 보냈다. 캐티는 칠면조 고기를 먹고—어쨌건 칠면조 고기라고 생각했다—탈이 난 적이 있었다. 밤에 복통이 너무 심해져서 참을 수 없게 되자 윌리가 그녀를 들쳐 업고 화장실로 갔다.

'콘도르 고기였던 것 같아' 캐티는 나중에 생각했다. 공동 화장실에 가니 사람이 가득했다. 콘도르 고기로 속이 뒤집힌 사람이 그녀뿐은 아니었던 것 같았다. 그래서 캐티는 윌리에게 혹시 남자 화장실이 비었는지 가보라고 했다. 그곳도 아주 비어 있지는 않았지만—역시 배앓이에 시달리는 남자가 한 명 있었다—, 그녀에게는 달리 방법이 없었다.

무언가 변화가 필요했다.

이곳은 봉급이 좋았지만 음식은 그렇지 않았다. 캐티는 식생활을 개선할 방법을 찾아봐야 했다. 이곳을 좀 더 집과 비슷하게

잠깐 있다 갈 곳

만들 방법이 필요했다. 그녀는 어떻게 해야 경비병 몰래 막사에서 요리를 할 수 있을지 알아볼 생각이었다. 규칙에 상관없이.

✦　✦　✦

실리아가 잠을 자려고 할 때 사감의 버저가 울렸다. 전화가 왔다고 했다.

'오빠한테서 소식이 왔나?'

밤 10시가 다 된 늦은 시각이었다. 그녀는 로비로 내려가서 전화기를 들었다. 전화선을 건너오는 목소리는 한동안 그녀가 기다리던 목소리, 바로 헨리 클렘스키였다.

"나 기억해요? 기차역으로 날 마중 나왔잖아요." 헨리가 말했다.

'기억하느냐고?' 실리아는 웃음을 삼켰다.

주변에 남자가 부족한 건 아니었지만, 실리아는 헨리가 자꾸 생각났다. 그래서 첫 만남 이후 루에게 차츰 거리를 두었다. 그는 좋은 사람이었지만 자꾸 결혼 이야기를 했고, 실리아는 아직 그럴 생각이 없었다.

거기다 헨리가 자신이 계속 루와 사귄다고 생각한다면 데이트 신청을 하지 않을 게 분명했다. 그래서 그녀는 루에게 잘라 말했다.

"나는 누구하고도 진지한 관계가 되고 싶지 않아. 내가 네 시간을 잡아먹는 것 같으니까 넌 다른 여자를 찾아보는 게 좋을 것 같다."

시간이 흘렀고, 실리아는 과연 헨리가 자신에게 연락을 할지

의심이 들기 시작했다. 그런데 마침 그가 불쑥 전화를 한 것이다.

"지금 식당에서 커피 한잔 어때요." 헨리가 말했다.

"안 돼요. 너무 늦었어요. 사감님이 허락하지 않을 거예요." 그녀가 말했다.

실리아의 기숙사 사감은 엄격했지만 답답한 성격은 아니었다. 그래도 그런 일은 허락받을 수 없을 것 같았다.

"그 분을 바꿔줘 봐요." 헨리가 말했다.

실리아가 전화기를 사감에게 건네주고 옆으로 물러났다. 사감은 헨리와 잠시 통화를 하더니 전화를 끊었다.

"괜찮은 남자 같네요. 나갔다 와요." 사감이 말했다.

실리아는 옷을 갈아입고 잭슨 광장의 식당으로 헨리를 만나러 갔다. 허락받은 시간은 30분이었다. 그리고 그 시간이면 충분했다. 그 뒤로 그녀는 헨리와 함께 점점 더 많은 시간을 보내게 되었다. 하지만 반대로 오빠 클렘의 소식은 점점 뜸해졌다.

✦ ✦ ✦

1944년 여름이 되자, 기숙사들은 사람들로 터져나갈 것 같았다. 독신 백인 여성들은 기숙사에서 엄격한 감시 아래 살았다. 기숙사에서는 요리도 할 수 없고 도박과 술도 금지되어 있었다. 거기다 10대 후반에서 20대 중반의 젊은 남녀가 가득한 기숙사의 도시에서 가장 곤란한 일은 아마도 남자 손님의 금지였을 것이다. 성 관련 규칙을 위반하면 기숙사 퇴출을 비롯한 무거운 처벌을 받게 되었다. 사감들은 기숙생들의 출입을 확인하고 통금 시간을 관리했다. 그들 중에는 브린마Bryn Mawr 대학이나 스미스Smith 대학 같은 여대에서 특별히 채용한 사람들도 있었다. 그들은 다른 사감들에게 평생 처음 가족을 떠나 살게 된 젊은 여자들 다루는 방법을 교육했다.

하지만 누군가는 규칙을 위반했고, 또 불만도 일었다. 어떤 불만은 니컬스 공병단장에게까지 전해졌다. 어느 날 목회자들이 그를 찾아왔다. '착한 여자'인 그들의 신도들이 기숙사 규칙, 특히 남자 방문 금지 규칙을 어기는 '나쁜 여자들'에 대해 하소연을 한다는 것이었다. 목사들은 "나쁜 여자들을 별도의 기숙사로 옮겨서 규칙을 지키는 여자들이 그들 때문에 불편을 겪거나 공연히 나쁜 평판에 휘말리지 않게 해달라"고 했다. 공병단장은 좋은 생각이라고, 목사님들이 착한 여자와 나쁜 여자의 명단만 작성해달라고 했다. 하지만 그 뒤로 단장은 아무 소식도 듣지 않았다.

도로시는 처음에는 공포감을 느끼고, 고향 혼비크로 달아나고 싶다는 생각도 했지만, 어느새 기숙사 생활에 적응했다. 기숙사 동료 중에는 빨래나 식당, 공동 욕실에 대해 불평하는 사람들이 있었다. 하지만 도로시는 그곳이 어린 시절의 야외 화장실보다 특별히 더 나쁜 것 같지 않았다. 그녀는 집에서 가방 한 개만 들고 왔기에—대부분 여섯 명의 언니 오빠에게서 물려받은 것들—방도 충분히 넓게 느껴졌다. 가구들이 신품이라서, 때로는 입주자들이 서랍장의 비닐 포장을 풀어야 했다. 어떤 여자는 기숙사가 어찌나 신설인지 아직 창문도 달리지 않았다고 했다. 거기다 잘 때는 코트를 덮고 잤고, 아침이면 물컵 가장자리에 얼음이 맺혀 있다고 했다.

도로시가 적응을 한 것은 같은 층에 사는 케이티와 셀마 덕분이기도 했다. 그들은 도로시보다 겨우 몇 살 많았지만, 늘 침착해 보였고 도로시를 잘 보살펴주었다. 특히 중요했던 것은 도로시가 돈이 다 떨어지고—늘 그러는 것 같았지만—봉급날은 아직 며칠 남았을 때마다 그들이 돈을 빌려주었다는 것이다. 방세를 내거나 식당이나 영화관에 가기 위해 몇 달러가 필요할 때, 케이티와 셀마는 항상 문제를 해결해주었다. 도로시는 반드시 돈을 갚았다. 돈을 잘 모으지는 못했지만 인생은 즐거웠다. 돈 관리의 어려움은 작은 장애물이었다. 처음에 느꼈던 불안과 공포는 눈부신 자유의 느낌으로 변했다. 농장도 없고 집안일도 없었다. 할 일은 출근하는 것뿐이었다.

통계 전문가 제인, 초보 화학자 버지니아, 간호사 로즈메리 같은 대졸 여성들에게 기숙사는 익숙했다. 모두 비슷한 나이였고, 모두가 같은 목적을 위해서 살았다. 전쟁 동안 단단한 우정들이 맺어지고, 많은 클럽이 생겨났다. 제인과 버지니아는 공동의 친구가 꾸린 '대학여성 클럽'에 가입했다. 대학여성 클럽 회원은 함께 어울려 놀고 패션쇼나 댄스파티도 열었다. 하지만 그들의 주요 활동은 시급 25센트를 받고 이웃—가족과 함께 진짜 주택에 사는—의 아기를 돌보는 일이었다. 오크리지 고교를 졸업하는 여학생들에게 장학금을 주기 위해서였다.

아기 돌보기 아르바이트에는 부가 혜택도 있었다. 진짜 부엌이 있는 집에서 밤을 보낼 수 있었던 것이다. 그들은 설탕 배급 쿠폰을 어느 정도 모으면 쿠키를 구웠고 애인도 데려왔다. 때로는 다른 커플도 왔고, 여자들은 진짜 거실에 앉아 브리지 게임(카드게임의 일종—옮긴이)도 했다. 거기에서는 기숙사 규칙에 대한 걱정 없이 남녀가 어울릴 수 있었다.

실리아의 친구 로즈메리는 종종 병원장인 찰스 리아 박사의 아이를 돌보았다. 로즈메리 같은 간호사들은 잠시 기숙사에 살다가 별도의 주거 시설로 옮겼다. 병원 옆의 주거 단지였다. 그 집은 편리했고, 기숙사보다는 분명 윗급이었다. 한 층 전체가 아니라 방 두 개가 실내 욕실을 공유했기 때문이다. 그래도 이따금 진짜 집의 안락함을 느끼고 싶을 때가 있었다. 리아 박사 부부는 로즈메리에게 여러모로 친절을 베풀었다. 첫 해 크리스마스에 그녀가 고향 홀리크로스에 갈 수 없게 되자, 그들은 그녀와 함께 휴가를 보내주었다. 그리고 귀가가 늦으면 그녀를 기숙사로 돌려보내지 않고 그 집에서 재웠다.

기숙사, 데이트, 아기 돌보기, 브리지 게임. CEW는 여러모로 열정이 피로를 이기고 모험심이 고난을 이기는 젊은이들에게 꼭 맞는 곳이었다.

◆ ◆ ◆

하지만 특별구역의 삶에 적응하는 일이 몹시 힘든 사람들도 있었다. 1944년 3월에 그곳에 간 수석 정신과 의사 에릭 켄트 클라크Eric Kent Clarke는 거기서 석 달을 지내는 동안 그 독특한 공동체 생활이 유발하는 어려움에 직면했다. 좁은 공간, 고립된 위치, 비밀 유지에 대한 주의로 인해서 많은 사람이 만성적 긴장 속에 살았다. 그들은 하루의 일을 배우자나 룸메이트에게 말하는 지극히 평범한 일이 금지되어 있었다. 걱정을 털어놓음으로써 스트레스를 푸는 일도 할 수 없었다. 대부분의 걱정이 금지 주제인 업무와 연관되어 있었기 때문이다.

주민들은 익숙한 전통과 사회적 울타리를 떠나왔다. 클라크는 이미 얼마 전부터 오크리지 주민들이 여러 정신의학적 문제를 겪는다는 의심이 있었지만, 이런 상황은 인식되지도 않고 제대로 규정되지도 않았다고 보고했다. 그는 이 점에 주목했다.

"1944년 3월에는 인격 장애에 대응할 특별 서비스가 필요해져서 정신의학 서비스가 설치되었다." 더불어 클라크는 초기 보고에 아래와 같이 썼다.

> 주민들은 처음부터 일반적 공동체에는 없는 추가적 스트레스에 노출되었고 그것은 긴장을 일으켰다. 생필품도 제대로 공급되지 않는 상태였고, 아직도 형성 중인 공동체로 이전해 들어가는 일에는 진실로 개척자 정신이 필요했지만 그것이 결여된 경우가 많았다.

하지만 끊임없는 기한과 24시간 작업 일정, 주민과 노동자들의 잦은 이전 속에서 어떻게 공동체를 만들어낼까? 프로젝트는 사회 변화를 위한 정책을 시행할 시간이 없었고 그럴 생각도 없었다.

군 당국이 아무리 타운사이트, 주택, 종교 모임, 소프트볼 리그를 계획해 넣었다고 해도, 오크리지에 진정한 계획은 전쟁의 시간표가 유일했다.

CEW의 목적은 단 하나, 장치에 쓸 농축 튜벌로이를 만드는 것이었다.

하지만 프로젝트의 의도와 무관하게 CEW는 일종의 사회적 실험이 되었다. 일급비밀 과제를 수행하는 군사 특별구역이지만 군 관계자들뿐 아니라 민간인, 여자, 아이들도 함께 살았다. 오클라호마주 출신의 아메리카 원주민들이 멕시코 출신 건설 노동자

및 버지니아주 출신 백인들과 함께 일했다. 흑인은 백인과 다른 시설을 이용해야 했고, 아이들도 키우지 못하고 배우자와도 떨어져서 작은 막사에 살았으며, 건설 노동자들은 양철 트레일러에 밀집 수용되었지만, 거기서 불과 몇 킬로미터 떨어진 곳에는 외지에서 초빙한 박사들이 조립식일지언정 널찍한 집에서 살았다. 그 박사들은—어떤 이들은 보안 때문에 가명으로 살았는데—배관 작업반장이나 그 가족과 이웃에 살기도 했지만, 서로가 상대의 직업을 몰랐다.

여자들이 이런 군사시설에 사회적 차원을 추가한 일에 대해서는 아직 충분한 논의가 이루어지지 않았다. 다만 그들은 프로젝트의 성공에 필수적이었다. 그들 없이는 '물건'도 없고, 물건 없이는 장치도 없었다. 하지만 여자들은 그 일시적인 곳에 영속감도 가져왔다. 사회적 유대감 그리고 집의 느낌을. 일과 승진을 원하는 여자들은 결혼과 출산 계획에 대해 질문을 받았다. 가족—특히 출산—은 생산과정에 방해가 될 수 있었다. 여자들은 강했고 프로젝트에 꼭 필요한 존재였다.

여자들은 일터에 생명력을 불어넣었고, 그들의 존재는 오크리지 생활의 모든 영역을 지배하고 계획하여 원하는 모습으로 만들려는 모든 시도를 가볍게 물리쳤다. 프로젝트 당국은 종전 후 그곳이 어떻게 될지 몰랐다 해도, 여자들은 자신들이 거기 있는 동안 남자들만큼 열심히 일할 뿐 아니라 그곳을 집으로 여기고 삶의 터전으로 만들어나갈 것을 알았다.

프로젝트는 이런 일은 예측하지 못했다. 정부는 사회 실험에는 관심이 없었고, 그들이 만들어낸 공동체의 문화인류학적 파급효과는 생각하지 않았다. 프로젝트에는 모든 요소가 모여 있었다. 전국 각지에서 온 독신 남녀. 아내, 어머니들까지.

사람들은 서로 가까이에 살았고, 주변 환경은 시각적으로 연대와 동료애, 때로는 위협감을 안겨주었다. 그것은 어쩌면 게이트나 공통의 적 때문이었는지도 모른다. 어쩌면 똑같이 생긴 주거단지 때문이었을 수도 있다. 그것은—적어도 일부에게는, 그리고 적어도 그 일대에서는—누구도 다른 누구보다 나을 게 없다는 느낌을 주었다. 그들 사이에는 점차 유대감이 생겨났다. 그곳에 남기로 결정한 사람들은 애초에 계획을 했건 안 했건, 원했든 그렇지 않았든 공동체와 가족을 얻게 되었다.

그곳을 통제할 책임은 군 당국에게 있었을지 몰라도, 여성이라는 억누를 수 없는 생명의 힘은 그 통제를 벗어나 있었다.

잠깐 있다 가는 것은 전쟁뿐이었다.

튜벌로이

✦

물건을 찾아서

튜벌로이의 여행은 지구 깊은 곳에서 시작한다. 그것의 상당량이 에드가 상지에의 벨기에령 콩고 광산에 있었고, 일부는 캐나다에서 왔으며, 미국 서부의 바나듐 광산에서도 극소량이 왔다. 튜벌로이 여행의 첫 단계는 주로 55갤런(약 200리터) 드럼통에 담겨서 바다 건너 뉴욕시로 오는 것이었다. 거기서 튜벌로이는 캐나다의 엘도라도 사로 가서 처리되었고, 그런 뒤에는 뉴저지주의 웨스팅하우스, 에임스의 아이오와 주립대학, 또는 세인트루이스의 말린크로트Mallinckrodt, 또는 클리블랜드의 하쇼Harshaw로 갔다. 이 회사들은 프로젝트의 각기 다른 시기에 튜벌로이를 여러 가지 형태—산화물, 불화물, 염鹽, 금속—로 바꾸었고, 그렇게 처리된 튜벌로이는 기차나 트럭에 실려서 테네시주에 있는 클린턴 공병사업소를 포함한 여러 프로젝트 사이트로 갔다.

CEW와 로스앨러모스는 튜벌로이를 염화, 산화, 승화, 불화, 기화시키고, 타격, 회전, 분리, 측량, 평가, 분석했으며, 측정하고 또 측정하며 각 단계마다 그 특징을 조사했다.

최고 난제는 튜벌로이 '원광'의 확보가 아니었다. 튜벌로이 원광을 '장치'의 두 가지 모형의 연료로 만드는 것이었다. 장치의 한 가지 모델은 '농축' 튜벌로이, 즉 동위원소 235가 고농도로 든 튜벌로이를 사용한다. 장치의 두 번째 모델은 49를 연료로 사용한다. 49는 튜벌로이 분열의 결과로 나오는 부산물로, 힘과 독성이 극도로 강했다.

장치 자체와 그 연료를 만들기 위해 주요 프로젝트 사이트 세 곳이 24시간 돌아갔고, 전국 각지의 시설과 회사가 협력했다. 장치의 설계와 조립은 뉴멕시코주 로스앨러모스의 폐교 터에 자리잡은 사이트 Y에서 수행했다. 49의 생산은 주로 워싱턴주의 사이트 W에서 행했다. 사이트 X인 테네시주의 클린턴 공병사업소에는 튜벌로이를 다루는 플랜트가 모두 네 개 지어졌다.

규모 확대

1943년 2월에 클린턴 공병사업소에서는 Y-12와 X-10이라는 코드명의 플랜트 두 곳이 건설되기 시작했다. X-10은 파일럿 반응기였지만 페르미의 팀이 시카고에서 만든 파일보다는 훨씬 컸다. X-10은 '알루미늄 컴퍼니 오브 아메리카Aluminum Company of America'가 원통에 넣어 밀봉한 튜벌로이(튜벌로이 슬러그)로 분열 연쇄반응을 일으키고 그 결과로 49를 만들었다. 튜벌로이가 중성자를 방출하면 에너지만 나오는 게 아니라 자유 중성자가 이웃 원자를 쪼개고, 그 원자가 또 자신의 중성자를 방출해서 연쇄반응이 이어진다. 하지만 이 중성자들 중 일부는 다른 원자에 '포획'되고 그 일이 일어나면 궁극적으로 49가 만들어진다.

1943년 11월 4일에 X-10이 '임계점'에 다다랐다. 중성자가 다른 원자를 쪼개는 연쇄반응이 자급적으로 이루어졌다. 엔리코 페르미와 아서 콤프턴은—헨리 파머와 아서 홀리라는 가명으로—그 사건을 보려고 CEW에 갔고, 때가 되자 게스트하우스에서 불려나왔다. 워싱턴주에 있는 사이트 W의 대규모 반응기들은 X-10의 성공에 기반했다. CEW의 다른 플랜트 세 개—Y-12, K-25, S-50—는 튜벌로이 농축, 즉 튜벌로이 238에서 튜벌로이 235를 분리해내는 일에 바쳐졌다.

프로젝트의 성공은 T-235와 T-238을 가르는 세 개의 중성자에 달려 있었다. 자연에는 튜벌로이 238가 더 흔했다. 하지만 그것은 좀 더 귀한 튜벌로이 235만큼 분열이 잘 되지 않았다. 실제로 튜벌로이 원자 1000개당 일곱 개만이 동위원소 235였다. 그러니까 튜벌로이 1000파운드 중에 약 7파운드만이 T-235라는 것이었다. 쌀알갱이가 천 알 있는데 그중 요리에 쓸 수 있는 것이 일곱 알뿐이라고 생각해보라.

장치는 T-235라는 귀한 알갱이로만 요리를 할 수 있었다. 초대형 플랜트 세 곳의 유일한 목적은 장치의 연료로 쓸 그 귀하고 소중한 원자를 뽑아내는 것이었다.

세 개의 플랜트: 세 가지 방식

T-238에서 T-235를 분리하는 일은 '물리적으로', 즉 두 동위원소의 극미한 질량 차이를 이용해서 수행해야 했다. CEW의 각 플랜트들은 서로 다른 방식으로 그 일을 수행했다. Y-12는 전자기 분리를, K-25는 기체확산법을, S-50은 액체 열확산 방식을 사용했다.

1944년 여름에 이르면 프로젝트는 한 달에 약 1억 달러의 비용을 썼고, 초대형 K-25 플랜트는 절반쯤 완성되었다. 200헥타르 부지에 자리잡은 K-25 플랜트의 부지는 1943년 6월부터 준비되었고, 공사는 9월 말에 시작되었다. 폭이 무려 800미터에 이르는 이 어마어마한 건물은 미친 듯한 속도로 건설되었지만, 그로브스 장군은 아직도 언제 스위치를 올릴 수 있을지 알 수 없었다.

K-25

플랜트의 냉각탑들은 애팔래치아산맥 구석의 비밀 부지에 마천루처럼 솟아서, 인구 500만 도시도 지탱할 만한 대량의 물을 재순환시켰다. 완공된 K-25 플랜트는 4층 구조로, 단일 지붕 아래 연면적이 17헥타르(미식축구 경기장 44개 이상의 규모)에 이르는 동종 세계 최대의 건물이 되었다. 하지만 그것의 존재를 아는 사람들은 그 인근에 사는 이들을 포함해도 극소수였다.

K-25는 기체확산법을 사용해서 T-238에서 T-253를 분리해냈다. 그런 방식은 이만한 규모로는 시도된 적이 없었다. 그 작동 방식은 튜벌로이를 기체 형태(TFL6)로 만든 뒤, '격벽'이 설치된 일련의 튜브를 통과시킨다. 격벽은 동일한 크기의 미세한 구멍들이 난 얇은 금속판이다. 이 구멍은 엄청나게 미세하다. 1제곱센티미터당 수억 개가 들어간다. 이 격벽을 말아서 튜브로 만들고 그 튜브를 큰 밀봉 파이프에 넣는다. 이것은 튜벌로이 고압 기체를 격벽 튜브 안으로 들여보내면, 가벼운 235는 격벽을 뚫고 나가지만 무거운 238은 그러지 못한다는 것을 이용하는 방식이다. 튜벌로이가 이런 튜브들을 계속 통과하는 동안, 가벼운 235는 단계적으로 농축된다.

이런 과정은 한 번으로는 부족했다. 3000번 가까운 단계가 필요했고, 그래서 거대한 U자 모양(우라늄의 영어철자가 U로 시작한다─옮긴이)의 K-25가 생겨났다(마치 건물의 모양 자체가 하늘을 날아가는 사람들에게 그 안에서 벌어지는 일을 알려주는 것 같았다). 튜벌로이는 그 대형 U자 건물 안에서 1.6킬로미터를 움직이며 점점 더 농축된다. 어쨌건 그것이 기본 개념이었다.

여기에는 문제가 하나 있었는데, 프로젝트 과학자들이 아직 격벽 설계를 확정하지 못했다는 것이다. 연구실에서 시험한 첫 번째 격벽은 크기가 동전만했는데, K-25에는 격벽 물질이 수 헥타르 규모로 필요했다. 그래서 과학자들이 해법을 찾는 동안, 노동자들은 K-25를 건설했다. 파이프 등의 여러 구조물이 도착해서 검사를 받고 가능한 곳에 설치되었다. 미드웨스트 파이핑Midwest Piping이라는 회사가 9킬로미터 길이의 니켈 도금 파이프를 만들었는데, 그 전체가 철저히 밀폐되고 튜벌로이 기체의 부식 효과를 견딜 내구력이 있어야 했다. 표준 용접으로는 부족해서 새로운 기술이 개발되었고 이를 활용할 기술자를 훈련시킬 학교가 세워졌다. 파이프 하나하나, 용접 지점 한곳한곳까지 모든 부분이 다 중요했다.

Y-12

그러는 동안 CEW 내에서 완전히 가동되는 유일한 튜벌로이 농축 시설은 다른 구역에 위치한 Y-12였다. 그곳은 어니스트 로런스가 버클리의 방사선연구소에서 개발한 전자기 분리 방식을 사용했고, 그 과정은 칼루트론으로 수행되었다. (칼루트론이란 '캘리포니아 대학 사이클로트론Cyclotron'을 줄인 말이다.) 튜벌로이가 프로젝트의 생명의 피라면, Y-12의 칼루트론은 CEW의 심장이자 영혼이었다.

칼루트론은 알파 칼루트론과 베타 칼루트론으로 나뉜다. 둘의 가장 큰 차이는 크기와 투입 물질이었다. 알파 칼루트론들의 탱크가 더 컸고, 이것은 흔히 레이스트랙racetrack이라는 타원형 구조로 배치되었다. 아흔여섯 개의 탱크와 거대한 전자석들이 교차하는 구조가 길이 37미터, 폭 23미터, 높이 4.5미터에 걸쳐 뻗어 있었다.

튜벌로이는 염鹽의 형태—TC14—로 칼루트론에 들어갔다. 이것은 그리 특이해 보이지 않는 녹갈색 결정이다. 히터가 온도를 올려서 튜벌로이염을 기화시킨다. 그런 뒤 고전하 전자를 만드는 전자 필라멘트가 기화된 튜벌로이를 타격해서 원자를 이온화한다. 이제 튜벌로이는 '양전하'를 띤다.

전하를 띤 이온이 자기장을 통과하면 경로가 구부러지는데 그 경로의 반지름은 이온의 질량에 따라 달라진다. 그래서 전하를 띠고 자기장을 지나가는 튜벌로이 이온이 반원형 경로를 그릴 때 무거운 T-238은 가벼운 T-235보다 더 큰 원을 그린다. 이 전자기 이동 경로의 끝에 배출 슬롯이 두 개 달린 수합 장치가 있다. 238과 235의 약간 다른 경로가 도달하는 표적 지점이다. 거기서 튜벌로이 이온이 금속판에 부딪히는데, 그 모습은 미세한 금속 조각 같다. 238은 Q 슬롯이라는 수합기에 포획되고, 소중한 235는 R 슬롯이라는 수합기에 포획된다. 튜벌로이의 전자기 여행 끝에 있는 두 슬롯 사이의 거리는 약 7.6밀리미터다.

CEW의 노동자 대부분은 칼루트론을 칼루트론이라고 부르지 않고, 주로 D 기계라고 불렀는데, 유닛 하나하나가 D자처럼 생겼기 때문이다. 큐비클 오퍼레이터들이 대형 통제실에 앉아 눈으로 패널을 살피면서 열원, 전압, 이온화를 조절하는 손잡이와 레버를 움직였다.

베타 칼루트론은 알파 칼루트론의 절반 정도 크기로 직사각

미세한 양의 '물건'도 수거하기 위해 작업복도 자주 세탁하고 처리했다.

형 형태로 배치되었다. 알파 칼루트론에서 모은 T-235를 베타 칼루트론에 투입해서 두 번째 단계의 농축에 들어갔다. 튜벌로이가 알파 칼루트론을 거치면 235가 12~15퍼센트 정도로 농축되었는데, 그 정도로는 장치에 쓰기 부족했다. 하지만 베타 과정을 거치면 T-235의 농축 수준은 90퍼센트 정도가 되었고, 그것은 장치에 쓰기 충분했다.

알파 과정과 베타 과정 모두 핵심 원리는 똑같이 염 형태의 튜벌로이가 칼루트론에 들어가서 이온화되고, 자기장을 통과하면서 마침내 두 개의 다른 동위원소로 분리되어 나오는 것이었다.

노동자들은 튜벌로이를 수거함에서 빼내고, 유닛 구석구석을 질산으로 닦았다. 최대한 많은 양의 튜벌로이를 회수하기 위해서 모든 것을 처리했다. 노동자들의 작업복도 처리해서 극미량의 튜벌로이도 회수했다. 알파 과정과 베타 과정 전후와 그 사이에 튜벌로이는 사람들의 손과 비커와 분광계와 원심분리기와 드라이박스를 지나갔다. 그때마다 형태가 달라졌기 때문에 암호명도 달라졌다. 노르스름한 가루 형태인 TO3은 723, 녹색 또는 노란색 고형물 형태인 TCL5는 745였다. 많은 화학자가 튜벌로이를 가지고 일했고, 그 모습은 요리사들이 요리법을 모르는 비밀 재료를 두고 고민하는 것 같았다. 그리고 모든 부서의 모든 개인이 모든 단계에서 튜벌로이 관련 행동을 기록해야 했다. 아주 소량의 튜벌로이를 이 건물에서 저 건물로, 연구실에서 칼루트론으로 옮길 때에도 경로를 기록해야 했다. 양, 내용, 분석, 암호명까지 모두. 사무원들은 손으로 계산기를 돌렸고, 사환들은 건물에서 건물로 밀봉된 봉투를 전달했다.

완공 후에 K-25는 세계 최대의 건물이 되었지만, Y-12 사업부의 규모도 그 못지않게 놀라웠다. 일례로 자석을 만드는 데는 흔히 구리를 쓰는데, Y-12의 자석들은 초대형이었다. 알파 칼루트론의 자석은 높이가 약 2.5미터였다. 하지만 전쟁의 다른 영역—비밀이 아닌 영역—에서도 탄피 등을 만드는 데 구리를 썼다. 그래서 프로젝트는 은으로 자석을 만들었다. 많은 양의 은을 보관하고 있는 곳이 어디일까? 바로 미국 재무부였다.

Y-12를 건설할 때 공병단장이 재무부 차관 대니얼 벨Daniel W. Bell을 만나서 신중하게 6000톤가량의 은을 요청했다. 은을 온스(약 30그램) 단위로 말하는 데 익숙한 사람에게는 어리둥절한 표현이었다. 이어 국방장관이 재무부 장관에게 좀 더 공식적으로 요청했다. 그 은을 어떻게 쓸지 구체적으로 말하지는 않았지만 일정 시점에 다시 연방 정부에 반환하겠다고 했다. 그렇게 미국 재무

부에서 빌린 은 1만 2280톤이 웨스트포인트(미 육군사관학교)로 가서 칼루트론 자석이 되었다. 그 가격은 3억 달러 이상이었다.

K-25가 아직 건설중일 때 Y-12에는 이미 알파와 베타 칼루트론 건물, 냉각탑, 화학 처리기, 탈의실, 펌프실, 증기 플랜트, 식당 등등 많은 구조물이 들어차 있었다. 건물들은 때로 다양한 명칭으로 불렸다. 또 어떤 건물은 프로젝트의 비밀에도 불구하고 튜벌로이의 원자번호인 92번으로 시작했다. 그로브스 장군은 처음 이 번호 체계를 알게 되었을 때 그 선택을 별로 달갑게 여기지 않았다. 그는 나중에 플랜트 이름은 기본적으로 임의적이었다고 말했다. X-10의 X는 사이트 X에서 왔을 것이다. Y-12이라는 이름에는 아무런 의미가 없었다. K-25의 K는 플랜트의 설계와 개발을 맡은 회사인 켈렉스Kellex 또는 켈로그를 가리켰으며, 25는 장군에 따르면 '프로젝트 전체에서' T-235를 가리켰다.

얼마나 커야 하나?

Y-12의 사업부들은 이스트먼 코닥Eastman Kodak의 지사인 테네시 이스트먼사가 감독했는데, Y-12는 아무리 열심히 인력을 구해도 늘 사람이 부족했다.

처음에 그로브스 장군의 팀은 2500명가량이면 Y-12를 운영할 수 있을 거라고 추정했지만, 1943년 가을에 이미 5000명 가까운 노동자가 거기서 일하고 있었다. 장군은 1943년 9월 9일에 Y-12의 크기를 두 배로 늘리도록 지시했다. 장치에 필요한 T-235의 양의 추정치가 다시 한번 바뀌었기 때문이다. "더 많이! 훨씬 더 많이!"가 괴로운 후렴이 되었다. CEW가 기공되고 1년도 지나지 않았을 때 오펜하이머와 그가 이끄는 로스앨러모스 팀은

T-235가 가장 최근의 계산보다 '세 배' 더 필요하다고 말했다.

세 배.

수치 변경은 그것이 처음이 아니었다. 프로젝트를 맡은 직후 그로브스 장군은 과학자들에게 장치의 시험과 제작에 필요한 튜벌로이의 양을 추정해달라고 요청했고, 그 계산의 정확도도 알고 싶어 했다.

대답: 유효 범위는 10으로 나누거나 곱한 것 안쪽입니다.

장군은 당혹했다. 물론 그가 힘든 상사기는 했다. 까탈스럽고 기이한 면도 있었다(FBI 조사에 따르면, 그는 금고에 초콜릿을 감추는 습관이 있었다). 하지만 정확한 추정치를 요구하는 것은 그렇게 비합리적인 일이 아니었다. 플랜트의 규모는 이 추정치의 정확도에 따라 달라졌다. 장비 구입도 이 추정치의 정확도에 따라 달라졌다.

그런데 예를 들어 물건 100파운드라는 수치에 대한 유효 범위가 10으로 나누거나 곱한 것 안쪽이라면 10파운드가 필요할 수도 있고 1000파운드가 필요할 수도 있다는 뜻이었다. 장군은 "손님이 10명에서 1000명 사이로 올 테니 그에 맞춰 식사를 준비하라"는 요구를 들은 요리사가 된 느낌이었다. 애초에 Y-12 플랜트만으로도 목재가 9만 세제곱미터 이상 필요했다. 그것은 식사에 몇 명의 손님이 올지 모르는 상태로 식당을 짓는 것과 비슷했다.

처음에 Y-12의 알파 건물로 계획한 건물 세 동 중 첫 번째는 1943년 9월에 가동을 시작했지만, 그해 크리스마스, 그러니까 CEW 탄생 후 첫 크리스마스에 장군이 직접 CEW로 가서 그것의 폐쇄와 수리를 지시했다. 자석들이 일으킨 진동에 탱크 몇 대가 자리에서 이탈한 것이다. X-10은 사이트 W에 건설하는 대형 핵반응기의 소형 버전이었지만, Y-12는 본 플랜트였다. 문제를 살펴볼 파일럿 플랜트도 없었다. 그것은 미국 내의 유일한 전자기 분리 플랜트이자, 전 세계를 통틀어서도 유일한 것이었다(어쨌건 프로젝트는 그러기를 희망했다).

두 번째 알파 레이스트랙은 1944년 초에 가동 준비를 마쳤고, 그해 3월에 베타 트랙 하나가 완성되었다. 알파 트랙 네 곳은 계획보다 넉 달 늦은 4월에 마침내 동시에 작동을 시작했다. 필요한 물건의 양에 대한 추정치는 커졌고, 칼루트론의 수도 마찬가지였다. 여러 가지 문제들에도 불구하고 아직 전자기 분리 과정이 좀 더 기대를 받았지만, K-25 플랜트가 일단 가동되면 더 효율적이고 비용효과적으로 튜벌로이를 농축할 수 있을 거라는 희망도 커졌다. 계획은 K-25에서 최종적으로 농축한 물질을 Y-12에 투입한다는 것이었다. 하지만 제대로 된 격벽이 없이는 그 일을 할 수가 없었다.

그래서 프로젝트는 다른 가능한 옵션들도 계속 탐색했다. 그 지점에서 네 번째 플랜트인 S-50이 들어왔다.

H. K. 부인이 특이한 상황에 대처하다

이블린Evelyn 퍼거슨(결혼 전 성은 핸콕Handcock)이 그로브스 장군을 처음 만난 것은 남편을 잃은 지 6개월 뒤였다. 그녀의 남편 해럴드 킹슬리 퍼거슨Harold Kingsley(H. K.) Ferguson은 오하이오주 클리블랜드 소재 H. K. 퍼거슨사의 사장이었다. 그 회사는 미국 내 전쟁 플랜트 건설 업체 중 아주 평판이 높았다. H. K.가 적극적인 태도로, 일정에 척척 맞추어서 건설을 완료했기 때문이다. 매력적이고 활기찬 아내 이블린은 남편의 출장에 자주 동행했다. 그러다 남편이 60세에 심장마비로 사망하자 그녀 혼자 출장을 다녔다. 남편의 유산인 H. K. 퍼거슨사는 그녀가 떠맡게 되었다.

이블린과 장군이 만난 것은 그가 로스앨러모스의 오펜하이머에게서 매우 흥미로운 소식을 들은 것이 계기가 되었다. 필 에이블슨Phil Abelson은 넵튜늄을 공동 발견한 물리학자로, 필라델피아 해군 조선소에서 '액체 열확산'이라는 방식으로 튜벌로이를 농축하는 작업을 했다. 그리고 오펜하이머에 따르면 놀라운 발전을 이루고 있었다.

액체 열확산은 동심원을 이룬 수직 파이프를 사용한다. 파이프는 바깥쪽은 물로 냉각되고 안쪽은 고압 증기로 가열된다. 튜벌로이의 서로 다른 동위원소—235와 238—는 서로 다른 비율로 기둥 위쪽으로 올라간다. 235는 가열된 표면에 더 가까이 붙고, 238보다 더 빠르게 올라간다. 238은 냉각된 표면을 더 좋아한다. 해군 조선소는 기둥 100개짜리 파일럿 플랜트를 짓고 있었고, 1944년 여름에 완공을 예상했다. 그 약간 농축된 튜벌로이도 Y-12라는 허기진 괴물에 투입될 수 있을까?

프로젝트가 열확산 방식을 고려한 것은 그때가 처음이 아니었다. 에이블슨은 1941년에 소량의 튜벌로이 농축에 성공했다. 하지만 당시의 결론은 시간이 너무 오래 걸리고 비용이 너무 많이 들며—프로젝트의 엄청난 씀씀이에 견주어서도—, 장치에 쓸 만큼 충분한 고농축 물건을 만들 수 없다는 것이었다. 하지만 거기서 여러 가지 발전이 이루어졌다. 액체 열확산 방식이 이루는 농축은 다른 플랜트의 작업들에도 도움이 될 수 있을지 몰랐다.

장군은 해군 조선소에 팀을 보냈고, 그들의 보고에 흡족해했다. 그리고 사이트 X에 1945년 가동할 새로운 플랜트를 지을 수 있다고 결정했다.

여기서 이블린 퍼거슨이 등장한다. H. K. 퍼거슨사의 표어는 "여러분의 플랜트를 설계하고 건설하고 설비해드립니다. 계약, 책임, 이익이 모두 하나입니다"였다. 그것은 프로젝트의 운영 방식과 잘 맞았다. 간결함. 책임 대리. 분리구획화. 건설이 끝나면 그것을 운영할 자회사 퍼클리브Fercleve가 만들어졌다. 하지만 빨리 움직여야 했다. 장군은 플랜트가 120일 후에 가동되기를 원했고, 또 에이블슨의 파일럿 플랜트를 '오류까지 똑같이 본뜨기'를 원했다. 하지만 크기는 훨씬 커야 했다.

더 크게! 더 많이! 지금 당장!

그것은 생전의 H. K.가 기쁘게 맞았을 도전이었다. 그는 전에 압박에 시달리는 제조업자에게 "걱정은 히틀러하고 히로히토에게 맡겨두십시오" 하고 말했다고 한다. 새 플랜트 S-50는 분리 기둥을 겨우 100개가 아니라 2142개 세우기로 계획했다. 각 기둥은 길이가 16.7미터고, 가운데에는 니켈 파이프를, 가장자리에는 구리 파이프를 설치한 뒤 그것을 차가운 물로 감싸고 이어 활성 이온으로 다시 감싸는 구조였다. 기둥들은 102개가 한 그룹이 되었다. 위치는 K-25에 가까워야 했다. 거기서 과정에 꼭 필요한 증기를 공급해줄 수 있었기 때문이다.

"시속 56킬로미터로는 현대전에서 이길 수 없다." H. K.는 그런 말을 한 적이 있다. 운전과 사업에서 속도를 즐기는 자신의 습성에 대해 한 말이다. 장군도 거기 동의했을 것이다. 장군이 이블린 퍼거슨에게 임무를 맡긴 지 겨우 13일 만에 부지 정돈이 시작되었다. 1944년 7월 9일이었다. 이블린의 마흔일곱 살 생일이었고, 남편이 죽은 지 7개월가량 지났을 때였다. H. K.가 살아 있었어도 그보다 더 잘할 수 없었을 것이었다.

　칼루트론의 아버지인 어니스트 로런스가 "장군의 평판은 프로젝트의 성공에 달려 있다"고 한 말이 맞았는지도 모른다. 하지만 프로젝트의 성공은 장군에게만 달린 것도, 로스앨러모스에 있는 남자 과학자들의 두뇌에만 달린 것도 아니었다.

　군 역사상 가장 야심찬 계획인 이 전쟁 프로젝트는 평범한 수만 명의 어깨에도 놓여 있었고, 그 중 많은 수가 젊은 여성들이었다.

6

작업

그런 뒤 우리는 화로, 빨래, 진흙 그리고 보모 문제로 고민하기 시작했다.
—바이 워런, 〈오크리지 저널〉

'실적을 겨뤄보자'는 건 니컬스 공병단장의 아이디어였다. 하지만 여자들은 아마도 자기들이 무슨 경쟁을 하고 있다는 걸 몰랐을 것이다.

프로젝트 인물들 가운데서도 특히 열정과 야심과 아이디어가 넘치던 어니스트 로런스는 "테네시주 농촌에서 뽑아온 고졸 소녀들이 자신이 이끄는 과학자 팀보다 Y-12 운영을 더 잘하고 있다"는 니컬스의 말을 믿을 수 없었다.

버클리에서는 박사학위 소유자들만이 전자기 분리 유닛 조종 패널에 손을 댈 수 있었다. 테네시 이스트먼사가 칼루트론 운영을 시골 고등학교를 갓 졸업한 여자들에게 맡기자고 했을 때, 로런스는 별로 찬성하고 싶지 않았다. 하지만 일단 로런스의 팀이 칼루트론 유닛의 문제들을 해결하면 그 운영을 여자 오퍼레이터들에게 넘기기로 결정되었다.

그랬더니 공병단장이 로런스에게 믿을 수 없는 말을 했다. '시골 소녀'들이 박사학위 소유자들보다 더 농축된 튜벌로이를 산출한다는 것이었다. 그리고 중요한 것은 뭐니뭐니해도 '물건'이었다.

그래서 도전이 이루어졌다.

두 남자는 생산 경주를 하기로 했다. 특정 기간 동안 더 농축된 튜벌로이를 산출하는 그룹이 이기는 것이었다. 물론 그때의 '승리'에서 얻을 수 있는 전리품이란 니컬스 단장 또는 로런스가 상대에게 자랑할 권리뿐이었다.

정해진 기간이 끝났을 때, 로런스가 이끄는 박사학위 소유자들은 크게 패했다. 로런스가 볼 때 과학자들은 작업 효율을 높이려고 하면서도 실험을 멈추지 못하는 것이 문제였다. 그렇다고는 해도 놀라운 결과였다.

니컬스 단장에게는 당연한 결과였다. 그 소녀들은 '시골뜨기'라 할지라도 군인처럼 훈련받았다. 시키는 대로 하고 이유는 묻지 않았고. 단장과 장군은 그것이 성과를 내는 방법이라는 것을 알았다.

◆ ◆ ◆

여자들은 인사부에서 화학부까지 CEW 전역의 구석구석에 포진해 있었다. 그들은 청소, 판매, 화학 처리, 오퍼레이팅, 행정 등 모든 분야의 일을 했다. 인사부에서 일하는 여자들은 부러움을 샀다. 남자 신입 직원들을 처음 볼 수 있었기 때문이다. 새 군인 집단이 오게 되면 그 소식은 관련 사무실들로 빠르게 퍼졌다. 그들의 인사보안질문(PSQ)을 작성하는 여자는 얼마나 행운인가. 알고 싶은 모든 것이 거기 있었다. 나이, 결혼 여부, 학력, 출신지. PSQ에는 모든 정보가 다 있었다. 그것도 세 벌씩.

CEW는 여러 면에서 이도 저도 아닌 사교 생활의 연옥이었다. 그런 대규모 이주는 뿌리를 잃은 느낌과 틀어박힌 느낌을 동시에 안겨주었다. 새로운 장소, 역사 부재, 갑작스런 공동체. 그것은 어떤 이들에게는 새로운 시작이 되기도 했다. CEW에 파견된 군인들은 대부분 아내 없이 단신으로 왔고, 프로젝트에서 일하는 유부남의 상당수—군인이건 아니건—는 댄스파티나 볼링 모임에서 결혼 여부를 얼른 밝히지 않았다. 물론 공개하는 이들도 있었지만, 그러지 않는 이들도 있었다. 그래서 많은 여자들이 함부로 마음을 열지 않으려 했고, 너도나도 플랜트 인사부나 행정실에서 일하는 여자를 친구로 두고 싶어 했다. 그리고 그곳에서 일하는 여자들은 친구들에게서 연애의 가능성이 있는 남자들에 대한 질문을 꾸준히 받았다.

"사진에 아내가 있어? 확인 좀 해줘봐…."

그 정보가 나쁜 소식이 될 수도 있었다. (응, 아내가 있어. 애들도 있고.) 하지만 로맨스의 문을 열어줄 수도 있었다. 말끔, 깨끗. 아무 문제없음. 많은 여자들이 인사 서류를 불법 열람하고 기쁨에 뛰거나 실망으로 움츠러들었다. 비밀로 가득 찬 세계에서 규칙을 위반하면—인사 서류 불법 열람도 거기 포함되었다—해고나 퇴거의 벌을 받을 수 있었지만, 이런 탐색은 위험을 감수할 만한 일로 여겨졌다.

✦ ✦ ✦

실리아의 캐슬 근무는 예측이 가능해서 좋았다. 그녀는 공문을 타이핑하고, 구술을 받아적었으며, 보험 서류를 작성했다. 실리아는 암호화된 문서—단어, 숫자, 이상한 이름, 기타 등등—를 타이핑하거나 정리하는 일을 하지 않았지만, 그런 일을 하는 비서

작업

들도 있었다. 'G. G.'는 이따금 찾아왔고, 그가 오면 모두가 생쥐처럼 허둥거렸다. 실리아는 아직도 이유를 몰랐다. 1년이 지났지만 그들은 아직도 그를 제대로 소개받지 못했다.

그녀는 낮에만 일하고 야간 근무가 없었다. 그래서 헨리와 만나는 일이 훨씬 수월했고, 실제로 그녀는 헨리와 저녁 식사를 자주 했다. 루는 상황을 잘 받아들였다. 두 남자는 친구 사이를 유지했다. 오크리지처럼 좁은 도시에서는 한 사람과 헤어지면, 다음 사람으로 쉽게 옮겨갔다. 그들이 거기 언제까지 살지 아무도 몰랐다. 그리고 어쨌건 모든 것은 전쟁이 끝날 때까지였다.

역시 캐슬에 근무하는 토니는 다시 한번 커피 심부름을 했다. 비서진에는 다이아몬드의 손님에게 커피를 가져다줄 비서가 많았지만, 토니는 늘 그 일을 할 기회를 노렸다. 그 기회를 잡으면 자리에서 일어나서 돌아다니며 사람들을 만날 수 있었기 때문이다.

토니의 방과 복도를 사이에 둔 맞은편 방에는 여군항공대 대원들이 있었다. 토니가 볼 때 그 여자들은 신문 읽는 것밖에는 하는 일이 없었다. 다른 일을 하는 것은 본 적이 없었다. 그들은 하루 종일 신문을 들고 앉아서 뚫어져라 내용을 살폈다. 그런 모습을 본 것은 토니뿐이 아니었다. 다른 비서들도 보았고, 그래서 무슨 일을 하는 걸까 함께 추측도 해보았다. (아무도 여군에게 직접 물어보지는 못했다.)

비서들 사이에 떠도는 말은 여군들은 신문에서 비밀 단어, 정부가 언급을 막는 단어를 찾는다는 것이었다. 그런 금지어가 뭐지? 토니도 다른 비서들도 전혀 몰랐다. 하지만 여군이 그런 문제 단어를 발견하면, 누군가 신문사를 찾아가고… 토니는 누가 찾아가는지는 몰랐다. FBI가 아닐까? 명확한 답이 없는 많은 질문에

FBI는 자동 반사적인 답이 되었다.

'고향에서 나에 대해 물은 사람이 누구였지? 글쎄, FBI?'

'그 사람을 신고한 사람이 누구야? FBI 같아.'

토니의 일은 기계적이고 반복적이었지만, 그녀가 밴던 벌크 중령의 팀에서 직속 상사들—글렌 월트라웃 병장과 에드 화이트헤드 병장—에게 타이핑해 올리는 서류들은 조금 이상했다. 그렇게 엉망으로 면접을 봤는데도 토니는 구술 받아적기를 많이 했다. 그것은 아직도 이해하기 어려울 때가 많았지만, 지금은 다이아몬드의 억양보다는 단어 자체가 문제인 경우가 많았다.

토니가 볼 때 그건 다 말도 안 되는 헛소리였다. 아무 뜻도 없는 말을 길게 늘여서 하는 것 같았다.

"도급계약자를 고용하고 규정된 일을 할 책임을 부여해서 할당된 과제를 완수시키고…."

가능한 한 많은 단어를 사용해서 가능한 한 적은 정보를 담는 것이 이런 문장의 목표인 것 같았다. 날마다 수많은 말이 토니의 눈과 귀를 지나갔지만, 그것들은 아무 의미도 없어 보였다.

어느 날 토니가 다이아몬드와 외부 손님에게 커피를 대접하고 왔더니 월트라웃 병장이 그녀에게 왔다.

"토니 양, 다이아몬드 씨가 손님이 오면 왜 늘 토니 양에게 커피를 부탁하는지 알아요?"

"아뇨." 토니가 대답했다. 거기 무슨 특별한 이유가 있다고 생각한 적은 없었다.

"토니 양을 부르는 건 손님들에게 이 고장 토박이 말투를 들려주기 위해서라고 하더군요."

◆ ◆ ◆

어느 평범한 날, 큐비클 오퍼레이터들은 버스로 Y-12에 도착해서 또 하나의 무장 게이트를 통과했다. 특별구역에는 버스가 24시간 운행됐다. 플랜트로 가는 것은 무료였지만, 쇼핑을 하거나 영화를 보러 녹스빌 같은 데 나갈 때는 토큰을 사야 했다. 특별구역 밖에서 통근하는 사람들이 아침 7시 조에 배정되면, 때에 따라 새벽 4시에 버스를 타야 했다.

CEW는 공식 세계에 존재하지 않았지만, 그곳의 버스 체계는 미국 최고의 대도시들과도 견줄 수 있을 만큼 규모가 컸다. 버스는 콩나물시루가 되기 일쑤였다. 일부는 구형 트레일러를 개조한 것이었다. 시카고의 만국박람회에서 쓰던 것들도 있었다. 버스는 대체로 양옆에 벤치형 의자가 있고, 가운데 목탄 난로가 있었다. 그것은 겨울에 버스가 붐빌 때는 좋았다. 여름에는 땀에 젖은 몸뚱이들이 날씨에 따라 먼지 또는 진흙이 튀는 도로 위에서 흔들리며 부딪혔다.

경비병은 요소요소에서 배지를 확인했다. 이곳은 울타리 안에 또 울타리가 쳐진 곳이었고, 개인들은 그들이 처리하는 튜벌로이만큼이나 면밀한 감시를 받았다. 노동자들은 특별구역의 비업무 지구를 자유롭게 다닐 수 있는 주민 통행증도 필요했지만, 각자가 일하는 플랜트나 건물 출입을 허락해주는 배지도 착용해야 했다. 배지는 숫자 또는 색채 기호로, 보는 사람에게—그런 사람은 어디에나 있었다—그가 어디서 일하는지 어느 버스를 탈 수 있는지, 심지어 어떤 화장실을 이용해야 하는지도 알려주었다. 플랜트 입구 근처에 가면 경비병이 버스를 세우고 안에 들어왔고, 밤

Y-12 플랜트의 큐비클 제어판.

이면 플래시를 위아래로 비추기도 했다. 버스가 플랜트 입구를 지나 탈의실 앞에 서면 몇몇 여자가 내렸는데, 그중에는 알파-3 큐비클 오퍼레이터인 헬렌도 있었다. 그녀는 거기서 파란 바지와 상의로 옷을 갈아입었다. 칼루트론 큐비클 오퍼레이터들은 그들이 일하는 유닛—알파 또는 베타—에 따라 지정된 건물로 출근했다.

큐비클 통제실들은 거대했다. 길이도 길고, 천장은 높고, 때로운 소음도 엄청났다. 불빛은 강렬하고, 불꽃이 팍팍 튀었다. 그리고 그곳은 휑덩그렁했다. 높다란 천장에 콘트리트와 금속으로 이루어진 벽면은 불협화음이 펼쳐지는 오선지였다. 콘크리트를 두드리는 작업화 소리에 사람들 말소리가 섞이고 이따금 전기 합선 소리, 접지 후크를 금속에 긁는 소리도 동반되었다.

이 여자들에게 그토록 복잡하고 거대한 장치는 그걸 움직이는 건 고사하고 본 것도 처음이었다. 테네시 서부의 농촌에서

181

작업

Y-12의 무장 게이트까지는 버스로 한나절 정도밖에 안 걸렸지만, 과학 발전의 면에서 보면 거의 다른 세상이었다.

방의 두 면을 덮은 패널은 여자들을 근무시간 내내 꼼짝 못하게 붙잡아두는 고문 장치 같았다. 그들은 거기서 이른바 'D 유닛' 통제 장치를 모니터했다. 그들이 모니터하는 유닛들은 레이스트랙이라는 것 안에 배열되어 있고, 그 레이스트랙은 인근의 훨씬 더 큰 방에 있었다. 여자들은 거기 출입이 금지되어 있었지만 가본 사람들도 있었다. 근무시간은 8시간이었지만 내내 의자에 앉아 있다 보면 그보다 훨씬 길게 느껴졌다. 오퍼레이터들은 온갖 손잡이, 다이얼, 계측기가 가득한 패널을 대개 두 개 이상 담당했고, 그 모든 장치를 주의 깊게 관찰해야 했다.

도로시와 헬렌처럼 패널을 모니터링하는 여자들은 바늘과 계측기가 특정 영역을 벗어나지 않도록 유지하는 훈련을 받았다. 그들이 받은 훈련 내용은 아주 단순했다. 바늘이 오른쪽이나 왼쪽으로 너무 기울면 손잡이를 움직여서 정해진 영역으로 다시 돌아오게 하는 것이었다. 그런 일은 대개 눈으로 확인해서 수행했지만, 때로는 균열음이 유닛에 조정이 필요하다는 것을 알려주었다. 여자 한 명이 4~5개의 계측기 또는 '바늘'을 모니터했다. 그리고 각 통제실의 뒤쪽에는 팀장이 있어서 그 자신의 패널도 보면서 다른 여자들의 업무도 관찰하고, 필요하면 문제도 해결해주었다. 팀장들도 일을 다 알지는 못했다. 큐비클 통제실의 누구도 그들이 수행하는 퍼즐의 조각 전부를 알지 못했다.

바늘이 정신없이 움직이면 때로 스파크가 일었다. 어떤 여자들은 이런 일에 익숙했다. 그 소리는 파도 소리 같았고, 문제를 즉시 해결하지 않으면 유닛 전체가 작동을 멈추기도 했다. 각 유닛은

아토믹 걸스

젊은 여자 큐비클 오퍼레이터들이 Y-12의 칼루트론을 모니터하고 있다.

한정된 시간 동안만 지속되는 '용량'에 토대해서 작동했다. 유닛이 중단되면, 오퍼레이터들은 패널에 달린 전화기로 남자들을 불렀고, 그러면 그들이 와서 'E 박스'라는 것을 비웠다. E 박스가 무엇인지 알 수는 없었지만, 어쨌건 그것은 규칙적으로 비워야 했다.

통제실에서는 J, M, Q, R 같은 글자들도 쓰였다. 어느 계측기의 바늘이 중심에서 너무 멀어지면 그것과 연결된 손잡이를 조정했다. 헬렌은 그 글자들이 무엇을 나타내는지 몰랐지만, R을 최대한 많이 만들어야 한다는 것, 남자들이 D 유닛의 E 박스를 비우러 올 때 그것이 거기에 많이 있어야 한다는 것은 알았다.

하지만 그 일은 쉽지 않았다. 큐비클은 이따금 '난동'을 피웠다. 전압이 생겼다 사라졌다 했고, 때로는 전기 지지직거리는 소리도 들렸다. 그러면 팀장들이 일어나서 무슨 일이 생긴 건지 보러 왔다.

'E 박스 안에는 뭐가 있는 거지?'

'Q는 뭘 나타내는 거지?'

똑똑한 여자들은 묻지 않았다. 자꾸 질문을 하거나 대답을 찾아보려는 여자들은 곧 사라졌다.

하지만 약간의 정보가 흘러나오면서 몇 가지 단어와 표현들이 돌아다녔다.

R은 높아야 했다. 그게 Q보다 좋았다. D 유닛 바닥 근처에 어떤 용량이 있었다. 무언가 기화氣化되었다. Z라는 것이 있었다. E 박스는 모든 것을 포획했다. 셔터를 열고, 빔을 최대화해야 했다. 팀장들은 J. M. 전압에 이른다는 말도 했다. G 전압. K 전압. 그리고 M 전압을 올리면 G 전압도 올라가고 물건이 유닛 꼭대기에 있는 E 박스 안의 새장을 때렸다. 그러면 원하는 Q와 R이 생겼다.

그렇게 간단했다.

남자들은 늘 이리저리 몰려다니면서 이걸 고치고 저걸 고치고, 또 통제실의 매력적인 오퍼레이터들에게 말을 걸려고 했다. 도로시는 새로운 땅의 사교 생활에 상당히 잘 적응했다. 고향에서는 엄격한 아버지 때문에 데이트가 금지되었지만, 여기서는 가능했다. 데이트를 금지당했을 때는 길에서 아니면 미식축구 경기를 보러 가는 버스 뒤편에서 짧은 키스를 나누는 것 이상을 할 수 없었다. 하지만 여기서는 그렇지 않았다.

이곳에서는 인생의 가능성이 넓게 열려 있었다. 교대 근무는 공장의 개인 일정뿐 아니라 사교 일정에도 영향을 미쳤다. 삼교대 일을 하면 데이트 기회가 세 배로 늘어난다고 그녀는 농담을 하곤 했다. 하지만 그 많은 남자들 가운데 도로시의 관심을 끈 것은 폴 윌킨슨이라는 이름의 젊은 팀장뿐이었다.

기계들이 스파크를 튀기고 소음을 내면 도로시는 '내가 뭘 잘 못한 거지? 왜 이게 조용하게 작동하지 않는 거지?' 하고 생각했다. 그러던 어느 날 폴이 방 안쪽에서 걸어와서 옆의 의자에 앉았다. 도로시는 그에게 인사하고 그가 자신의 패널을 떠맡아서 일하는 모습을 보았다. 그녀가 본 남자들 중 그렇게 손이 잘생긴 남자는 없었다. 거의 외과의사 같았다. 손톱도 깨끗했다! 고향인 혼비크의 남자들은 대개 손톱이 더러웠다. 농장 일과 자동차에서 얻은 때가 일주일 치씩 박혀 있었다.

그때부터 폴은 도로시에게 문제가 생길 때마다 와서 손잡이와 다이얼을 만져주었고, 그러면 기계는 진정하고 고양이처럼 부드러운 소리를 냈다. 도로시는 자신의 손은 그 같은 마법을 부릴 수 없다고 생각했다. 기계는 자신이 떠맡으면 곧장 난폭해지는 것 같았다. 하지만 문제가 생길 때마다 폴이 고치러 와주는 건 좋았다. 기계에 문제가 생기는 것도 나름대로 장점이 있었다. 폴은 대학을 졸업했고 매너도 좋았다. 도로시는 폴을 보고 그가 가능성이 있을지 모른다고 생각했다.

헬렌은 그동안 만난 누구에게도 자신이 큐비클 오퍼레이터라는 것을 말하지 않았다. 두 남자에게서 스파이 일을 부탁받은 이후, 그녀는 주변 사람들, 전혀 의심이 없을 것 같은 사람들도 항상 자신에게 귀를 기울이고 있을 수 있다는 것을 누구보다 잘 알았다. 그래도 몇 가지는 알아차렸다. 헬렌은 레이스트랙에 들어가는 것이 금지되어 있었지만, 이따금 그녀는 자신의 패널과 연결된 유닛의 문제를 해결하기 위해 그리 들어가게 되었다. 대개의 경우는 패널의 전화를 들거나 소리를 질러서 레이스트랙을 모니터

하는 남자를 불렀다. 하지만 그들이 자리에 없을 때도 있었다. 그녀는 거기 들어가면 안 된다는 걸 알았지만, 도와줄 사람이 없을 때는 달리 방법이 없었다.

레이스트랙 위에는 좁은 철제 통로가 있었다. 그녀는 금속을 닳게 하지 않겠다는 듯 항상 조심조심 걸었다. 그 유닛들에 대해서는 많은 것이 비밀이었지만, 거기 자석이 있다는 것은 모두가 알았고, 그 자석들은 엄청나게 강력했다.

주의! 시계와 철은 붉은 선 안에 반입을 금지합니다!

훈련 과정에서 자석과 관련해서 주의를 받았다. 그 앞에 가면 머리에 꽂은 핀도 뽑히고, 시계 장치도 망가지고, 혹시 깜박 잊고 벨트 버클을 하고 들어갔다간 벽에 찰싹 붙어버린다고. 못이 박힌 신발을 신고 들어가는 정비공에게도 화가 있으리니, 그는 거기 발이 묶여버릴 것이다.

남자들은 유닛에서 트레이를 빼서 거기서 먼지 같은 어떤 것을 긁어냈다. 그게 E 박스였다. 레이스트랙에서 일하는 정비공들은 때로 유닛에 714라는 것을 넣었다. 그들은 그것을 양동이에 넣어가지고 다녔고, 거기서는 연기가 일었다. (콜린이 일하는 K-25 플랜트에서도 714를 썼다. 하지만 그녀의 작업장에서는 그것을 L28이라는 다른 암호로 불렀다.)

8시간씩 나뉜 삼교대 근무는 모든 것이 원활할 때면 오전 7시~오후 3시, 오후 3시~오후 11시, 오후 11시~오전 7시로 나뉘어 돌아갔다. 패널을 지켜보고 비틀고 돌리는 일을 24시간 쉬지 않고 하다 보면 어느새 칼루트론 유닛의 용량이 떨어졌다. 하루

Y-12 플랜트의 근무 교대 시간.

종일, 그리고 근무를 마감할 때 헬렌과 도로시는 각종 다이얼과 계측기의 수치를 각자의 업무 노트에 적었다. 그리고 그 근무조의 업무가 마감되면 사환이 와서 노트를 수거해 갔다. 큐비클 오퍼레이터들은 그 데이터의 의미도, 그것이 어디로 가는지도 몰랐다. 그들이 아는 것은 자신들이 노트에 적는 내용이 어딘가에 있는 누군가에게 중요하다는 것뿐이었다.

　　CEW의 모든 사람이 비밀 엄수의 중요성에 대해서 끊임없이 주의를 받았지만, 그래도 사람들은 거기서 벌어지는 일이 무언지 계속 짐작해보지 않을 수 없었다. 그런데 헬렌은 이런 호기심 어린 대화에 놀라울 만큼 초연했다. 기숙사로 그녀를 찾아온 두 남자는 바로 그런 대화를 보고해달라고 요청했다. 헬렌은 착실한 수입과 농구, 그리고 전쟁에 기여하는 일을 원했다. 하지만 다른 사람들에게는 그곳에서 벌어지는 일이 무언지 추측해보는 것이 자연스러운 호기심이자 일종의 놀이였다.

작업

어떤 여자들은—특별구역의 색채 시스템으로 보건대—CEW는 국방색 페인트를 만드는 것 같다고 농담 삼아 말했다. 그토록 거대한 공장에서 그렇게 많은 활동과 관리가 이루어지는데, Y-12 플랜트에서 무언가가 나가는 모습은 볼 수가 없었다. 도로시는 그렇게 손잡이와 다이얼을 비틀고 돌리는 일이 극장에서 본 영화 전에 나오는 전쟁 관련 뉴스영화 제작과 관련이 있다고 생각했다. 그 플랜트를 운영하는 회사가 테네시 이스트먼사고, 그 회사는 필름을 만들지 않는가?

아주 논리적인 추측인 것 같았다.

◆ ◆ ◆

E 박스의 튜벌로이를 수거하면, 화학자들의 팀이 다양한 형태의 튜벌로이를 분석했다. 산출된 모든 튜벌로이의 구성을 밝히고, 표본을 '시금'해서 그중 몇 퍼센트가 원하는 T-235인지를 알아냈다. 그리고 마침내 Y-12의 연구실로 옮긴 버지니아는 바로 그 일을 하게 되었다.

버지니아는 승진이 지연된다는 것을 깨닫고서 인사부를 떠나게 되었다. 그 일은 이상했다. 그녀는 업무 평가에서 계속 A를 받다가 갑자기 D를 받았다. 버지니아는 충격을 받아서 뭐가 문제인지 알아보려고 했다. 들리는 말로는 임금 인상과 승진을 막기 위해 팀장들이 좋은 평가를 자제한다고 했다. 더불어 나쁜 평가도 끼워넣는다고. 이 패턴은 경영진이 직접 임금 인상을 제안할 때까지 계속되었다. 그때 버지니아는 자신이 승진에 적합하지 않다는 것을 깨달았다. 자신에게 지정된 분야에서 일하지 않았기 때문이다. 그래서 그녀는 자신이 원하던 일을 할 수 있도록 연구실—어떤 연구실이든—로 보직을 변경해달라고 요청했다.

버지니아가 Y-12에서 하는 일은 전압이나 E 박스 또는 Q, R 같은 것들과는 아무 상관없었다. 그녀의 세상은 드라이박스와 케이크로 이루어져 있었다. 버지니아는 자신의 작업 재료를 옐로케이크라고 불렀다. 하지만 그것을 뭐라고 부르건 간에 버지니아는 그 튜벌로이(옐로케이크 혹은 물건)가 무엇인지 정확히 알았다. 하지만 그것이 자신의 실험대에 오기 전에 어디에 있었는지 또는 그녀가 분석을 완료한 뒤 어디로 가는지는 몰랐다. 대담한 연구원들은 테네시 대학에 가서 《멜러의 무기화학 지침서Mellor's Modern Inorganic Chemistry》를 훑어보았다. 그 책에는 튜벌로이의 모든 것이 (그것의 진짜 이름 아래) 실려 있었다. 누구도 그 책을 너무 오래 붙들고 있지는 않았다. 누가 감시하는지 모를 일이었다. 하지만 책장에 떨어진 잉크나 금 간 책등을 보면 그 책이 얼마나 인기가 있는지를 알 수 있었다.

튜벌로이를 가지고 작업하면서 그게 무언지 알게 된 사람들도 그것의 진짜 이름은 사용하지 말라는 지시에 동의했다. 그래서 설령 누군가 '중대 비밀'의 일부를 알아냈다 해도—아니면 그렇게 생각한다 해도—, 사람들 앞에서 그 이름을 사용할 이유는 없었다. CEW와 그 모든 플랜트의 존재 이유에 대한 개인의 추측을 확인받을 길은 아무 데도 없었기 때문이다. 경솔한 입은 어디서나 경계 대상이었다!

그래서 일꾼들은 문제없는 물질들도 암호로 불렀고, 그 지칭은 플랜트별로 또 연구실별로 달랐다. Y-12 화학부는 이런 암호를 썼다.

704 : 과산화수소

728 : 액화 질소

703 : 질산 (이것은 면 작업복을 갈갈이 찢어지게 했다.)

720, 724는 TO4. 산화튜벌로이였다.

723은 753과 반응해서 745(TC15)를 만들고, 이것은 승화(드라이아이스를 생각하라)를 통해 TC14가 되었으며, 이것이 칼루트론에 투입되었다.

물론 바다 건너 독일에서는 그들 나름의 명명법이 있었다. 그들은 산화튜벌로이를 '표본 38'이라고 불렀다.

◆　◆　◆

Y-12 단지—결국 268개의 항구적 구조물이 들어선—의 다른 한 건물에서 일하는 계산원들은 다른 동료들보다 더 일찍 출근했다. 이유는 분명했다. 마천트&먼로^{Marchant and Monroe} 계산기 때문이었다. 일찍 일어나는 새는 손으로 돌리는 느린 기계 대신 그 최신 자동 계산기를 잡을 수 있었다. 더 효율 높은 기계를 확보하기 위해 약간의 잠을 희생하는 것은 긴 하루의 근무를 생각하면 그만한 가치가 있었다.

제인 그리어는 대부분의 시간을 그 방에서 계산기로 숫자를 계산하는 직원들을 감독하면서 보냈다. Y-12 단지 내 다른 건물의 큐비클 오퍼레이터들처럼—이 여자들은 그 방을 본 적이 없었다—계산원들은 24시간 쉬지 않고 일했고, 여자들 개개인이 단일한 기능을 수행했다. 사환이 매일 와서 제인에게 계산해야 할 숫자를 건네주었다. 그러면 그녀는 그 숫자들을 자신이 감독하는 여자들에게 넘기고, 여자들은 그 숫자들로 제인이 설명해준 계산을 수행했다.

'다들 정말 어려 보여.' 제인은 그런 생각을 자주 했지만, 실제로는 제인도 그들과 몇 살 차이 나지 않았다.

제인은 이제 교육하고 감독하는 일에 익숙해졌다. 대학 시절 테네시 대학에서 육군항공대 생도들에게 물리학을 가르친 경험이 있었기 때문에, 수학적 계산을 자주 접하지 않거나 아예 접한 적이 없는 사람들에게 그 과정을 설명하는 나름의 요령이 있었다.

그녀는 처음에는 주급 35달러를 받으며 Y-12의 9731동에서 생산기록원으로 일했다. 그리고 두 달도 지나지 않아 봉급이 주급 38달러로 올랐다. 1943년 크리스마스 때는 이미 수석 계산원이 되어서 플랜트 통계실 설립에 참여했고, 거기서 여러 생산부에서 올라오는 보고를 검토했다. 그 후 곧 주급이 39달러로 오르면서 그녀는 다시 승진해서 생산부장의 휘하에 갔다. 제인은 거기서 관리 감독 역할도 하고, 매일, 매주, 매달의 데이터 운용을 요약 정리해서 제출했다. 여자들이 수행한 계산을 하나하나 검토해서 모든 정보를 하나의 보고서로 작성하는 것이었다. 그녀의 상사들은 그것을 보고 생산의 진행 상황을 파악할 수 있었다.

하지만 그렇게 계속 승진을 했는데도, 제인은 자기 밑에서 일하는 남자들보다 자신의 봉급이 더 적다는 걸 알게 되었다. 특별구역 곳곳의 다른 여자들도 똑같은 현상을 목격했다. 제인은 그 일이 전혀 놀랍지 않았다. 그녀는 여자라는 이유로 공대 입학을 거절당한 경험도 있었다. 하지만 이 일도 역시 그 못지않게 실망스러운 일이었다.

작업

제인은 대신 자신이 맡은 일, 업무의 목적에 집중하기로 했다. 자신이 포기한 다른 취업 기회들 가운데 이보다 더 좋은 것은 없었을 것 같았다. 오크리지는 그녀에게 자신이 필요한 사람이라는 느낌을 주었고, 또 감사하게도 고향집과 홀로 된 아버지에게서 가까운 거리에 머물 수 있게 해주었다. 거기다 함께 일하는 젊은 여자들이 자신의 가치를 인정해주었고, 그런 동료의식은 그녀에게 의미도 크고 성격에도 맞았다. 제인은 명랑하고 사교적인 성격이었다. 그녀의 고향은 테네시주 패리스였는데, 그곳은 여러모로 유럽의 파리와 비슷한 면이 있었다. 남자친구, 파티, 거실의 즉석 공연 등 제인은 어떤 일도 꺼리지 않고 기꺼이 즐겼다. 하지만 일을 할 때면 진지해졌기 때문에 대학을 우등으로 졸업할 수 있었다.

그리고 그녀는 아주 강도 높은 훈련을 받았다. '생산과정의 기술적 지식'을 상세히 배우면서 그와 관련된 화학 및 생산 계산법도 익혔다. 그 내용은 극히 자세했지만 그러면서도 또 모호했다. 제인은 남녀를 막론하고 CEW에 있는 대부분의 사람들보다 훨씬 많은 것을 알았지만 그럼에도 전체 그림을 보지는 못했다. 그녀는 재료 T가 Y-12 플랜트에서 처리되는 과정을 꼼꼼히 기록했다.

제인이 그동안 알게 된 것을 요약해보면 이랬다.

알파와 베타라는 두 과정이 차례로 있고, 이 과정이 진행되는 동안 투입 물질은 D 유닛들을 지나간다. 제인은 과정의 중심부에 있는 이 D자 모양 생산 유닛을 공들여 스케치하고, 필요하면 메모를 들여다보았다. 스케치 위쪽에는 그냥 D라고 써놓았다. 그리고 E 박스, 알파 기, 베타 기를 표시한 자세한 흐름도를 그리고, D 유닛, Q 수치, R 수치, T 재료에 이름을 달았다.

그런 뒤에 수학 방정식들이 나왔고, 제인은 거기서 능력을 뽐낼 수 있었다. T가 무엇인지, D의 진짜 이름이 무엇인지는 듣지 못했고, 그것들을 실제로 보지도 못했다. 하지만 통계 전문가로서 제인은 어떤 것이든 계산하는 방법을 알았다. 그녀에게 숫자를 주고 기다리면 답이 나왔다.

생산과정을 생산 보고와 연결하는 일도 제인이 실력을 발휘하는 지점이었다. 그녀는 자신이 거느린 마천트&먼로 계산원들로부터 수치를 수합, 확인, 집계해서, 위에 제출할 최종 데이터를 만들어 냈다. 그 최종 보고서는 두 명의 보안 경비병이 가져다가 부서장에게 전달했다. 그 일은 중요한 게 틀림없었다. 제인이 교육을 받을 때 어떤 사람이 제인의 책상 옆에 오더니 그녀가 개인적으로 필기한 내용에 붉은색으로 **비밀**이라는 도장을 찍었다.

제인은 그것이 좋았다.

◆ ◆ ◆

파이크가 들어오고 파이프가 나갔다. 남자들은 용접하고 두드리고 빔을 쪼개고 또 쪼갰다. 캐티는 고개를 들어 위쪽에서 일하는 건설 노동자들을 보았다. 그들이 파이프를 용접하는 동안 계속 불꽃이 튀었다. 불꽃은 공중을 날다가 땅에 떨어져서 시들었다. 캐티는 다시 한번 그 모습을 보고, 어쩌면 저 불꽃을 튀기는 용접공들이 자신의 소망을 들어줄 수 있지 않을까 생각했다.

캐티는 교대 근무를 해서 때로는 오전 8시부터 오후 4시까지, 때로는 오후 4시부터 자정까지 일했다. 출근할 때는 출근 복도—모든 직원이 출퇴근을 기록하는 장소라서 붙은 이름—를 지나 거대한 K-25 플랜트로 들어갔다. 그리고 안에 들어가면, 세계 최대의 그 건물에서 (비록 그곳이 무얼 하는 곳인지는 몰랐지만) 자신이 맡은 구역을 깨끗하게 쓸고 닦았다.

그녀는 거대한 탱크들도 닦았다. 일은 괜찮았다. 캐티는 다른 여자들도 만났다. 그들은 청소를 하며 층 끝에서 끝으로 이동했다가 다시 돌아갔고, 마주칠 때마다 대화도 하고 잡담도 했다. 윌리는 철로에서 일했다. 그 역시 다른 남자들처럼 밤이건 낮이건 일하면서 자주 노래를 했다.

헤이 친구들, 줄을 좀 맞춰.
헤이 친구들, 아주 조금만.
어이 친구들, 줄을 좀 맞춰.
헤이 친구들, 아주 조금만…

열차와 화물은 그들이 정비·보수하는 철로를 통해 K-25로 들어왔다. 이렇다 할 생산품이 없다는 이상한 현상이 가장 두드러지는 곳이 바로 그 철로였다. 루이스빌 & 내슈빌 철도는 CEW에 들어오면 열차의 통제권을 프로젝트에 넘겨주었다. L&N 철도 직원들은 열차 수천 대가 물건을 가득 싣고 특별구역에 들어가지만 늘 빈 열차만 나오는 것을 보았다.

'들어가는 것만 있고, 나오는 게 없어….'

윌리는 캐티보다 돈을 훨씬 많이 벌었지만—물론 그녀도 윌리 못지않게 열심히 일했다—, 그녀가 버는 돈도 앨라배마 오번 대학의 도서관을 청소할 때보다 거의 **두 배**에 이르렀다.

첫 주급을 받은 날 캐티는 막사로 달려갔다. 그리고 봉투에서 조심조심 꺼낸 빳빳한 신권들을 간이 침대에 펼쳐놓았다. 그렇게 그 순간을 만끽한 뒤에 지폐를 모두 합쳐들고 그때까지 늘 그랬듯이 쓰임대로 나누었다. 한 몫은 생활비, 한 몫은 저축이었고, 가장 큰 몫은 웨스턴 유니언사를 통해 어머니와 보고 싶은 아기들에게 보낼 것이었다. '아기들.' 아이들은 그녀가 옆에서 지켜보지 못하는 가운데서도 날마다 쑥쑥 자라나고 있었다.

하지만 봉급만으로는 그녀의 간절한 소망 하나를 해결할 수 없었다. 그녀는 집에서 음식을 만들고 싶었다. 그러려면 팬이 필요했다. 그런데 오늘 해결책을 찾은 것 같았다.

캐티는 건설 노동자들을 유심히 살펴보았다. 그들은 빔을 잘라내면 자투리 부분을 그냥 버렸다. 현장에는 그들이 버린 재료가 가득했고, 그들은 그것을 쓰레기 취급했다! 그런 좋은 재료를 낭비할 이유가 없었다. 그녀가 그걸 사용할 수 있다면.

그녀가 머리 위의 일꾼 한 명에게 손짓했다.

"비스킷 팬을 하나 만들어줘요!" 그녀가 끊임없는 연마 소리, 타격 소리, 건설 일꾼들의 고함 소리를 뚫고 외쳤다.

캐티는 자신이 말하는 상대가 누구인지 몰랐다. 그가 자신의 부탁을 들어줄지 어쩔지도, 또 들어준다 해도 그 이유가 무엇일지도 몰랐다. 사실 그 사람이 거기 응할 이유는 없었다. 이곳에서는 모두 일이 많았다. 하지만 다음 날 아침 출근해 보니, 팬이 한 개도 아니고 무려 세 개가 그녀를 기다리고 있었다. 완벽한 것과는 거리가 멀었다. 여기저기 주름이 지고 찌그러졌으며, 평평하지도 않고 사각형도 아니었다. 그래도 팬으로 쓸 수 있었고, 게다가 그녀의 것이었다.

캐티는 일이 끝난 뒤 그것을 가지고 경비대원의 눈길을 피해

작업

퇴근했다. 그런 뒤 그것을 월리의 막사에 두고 비스킷 재료를 모았다. 그리고 몰래 요리할 수 있는 방법을 궁리했다.

훌륭하지 않은가. 공사장의 쓰레기로 만든 팬이라니.

하지만 그 금속 자투리, K-25의 높다란 천장을 만들고 버려진 조각들이 캐티와 월리, 그리고 그녀의 숙소 친구들에게 맛있는 비스킷을 만들어 줄 것이다.

❖　❖　❖

콜린 로언은 그렇게 큰 파이프들을 본 적이 없었다. 그녀의 집안에 배관공이 그렇게 많았는데도 그랬다.

그녀는 올드휘트 스쿨Old Wheat School—옛 마을의 건물 하나를 수리한—에서 교육을 받고 새 직장의 첫 몇 달을 적정화滴定化 건물 2층에서 일했다. 그녀가 하는 일은 파이프가 가득한 미로에서 누출 정도를 테스트하는 것이었다.

새 직장과 생활에는 온갖 약어와 숫자가 난무했다. 그녀는 CEW의 K-25 플랜트 내 FB&D 사 소속으로 1401동에서 일했고, Q 인가를 얻었다. 그녀의 상관은 ASTP에서 모집한 SED 소속의 GI였다. 그녀는 AIT 버스를 탔고, 가톨릭 신자였기 때문에 시너 신부의 B 하우스에서 열리는 CYO(가톨릭 청년회)에 참석했다.

적정화 건물은 포드, 베이컨 앤드 데이비스(Ford, Bacon and Davis, FB&D)사가 운용했고, 위치는 대형 U 건물—대부분은 U가 무엇을 뜻하는지 몰랐다—의 뒤편 오른쪽이었다. 콜린은 1401동의 '플로어'에서 일을 시작했다. 플로어란 어마어마하게 큰, 격납고 크기의 방을 말했다. 한쪽 벽은 끝에서 끝까지 정사각형 유리

창이 뻗어 있고, 공간 전체에 사람, 파이프, 대형 통, 크레인이 가득했다. 그리고 깨끗했다. 바깥에는 진흙이 넘칠지라도, 그 안은 당장 누가 와서 검사해도 좋을 만큼 반짝거렸다.

그리고 상상할 수 있는 모든 크기와 모양의 파이프가 있었다. 몇 층 높이로 뻥 뚫린 천장과 사방에 가득한 딱딱한 물체들 때문에 금속 부딪히는 소리, 수레와 톱니바퀴 돌아가는 소리, 남녀 일꾼들이 주고받는 높고 낮은 목소리가 더 크게 증폭되었다.

콜린은 다른 파이프 누출 테스터들과 함께 자기 자리에 서 있었다. 테스터는 모두 여자였다. 머리 위에서는 한 명이 조종하는 소형 무개無蓋 수레들이 천장 끝에서 끝까지 뻗은 긴 트랙을 왕복했다. 그 작은 공중 수레들은 방 한쪽 끝에 있는 파이프를 한 번에 하나씩 싣고 반대편 끝에서 기다리는 파이프 누출 테스터들에게 날라다주었다. 그러면 기계공들이 여자들 앞에 파이프를 내려주었다. 기계공들은 파이프 한쪽 끝을 진공 펌프에 연결하고 반대쪽 끝을 '글립탈glyptal'이라는 붉은색의 끈끈한 수지로 밀봉했다. 그들의 홍보 자료는 나중에 그것을 이렇게 자랑했다.

제너럴 일렉트릭의 글립탈! 페인트 산업의 전쟁! 특정한 전쟁 수요에 맞추어 개발된 보호 기능성 마감 재료가 널리 알려지면, 이것은 지금 전시 상황만큼 평화시에도 중요하게 쓰일 것입니다.

한쪽 끝을 봉인하고 다른 쪽 끝은 진공 펌프와 연결해서 공기를 모두 빼내면 이제 콜린이 일할 차례였다. 그녀는 대부분의 직원이 간단히 누출 탐지기라고 부르는, 탱크와 연결된 탐지기를 사용했다. 그녀는 가스가 나오는 탐지기를 모든 파이프의 모든 용접 부위에 천천히 대서 누출 지점이 있는지를 살폈다.

일을 할 때면 펌프와 연결된 탐지기의 계기도 주시했다. 그리고 바늘을 관찰했다. 탐지기를 꼼꼼히 움직이며 바늘이 튀는 데가 있는지를 살폈다. 바늘에 아무 움직임이 없으면 파이프는 합격 판정을 받고 실려나갔다. 바늘이 움직이면 누출 지점이 있다는 뜻이었다. 그러면 탐지기를 의심 지점에 다시 대고 움직여서 정확한 문제 지점을 찾았다. 파이프 하나의 검사가 끝나면 콜린은 분필로 'OK'라고 적거나 바늘이 움직인 지점을 표시했다. 파이프 한 개가 끝날 때마다 감독관이 그녀의 작업을 검토했다.

감독관은 대개 군인이었다. 콜린의 어머니 베스 로언이 감독을 할 때도 있었다. 베스도 감독관이었다.

모든 것이 끝나면 콜린은 기계공에게 신호를 보냈고, 그러면 그들은 그 파이프를 가져가고 새 것을 가져왔다. 파이프들은 끝없이 들어왔다. 이것들은 어디서 오는가? 저쪽의 문을 통해 들어온다. 이것들은 어디로 가는가? 저쪽에 있는 다른 문으로 나간다. 그 문 안쪽에는 무엇이 있는가? 아마도 더 많은 파이프들이 있을 것이다.

얼마 후 콜린의 임무가 바뀌었다. 군인 훈련관인 클리퍼드 블랙—'블래키Blackie'라는 별명의—이 그녀의 구역에 오더니 건물의 다른 부분에서 일할 여자들을 찾았다.

콜린은 언제나 변화를 즐겼기에 기꺼이 자원했다. 그들은 적정화 건물의 지하실로 갔다. 콜린의 새 임무에 대해서는 평소와 같은 방식으로 설명이 이루어졌다. '어떻게' 그 일을 하는지는 자세하게 일러주지만, 하지만 그 일이 '무엇'인지는 말하지 않는. 그 구별은 아주 중요했다. 콜린이 이해하는 바에 따르면 그것은 컨

버터 관련 작업이었다. 새 일은 언뜻 보면 그녀가 2층에서 하던 일과 비슷해 보였다. 큰 차이는 그곳의 파이프들은 자리에 고정되어서—머리 위로 옮겨 다니지 않았다—거대한 금속의 미로를 이루고 있다는 점이었다.

그녀는 여전히 파이프의 누출 여부를 테스트했지만 다른 점이 있었다. 이 파이프들은 거대했다. 가장 큰 것들은 사다리를 타고 꼭대기에 올라가야 다양한 용접 부분에 탐지기를 댈 수 있었고, 때로는 정말로 높이까지 올라가야 했다. 그녀는 이미 바지를 입어본 적이 있었지만, 이 새 업무 때문에 그 복장에 더욱 빠르게 익숙해졌다.

어떤 여자들은 남자 같은 옷을 입는 데 거부감을 느꼈지만, 콜린은 그 일이 싫지 않았다. 여동생 조는 어머니가 바지를 입고 두건을 두른 모습을 처음 보았을 때 울음을 터뜨렸다. 어머니가 이상해졌다고 생각한 것이다. 콜린은 이전까지 바지를 입는 여자는 캐서린 헵번Katharine Hepburn과 마를렌 디트리히Marlene Dietrich밖에 몰랐다. (그리고 문란한 여자들만이 목 짧은 양말을 신었다.) 헵번과 디트리히가 잡지 〈모던 스크린Modern Screen〉에서 바지를 입은 모습은 1940년대의 젊은 여자들을 사로잡았다. 그리고 콜린은 남녀가 뒤섞인 이곳에서 하루 종일 파이프를 오르내려야 했다. 복장에 대해서는 선택의 여지가 없었다.

용접, 탐지기, 계기. 콜린은 이 파이프가 무엇을 수송하는지 알지도 못했고 묻지도 않았다. 어느 날 그녀가 일하는데 군인 감독관이 와서 조언을 했다.

"이상한 냄새가 나면 바로 나가요."

"네." 콜린이 말하고 일을 계속했다.

그리고 군인은 나갔다.

'이 파이프 안으로 뭐가 지나가는지는 몰라도 냄새가 안 좋은 것이겠군….' 콜린은 생각했다.

◆ ◆ ◆

로즈메리는 CEW에서 대부분의 여자들보다 더 다양한 분야의 사람들을 만났다. 하지만 1944년 7월 7일 새벽의 비극이 벌어지자 울타리 바깥쪽 사람들과도 접촉하게 되었다.

로즈메리는 전날 밤 리아 박사의 집에서 아이들을 보았다. 리아 박사는 한밤중에 병원으로 불려갔는데, 다음 날 새벽에 귀가하더니 로즈메리에게 자신과 함께 병원에 가야 한다고 말했다. 참혹한 사고가 있었다고.

사고가 일어났을 때 군인들은 대부분 침대칸에 누워 있었다. 어떤 군인들은 식당차에서 침대칸으로 가고 있었다. 기차의 승객은 1000명을 약간 넘었는데, 모두가 신병이었다.

때는 저녁 9시 무렵, 기차는 빠른 속도로 달렸고, 작은 침대에 들어갔거나 곧 들어가려고 하는 군인들은 이미 심하게 흔들렸다. L&N 철도의 이 구역은 테네시주 젤리코 남쪽에서 컴벌랜드 산맥—켄터키주와 테네시주의 경계를 이루는—을 넘어가는 몹시 꼬불꼬불한 코스로 유명하다. 한 차례 급커브가 일자 몇몇 사병들이 침대에서 튀어나왔다. 어떤 사병들은 놀랐지만, 덤덤한 이들도 있었다. 하지만 그때 강한 충격이 닥쳤고, 강철 바퀴가 철로를 이탈해 바위와 흙에 부딪히면서 비명이 솟아올랐다. 결국 열네 대의 차량 중 다섯 대가 15미터 아래의 클리어포크Clear Fork강 협곡으로 떨어져 내렸다.

탈선해서 찌그러진 차량들이 협곡에 더미를 이루어 쌓였다. 어떤 군인들은 객차와 파편에 깔렸지만, 어떤 군인들은 열차에서 튕겨져 나가거나 기어 나가서 어둠 속에 떨어졌다. 금속 부딪히는 소리에 산마을 주민들이 놀라서 달려왔다. 그들은 도르래 장치를 만들어서 차량 밑에 깔린 부상자들을 끌어올렸다. 부상병들을 숲이 우거진 가파른 산 위로 끌어올리는 것은 보통 일이 아니었다. 그렇게 올라온 군인들은 구조대가 올 때까지 자리에 누워서 기다렸다.

앰뷸런스, 구급대원, 공무원이 현장에 도착했지만 사고 후 12시간까지도 군인들은 그곳에 묶여 있었다. 어떤 사병은 죽은 군인 네 명 밑에 깔려 있었다. 그가 입대한 지 13일째였다.

CEW는 군인들을 더 큰 시설로 보내기 전에 임시로 수용할 가장 알맞은 곳이었다. 로즈메리가 병원 안에 들어가자 부상병들이 복도를 가득 메우고 있었다. 그녀는 응급팀장으로서 복도를 누비며 병사들을 살피고 필요한 이들에게 약물을 처치했다. 오크리지의 병원은 사망 군인 서른네 명 가운데 서른한 명의 사망 증명서를 발급했고, 수십 명의 부상병을 돌보았다. 그로부터 겨우 두 달 뒤인 1944년 9월에 리아 박사는 "오크리지 병원의 사망자 수"라는 공문을 작성했다. 10개월 동안 평균 사망자는—젤리코 사고의 사망자를 빼고—매월 8.8명이었다. 이 통계는 '특별구역에 장례식장을 만들어야 할까' 하는 의문을 제기시켰다. 그러면 묘지도 필요할 것이다. 리아 박사는 당분간 주변 지역의 장례 시설을 이용하는 것을 추천했다. 하지만 이 사실을 통해서 알 수 있는 것은 애초에 프로젝트가 사이트 X를 어떻게 계획했건 간에, 오크리지는 임시 군사기지를 떠나 항구적 주거지로 빠르게 변모하고 있다는 것이었다. 재난이 닥치자 그들은 울타리를 박차고 나가서 어려움에 처한 이웃을 돌보아야 했다. 젊음과 활력과 결단에서 태어난 도시라고 해도 결국 노인과 병자와 망자들을 돌볼 상황이 생겨나기 마련이었다.

✦ ✦ ✦

다이아몬드가 토니를 자기 방으로 불렀다. 그것은 흔한 일이 었지만 이번에 그는 예상치 못한 제안을 했다. 그녀를 채용 확정 한 그날만큼이나 예상을 벗어나는 일이었다.

"토니 양은 승진을 하고 싶나요?" 그가 토니에게 물었다.

토니는 생각해보았다. 승진을 하면 분명히 좋을 것이다. 봉급도 오르고, 새로운 직책이 생기고, 수당도 높아질지 몰랐다.

하지만 그녀는 다이아몬드가 양키 친구들에게 '현지인' 말투를 들려주려고 그녀에게 커피 심부름을 시키는 일을 떠올렸다. 이번에는 처음으로 그녀가 결정을 할 수 있었다.

그녀는 다이아몬드를 바라보면서 대답했다.

"아니요."

"승진하기 싫다고요?"

"네."

"승진하면 봉급이 올라가는 건 알죠?" 그가 어리둥절해서 물었다.

"네, 압니다." 토니가 대답했다.

다이아몬드의 둥근 얼굴에 당황한 기색이 역력했다. 토니는 그 사람은 자신을 결코 이해할 수 없다는 것—여태까지도 그랬겠지만—을 알았다. 하지만 상관없었다. 그녀는 테네시주 클린턴 사람으로서 정신적인 만족과 자부심을 느꼈다.

그녀는 물론 계속 일할 것이고 또 열심히 할 것이다. 하지만 자신의 방식으로 그렇게 할 것이다. 그것이 다른 사람들에게 아무리 이상하게 보인다고 해도.

다이아몬드는 할 말을 잃었다. 기분이 좋지 않아 보였다. 하지만 토니는 마음이 편했다. 그녀는 고개를 꼿꼿이 들고 방을 나왔다. 먼지 낀 오크리지 바람에 실린 그녀의 사투리도 변함없이 꼿꼿했다.

튜벌로이

✦

배송원들

두 명의 배송원이 기차에 탔다. 첫 정거장은 시카고였다. 그들이 휴대한 용기는 외벽이 니켈이고 내벽은 금이었지만, 배송원들은 그런 사양을 몰랐고, 용기 안의 내용물이 무엇인지도 몰랐다.

Y-12에서 베타 생산과정을 거치며 농축된 튜벌로이는 불소와 결합되었다. 배송원들이 커피 용기에 담아 뉴멕시코주의 사이트 Y로 가져가기 위해서였다. 튜벌로이는 이 형태―사불화튜벌로이(TF4)―로 CEW를 떠날 준비를 했다. 산뜻한 청록색의 TF4 결정은―어떤 이들은 녹색 소금이라고 불렀다―CEW 구내에 남아 있는 어느 농가 근처의 벙커에 들어갔다. 소들이 풀을 뜯고 곡물 창고가 우뚝 서 있었지만, 기관총과 경비병이 그곳을 감시하며 배송원들이 가지러 올 때까지 튜벌로이를 지켰다.

사이트 X가 처음으로 물건을 사이트 Y로 보낸 것은 1944년 3월 초였다. Y-12가 만든 총량은 약 200그램, 40티스푼 정도였다. Y-12에서 최초로 물건 생산에 성공한 것은 1944년 1월 27일이었다. 물건의 농축 수준이 아직 희망하던 만큼은 안 되었지만―T-235가 겨우 12퍼센트 정도―, 그것이 시발점이 되었다. 그 정도면 로스앨러모스의 실험을 추진하고, 남은 것으로 3월에 가동을 시작한 Y-12 최초의 베타 트랙에 투입할 만큼은 되었다. 그때부터 생산 수준이 높아졌다. 6월에는 T-235가 60~65퍼센트로 농축된 튜벌로이가 두 차례에 걸쳐 뉴멕시코로 배송되었다.

양복을 입은 배송원들은 평범한 영업사원처럼 보였고, 물론 그렇게 보이기 위한 차림이었다. 커피 용기는 작은 서류 가방 안에 넣어서 한 사람의 팔에 수갑으로 연결했다. 배송원들이 약간이라도 잠을 잘 때면 그 가방을 깔고 잤지만 대부분의 시간은 깨어 있었다. 그들은 시카고에서 샌타페이 치프^{Santa Fe Chief} 열차로 갈아타고 두 번째 여정을 시작했다. 치프 열차의 슬로건은 '더욱 빠르고-더욱 편안하고-더욱 고급스럽게'였다. 인디언 족장 얼굴 로고로 장식된 금색과 밤색의 특급 객차가 일반 객차들과 함께 산과 사막을 뚫고 서부 해안으로 달려갔다. 치프 철도는 많은 할리우드 새내기들을 로스앤젤레스에서 동부 각 지역으로 실어 날랐다가 다시 데려오는 것으로 유명했다. 그 길을 처음 간 것은 아메리카 원주민들이었고, 그 뒤를 콩키스타도르들이 이었으며, 노새가 다니다 역마차에 밀려났고, 골드러시가 샌타페이로 가는 길을 넓게 열었다. 철과 강철과 증기의 흔적 가득한 그 길은 할리우드의 화려함을 시카고 일대의 평원과 연결해주었다. 그 길을 따라 수많은 역사가 이루어졌고, 튜벌로이 배송 임무도 그중 하나였다.

사이트 Y에는 기차역이 없었다. 배송원들은 뉴멕시코주의 라미에서 내려서 자동차를 만났다. 그들이 건넨 농축 튜벌로이는 사막 도로를 달려 오지에서 기다리는 과학자들의 손에 들어갔다. 과학자들은 TF4에서 튜벌로이를 추출해내고, 그것을 금속 형태로 만들 예정이었다. 그리고 물론 튜벌로이를 담을 궁극의 용기인 '장치'도 계속 개발 중이었다.

7

인생의 리듬

우리는 남자들과의 대화를 가벼운 주제로 한정하는 게 좋다는 걸 알게 되었고, 그들이 친절하게 의자를 찾아주거나 담뱃불을 붙여주거나 하는 것을 고맙게 여겼다.

—바이 워런, 〈오크리지 저널〉

1944년 여름의 폭풍은 지난해와 마찬가지로 축복이자 저주였다. 습기를 가득 머금은 하늘이 부푼 솔기를 터뜨려 폭우를 쏟아내면 먼지는 사라졌지만, 그 자리에 대신 더럽고 끈적이는 진흙탕이 들어섰다. 방출된 긴장은 다시 쌓여 올라가서 다음 날 다시 비로 쏟아져 내렸다. 이런 날씨 패턴은 진흙 때문에 짜증도 일으켰지만 숨막히는 더위를 잠시나마 누그러뜨려주기도 했다. 오후의 폭우, 운이 좋으면 저녁의 시원한 바람, 그리고 다음 날의 맹렬한 무더위가 예측 가능한 형태로 반복되었다.

특별구역의 생활에도 고유의 리듬도 있었다. 일과 짧은 소식과 식사와 일, 다시 더 많은 짧은 소식. 해외의 전쟁은 매순간 존재감을 발휘했지만, 바다 건너서 드문드문 소식을 받다 보면 기이하게 멀리 느껴졌다. 라디오가 있는 사람은 최신 소식을 잘 알 수 있었다. 그렇지 않은 사람들은 신문이나 소문, 그리고 드물게 오는 우편물을 통해서 보물 같은 정보를 캐내야 했다. 하지만 그 소중한 편지의 내용은 수신자가 읽을 때쯤이면 이미 여러 주 내지 여러 달 전의 일이 되어 있었다. 더 나쁘게는 검열관이 중간중간을 검게 지워서 내용을 이해하기 어려운 경우도 있었다.

1944년 7월에 로마가 해방되고 노르망디 상륙작전이 실행되었다. 태평양의 전황은 계속 심각해졌다. 사이트 X의 사람들 중에는 비밀 가득한 인생에 대한 스트레스 때문에 전쟁에 나간 가족이나 친구에 대한 걱정이 더욱 커지는 사람들도 있었다. 미국인은 모두 배급제 생활을 하고, 미국위문협회에서 봉사 활동을 하면서 애인이나 아들이 돌아오기를 기다렸다. 하지만 모든 미국인이 그런 어려움에 시달리며 24시간 작업 일정을 소화하고, 밀고자가 가득한 무장 게이트 안에 사는 것은 아니었다.

그 결과 어떤 이들은 강렬한 불안과 열망이 뒤섞인 가운데 살았다. 아무것도 모른다는 불안, 감시받는 불안, 자신이 경솔하게 무언가 말하지 않을까 하는 걱정과 함께 일자리를 유지하고 일을 잘하고 싶은 열망도 있었다. 그들이 하는 일은 종전을 앞당기는 데 기여하는 일이었기 때문이다. 그것만큼은 알았다. 그것만큼은 확언을 받았던 것이었다.

하지만 때로는 추진력과 목표만으로는 사기를 유지할 수가 없었다. 사기는 애국심으로 높아지기도 하지만 일상생활의 스트레스가 지속되면 취약해진다. 수뇌부는 사람들의 불안을 분산시킬 무언가가 필요하다는 것을 알았다. 그런 것이 없으면 사람들은 스트레스에 취약해지고 나아가 열의를 잃을 수도 있었다.

✦ ✦ ✦

오크리지가 탄생하고 1년 정도 지난 1943년 12월에 이미 여가복지협회 서류에는 만연한 '불만'이 보고되었다. 프로젝트 대표들과 론-앤더슨사는 공병단장의 특별 보좌관인 브라운 부인을 통해서 CEW 사람들—특히 기숙사에 사는 젊은 독신 여성들—에게 여가 생활이 필요하다는 것을 알게 되었다.

"그렇게 살지 않는 사람은 그곳의 생활이 얼마나 답답한지 모릅니다." 브라운 부인이 거기 모인 아홉 명에게 말했다. "그저 일하고 휴식하고 먹고 다시 일터로 가는 게 전부예요."

"그 사람들이 뭘 원하나요? 어떤 일이 도움이 될 수 있나요?" 사람들이 물었고, 긴 토론이 이어졌다.

"여기는 우선 아무런 조직이 없어요." 브라운 부인이 말했다. "다른 도시에는 상업적 여가 시설이 있어요. 거기에는 학교 클럽, 대학 동문회, 교회 모임, YWCA, YMCA 같은 것들도 있죠. 20대 초반이 아니라면 기숙사에서 사는 것은 비정상적이고 힘든 일입니다."

다음 해 봄에 거기 도착한 정신과 의사 클라크 박사도 같은 판단을 했다. 배경은 다양하지만 목적은 같은 사람들—하지만 대부분 가족이나 사회적 유대가 없는—을 한데 모아놓으면 서로에 대해 다소 빠르게 알게 되었다. 하지만 적응 속도는 다양했다. 집만 있다고 가정이 되는 게 아니듯이 식당과 볼링장만 있다고 지역사회가 되지는 않았다. 클라크 박사는 그곳에서 특히 젊은 여자들 사이에 향수병이 번지고, 의욕 상실과 우울증도 만연하다는 것을 파악했다.

많은 여자들은 오크리지가 대학 시절과 비슷하다고 느꼈다. 또 자신들이 대학에 갔다면 그랬을 것 같다는—물론 게이트와 경비병과 총이 있다는 차이점은 있었지만—느낌을 받는 사람들도 있었다. 아이오와 출신의 로즈메리는 클린턴 공병사업소의 생활이 잘 맞았다. 그녀는 젊고 독신이고 수입도 좋았다. 하지만 그녀도 사람들이 우울증으로 클라크 박사의 진료실을 찾아오는 것을 알았다. 그의 진료실은 그녀의 방에서 아주 가까웠다. 로즈메리는 아이 엄마들이나 이전까지 집을 떠난 적이 없는 사람들을 보고, 모험심이 많지 않은 사람들, 특히 주부와 젊은 엄마들에게는 그곳 생활이 상당히 힘들다는 것을 알았다.

하지만 길에서 잡담을 나누다가도 밀고자가 두려워 흩어져야 하는 도시에서는 불만과 스트레스를 해결하는 데 많은 어려움이 있다는 것을 브라운 부인과 회의 참석자들은 알고 있었다.

"아무래도 군사 정보 당국은 여기 다양한 조직이 들어오는 것을 원치 않는 것 같아요." 브라운 부인은 말했다.

"조직된 인력을 들이는 일은 보안 허락을 받을 수 없을 것이다. 그것은 이곳의 규모를 밖에 알리지 않으려고 하는 것과 같은 이유다…." 티터 대위라는 사람이 나중에 덧붙였다.

그래서 여가 그룹은 다른 모든 것처럼 위에서 꾸리고 통제해야 했다. 통제된 여가 활동이라도 사람들에게 얼마간의 기분 전환은 제공할 거라고 보았다.

12월의 회의 이후 여섯 달 동안 많은 일이 벌어졌다. 프로젝트 측은 약간의 비료 없이 다양한 활동이 저절로 싹트는 일은 없을 것을 알았기에 처음에는 그들이 직접 기존의 레크리에이션 홀에서 모임을 만들고 게임 대회를 꾸리고 댄스파티를 열었다.

다시 한번 '모든 것이 준비되어 있을 것이다'였다.

하지만 곧 적극적이고 성실하고 활발한 주민들이 스스로 공백을 채우기 시작했고, 프로젝트 당국은 론-앤더슨사를 통해서 가능한 모든 곳에 시설을 보급했다.

아토믹 걸스

여가 활동으로 댄스파티를 즐기는 모습.

그 결과는 놀라웠다. CEW의 여가 활동은 타운사이트 유일의 직원식당에서 열리는 월요일의 '퀴즈 나이트'와 댄스파티로 시작해서 이내 맥줏집, 자동차 영화관, 미니 골프장, 롤러스케이트장, 트램펄린으로 번져갔다. 신문은 주민들에게 활동 제안을 촉구했다. 그러자 음악 감상, 재즈 음반 감상, 보이스카우트, 걸스카우트, 합창단, 연극 등 상상할 수 있는 모든 취미 분야의 활동 집단이 만들어졌다. 버지니아가 좋아한 것은 등산과 사진이었다. 브리지 게임과 볼링이 히트치면서 모든 플랜트에 리그가 생겨났다. 원예—전시 자급 경작을 위해!—, 배구, 소프트볼, 야구, 농구, 편자 던지기, 테니스, 배드민턴, 양궁, 남성 합창단, 미술과 공예, 조류 연구회, 토끼 사육회, 적십자회 등도 있었다. 이 중 적십자회는 타운사이트의 레크리에이션 센터에 재봉실을 만들었다. 민간 항공순찰대, 콘서트 밴드, 재향군인회, 프리메이슨, 미국애국여성회, 해외참전전우회가 있었고, 교향악단도 생겨났다. 교향악단은 월도 E. 콘Waldo E. Cohn과 존 M. 램지John M. Ramsey가 만들고 콘이 지휘했다. 생화학자인 월도 콘은 1943년에 첼로를 들고 이곳에 왔다. 그리고 미스 오크리지 선발대회도 빼놓을 수 없었다.

> 오크리지 주민들은 이제 토요일 밤에 무엇을 하고 어디에 갈지 하는 문제가 해결되었다… 매주 토요일 밤 타운사이트 테니스 코트에서는 모두에게 개방된 댄스파티가 열린다. 첫 번째 파티는 이번 주 토요일인 (1944년) 7월 22일 오후 8:30으로 예정되어 있다….
>
> 〈오크리지 저널〉

이것은 큰 인기를 끈 독립기념일 댄스파티 후 곧바로 이어진 희소식이었다. 테니스 코트 댄스파티는 대히트를 쳤다. 이후의 댄스파티에는 지역의 스타가 참석할 수 있다는 약속도 덧붙었다. 7월 22일에 파티가 시작하자 오크리지 오케스트라가 음악을 연주했고, 입장료는 남자일 경우 50센트였다. (쉿! 여자분들은 단돈 25센트에 모십니다!)

댄스파티는 특별구역 전역에서 이미 인기였고, 매주 다양한 레크리에이션 홀에서 여러 차례 댄스파티가 열렸다. 예를 들어 일요일 밤에는 리지Ridge 레크리에이션 홀의 댄스파티가 있었다. 테니스 코트의 댄스파티도 인기였다. 야외 공간은—날씨만 협력해 준다면—아직 낮의 열기가 남은 실내와 달리 서늘한 밤바람 속에 춤을 출 수 있었기 때문이다. 글렌 밀러Glenn Miller와 조니 머서Johnny Mercer의 음악이 공중을 가득 채우는 가운데 수많은 20대 남녀가

롤러스케이트를 즐기는 모습.

저녁 내내 춤을 출 생각을 하고 모여들었다.

　너무 많은 사람이 몸을 부딪치며 춤을 추다 보니, 댄스파티
에서는 화장이 망가지기 일쑤였다. 열기와 습기는 특별히 다리에
까지 화장한 여자들에게 특히 많은 어려움을 끼쳤다. 어떤 여자
들은 스타킹 흉내를 내려고 다리에 솔기도 그렸다. 나일론마저
낙하산을 만드는 데 쓰이는 군수 용품이었다. 바느질 솜씨가 있
는 여자들은 그 낙하산 천을 활용하는 방법을 고안해냈다. 많은
젊은 신부가 자신의 애인을 땅에 내려다준 바로 그 낙하산으로
웨딩드레스를 만들어 입었다. 전쟁에 입고 나갔던 패션이 다시 돌
아와서 로맨스를 완성했다.

　어떤 여자들은 장화를 신고 진흙길을 건너와서 댄스홀에서

예쁜 신발로 갈아 신었다. 스타킹은 철저하게 보호되었다. 댄스 파티 한 번을 위해 스타킹을 희생할 수는 없었다. 전쟁이 패션에 입힌 피해는 스타킹에만 한정되지 않았다. 지퍼도 모두 바다를 건너가서 사람들은 단추를 여며야 했으며, 립스틱은 이제 종이나 플라스틱 통에 담겨 나와서 손으로 찍어 발라야 했다. 화장품의 금속 케이스를 만들던 공장들이 이제는 탄피나 탄약을 만들었다. 그리고 립스틱 자체의 재료 일부—석유나 피마자유 같은—도 부족했다. 크건 작건 여러 분야에서 희생이 이루어졌다. 하지만 그런 어려움에도 불구하고 여자들은 외출 기회가 생기면 주어진 조건에서 최선을 다해 치장했다.

콜린은 다 쓴 립스틱의 금속 케이스를 한두 개 간직해두었다. 그리고 남은 립스틱—또는 새로 산 종이 튜브 립스틱—의 내용물을 클립으로 꼼꼼히 빼내서 스토브에서 녹인 뒤 귀한 금속 케이스에 담았다. 여자들은 뒷머리를 동그랗게 틀어 올리기도 했고, 가능한 모든 도구로 곱슬머리도 만들었다. 자잘한 곱슬머리는 실핀으로 만들고, 굵은 곱슬머리를 만들 때는 천조각들로 머리채를 말아서 묶고 잤다.

그런 노력은 할만한 가치가 있었다. CEW의 평균 연령은 27세였다. 사람들은 출신 배경도 개성도 어지러울 만큼 다양했다. 군인과 화학자, 건설 노동자와 트럭 운전사, 대도시 출신 대졸 여성과 농촌 출신 고졸 여성이 뒤섞여 있었다. 새로운 사람을 만나는 일은 손쉬우면서도 복잡했다. 대부분의 사람이 개방적이고 적극적인 태도로 새 친구를 만났지만, 대화의 주제가 한정되어 있다 보니 할 수 있는 것은 대개 가족과 고향 이야기뿐이었다. 그것이 일과 상관없는 안전한 주제였기 때문이다.

"무슨 일 하세요?"

수많은 사교 모임에서 대화를 여는 이 단순한 질문이 클린턴 공병사업소에서 일하는 사람들, 그리고 거기서 계속 일하고 싶은 사람들에게는 금지되어 있었다.

"고향이 어디세요?"

하지만 이런 질문은 문제될 것이 없었기에, 댄스파티, 식당, 그리고 타운사이트 곳곳의 신축 레크리에이션 홀에서 계속 반복되었다. 댄스파티의 사회자들도 참가자들이 파트너를 못 구하는 일이 없도록 댄스 경연도 열고 각종 게임도 해서 모르는 사람들이 서로 손을 잡고 춤을 출 수 있게 했다.

콜린은 댄스파티를 좋아해서 하나도 빼먹지 않으려고 했다. 블래키와 함께 가도 좋았고, 기숙사 동료들과 함께 가도 좋았다. 일주일 동안 수많은 파이프를 오르내렸지만, 음악과 친구들이 있다면 조금 더 오래 서 있을 수 있었다. 사람들에게는 모두 이런 휴식이 필요했다. 그곳은 퇴근하고 '귀가'하는 바깥세상과는 달랐다. 특별구역은 사방에서 모두가 일하고 있었다. 하지만 열심히 일해야 한다면, 노는 것도 열심히 하고 싶었다.

콜린은 이제 가족의 트레일러에서 나와 기숙사로 옮겼기 때문에 데이트가 훨씬 쉬워졌다. 그녀는 사촌 퍼트리샤의 1인실에 들어갔는데, 론–앤더슨사는 조만간 그 방을 2인실로 바꿔주겠다고 했다. 둘은 친구나 자매들처럼 서로 옷을 바꿔 입었다. 그들은 종이 트렁크 하나만 들고 오크리지에 왔는데 서로 체격이 비슷해서 각자 옷이 두 배가 된 셈이었다. 하지만 퍼트리샤가 콜린의 블라우스를 입고 나갔다 오면 여기저기 작은 불구멍이 생겼다. 퍼트리샤는 일하다 생긴 것이라고 했다. 콜린은 어쩌다 그렇게 된 건지

오크리지의 독특한 환경을 탐사하고 있는 걸스카우트 대원들.

묻지 않았다. 그녀는 퍼트리샤가 무슨 일을 하는지 몰랐다. 그것은 물어볼 수 없는 일이었다.

블래키가 마침내 데이트 신청을 하자 콜린은 기쁘게 응했지만, 그렇다고 다른 데이트 상대를 포기할 생각은 없었다. 분별 있는 여자라면 당연한 일이었다. 그녀는 거기 언제까지 있을지 몰랐다. 전쟁이 끝나면 가족과 함께 고향으로 돌아갈 가능성이 높았다. 블래키는 군인이고, 아마 다른 곳으로 발령받을 것이다. CEW에서는 모든 것이 일시적인 것만 같았다. 그곳이 점점 더 집처럼 느껴지기는 했지만 그 사실은 변함없었다.

아토믹 걸스

오크리지에 데이트할 남자는 많았지만, 군인을 사귀는 일은 몇 가지 장점이 있었다. 그중 하나가 PX 출입이었다. 민간인은 거기 들어갈 수 없었다. 콜린이 SED(특수공병파견대)와 관련해서 아는 내용은 블래키가 원래 육군에 입대했지만 공대 출신이라서 SED가 되어 CEW로 왔다는 것뿐이었다. SED는 프로젝트 전에는 없던 부대라서 알아둘 역사도 별로 없었다. 하지만 블래키에 대해서 알아야 할 것은 이미 다 알았다. 그는 미시건주 출신의 양키였고, 거기다 외동이었다. 콜린은 아이들이 바글거리지 않는 집을 상상할 수가 없었다. 그리고 그는 가톨릭 신자가 아니었다. 하지만 완벽한 사람이 어디 있겠는가. 블래키도 그녀처럼 여행을 좋아했지만, 특별구역의 데이트는 당분간 편리하고 저렴한 직원식당 나들이에 그쳤다. 사교적인 콜린은 블래키를 비롯한 친구들과 식당에서 늦게까지 어울리는 일이 즐거웠고, 타지방의 사투리를 듣는 일도 또 먼 지방의 이야기를 듣는 것도 좋았다. 직원식당에서는 조리 기구 딸그락거리는 소리와 근무조들 교대하는 소음을 뚫고 항상 노래를 부를 수 있었고, 그때 자주 부른 조니 머서의 1944년 노래 〈액센추에잇 더 포지티브Ac-Cen-tchu-Ate the Positive〉는 특별구역 전체, 그리고 전쟁 기간 전체의 주제곡이라고 해도 좋을 정도였다.

"긍…정을 키우고… 부정을 없…애요… 긍정을 손에 넣어요. 주저하지 말아요…." 그리고 더 중요한 것은 블래키가 여자를 감동시키는 법을 안다는 것이었다.

한 가지 사례: 처음 사귀기 시작했을 때 그는 선물로 아이보리 가루비누를 사왔다.

누가 꽃을 원하는가? 장미는 시들지만, PX의 가루비누는 여러 달 동안 요긴하게 쓸 수 있었다. 아이보리 가루비누는 그 자체로도 귀한 물건이었지만, 그게 있으면 소중한 시간도 크게 절약할 수 있었다. 줄을 섰다가 가게에 사람이 없어서 물건을 못 사는 일을 피할 수 있었다.

콜린에게는 그런 것이 로맨스였다. 이 남자는 진짜로 괜찮은 사람일지 모른다는 생각이 들었다.

✦ ✦ ✦

헬렌 홀에게는 로맨스가 가장 중요한 일이 아니었다. 그녀는 교대 근무 사이의 짧은 여가 시간을 모두 농구와 소프트볼에 바쳤다. 아, 오빠 해럴드가 이 도시의 경기장들을 보면 얼마나 좋아했을까? 헬렌은 새 코트가 반짝이고 공인구가 가득한 체육관들에 완전히 반해버렸다. 더는 나무를 베어서 진흙 속에 묻고 거기 화장실 용도로 쓸 양동이를 달 필요가 없었다.

추수감사절 때 돼지를 잡은 뒤 해럴드는 그 돼지 방광으로 공을 만들었지만, 그 공은 경기장을 벗어나 농장의 풀숲으로 튀어 들어가서는 그 자리에서 탁 터져버렸다. 그래서 헬렌은 주변 숲을 몇 시간이나 돌아다니며 최대한 완벽한 구형球形 돌을 구해다 헛간에서 훔친 끈으로 정성껏 감아야 했다. 아버지는 그 행동을 좋아하지 않았다. 하지만 헬렌이 학교에서 경기를 하면 늘 보러 왔다. 어머니는 오지 않았다. 어머니는 농구복 반바지가 노출이 너무 심하다고 생각했다.

"네가 벌거벗고 뛰어다는 걸 보고 싶지 않다!" 어머니는 잘라 말했다.

하지만 남자 형제들과 함께 2킬로그램도 더 나가는 공을 패스하고 슈팅하면서 그녀는 어떤 멋진 코트에서도 이루지 못할 농구 실력을 키웠다. 그녀는 키가 큰 편이었고, 밤색 곱슬머리는 어깨까지 내려왔다. 계속되는 운동으로 긴 다리는 근육과 매끈함을, 폐는 지구력을, 두 팔은 유연성과 정교함을, 슈팅은 정확함을 갖게 되었다. 그녀는 최상의 조건에서 농구를 했다. 해럴드는 분명 이 농구장을 좋아할 것이다. 헬렌은 그가 무사히 귀국해서 이곳을 직접 볼 수 있기를 바랐다.

그리고 헬렌은 이제 선수 모집에도 나섰다! Y-12 농구팀 로빈스Robins에 더 많은 선수가 들어오기를 바랐다. 그녀는 동료들과 농구팀 이야기, 유니폼 이야기, 계속 변하는 24시간 교대 근무 사이사이에 어떻게 연습 일정을 짤 것인가 하는 이야기를 하고 싶었다. 사람들이 식당에서 하는 대화를 엿듣는다거나 그들이 말하기 싫어하는 정보를 털어놓으라고 닦달하고 싶은 마음은 이미 사라진 뒤였다.

✦ ✦ ✦

프로젝트는 처음부터 종교 서비스에 신경을 썼다. 사이트 책임자들은 기존의 사회적 연결망이 없는 신도시에서 영적 공동체들이 많은 도움이 될 수 있다는 것을 알았다.

종교 활동의 중심지는 채플 온 더 힐이었다. 그 단일 공간은 최종적으로 스물아홉 개의 종교 집단이 공동으로 사용하는 공간이 되었다. 가톨릭 신자가 가장 많았고, 침례교가 두 번째, 감리교가 세 번째였다. 이것만 보아도 이 바이블 벨트(미국 남동부의 보수적 개신교 지역—옮긴이)에 얼마나 외지인이 많이 이주했는지를 알 수 있었다.

채플은 일정이 빽빽했다. 가톨릭 미사가 일요일 오전 5시 30분에 시작했고, 유대교 예배는 금요일 밤 8시였으며, 그 사이에 다양한 교파의 다양한 활동이 이어졌다. (콜린, 실리아, 로즈베리는 시녀 신부가 저니바 스트리트의 집에서 여는 미사에 참석할 수도 있었다.) 채플은 미국 성공회 저녁 기도와 청년 모임도 주관했다. 침례교인들은 고등학교에서도 만났고, 신설된 기독교 과학자 모임도 거기서 이루어졌다. 특별구역 내의 여러 레크리에이션 홀에서도 종교의식이 열렸다. 하지만 이런 장소에서 아침 일찍 예배를 보려면 먼저 간밤의 여흥의 흔적을 지워야 했다. 타운사이트의 영화관 간판에 "상영작: 감리교 예배"라는 문구를 보는 일이 드물지 않았다.

특별구역은 이제 몇 개의 중심지를 거느린 붐비는 '공장 도시'가 된 만큼 각 지역마다 독자적 레크리에이션 활동이 운영되고 있었다. 그로브 센터Grove Center는 독자적 레크리에이션 홀도 있고, 24시간 운영하는 인기 스케이트 링크도 있었다. 해피 밸리도 코니 아일랜드Coney Island라는 독자적 놀이 공간에 스키트볼skeet ball(공을 몇 개의 구멍에 던져넣는 놀이—옮긴이), 다트 장비등을 구비해두었다. 24시간 내내 꺼지지 않는 조명 때문에 밤을 모르는 특별구역의 그 지역은 이른 새벽까지 〈슈가 블루스Sugar Blues〉가 스피커에서 쿵쿵 울렸다.

10대 후반이거나 20대 초반인—나이를 말하지 않고 들어온 더 어린 이들도 있었다—코니 아일랜드 직원들은 다트, 공기총, 동전 던지기 승자에게 소중한 담배를 상품으로 주었다. 그곳은 사상 최대의 군수 플랜트 단지에서 잠시 책임감을 잊고 놀이에 빠져들게 한다는 점에서 특이하고 마술적인 공간이었다. 그곳은 다양한 사람들에게 음악과 기분 전환을 제공해주었다. 그 다양한 사람들 중에는 본명이 '에드거 앨런 포'인 볼링장 직원도 있었고, 기회가 생길 때마다 놓치지 않고 그 이름을 부르는 휴학 중인 여대생도 있었다. 오전 2시에 영업을 마감하면 그녀와 동료들은 수제 와인을 마시러 가거나 밤새 춤을 추기 위해 록우드시 근처의 플랜테이션 클럽에 갔다.

◆ ◆ ◆

사이트 바깥 나들이도 인기가 있었다. 노리스댐이나 빅리지 파크Big Ridge Park 같은 곳으로 가는 버스가 있었기 때문이다. 커플들은 도시락을 싸고 모포를 챙겨서 버스에 타거나 승용차에 끼여 앉았다.

주택 문제는 계속 어려움에 부딪혔다. 어떤 독신들은 집단주택에 배정되었는데, 그런 곳은 즉석 댄스파티를 하기에 아주 좋았다. 화학부 직원들이 가득한 집에 큐비클 오퍼레이터들이 초대받기도 했지만, 그들은 다른 사람들이 무슨 일을 하는지 거의 몰랐다. 같은 플랜트에서 일을 하는 경우도 마찬가지였다. 하지만 그들은 냉장고 문에 맥주 개수를 적어서 각자의 몫을 지불하게 했고, 타운사이트가 제공하는 C 주택과 D 주택의 작은 현관들 앞에서 로맨스가 가득 피어났다.

그 모든 활동을 위해 알코올을 구하는 것은 조금 어려웠지만, 부지런한 젊은이들에게는 그것이 대단한 어려움이 되지는 않았다. 작은 구내 술집이 두어 곳 있었지만, 누구도 그곳을 1순위로 여기지 않았다. 그곳은 사람도 많고 군대 기본 물품인 3.2도짜리 맥주밖에 없었다. 어떤 이들은 그걸로 술 밀반입을 막을 수 있다고 여겼다.

"훈련 캠프 PX에서 3.2도 맥주를 판매하면 군대 내 주취酒醉 방지에 도움이 된다." 전쟁정보국의 어느 보고서에 나오는 말로, 주류산업재단이 1943년 4월 19일 자 〈라이프LIFE〉에서 인용했다. "… 금주법을 실행하는 지역을 관리하는 군은 주류 밀반입 문제를 겪는다. 밀반입은 통제할 수 없지만 합법적 보급은 통제할 수 있다."

사람들은 인근 도시 클린턴의 클럽 리츠Ritz 같은 곳으로 나들이를 가기도 했다. 이따금 CEW 경비병이 그런 곳에 찾아가면 술이 바닥에 쏟아지고 주인이 눈을 찡긋하고 돈을 쥐어주기도 했다. 클린턴 공병사업소와 테네시주의 이 지역은 법적으로는 금주법이 시행되는 곳이었다. 하지만 오래전부터 그 법은 테네시주의 밀주 산업을 더욱 촉진시켰을 뿐이다.

불법 위스키는 건전하지는 않다 해도 다양한 경로를 통해 구할 수 있었다. 뒷문 앞 바구니에 몇 달러를 떨구면, 세탁기에 감추어둔 가정 제조주 한 병을 가져갈 수 있는 식이었다. 클린턴이나 해리슨 같은 인근 도시의 택시 운전사들은 지역의 독한 밀주인 '스플로splo'를 살 수 있는 곳으로 손님들을 태워다 주고 짭짤한 소득을 올렸다. 부지런한 가족들은 좁고 삐그덕거리는 조립식 주택 현관에서 와인과 맥주를 만들었다. 포도주스, 배급 설탕, 그리고 효모만 있으면 가능했다.

바깥에서 술을 구하면 그 술을 가지고 게이트와 경비병을 통과하는 것이 문제였다. 위병소에는 압수된 싸구려 술이 가득했

아토믹 걸스

다. 검문은 항상 있었고, 어떤 차도 그것을 피할 수 없었다. 게이트 앞에 이르면 사람들은 차를 세우고 차와 가방을 열었다. 경비병들은 온갖 술수에 익숙해졌다. 휠 웰에 넣어도, 여자들의 긴 치마 속에 숨겨도 통하지 않았다. 재미있는 사례는 더러운 기저귀 가방 밑에 숨겨오는 것이었다(잠자는 아기가 있다는 사실만으로는 경비병의 탐색을 물리치기 어려웠다).

그러니까 경비병이 들여다보고 싶지 않은 곳에 넣어야 했다. 어렵게 구한 테네시주 최고의 밀주를 특별구역으로 몰래 들여갈 확실한 방법은? 여성용 생리대 상자에 넣고, 생리대 한두 개로 덮는 것이었다.

◆　◆　◆

테네시주 동부의 8월은 남부의 태양과 먼지에 시달린 사람들의 목덜미에 대고 더위 먹은 개처럼 입김을 내뿜는다. 그런 땡볕을 뚫고 가을은 결코 오지 않을 것이라는 생각이 들 때, 그 일이 일어났다. 1944년 8월 3일, 초대형 건축의 제왕인 미 육군 공병대가 다시 한번 위업을 달성했다. 수영장을 개장한 것이다. 그것은 당시 미국 최대 규모라고 여겨졌다. 수영장 물은 어느 샘에서 물을 끌어와 공급했고, 콘크리트로 벽면과 바닥을 포장했다. 주민들은 6000제곱미터(1815평) 넓이에 800만 리터의 물을 채운 수영장에 몸을 담글 수 있게 되었다. 하지만 특별구역에서는 수영할 때에도 진흙은 피할 수 없었다. 수영장에 온 사람들은 거대한 수영장 바닥 여기저기서 진흙을 보았지만 상관하지 않았다. 그들은 뜨겁고 지친 몸을 신선한 샘물 속에 담그고 뛰어놀면서, 일시적이

인생의 리듬

라 해도 열기를 식히고 기운을 되찾았다.

하지만 인종 분리 정책 때문에 오크리지의 흑인들은 수영장에서 수영도 할 수 없었고, 특별구역의 오락 시설도 대부분 이용할 수 없었다. 예를 들면 볼링장에 인종별 화장실이 따로 없으면 흑인과 백인이 함께 일할 수 없었다. 막사 근처에는 캐티가 가끔 가는 레크리에이션 홀이 있었다. 그녀는 이따금 좋은 옷을 입고 댄스파티에 가고 싶었지만, 그곳에서 할 수 있는 것은 권투 경기 관람이나 카드 놀이 정도뿐이었다. 특별구역 여기저기 영화관이 몇 곳 생겨났는데 흑인들은 거기도 갈 수 없었다. 흑인 막사 근처의 레크리에이션 홀에서는 이따금 16mm '흑인' 영화를 상영했다. 관람객들은 35센트를 내고 궤짝에 앉아서 영화를 보았다. 그것은 대개 백인이 제작한 것으로, 가난한 남부의 흑인이 새 삶을 찾아 북부로 가는 내용이었다. 타운사이트나 그로브 센터의 영화관에서는 5센트만 더 주면 개봉 영화, 만화, 뉴스영화를 볼 수 있었다.

교회는 캐티의 사교 활동의 주요 무대 중 하나였다. 흑인 노동자들은 종교 활동을 할 시간과 공간을 찾고자 노력했다. 어떤 사람들은 자신의 막사에서 기도 모임을 열었고, 또 어떤 사람들은 녹스빌의 목사에게 도움을 요청했다. 그러면 그들이 레크리에이션 홀, 직원식당 등 공간을 막론하고 찾아와서 설교를 해주었다. 캐티는 마침내 '길가의 교회'라는 곳에 다니기 시작했다. 그것은 작지만 목회에 적합한 건물이었고, 다른 목적으로는 쓰이지 않았다. 그것은 감사한 선물, 평화이자 공동체의 오아시스였다.

CEW에서 흑인 노동자의 생활 조건을 향상시키려는 운동도 있었다. 흑인들은 해외의 전쟁터에 나가서 싸우는 사람도 많았지

아토믹 걸스

만, 여기 오크리지에서도 특별구역의 설립 초기부터 많은 일을 했다. 흑인 건설 노동자인 핼 윌리엄스는 K-25에 첫 콘크리트 석판을 가져다 놓은 집단의 일원이었다.

'유색인 회의'가 가장 먼저 한 일 중에는 육군과 론-앤더슨 사에 항의 편지를 보낸 것이 있었다. 편지는 니그로 빌리지 건설이 철회된 일도 짚고 넘어갔지만, 초점은 그보다는 가족이 있는 노동자 주택의 흑백 차별 문제였다. 그들은 집단 숙소와 구별되고 백인 가족의 집과 비슷한 수준의 주택을 요구하면서 흑인들의 애국심과 희생을 언급했다. "수많은 흑인 젊은이가 미군에 들어가서 민주주의와 미국을 지키기 위해 싸우는 지금 미군 고위 책임자이신 귀하께서 군수용품 보급을 위해 후방 전선에서 애쓰는 저희의 요청에 공감해주시리라 생각합니다⋯." 그들이 1944년 7월에 보낸 한 편지의 내용이었다.

하지만 이 편지에 서명한 사람들은 상당한 사찰을 받았을 뿐 새집을 얻지는 못했다.

◆ ◆ ◆

실리아는 열심히 신발의 진흙을 떼어냈다. 긁기도 하고 털어서 떨구기도 했다. 녹스빌 사람들에게 자신이 울타리 안쪽 사람이라는 것을 알리고 싶지 않았다.

녹스빌 나들이는 즐거운 일이었다. 좋은 식사를 하고 게이 스트리트를 산책하며 상점 진열창들을 구경할 수도 있었고, 백화점에 가서 스타킹이나 비누를 살 수도 있었으며 또 낭비가 하고 싶어지면 비싼 옷을 살 수도 있었다. 녹스빌의 밀러스 백화점은 타운사이트의 상점들과 비교가 되지 않았다. 차 한 대를 여러 명이 꽉 채워 타고 나가볼 가치가 충분했다. 자동차가 있고 휘발유 배급증이 있으면 다섯 명은 금세 모였다.

하지만 CEW 사람들은 차츰 어떤 낌새를 느꼈다. 특별히 CEW 사람들을 위해 월요일에 늦게까지 문을 여는 녹스빌 상점들이 자신들에게 불친절하다는 것을.

클린턴 공병사업단과 이웃 주민들은 관계가 별로 좋지 않았다. 시작부터 문제였다. 거기서 대대손손 살던 사람들이 2만 4000헥타르의 땅을 빼앗겼기 때문이다. CEW 사람들 중에는 그 지역 출신도 많았지만, "아, 당신도 거기 사람이군요" 하는 경멸 어린 말은 양쪽 사회의 연약한 결합을 흔들었다. 서로 다른 사회가 내키지 않음에도 불가피한 협력을 이루어 지내면서 직업적으로나 개인적으로 많은 사교 활동이 일어났지만 지역민들은 CEW의 외지인들에 불만이 많았다. 어떤 이들은 CEW가 배급을 불공정하게 많이 받는다고 생각했다. 항상 드나드는 그 기차들이 무엇을 실어 나르겠는가?

들어가는 것만 있고… 나오는 건 없어….

어떤 이들은 이 새 이웃들과 특이한 갈등을 빚었다. 그들은 특별구역 사람들이 밭작물이나 계란, 심지어 닭까지 훔쳐간다고 공개적으로 비난했다. CEW 울타리 안에 여우들이 살고, 그 여우들이 닭장을 노략질한다고 했다.

지역의 회사들도 프로젝트에 분개했다. 노동자들을 훨씬 더 높은 봉급으로 빼내갔기 때문이다. 1943년 초에 프로젝트는 인부들에게 57.5센트의 시급을 주었고, 그것은 앤더슨 카운티의 평균 시급보다 월등하게 높아서, 루턴 소재 베이컨 양말 Bacon Hosiery Mills

등의 공장은 속수무책으로 노동자를 잃었다. 섬유 공장에도 수천 명의 노동자가 필요했지만, 사람을 구할 수가 없었다. 농기구도 군대가 다 사갔고, 좋은 교사들도 CEW로 갔다. 지역의 고용주들은 그 가시철망 안에서 무슨 일이 벌어지는지 알고 싶어 했다. 그곳은 단순한 전쟁 시설이 아니라 뉴딜 정책 같은 사회주의적 실험이 이루어지는 공간 같았다. 그래서 그들은 상원의원 매켈러 같은 지역의 실력자들에게 진실을 알려달라고 호소했다. 그래도 진실은 알려지지 않았다. 일이 끝날 때까지는 지역 사람 중 누구도 알 수 없었다.

녹스빌 등 주변 지역 사람들에게 CEW 사람들은 지갑에 돈과 배급표가 두둑한 것 같았고, 그 안의 상점들도 배급품이 그득하다고 여겨졌다.

그리고 녹스빌 상인들은 오크리지 사람들을 멀리서부터 알아보았다. 진흙 때문이었다.

실리아가 밀러스나 조지스George's 같은 상점에 갔을 때 카운터 앞에 서서 기다려도 어이없게 자기보다 나중에 들어온 손님이 먼저 응대받는 일이 거듭되었다. 처음에는 별로 크게 생각하지 않았다. 우연일 뿐이라고 생각했다. 하지만 시간이 지나면서 그것이 패턴임을 느꼈다. 실리아가 마침내 어느 날 친구들에게 그 이야기를 하자, 그들은 특정한 물건, 특히 배급품을 요청했다가 거절당한 이야기를 했다.

"혹시 그거 있나요…?" CEW 여자들이 물었다.

"그건 민간인에게만 팝니다." 점원들은 그렇게 말했다.

실리아가 아무리 열심히 구두—민간인 구두—에서 진흙을 떼어내도 그 장벽을 넘을 수는 없었다. 어쩌면 그녀의 억양 때문인지도 몰랐다. 어쩌면 친구들 때문인지도 몰랐다. 어떻게 해서인지 상인들은 항상 그녀가 그 정부 시설 사람이라는 것을 알았다.

✦ ✦ ✦

실리아는 가끔 경제적 독립심이 흔들렸다. 그녀는 헨리와 함께 식사를 할 때 각자의 몫을 각자 계산해야 한다고 주장했다. 헨리는 처음에는 그런 일을 거부해서 직원식당에 줄을 설 때나 녹스빌의 레스토랑에서 청구서가 나오면 바로 지갑을 집어 들었다. 그는 여자들, 특히 여자친구가 자기 몫을 내는 일에 익숙하지 않았다. X-10에서 일하는 헨리는 매력적이고 솔직하고 전통적이며 너그러웠다. 어깨가 넓고 다부진 체격의 그는 새로 개장한 수영장을 아주 좋아했는데, 강력한 스트로크만큼이나 고집도 셌다. 하지만 실리아도 만만하지 않았다. 그녀도 이제 직업을 갖고 일한 지 수년째였다. 헨리에게 여러 번 설명했듯이 그녀도 돈을 벌었다. 자기 몫을 지불할 능력이 있었다. 그들이 지금처럼 식사를 자주 같이 하려면―이제 그들은 거의 매일 만났다― 그녀가 매번은 아니라도 어느 정도는 자기 몫을 내야 했다. 헨리는 고집이 셌지만 실리아도 마찬가지였다.

실리아가 헨리를 점점 자주 만나면서 사교 생활에도 약간 변화가 생겼다. 하지만 기숙사에서 만난 로즈메리 같은 친구도 계속 만났고, 시녀 신부의 집에서 매주 소박한 파티를 한 CYO 그룹 친구들―콜린도 속한―도 만났다. 그 파티에서는 모두가 음식을 가져오고 모두가 자기 몫을 지불했다. 실리아는 그런 것이 좋았다. 남자들이 아직 완전히 이해하지 못한다고 해도.

토니는 셰리에게 부탁하기로 마음먹었다. 밴던 벌크 중령의 비서 셰리는 큰 키에 금발인 멋쟁이로 같은 옷을 두 번 입는 경우가 없었다.

클린턴에 있는 토니의 친구가 토니를 테네시 대학 ROTC 댄스파티에 초대했고 심지어 토니의 데이트 상대까지 물색해놓았다. 토니는 거기 입고 갈 옷과 타고 갈 차가 필요했다. (스타킹은 다행히 구할 수 있었다. 아버지가 클린턴의 양말 공장 매그닛 밀스Magnet Mills에서 일했기 때문이다.) 거기 입고갈 옷 한 벌을 사려고 녹스빌의 게이 스트리트까지 갈 시간은 없었다.

토니는 첫 봉급을 받았을 때 게이 스트리트에 가서 여동생 '도피'의 선물을 샀다. 토니는 도피가 태어난 때를 기억했다. 의사가 가방을 들고 왔고 (토니는 거기 아기가 숨겨져 있다고 믿었다) 토니는 현관 앞에 나가서 이제 들어오라고 할 때까지 기다렸다. 토니는 원래 아기를 전혀 원하지 않았지만, 어머니가 이 아기는 토니의 아기라고 말했다. 토니는 자기 아기가 생긴다는 게 좋았다. 부모님은 도피가 친구들하고 놀고 싶다거나 탄산 음료수를 마시고 싶다고 하면 토니에게 허락을 받으라고 했다. 토니는 늘 물려준 옷이나 집에서 만든 옷만 입어서 새 옷을 산 기억이 없었지만, 도피에게는 멋진 옷을 선물하고 싶었다.

하지만 토니 자신은 파티 드레스가 없었다. 셰리는 다시 돌려주는 조건으로 옷을 빌려주었다. 그것도 물려입는 것의 일종이었지만 상관없었다. 토니는 게이트 앞에서 CEW 밖으로 나가는 어떤 남자의 자동차를 얻어 타고 테네시 대학 캠퍼스로 갔다. 드레스는 뒷좌석에 놓았다. 그리고 대학에 도착하자 옷을 갈아입으러 화장실을 찾았다.

그때 생각이 났다.

'셰리의 드레스!' 그녀는 그것을 모르는 남자의 자동차 뒷좌석에 두고 내렸다. 그리고 남자는 이미 멀리 떠나고 없었다.

그렇다고 파티를 제칠 수는 없었기에 토니는 하루 종일 입고 일한 옷차림으로 댄스파티에 갔다. 하지만 어쨌건 셰리의 드레스는 찾아야 했다.

토니는 그 남자가 특별구역에 들어오는 게이트를 알았다. 그래서 다음 날 새벽 4시에 게이트 앞에 서서 초조하게 자동차들을 살펴보았다. 파티에 입고 가려던 드레스를 어떻게 잃어버릴 수 있는지 셰리에게 설명할 방법이 없었다.

그때 토니는 그 남자를 보았다. 그녀가 맹렬하게 손을 흔들자 그는 차를 멈추고 트렁크를 열었다. 그는 아내가 그걸 보고 왜 다른 여자의 드레스가 자동차 뒷좌석에 있는지 물을까 봐 거기에 감추었던 것이다.

토니는 출근 후에 셰리의 책상으로 가서 말했다.

"고마워, 옷 상태는 아주 좋을 거야. 상자에서 꺼내지도 않았으니까."

❖ ❖ ❖

토니는 그런 건망증을 생각하면 자신은 정말 운이 좋다고 생각했다.

배지… 그녀는 그것을 자주 잊어버렸다. 곤란을 피하는 가장 흔한 방법은 수다를 떠는 것이었다. 경비병들에게 아무 이야기나 마구 떠들어서 그들이 게이트에서 차를 검문할 때 자신에게 배지가 없는 것을 못 알아차리게 하는 것이다. 하지만 그녀가 아무리 매력을 발휘해도 결국에는 무장 경비병을 대동하고 기숙사까지 돌아가야 할 때가 많았다.

그녀는 언젠가부터 배지를 재킷의 깃 밑에 착용했다. 그렇게 하면 경비병을 지나 캐슬로 갈 때 가볍게 옷깃을 들어 배지를 보여주고 통과할 수 있었다. 그러던 어느 날 그녀가 상사인 월트라웃 병장과 함께 경비대 옆을 걸어가다가 아무 생각 없이 옷깃을 들어보였다. 그 밑에 배지가 없다는 것을 잊은 것이다.

그러자 경비병들이 외쳤고—"거기 서요! 꼼짝 말아요! 배지는 어디 있죠?"—그녀는 현실로 돌아왔다.

하지만 그날 그녀는 그들에게 말을 거는 대신 자신도 모르게 전속력으로 달아나는 길을 택했다. 그녀는 탈출에 성공했지만 다음 날 출근해서 월트라웃에게 꾸중을 들어야 했다.

"토니, 그러다 총 맞아요."

튜벌로이

✦

보안, 검열, 언론

1944년 8월, 연합국은 빛의 도시 파리를 나치로부터 해방시키기 위해 전진했다.

과학자들은 자신들의 전투에서 고전했다. 하나는 현재를 위한 것—장치의 일정을 어떻게 당길 수 있을까—이고, 또 하나는 미래를 위한 것—장치 이후 이 기술의 미래는 무엇인가—였다.

7월 중순, 제너럴 일렉트릭의 고문으로 시카고 금속연구소에 있는 제이 제프리스Zay Jeffries 박사가 연구소 소장인 아서 콤프턴에게 편지를 보냈다. 그는 앞으로 몇 가지 문제, 그러니까 이 새 에너지의 활용법에 관련된 문제가 제기될 테니, 이 문제에 정면으로 대처해야 한다고 제안했다.

지금 미래를 예견할 수 있는 사람은 아무도 없지만 콤프턴 소장님이 이끄는 그룹은 그것을 추측해볼 가장 좋은 위치입니다. 사실 지금 우리가 할 수 있는 것은 주어진 지식에 토대한 추측뿐입니다. 원자 에너지에 대해 지금까지 밝혀진 기본 지식을 보유한 사람들은 일반인들보다는 훨씬 더 합리적인 추측을 할 수 있을 것입니다….

콤프턴은 제프리스가 과학자들의 위원회—엔리코 페르미와

제임스 프랑크James Franck도 참여하는—를 주재해서, 제프리스 자신이 '원자핵공학'이라고 명명한 이 분야를 들여다보고, 이 신에너지가 전후에 어떤 길을 걸을지 아이디어를 모아주기 바랐다. 일주일 안에 여러 의견이 모였다. 그 가운데는 금속연구소 공학분과장인 M.C. 레버릿의 1944년 8월 8일 자 공식 서한도 있었다.

> 원자력이 놀라운 것이고 혁명적 미래가 있다는 의견을 폄하할 생각은 없습니다… 하지만 그것을 손을 넣을 때까지는 잡지의 플라스틱 광고들처럼 말해서는 안 됩니다… 가능성은 최대한 낙관하되, 실제로 원자력을 유용하게 활용할 수 있다는 약속은 서두르지 말아야 합니다….

◆ ◆ ◆

이 신생 과학과 그 응용을 통제하는 것은 그로브스 장군의 최고의 관심사 중 하나였지만, 프로젝트가 길어지고 커질수록 그 일은 점점 어려워졌다. 장군은 이미 1943년부터 프로젝트가 독자적 보안팀을 꾸려서 국방부 방첩 부서에서 업무를 인수해야 한다고 생각했다. 각 시설마다 독자적인 보안 책임자와 팀이 있었다. 장군은 분리구획화—지식, 책임, 정보 모두—가 '보안의 핵심'이라는 것을 알았다.

그가 가장 우려하는 대상은 독일이었다. 다른 나라들은 어쩌다 정보를 취합한다 해도 그것을 바로 사용할 능력이 없었다. 이탈리아도 일본도 마찬가지였다. 하지만 장군은 프로젝트를 떠맡은 첫 주에 이미 러시아가 미국 내의 공산주의 동조자들을 통해서 버클리Berkeley 연구소에 대한 정보를 입수한다는 것을 알게 되었다. 그리고 프로젝트의 노동자들 가운데에도 신원이 깨끗이 인증되지 않은 사람들이 있었다. 그는 독일뿐 아니라 러시아에 대해서도 프로젝트를 비밀로 해야 한다고 결정했다.

그가 실행한 모든 보안 절차는 단순한 규칙에 토대했다. "각 개인은 자신이 맡은 일을 하는 법을 모두 알아야 하지만 오직 그것만 알아야 한다"는 것이었다. 사람들은 이곳에 무언가를 알기 위해서가 아니라 일을 하러 왔다. 그게 다였다. 시각적으로도 생활 공간은 공장들과 분리되어 있고, 공장들도 각각 분리되었으며, 산등성이와 계곡은 그곳 전체의 지리적 분리를 더 심화시켰다. 현장에서는 건물, 숫자, 위계뿐 아니라 각층도 접근을 분리시켰다. 모든 것은 위에서 내려왔고, 각자는 자기 것만 하면 되었다. 자신의 직속 상사와 부하 말고는 누구와도 일에 대해 이야기할 필요가 없었다. 이 톱니바퀴의 부속품들은 자신들의 총합이 이루는 기구의 규모, 형태, 의도를 알 필요가 없었다. '자기 것만 들여다보면' 된다는 것이 장군의 생각이었다.

직원들은 다양한 문제에 대해 조사를 받았지만, 무얼 조사하는지 분명치 않을 때도 많았다. 의무부장 스태퍼드 워런 대령은 나중에 말했다.

"그들에게 어떤 어려움이 있는지 나쁜 친구가 있는지 알아야 했다. 사기꾼인지, 약물 중독자인지, 동성애자인지? 그것 자체로는 문제가 안 됐지만, 그들이 그런 약점 때문에 정보를 누설하라는 협박을 받았을 때 거기 취약하다는 점을 걱정했다."

외국 출신 노동자들은 더 까다로웠지만 보안팀은 최선을 다했다.

장군은 자신의 방식이 너무 '게슈타포' 같다고 생각하는 사람들이 있다는 것을 알았다. 그런 말을 실제로 듣기도 했다. 하지만 그는 여러 가지를 고려해서 그렇게 해야 한다고 판단했다. 처음 프로젝트를 맡았을 때 그는 거기서 일하는 사람 가운데 신원 인증을 받지 않은 사람이 너무 많은 데 놀랐다. 프로젝트 관련 세부 사항을 아는 어떤 사람을 해고했는데, 그 사람이 해고 사유를 납득하지 못하는 경우 큰 위험이 닥칠 수도 있었다.

　　그런 보안 조치들 때문에 CEW에서는 노조도 결성할 수 없었다. 전국적으로 군사 조직에서는 노동조합의 권리가 제한되었다. 이런 제한은 있었지만, 전쟁이 끝났을 때 프로젝트에 협력했던 노조들은 초대형 신규 플랜트들의 수천수만 명의 노동력을 조직할 유리한 위치를 차지하게 되었다.

　　하지만 모든 건설 노동자나 일꾼들 개개인의 경력을 꼼꼼히 조사할 수는 없었다. 조사의 강도는 그 개인이 수행하는 일의 종류에 따라 달라졌다. 트럭 운전사의 경우는 지문 확인이나 체포 경력 조회에 그칠 수도 있었지만, 일급비밀 접근권이 있는 물리학자에 대해서는 인생 전체를 완벽하게 조사했다. 지문은 FBI로 갔다. 방화, 강간, 약물 소지 전과자는 채용되지 않았다. 공공장소에서 만취한 기록이 있다면? 일단 면접은 볼 수 있었다. 어쨌거나 노동력은 부족했고, 특별구역에는 술이 차단되어 있었다(원칙적으로는 그랬다).

　　언론을 다루는 일은 전혀 다른 문제였다.

　　1941년 12월 19일, 진주만 공습 후 2주일도 지나지 않아 루스벨트 대통령은 행정명령 8985호로 검열청을 설치하고 '전시 방송 지침'을 내려서 '자발적' 검열을 권장했다. 프로젝트는 검열청

뿐 아니라 개별 편집자들과도 협력했다. 상황은 예민했지만 메시지는 분명했다. 핵심 정보와 관련된 어떤 내용도 드러내지 말고, 프로젝트에 불필요한 관심을 끌지 말 것.

정보가 실리는 매체마다도 보안에 신경 써야 하는 정도에 차이가 있었다. 대도시의 신문은 더 위험했다. 독자 규모와 영향력이 컸기 때문이다. 프로젝트는 신문들이 해외의 기사를 무분별하게 싣는 것도 원하지 않았다. 우수한 해외의 정보기관들은 한 가지 출처에서 얻은 약간의 정보에 다른 출처에서 얻은 소량의 사실을 더해서 그들의 정부에 제공할 충분한 가설을 만들 수 있었다.

모든 신문과 잡지는 프로젝트의 성격을 드러낼 수 있는 특정 표현을 사용하지 말라는 요청을 받았다. 그것은 2만 개의 뉴스 공급처에 발송된 1943년 6월 28일의 공문에서 드러난다.

… 전쟁 관련 실험에 대한 어떤 정보도 발간하거나 방송하지 말아 주시기 바랍니다. 원자 충돌, 원자 에너지, 원자 분열, 원자 분해 또는 그에 상당하는 어떤 것을 생산하거나 활용한다는 내용, 라듐이나 방사능 물질, 중수, 고압 배출 장비, 사이클로트론을 군사 용도로 사용한다는 내용 그리고 다음의 원소들이나 그 복합물과 관련된 내용이 거기 해당합니다. 폴로늄, **튜벌로이**, 이터븀, 하프늄, 프로트악티늄, 라듐, 레늄, 토륨, 듀테륨.

그리고 물론 프로젝트의 현장 위치나 장군의 이름은 철저한 비밀이었다. 녹스빌 신문에 구인 광고, 스포츠 리그 결과, 전쟁 국채 모집 소식은 이따금 실려도 그 이상은 없었다.

토니와 실리아와 함께 캐슬에서 일한 여군항공대는 모든 간

행물을 모아다가 그것들이 규칙을 지키는지 확인하는 일을 했다. 규칙을 위반하는 언론사는 프로젝트 담당자의 전화나 방문을 받았다.

　이런 정책을 실행할 때 지역적 위반에서 전국적 위반까지 적잖은 실수가 있었다. 법 집행은 어려웠고 여러 위반 사례가 있었다. MBS 라디오는 방송에서 컬럼비아 대학, 원자 에너지, 폭발물을 언급했다. 애틀랜타의 한 신문은 녹스빌 인근의 '비밀스런' 특별구역에 대한 기사를 써서, 그곳 노동자들을 '규율 속에 있는 고임금 유령들'이라 가리키며 그들은 '자신들이 무슨 일을 하는지 모른다는 단순한 이유로 불필요한 비밀을 서약했다'고 발표했다. 프로젝트와 언론 사이의 대결을 피하기 위해서 강경한 원칙은 애국적 협력을 중시하는 원칙으로 바뀌었다. 언론은 적이 아니라 소극적인 파트너가 되어야 했다. 그들에게 말했듯이, 모두가 마음속에 승리, 안전이라는 같은 목표를 품고 있었기 때문이다.

8

반딧불이 이야기…

Q: 저 플랜트 사람들은 무슨 일을 하나요?

A: 시간당 80센트를 버는 일.

프랜시스 스미스 게이츠Frances Smith Gates는 대부분의 사람들보다 제한 사항을 다루는 일이 조금 더 버거웠다. 현직 〈오크리지 저널〉의 편집장이었기 때문이다. 하지만 그녀는 육군사관학교 출신 장교 남편을 전쟁에 잃은 미망인이었기에 군 생활 자체에 대해서도, 또 군이 정보를 '업무상 필요시에만' 제공하는 원칙도 잘 알았다. 신문은 다른 소식도 다루었다. 사진은 에드 웨스트콧 덕분에 부족하지 않았다. 그는 모든 것에 접근할 수 있었다. 댄스파티, 보이스카우트 행사, 담뱃가게 앞에 선 줄, 국채 판매 집회 등 우리가 보는 오크리지나 프로젝트의 사진은 대부분 웨스트콧이 스피드 그래픽 카메라로 찍은 것이다.

신문은 CEW 주민들에게 자신들의 방침을 다음과 같이 설명했다.

현 상황에서 논쟁적인 모든 문제에 대한 편집 정책은 지금도 그렇고 앞으로도 계속 미국 산업기술부가 결정할 것입니다. 하지만 편집국은 뉴스를 사실대로 보고할 최대한의 자유가 있습니다. 뉴스의 내용은 언제나 오크리지의 사건과 인물에 한정되어 있습니다. 우리는 오크리지 사회에 영향을 미치지 않는 외부 사건과 소식을 다루려고 하지 않습니다. 과거의 사건을 보도하는 것보다 미래의 사건

반딧불이 이야기…

에 집중하는 데 힘을 모으고 있습니다.

게이츠는 매주 〈오크리지 저널〉 한 부를 군 장교들에게 검토용으로 보냈다. 그런 의무는 저널리즘의 본질에 어긋나는 것 같았지만 덕분에 그녀는 상대적으로 덜 고통스러워졌다. 여전히 갈등은 있었고, 그중에는 예상하기 힘든 것들도 있었다. 그녀는 오래지 않아 아무 상관없어 보이는 기사도 보안 위협 요소가 될 수 있다는 것을 깨달았다.

슈퍼맨조차 검열을 피할 수 없었다. 매클루어 신문 신디케이트사Mcclure Newspaper Syndicate가 새로운 슈퍼맨 만화 시리즈를 내면서 1회분 제목을 '원자 파괴자'라고 짓자—슈퍼맨이 사이클로트론과 싸우는 내용이었다—, 검열청이 그 스토리를 뒤틀어버렸다. 매클루어 사는 결국 그 내용을 슈퍼맨이 혼자서 야구를 하는 안전하고 미국적인 이야기로 바꾸었다.

〈오크리지 저널〉 내에서는 지역 어린이가 주인공 이름이 '원자맨'인 만화를 그렸다는 기사를 냈다가 게이츠가 질책을 받았다. 또 게이츠가 기획한 기숙사 생활에 대한 연재 기사에서는 열일곱 명의 박사가 한 방에서 산다는 내용이 문제가 되었다. 그 이유는? 적국 요원들이 그 기숙사를 침투의 표적으로 볼 수 있다는 것이었다. 또 한 가지는 인구 증가에 발맞추어 병원이 증축을 한다는 기사였다.

'왜 그렇게 많은 병실이 필요한가?' 적이 그런 의문을 품을지 모른다는 것이었다. '이 일급비밀 계획은 위험한 것인가? 부상자가 많이 발생하는가? 우리가 그동안 식당이나 버스 제도에 대해 취합한 정보에 병원과 관련된 이 정보를 결합하면 거기 몇 명이 살고 있는지 추정할 수 있지 않을까?'라고 생각할 수 있었다.

마지막 사례의 기사는 지휘 계통을 타고 장군의 책상에까지 올라갔다. 장군은 그 기사를 승인하지 않았지만 기사는 녹스빌의 챈들러 인쇄소에서 인쇄되고 말았다. 검열과 통제가 늘 이길 수만은 없었다.

개인 광고들은 문제가 되지 않았다. 쿠폰 갱신도 마찬가지였다. 하지만 중요한 인물의 이름은 실을 수 없었다. 출생과 사망 소식도 금지였다. 특히 장교 아내의 자살 소식은 더욱. 하지만 모든 뉴스를 간단히 치워버릴 수는 없었다. 1944년 초에 〈오크리지 저널〉은 특별구역 용접공 한 명이 경비병을 피하려고 제한구역으로 차를 몰고 간 일을 보도했다. 경비병이 그를 체포하려고 하면서 '난투'가 벌어졌다. 결국 남자는 총에 맞았고, 스무 차례의 혈장 주사와 세 차례의 수혈, 그리고 한 차례의 수술 후에 사망했다고 발표되었다.

그 일이 신문에도 실렸다.

"우리가 중요한 전쟁 업무를 수행하는 군사 지역에 산다는 것을 항상 잊지 말아야 한다."

✦ ✦ ✦

헬렌은 튼튼한 몸으로 농구 코트를 누비며 하루의 스트레스를 풀고 있었다. 그런데 연습 도중, 스탠드에 검은 양복 차림의 남자들이 눈에 들어왔다. 그들은 한동안 거기 앉아서 연습을 구경했다.

헬렌은 그들에게 별로 신경 쓰지 않았다. 자기네 팀 다음에 연습할 팀의 코치들일 거라고 생각했다. CEW 코트의 일정은 빡빡했다. 많은 선수가 교대 근무를 했기 때문에 연습 일정을 짜는 일도 상당히 복잡했다.

헬렌은 연습이 끝나자 소지품을 챙기고 팀원들과 함께 코트 밖으로 향했다. 그들은 땀에 젖은 채 연습 이야기를 하면서 문으로 걸어갔다. 다들 얼른 기숙사에 가서 내일 근무를 위해 휴식하고 싶은 마음이었다.

그런데 그들이 출구에 다다랐을 때, 팀원 한 명이 그녀에게 다가와서 말했다.

"저 남자가 너하고 이야기하고 싶대."

헬렌이 돌아보았다.

어떤 남자가 있었다. 남자는 이제 일어서서 그녀를 기다리고 있었다. 양복 입은 두 남자 중 한 명이었다. 그들은 다음번 연습 팀의 코치가 아닌 것 같았다.

"모르는 사람인데." 헬렌은 그렇게 말하고 다시 돌아섰다.

양복 입은 남자가 또 자신을 부르다니.

'왜 또? 이번에는 뭐 때문인 거야?' 그녀는 생각했다.

헬렌은 장비를 챙기고 모른 척 코트를 나갔지만, 남자가 뒤에 다가온 것을 느낄 수 있었다. 그는 그녀를 따라왔다.

'누구지? 내가 그 **고발** 편지를 안 보내서 그런 건가?' 그녀는 실제로 그들과 한 번도 접촉하지 않았고 그럴 생각도 없었다.

"헬렌 홀 양?" 그가 불렀다.

헬렌이 돌아서서 말했다.

"네."

"저는 녹스빌의 농구팀 코치예요. 우리 팀에 들어올 생각 없나요?"

헬렌은 놀랐다. 우쭐하기도 했지만 무엇보다 안도했다.

"그건 불편하실 텐데요." 헬렌이 말했다. "저는 교대 근무를 해요. 게다가 녹스빌까지 연습하러 나갈 차도 없어요."

"그건 상관없습니다. 저희가 모시러 오죠." 그가 말했다.

헬렌은 농구가 좋았다. 그런데 농구를 더 많이 할 수 있는 기회와 CEW 바깥의 팀이라니.

"좋아요. 데리러 와주신다면 팀에 들어갈게요."

그런 일은 벌써 몇 번째였다. 중요한 지위의 남자가 와서 자신에게 이야기를 거는 일.

생각지 않았던 노크, 우연해 보이는 만남. 그리고 중요한 지위의 남자가 젊은 여자에게 의미심장하고 비밀스러운 이야기를 건네는 일.

헬렌이 애초에 이 비밀 도시에 오게 한 것도 그런 남자였다. 그는 헬렌이 캐셔로 일하는 테네시주 머프리즈버러 중심 광장의 스낵 코너에 몇 번 와서 커피와 도넛을 샀다. 그녀는 그에게 먹을 것을 팔고 돈을 받았다. 그는 다정해 보였지만 자신이 무슨 일을 하는지 그 도시에 왜 왔는지는 말하지 않았다. 하지만 그녀는 그가 광장 건너편의 시청 건물로 들어가는 것을 몇 번 보았다.

어느 날 아침 그가 헬렌에게 잠깐 밖에서 보자고 했을 때 그녀는 약간 불안했다. 그는 녹스빌에서 30킬로미터 거리에 있는 테네시 이스트먼사의 일자리를 제안했을 때 그녀는 호기심을 느꼈지만, 그가 봉급을 말하자—현재의 두 배 가까운 시급 65센트—마음을 굳혔다. 그리고 부모님이 허락하지 않을 것을 알았기 때문에 그들에게는 말하지 않았다. 대신 내슈빌에서 미용사 교육을 받는 언니에게 소식을—"시급 65센트래!"—전했다. 그런 뒤 헬렌은 마지막 봉급 수표와 전쟁 국채를 현금으로 바꾸어서 편도 버스표 두 장을 샀다. 하나는 그녀의 버스표고, 또 하나는 고등학교 친구 모드의 것이었다. 모드는 버스표를 살 돈이 없었지만 그녀도 좋은 직장이 필요했다. 두 여자는 다음 날 출발했다.

헬렌은 CEW에 딱 맞는 인력—똑똑하고 독립적인 고졸 여성—이었고, 높은 봉급은 어디서, 언제, 어떻게 일하느냐에 대한 정보가 부족한 데서 오는 불안을 무마시켜주었다. 직업은 직업일 뿐이었다.

헬렌은 처음에는 게이트, 경비병, 검문, 배지가 불쾌했지만, 그것들은 곧 배경으로 물러나서 그녀가 매일 기숙사에서 식당으로, Y-12에서 농구 코트로 가는 길의 풍경의 일부가 되었다. Y-12 지하에서 진공 펌프 관련 작업을 하는 사람들은 배지에 1자가 있었는데, 그들은 헬렌이 큐비클 오퍼레이터로 일하는 2층에 올라올 수 없었다. 경비병이 계단에 서서 누가 실수로라도 엉뚱한 층에 들어가지 못하게 막았다. 배지에 4자가 있는 사람은 드물었다. 그리고 5자를 단 사람은 한 명도 못 봤지만, 그런 사람이 있다는 이야기는 들었다. 배지에 5자가 있는 사람은 여기서 벌어지는 일을 전부 다 아는 사람이었다.

헬렌은 어디선가 누군가는 늘 자신을 관찰한다는 것을 일찍부터 느꼈고 또 자주 알아챘다. 농구를 할 때건 일을 할 때건 상관없이 낌새를 알았다. 그녀 자신이 그런 일을 해달라는 요청을 받기도 한 터였다. 아직도 사용하지 않아 기숙사 방에서 먼지가 쌓이고 있는 봉투들이 그 증거였다.

분명 그녀와 같은 부탁을 받은 사람들 중에 그 일을 하기로 약속한 사람들이 있을 것이다. 그리고 실제로 그런 일의 결과로 보이는 일들이 있었다. 그녀는 여자 동료가 근무 중에 호송돼 나가는 모습을 두 번 보았는데, 그중 한 명은 약간 술에 취해 있었다. 헬렌은 그 정도는 이해가 되었다. 직장에서 하면 안 되는 행동을 한 것이기 때문이었다.

하지만 다른 여자의 경우는 왜 근무 중 끌려나가서 돌아오지 않는지 몰랐다. 헬렌은 그 일을 누구와도 이야기하지 않았고, 팀장에게도 묻지 않았다. 하지만 그런 경험 때문에 누구에게 무슨 말을 할 때나 예상치 못한 질문을 받았을 때 항상 먼저 생각을 하게 되었다. 그녀는 그저 고개를 숙인 채 자기 일을 하고, 시간이 나면 코트에 가서 농구를 했다.

◆ ◆ ◆

Q: 당신은 거기서 어떤 일을 하나요?
A: 최대한 적은 일.

실리아는 기회가 날 때마다 로비에 있는 전화로 집에 연락을 해서 부모님의 안부와 파병된 오빠들의 소식을 물었다. 그녀는 이따금 오빠들의 편지를 받았지만, 클렘의 편지는 어느새 끊겨 있었다. 그는 실리아가 오크리지에 온 직후에 이탈리아의 살레르노로 갔다. 그런 뒤 편지가 점점 드물어지더니 마침내 중단되었다. 그리고 얼마 후에 소식이 왔다. 교전 중 실종되었다는 것이다. 최악의 소식을 담은 전보는 없었지만, 클렘이 공식적으로 실종 상태가 되니 어머니는 실리아가 집에 돌아오기를 바랐다. 하지만 실리아는 프로젝트를 떠나고 싶지 않았다. 그리고 어쨌건 CEW의 일은 종전을 앞당기는 일이라고 했다. 그녀는 그것이 클렘이 기댈 수 있는 가장 큰 희망이라고 믿었다.

그러던 어느 날, 실리아의 어머니가 전화를 걸어서 집에 편지를 보내지 말라는 예상치 못한 말을 했다. 그녀가 집을 떠나는 것도 반대했던 어머니가.

"네 편지를 이해할 수가 없어! 그러니까 아예 보내지도 마." 어머니가 말했다.

"편지를 이해할 수 없다니, 그게 무슨 말씀이세요?" 실리아가 묻자 어머니가 결국 말했다. "다 까맣게 지워져서 와."

'지워진다고?' 실리아는 어리둥절했다.

"네가 편지에 쓴 글 위에 검고 두꺼운 줄이 그어져 있어. 그래서 무슨 말인지 하나도 알 수가 없어!" 어머니가 말했다.

모든 편지가 다 그랬다고 했다. 너무 많은 글자가 지워져서 남은 글자만 가지고 내용을 짐작해보려고 애써야 했다고.

하지만 어쨌건 어머니의 편지는 무사히 도착했다.

때로 '오크리지'라는 주소로 사이트 X의 가족에게 편지를 보낸 사람들은 다음과 같은 짧은 메모와 함께 편지를 반송받았다. "테네시주 오크리지는 잘못된 주소입니다."

실리아가 자신의 편지가 검열받는다는 사실을 알았을 때 든 생각은 '쓰면 안 되는 내용을 쓴 게 뭐가 있지?' 하는 것뿐이었다.

지난 편지들을 머리에 떠올려보았다. 모두가 밋밋하고 별 내용이 없는 것 같았다. 그 일로 질책을 받게 될까 하는 걱정도 들었다. 그녀는 프로젝트에서 고참 중의 고참에 속했고, 편지에 업무 관련 내용을 쓰면 안 된다는 걸 누구보다 잘 알았다. 그런데 도대체 자신이 어떤 규칙을 어긴 건지 아무리 생각해도 알 수가 없었다.

하지만 무언가 규칙에 위배된 내용이 있었던 게 틀림없다. 이유 없이 글을 지우지는 않았을 테니. 그렇지 않은가?

'내가 분명 무슨 잘못을 했을 거야.' 그녀는 생각했다.

그게 무언지 알 수 없을 뿐이었다.

◆ ◆ ◆

그게 마법이었다.

자신의 업무 내용을 모르고, 뭐가 중요하고 뭐가 불필요한지도 모르기 때문에 개인의 어떤 행동과 말도 넓은 의미에서 프로젝트—그것에 대해서 개인은 아무것도 모르는—와 상관이 있을 수 있고 그래서 규칙에 어긋날 수 있었다. 위험할 수도 있었다. 그래서 약간이라도 의심이 들면 아무 말도 하지 않는 것이 최선이었다.

말이 많은 사람들은 어떻게 되었나? 갑자기 사라진 사람들은 어디로 갔는가? 면접, 보안 브리핑, 사방에 가득한 '입을 다물라'는 구호도 보안 규정을 어긴 자들이 어떻게 되었는지는 설명해주지 않았다. 설명되지 않은 영역은 극적인 해석과 불길한 암시의 여지를 크게 남겨놓았다. 사람들이 CEW에 머무는 시간이 길어질수록, 이미 무성한 소문에 상상력을 보태주었다. 공보관은 위험 분자나 퇴출 노동자들이 단순히 해고되는 데 그치지 않고 바로 징집되어서 남태평양으로 파견되었다는 이야기를 퍼뜨렸다. 채용 당시에 정식으로 듣는 경고는 시간이 지나는 동안 확인도 부인도 할 수 없는 소문들에 의해 증폭되고, 그것은 점점 더 어지러운 시나리오의 먹이가 되었다.

반딧불이 이야기…

프로젝트는 귀중하고 위험한 정보는 쉽게 상상할 수 없는 경로를 통해서도―심지어 쓰레기통에서도―빠져나갈 수 있다고 교육했다. CEW에 나도는 소문 중의 하나는 보안을 강화하기 위해서 쓰레기 청소원을 모두 문맹자로 고용했다는 것이었다. 한 젊은 여자는 근무 교대 때 이전 조 사람들과 이야기를 하지 말라는 지시를 받았다. 인쇄물에 아이들 이름을 실을 때는 성이 빠졌다. 성을 보면 아이들의 부모를 짐작할 수 있고, 나아가 그 부모가 어떤 분야의 전문가인지, 거기서 어떤 일을 하는지 추리해낼 수도 있었기 때문이다.

물론 고등학교 미식축구 팀이 유니폼에 선수 이름을 새기는 일은 드물었지만―대학교 미식축구 팀도 거의 20년 뒤에야 그런 일을 했다―, 오크리지 고등학교 팀은 상대 팀에게 선수 명단도 주지 않았다.

대부분의 주민은 이런 제한을 잘 받아들였다. 가족, 친구, 또는 녹스빌 백화점에서 마주친 사람들이 하는 질문에 그들은 진지하게 답하지 않았다. 하지만 제한이 많은 만큼 안전하다는 느낌도 있었다. 많은 주민이 문을 잠그지 않고 살았다. 누군가 자신을 지켜본다는 것은 한편으로 자신을 지켜주고 있다는 느낌을 주었기 때문이다.

◆　◆　◆

Q: 오크리지에서는 얼마나 많은 사람들이 일하나요?
A: 그 절반 정도.

"도로시, 괜찮아요?"

어둠 속에서 어렴풋이 보이는 낯선 사람의 목소리에 도로시는 깜짝 놀랐다.

남자가 이제 자동차 창문 안쪽으로 고개를 들이밀고 다시 물었다. 이제는 남자의 얼굴이 보였지만 모르는 사람인 것은 똑같았다. 남자는 확실히 그들의 관심을 원했다. 도로시와 그녀의 데이트 상대의.

그날의 데이트는 첫 번째 데이트 치고는 아주 괜찮았다. 그녀는 남자가 사는 좁은 트레일러에 가서—그는 건설 노동자였다—술을 약간 마셨다. 맛은 고약하고, 지역 느낌이 났고, 또 불법이었지만, 그래도 취기를 느끼게 해주었고, 그 지역이 금주법 지역이라는 걸 생각하면 당연한 일이었다. 그 전에는 외식을 했고—그가 샀다—, 마지막에는 여기에 왔다. 조용한 시골길의 자동차 안. 특별구역의 남녀에게는 특이할 것 없는 데이트였다. 그곳에는 사적 공간이 거의 없고, 기숙사는 남자들의 출입이 금지되었기 때문이다. 그 낯선 사람이 어떤 은밀한 일을 방해한 것은 아니지만, 그래도 어둠 속에서 난데없이 사람이 튀어나온 일은 소름이 끼쳤다. 도로시는 간신히 충격을 다스렸다.

'어떻게 내 이름을 아는 거지?'

도로시는 그 남자에게 괜찮다고 말했지만, 거기서 데이트를 끝내고 기숙사로 달려가고 말았다.

예상치 못한 장소에서 누가 자신을 보는 느낌이 그때가 처음은 아니었다. 한번은 친구들과 영화관 앞에 줄을 서 있는데 어떤 여자가 불쑥 나타났다.

"흩어져요. 등을 보고 한 줄로 서요." 여자가 소리쳤다.

그들은 그렇게 했다. 집단 활동 억제는 질서 유지의 확실한 방법이었지만, 도로시는 높은 분들은 사람들이 모여서 '이야기하는' 걸 싫어한다는 말도 들었다. 불이 꺼지고 뉴스영화가 시작하면 감시원들이 플래시를 들고 복도를 거닐면서 누가 어둠 속에서 속삭이는지를 살폈다.

다음 날 도로시는 큐비클 앞에 앉아서 평소처럼 일을 했다. 남자들이 넓은 공간을 누비고 다녔다. 이것을 배달하고, 저것을 주워들고, 일지를 작성하고, 대형 패널을 조종하기도 했고, 아니면 그런 일들을 하는 척하면서 실제로는 여자들에게 말을 걸려고 하기도 했다.

그녀가 다이얼들을 살펴보는데 한 남자가 다가왔다. 이 사람도 데이트 신청을 하려는 건가? 그런 것 같지 않았다.

"도로시 양인가요?" 그가 물었다.

"네." 그녀가 대답했다. 그 사람도 모르는 사람이었다. 나이가 조금 들어 보였다. 그 사람은 자신이 전날 밤 도로시가 데이트한 남자의 상사라고 말했다.

"더 이상 그 사람을 만나지 않기를 바랍니다." 그가 말했다.

'사람들이 정말로 우리를 따라왔구나.' 그녀는 생각했다.

밤에 그들 앞에 나타났던 사람이 그녀의 데이트 상대의 상사에게 보고를 한 것이다. 그녀는 그러겠다고 했고 남자는 떠났다. 도로시는 그의 이름을 듣지 못했다.

❖ ❖ ❖

'당신의 경솔한 입놀림은 전함만 가라앉히지 않는다. 일급비

아토믹 걸스

밀 프로젝트도 위험에 빠뜨릴 수 있다.' 행여 누가 이것을 잊을까 봐 수많은 선전 문구가 눈 닿는 데마다 붙어 있었다.

게시판, 포스터, 팸플릿, 신문. CEW 사무실과 연구실 칠판에는 업무가 끝나면 칠판의 내용을 모두 지우라는 지시가 찍혀 있었다. 선전물에는 애국심과 책임감을 고취하는 활기찬 이미지도 있었지만, 적의 손에 죽는 모습이나 한순간의 부주의가 패배를 안겨준다는 불길한 이미지도 있었다. 이런 선전물들은 자기 일을 제대로 못하는 것 자체가 적을 이롭게 하는 행위라고 강조했다. 오크리지에는 그런 메시지가 넘쳐났다.

카풀과 국채 구입 캠페인은 끊이지 않았다. "혼자 운전하는 당신 곁에 히틀러가 앉아 있습니다!" 미국 전역에 걸린 포스터 중에는 정말로 불길한 것들도 많았다. 무덤과 부상병들, 강아지 또는 아이 혼자 황금별이 새겨진 깃발—전사한 가족을 나타내는—을 들고 있는 모습. 물에 빠져 죽는 남자들과 가시철망에 걸린 시신들. 그런 선전물들은 입 다물고 열심히 일하라는 메시지를 전했다. 분별없이 말하는 사람은 애국심이 없는 것뿐 아니라 더 나아가 군인들의 죽음에 책임이 있다는 것이었다. 자기 일에 대해서 너무 자세히 물어보는 일은 죄없는 아이들의 생명을 위협하고, 민주주의를 흔들고, 히틀러와 히로히토의 반열에 들어가는 일이라고 했다.

응원과 격려의 메시지도 있었다. 잡지에는 어머니와 딸들이 나란히 서서 통조림을 만드는 광고가 실렸다. 《전시 고기 요리법 War Time Meat recipes》이나 아머Armour 사의 《69가지 배급품 고기 요리법 69 Ration Recipes for Meat》 같은 책은 여자들이 배급제와 쿠폰의 세상을 헤쳐나가도록 도와주었다. 그 책들은 모든 형태의 단백질이 가치

있다고 가르치고, 감자나 오트밀처럼 쉽게 구할 수 있는 재료로
고기 맛을 흉내내는 법을 알려주었다. 이것은 오늘날 비건 채식주
의자들도 사용하는 방식이다. 〈오크리지 저널〉에도 각종 조언과
생활 아이디어가 실렸고, 대공황기에 성장한 사람들은 남녀를 불
문하고 거기 익숙했다.

남김없이 써라!

끝까지 써라!

가진 자원을 최대한 활용하라!

부족한 대로 써라!

플랜트들에서는 근태 향상을 위한 경연이 꾸준히 벌어졌다.
24시간 운영되는 특별구역에서 플랜트의 작업 효율 및 생산의 중
요성도 노동자들의 귀에 못이 박히도록 주입되었다. 하지만 가장
강력하게 주입된 메시지는 무엇보다 입을 다물라는 경고였다.

이곳의 일은 어머니에게도 말할 수 없다

생각해보라! 나에게 그 말을 할 권한이 있는가?

특별구역의 한 대형 광고판에는 큼직한 눈이 그려져 있었다.
나치 문양이 박힌 동공을 검은 홍채가 둘러싼 그림이었다. 그리고
이런 문구가 적혀 있었다.

적들은 정보를 찾고 있다. 항상 입을 조심하라.

그런 광고판은 게이트마다 서 있었다. 애국심은 비밀 엄수와
떼려야 뗄 수 없었다. 오크리지 광고판 중에 엉클 샘을 아주 남성

오크리지 곳곳의 선전물은 주민들에게 함구할 것을 촉구했다.

적인 모습으로 그린 것이 있었다. 모자를 벗고, 소매를 걷어 올려서 근육질 팔뚝을 드러낸 모습이었다. 그 앞에 원숭이 세 마리가 앉아 있는데, 한 마리는 눈을 가리고, 또 한 마리는 귀를 막고, 다른 한 마리는 입을 막고 있었다.

당신이 여기서 보는 것

여기서 하는 것

여기서 듣는 것

여기를 떠날 때

다 두고 가라.

그런 선전물은 프로젝트에 국한되지 않고, 이제 지역사회로 성장하고 있는 신생 도시에도 불안함을 조성하는 배경막이 되었다. 하지만 오크리지 주민들은 그것을 그런 식으로 보지 않았다. 그 각양각색의 사람들은 한데 모여서 일을 하고, 사랑을 하고, 결혼을 하고, 임시 트레일러와 조립식 주택 뒤에 텃밭을 가꾸었다. 그들은 긴 줄과 진흙과 장시간 노동 속에서 웃음을 찾으려 했고, 별빛 아래, 그리고 소설 《1984》를 상기시키는 정부의 감시의 눈길 아래에서 춤을 추었다.

◆ ◆ ◆

Q: 거기서 만드는 게 뭔가요?
A: 아기.

총과 배지와 검문소와 선전은 프로젝트의 보안을 유지하는 수단 중 일부였을 뿐이다. 정보보안부는 정복 인력 외에도 500명가량의 사복 요원을 배치했다. 그리고 그보다 더 비공식적인 감시원들이 오크리지를 비롯한 프로젝트 각 현장의 생활과 업무에 비밀스러운 분위기를 드리우는 데 핵심적인 역할을 했다. 감시원들의 실제 숫자는 추정하기 어려웠지만, 확실한 것은 누구라도 감시원이 될 수 있다는 것이었다.

그들은 다양했다. 공식적인 느낌을 주는 양복 차림의 요원에서 이웃집 노동자까지. 그들은 어디에도 있을 수 있었다. 직원식당의 식탁 맞은편에도, 기숙사 옆방에도, 기차의 식당차에도 있을 수 있고, 심지어 한 침대에 누울 수도 있었다. 그들은 남자일 수도 있고 여자일 수도 있었다. 사람들 사이를 움직이는 이 보이지

주민들에게 보안을 강조하는 선전물.

않는 인력의 진정한 힘은 그 감시원들이 모든 것을 아는 정부 고위 관리로 프로젝트에서 높은 자리를 차지하고 있어서가 아니었다. 밀고자들 또한 그들이 관찰하고 보고하는 대상들과 다를 바 없는 평범한 사람들이었기 때문이다. 헬렌 홀처럼 농장 바깥 사회 경험이라고는 이웃 도시 스낵 코너에서 일한 것뿐인 18세의 젊은 여성에게 고급스런 옷차림의 남자가 다가와서 동료 일꾼, 친구, 룸메이트에 대해 밀고해달라고 말하면 그것은 요청이 아니라 명령처럼 느껴지는 법이다.

　이것이 오크리지에 사는 사람들에게 일러주는 것은 내가 만난 누구, 길에서 지나친 누구, 친하게 된 누구라도 나의 대화나 행동을 보고할 수 있다는 것이었다. 그 누구라도 나의 행동이나 말이 프로젝트에 위험하다고 결정할 수 있었다. 누구라도 내가 만

반딧불이 이야기…

나는 친구들에 대해 판단을 내릴 수 있었다. 그들은 동료가 갑자기 출근하지 않아도 이유를 묻지 못했다. 말을 건네는 상대가 감시원인지 아닌지 알 수 없었기 때문이다. 그런 이들에게 무슨 일이 일어났는지 모른다는 사실이 기존의 의심을 증폭시켜서, 남은 이들은 단순한 해고에서 필리핀 외딴 섬으로의 파병까지 온갖 상상을 하게 되었다. 오크리지의 우편물은 검열을 받았기에—방식은 주먹구구였지만—, 그곳을 떠난 동료가 그렇게 된 이유를 편지에 적어서 보낼 가능성은 희박했다.

◆　◆　◆

감시원의 일은 취업 인가 제도와 잘 맞았다. 그 덕분에 프로젝트는 일단 손에 들어온 노동력을 유지하기가 쉬웠고, 노동자들은 긴장을 유지하고 입을 다물 필요가 더 높아졌다. 위험한 대화와 불순한 행동으로 일자리를 잃으면 취업 인가를 받지 못해서 30일에서 60일 때로는 그보다도 긴 시간을 기다려야 새 직장을 구할 수 있었다. '위험한 대화'의 내용은 정확히 규정되지 않았다. 밀고자의 고발만으로도 노동자가 이유 없이, 취업 인가도 받지 못하고 잘릴 수 있었다.

1944년 6월 14일의 공문의 한 대목이다.

"… 사유에 따라 해고된 인력은 조사 결과 사유가 부적절했다고 밝혀지지 않으면 다른 기관에서 일할 수 없다…." "최적의 노동 효율을 위한" 제안들이 나왔고, "프로그램의 긴급성을 이어가는 것", "애국심에 호소하는 것" 그리고 "우리가 비효율적 인력을 제거할

아토믹 걸스

수 있다는 것, 그런 조치가 취해진다는 것"을 확실히 알려야 한다.

그래서 감시원이 누군가의 위험한 행동을 익명의 편지에 적어 오크리지 곳곳의 비밀 투서함에 넣고, 그 편지가 24시간 안에 가상의 ACME 보험회사에 도착하면, 그 사람 본인, 가족, 소지품이 모두 게이트 밖으로 내동댕이쳐진다. 문제의 노동자가 애초에 CEW나 협력 업체의 지원을 받아 그곳까지 왔다면, 이제 문명 세계로 돌아가는 비용도 스스로 부담해야 했다. 더 나쁘게는 애초에 그들을 거기 태우고 간 교통비를 내야 하는 경우도 있었는데, 그 비용은 흔히 그들의 마지막 봉급에 육박했다.

❖ ❖ ❖

Q: 거기서는 모두 무슨 일을 하나요?
A: 반딧불이에게 기저귀를 채우는 일.

"어떤 빵을 구워줄까요?" 캐티가 윌리의 오두막에 모인 사람들에게 물었다.

"옥수수빵!"이라는 대답이 자주 나왔다. 옥수수빵 또는 비스킷. K-25에서 만든 비스킷 팬은 편리했고 또 예상치 못한 결과도 안겨주었다.

요리와 식사는 윌리의 막사에서 이루어졌다. 그들 부부는 다행히도 교대 근무 시간대가 자주 맞았다. 함께 일을 마치면 그들은 바로 저녁을 먹으러 막사로 갔다. 캐티는 세 개의 팬이 있었고, 비좁은 오두막에서 몇 차례 시행착오를 거친 끝에 그걸로 요리하는 법을 터득했다.

그녀의 방법은 비스켓에도 다른 빵에도 잘 통했다. 핵심은 작은 막사 가운데 있는 배불뚝이 스토브를 활용하는 것이었다.

불을 지피면 스토브는 빨갛게 달아올랐다. 사실 너무 달아올라서 그 위에 팬을 얹을 수가 없었다. 비스킷은 안이 익기도 전에 겉이 타버렸다. 그래서 그녀는 대신 팬을 스토브의 불룩한 배 옆에 비스듬히 기울여 놓았다. 그리고 팬이 미끄러지지 않도록 막사 근처에서 주운 벽돌을 가져다 괴어 놓았다. 캐티는 끈끈한 남부식 반죽을 작은 덩어리들로 만들어서 바닥 근처에 놓은 팬에 놓았다. 그리고 아랫면이 노릇노릇하게 익으면 뒤집어서 반대편을 익혔다.

맛있는 냄새가 작은 막사를 채우고 밖으로 나가서 먼지와 함께 공중을 맴돌았다. 저녁 시간은 하루의 정점이 되었고, 캐티는 거기서도 고향집에서만큼 맛있는 식사를 할 수 있도록 노력했다. 그리고 팬은 항상 윌리의 막사에 두었다. 그녀는 그의 막사에 갈 수 있지만, 그는 그녀의 막사에 올 수 없었기 때문이다. (하지만 그는 한번 가시철망을 넘으려고 했던 적이 있었다.) '스몰Small'이라는 별명으로 불리는 캐티의 친구 저디가 이따금 녹스빌에 가서 저렴한 스튜용 소고기를 사왔다. 캐티는 스몰을 좋아했다. 스몰은 미시시피주 터필로 출신이었고 캐티처럼 K-25에서 일했다. 캐티는 사람들이 소고기를 오렌지 주스에 살짝 담가 요리할 수 있도록 잘게 잘라주었다. 오렌지 주스는 식품점에서 사거나 막사 지역을 돌아다니는 트럭에서 샀다. 야채와 콩도 필요했는데, 그런 것은 게이트 밖에 농산물과 닭을 가지고 와서 파는 인근 농민들에게서 샀다. 그런 고기는 배급표 없이도 살 수 있어서 더욱 좋았다. 캐티는 그것들을 스튜 소고기와 함께 끓여서 갓 구운 노릇노릇한 비스킷과 함께 내었다. 그것은 거의 성찬에 가까웠다.

'무얼 먹을까'하는 고민에서도 벗어날 수 있었지만 막사에서 만든 음식들에는 완전히 새로운 용도가 있었다. 바로 뇌물이었다.

항상 그녀를 괴롭히는 젊은 경비병이 있었다. 그녀보다 더 심하게 당하는 사람들도 많았다. 그들은 경비병들이 막사 지역에서 하는 무례한 행동에 대해 이런 진정서를 썼다.

"유색인 여자 막사 지역에는 경비병들이 밤낮을 가리지 않고 아무 때나 들어오고, 문에 노크도 잘 하지 않습니다. 그래서 우리 여자들은 옷도 제대로 안 입고 있다가 경비병을 맞기가 다반사입니다…."

사람들은 이런 어려움과 부당 대우를 자기만의 방식으로 헤쳐나갔다. 캐티는 빵을 구웠다. 이제 경비병은 캐티의 막사 근처에 오면 비스킷 한두 개를 맛볼 수 있었다. 막사에서 음식을 하는 것은 금지였다. 하지만 경비병은 그 금단의 비스킷을 한번 맛보자, 못생긴 비스킷 팬에 대해서, 그밖에 다른 어떤 것에 대해서도 추궁하지 않고 캐티가 계속 빵을 굽게 허락했다. 그곳에는 규칙이 있었지만, 캐티는 그것을 익히는 데 그치지 않고 자신에게 맞게 활용했다.

일급비밀 전쟁 플랜트가 버린 금속이 그녀에게 간단한 팬과 갓 구운 비스킷을 주었다. 그녀는 그것을 경비병에게 주어서 그의 환심을 사고, 그가 입을 다물게 했으며, 윌리의 오두막에 좀 더 오래 머물면서 괴롭힘도 덜 당하고, 복통도 겪지 않을 수 있었다.

튜벌로이

✦

호박, 스파이, 닭고기 수프, 1944년 가을

검시관도 처음 겪는 일이었다. 필라델피아의 해군 조선소에도 수수께끼의 죽음들이 꽤 있었지만, 두 남자의 사인을 검시관에게 알리지 않는 것 자체가 의문스러운 일이었다.

이 사안에는 그로브스 장군이 직접 개입해서 해군 조선소 액체 열확산 공장 전송실에서 일하던 세 사람의 이야기가 퍼져나가지 않게 조치했다.

범인은 막힌 튜브였다. 하지만 진짜로 죽음을 일으킨 것은 튜벌로이—액상 6불화물 상태—와 동심 파이프들 속을 질주한 고압 증기였다.

H. K. 퍼거슨사가 CEW에 S-50 플랜트 건설을 완료해가던 시점에도 필라델피아의 해군 조선소가 연구하는 열확산 공정은 아직 완성이 되지 않았다. 1944년 9월 2일, 그곳에서는 물리학자 아널드 크래미시Arnold Kramish—오크리지에서 임대한 SED 군인—가 피터 브래그 2세, 더글러스 메이그스와 함께 일하고 있었다. 그런데 브래그와 메이그스가 막힌 튜브를 손보던 중 폭발이 일었고, 튜브가 박살나면서 튜벌로이 증기가 사방에 뿌려졌다. 불화수소산이 온몸을 덮쳐 그들의 폐는 튜벌로이 화합물로 가득 찼다.

브래그와 메이그스는 얼마 지나지 않아 사망했다. 크래미시도 중화상을 입어서 생존이 어려워 보였다. 해군 주재 신부인 맥도너 신부가 임종 의식을 치르러 왔다. 그런데 그가 크래미시에게 다가가자, 유대인인 크래미시는 놀라운 힘으로 가톨릭 축복을 거부하고 의식을 잃었다.

하지만 그는 계속 생명을 유지했고, 며칠 뒤 예상하지 못한, 그리고 허가도 받지 않은 손님이 찾아왔다. 그 손님은 병실 앞의 경비병들을 간단히 해치우고 안에 들어와서 크래미시의 산소텐트를 들어올리고 그의 목구멍에 무언가를 부었다. 따뜻한 액체가 크래미시의 식도로 넘어갔다. 닭고기 수프였다.

크래미시의 어머니 세라는 그 수프를 가지고 덴버에서 사흘을 달려 거기에 왔다. 뉴스캐스터인 친척이 크래미시의 사망 소식을 보고 크래미시의 부모에게 알렸다. 처음에 세라는 아들이 죽은 줄 알고 그 자리에서 기절해버렸다. 하지만 정신을 차린 뒤 덴버의 KLZ 라디오 방송국을 통해서 아들이 죽지 않았고 병원에 입원해 있다는 말을 듣자, 임무에 나섰다. 아들에게 닭고기 수프를 먹이겠다는 것이었다. 아무도 그녀를 막을 수 없었다. 어머니의 닭고기 수프를 먹은 크래미시는 살아났지만, 온몸에 튜벌로이가 가득 박혀 있었다.

폭발의 원인은 알려지지 않았고, 다량의 방사능 물질이 대기에 방출되었다는 사실도 감추어졌다.

❖ ❖ ❖

필라델피아의 비극이 있던 바로 그 달에 장군은 육군항공대원 한 명을 엘리트 그룹에 올리기로 했다. 엘리트 그룹이란 장치를 아는 사람들을 가리켰다.

　29세의 폴 티베츠Paul Tibbets 소령은 북아프리카와 유럽에서 폭격 임무를 수행하고 귀국해 있었다. 그는 파일럿으로, B-29 폭격기를 시험하고 있었기에 장군은 그가 적임자라고 보았다. 그는 경험—대형 비행기 조종 경험—이 있었고, 육군의 최신 폭격기를 누구 못지않게, 아니 누구보다 더 잘 아는 사람이었다. 장군은 그에게 투하조를 이끄는 임무를 맡겼다. 그리고 유타주 소재 웬도버 육군 비행장Wendover Army Air Field을 그들의 첫 훈련장으로 선정했다. 거기서 그들은 연습으로 '호박'을 투하할 예정이었다. 호박은 마침내 장치가 만들어질 때까지 그것 대신 쓰는 물건이었다.

✦　✦　✦

　감시를 피할 수 있는 사람은 아무도 없었다. 프로젝트는 핵심적으로 중요한 일급 과학자들의 동향도 늘 파악했다. 그들 중 많은 수가 유럽을 떠나온 사람들이었다. 그들은 프로젝트 곳곳—금속연구소, 로스앨러모스, 오크리지, 핸퍼드—에서 일했고, 필요하면 이동도 자주 했으며, 가명도 썼다. 엔리코 페르미는 헨리 파머, 닐스 보어는 니컬러스 베이커가 되었다. 한스 베테Hans Bethe, 레오 실라르드, 에드워드 텔러, 어니스트 로런스, 리처드 파인만Richard Feynman, 유진 위그너, 제임스 프랑크, 에밀리오 세그레Emilio Segrè, 조지 키스티아코프스키George Kistiakowsky 등으로 이루어진 그들은 그야말로 기라성 같은 두뇌 집단이었다.

　대학 출신 과학자들은 보안에 특히 어려움을 안겼다. 그들은 모두 대학에서 평균적인 미국인에 비해 많은 양의 공산주의 서

적을 접했다. 오펜하이머는 가까운 사람들 중에 공산주의 관련 인물이 여럿 있었다. 전 여자친구는 공산주의 간행물 〈서부의 노동자Western Worker〉의 기고자였고, 아내는 공산당원 전력이 있었다. FBI는 그가 프로젝트의 '고속분열 책임자'가 되기 전인 1941년부터 그를 조사했다. 그로브스 장군은 공산주의와 연계가 있어 보이는 사람은 누구도 좋아하지 않았다. 하지만 프로젝트로서는 문제의 인물이 정말로 공산당 강령을 따르는 것 같은지 주의 깊게 관찰하는 것밖에는 할 수 있는 게 없었다.

미국과 영국은 모두 프로젝트의 과학자들을 조사하는 나름의 방법이 있었고, 장군은 때때로 자기 휘하의 최고 과학자들에게 미행을 붙였다. 그리고 그것이 프로젝트뿐 아니라 그들의 안전도 도모해준다고 여겼다. 닐스 보어는 장군의 요원들에게 흥미로운 대상이었다. 그가 아들 오게Aage(Jim Baker)와 함께 산책하는 것을 미행하고 작성한 보고서를 보면, 이 노벨물리학상 수상자가 사상 최대 전시 군사 프로젝트를 움직이는 두뇌 집단의 일원이라는 것을 믿기 힘들었다.

> 아버지도 아들도 다 극도로 멍해 보인다… 한번은 두 사람이 복잡한 교차로에서 빨간불도 아랑곳하지 않고 대각선 방향으로, 그러니까 가장 길고 위험한 경로로 길을 건넜다… 기회가 된다면 관계자분들이 길을 다닐 때는 조심하라고 주의를 주는 게 좋을 것 같다.

✦ ✦ ✦

그토록 다양하고도 치밀한 노력이 이루어졌지만, 보안은 완전한 것과 거리가 멀었다. 많은 문제와 사람이 그런 면밀한 관찰의 틈새를 빠져나갔다.

장군은 1944년 여름에 오크리지에 온 SED 대원 두 명을 몰랐을 것이다. 한 명은 뉴욕 시립대학교에서 아널드 크래미시와 함께 공부했고, CEW에서 보건물리학 관련 일을 했다. 장군도 그리고 세계도 이 사람이 먼 나라에 특이한 친구들이 있다는 것을 몇십 년 동안 몰랐다. 또 한 사람은 육군 기계공으로 미시시피주 잭슨의 육군 기지에 있다가 7월에 클린턴 공병사업소로 가게 되었다. 이 사람이 8월에 로스앨러모스의 사이트 Y로 전보 발령되었을 때 장군은 아마 별 관심을 기울이지 않았을 것이다. 장군은 이 사람의 매형이 사이트 Y에서 벌어지는 일에 관심이 깊고, 그 매형에게는 역시 프로젝트에 관심이 깊은 해외의 연락책들이 있다는 것도 몰랐을 것이다. 이 연락책들이 형식적으로는 우방국의 시민일지 몰라도, 장군은 그 나라가 이 장치에 대해 아는 것은 원하지 않았다. 아직은.

장군은 몰라도 해외의 연락책들은 젊은 기계공의 일을 알았고, 그가 어디로 가는지도 알았다. 그리고 그에게 '캘리버KALIBR'라는 암호명을 주었다. 그들은 프로젝트에 대한 독자적인 이름—'이노모즈Enormoz'—도 있었다.

하지만 장군은 당시에 이런 일을 알았다 해도 크게 놀라지 않았을지 모른다. 어쩌면 이렇게 말하지 않았을까?

"내가 뭐라고 그랬습니까?"

9

말할 수 없는 것들

비밀 도시의 연애

～～～～

평소에 대화가 잘 통하던 남편이 갑자기 입을 다문다면 아내에게는 큰 충격이 된다. 아내는 처음에는 상처받고 다음에는 분노하고, 그런 뒤에는 그이유를 찾아내리라 다짐한다. 하지만 보안의 측면에서 다행인 것은 오크리지의 여자들은 대부분 게이트에 도착하기 전에 이런 예비 단계들을 거쳤다는 것이다.

—바이 워런 〈오크리지 저널〉

제인은 상자를 뒤집어서, 엉성하게 만들어 붙인 손잡이 탭을 살살 잡아당겼다.

> 공정 통계실
> 9201-2-Y-12
> T.E.C.
> 오크리지
> 그것이 있는 곳.
> 오늘.

그게 다가 아니었다. 빨간 스탬프로 '비밀'이라고 찍힌 계산기용 띠지가 평범하게 생긴 표준 규격 상자 안에 돌돌 말려 있었

271

말할 수 없는 것들

다. 상자에는 얇은 금이 나서, 그리로 띠지 조각이 조금 튀어나왔고—끝에는 셀로판 테이프가 붙어 있었다—, 그것이 잡아당길 수 있는 손잡이 탭이 되었다.

"부드럽게 당겨서 안쪽을 읽어보세요." 띠지에는 그런 지시가 적혀 있었다.

제인은 띠지를 당기며 거기 적힌 내용을 읽었다. 종이 뒷면에 조그만 손글씨가 끊임없이 적혀 있었다. 당겨도 당겨도 끝이 나지 않는 것 같았다.

'내가 없는 동안 이 친구들이 무슨 일을 한 거지?' 제인은 의아했다.

그녀는 뉴욕시 스태튼섬에 있는 결혼한 언니의 집에 놀러와 있었다. 그런데 그녀에게 자신이 떠나온 특이한 장소, 울타리 안쪽의 기념품이 도착한 것이다.

'이게 어떻게 검열을 통과했을까?' 제인에게 가장 먼저 든 생각 하나는 그것이었다. 제인은 빙긋 웃고 계속 띠지를 당겨서 메시지를 읽었다. '물건'의 퍼센트를 정교하게 계산하는 데 쓰는 좁은 종이 위에 모두가 정성 들여 글을 썼다.

"지금 누구의 품에 안겨 있을까?"

"팀장님이 편지해달라고 했잖아요 지금은 새벽이에요 이제 퇴근이닷!"

제인이 근무조를 넘나들며 감독하는 100명 가까운 직원이 모두 거기 편지를 쓴 것 같았다. 그녀는 긴 띠지를 뽑고 또 뽑으며 행운을 비는 말, 그들만 이해하는 농담, 사내 소문, 날씨 소식을 읽었다.

제인이라는 이름의 통계원이 말하길
계산 때문에 미치겠어.
꺅꺅 분노의 비명 속에
쫙쫙 종이를 찢었다네.
그리고 다시 계산을 한다네.

　　제인은 웃었다. 발신 장소: **오크리지. 그것이 있는 곳…** 그들
은 그런 방법으로 강화된 보안에 대처했다. 윙크, 옆구리 찌르기,
그리고 수수께끼에 대한 인정. 어떤 사람들은 프로젝트의 **빡빡한**
감시를 힘들어했지만, 제인은 크게 구애받지 않았다. 한번은 오펜
하이머—알 수 없는 곳에서 온 페도라 모자의 호리호리한 남자—
가 그녀가 마천트&먼로 계산기로 일하는 구역에 찾아온 적도 있
다. 그는 제인이 계산하는 숫자들을 유심히 들여다보았다. 그가
볼 때 그 퍼센트가 어떤 의미가 있는 게 분명했다. 그를 수행하는
경영진 같은 사람들이 그의 말 한 마디 한 마디에 반응하며, 그가
그 숫자에 만족하기를 바라고 있었다.
　　사람들은 제인에게 그 사람을 소개하지도 않았다. 그녀는
상관하지 않았다. 어차피 늘 누군가 지켜보는 일상이었다.
　　감시당하는 중에도 사람들은 유머를 즐겼고, 이따금 프로젝
트의 목적을 추측해보기도 했다. 그중에는 꽤 그럴듯한 것도 있었
고 말도 안 되는 것도 있었다. CEW가 화염방사기를 만든다는 가
설도 있고, 루스벨트의 4선 선거 홍보용 배지를 만든다는 가설도
있었다.
　　아니다. 우리가 만드는 건 청색 특수 물감이다. 그걸 바다에
뿌리면 잠수함이 밖으로 나와도 적군에게는 계속 물 속에 있는

말할 수 없는 것들

것처럼 보인다.

어떤 여자는 자신이 그 비밀을 안다고 확신하고, 그걸 친구에게 털어놓았다.

"이건 오줌하고 관계가 있어!"

그녀는 입사 예정자들이 신체검사를 받는 등록부에서 일했다. 당연히 날마다 소변 샘플을 받았다.

이야기를 만드는 것은 오지랖 넓은 외지인이나 호기심에 찬 어른들에 그치지 않았다. 아이들도 있었다. 타운사이트에서 만난 아이들에게 "여기서는 무슨 일을 하니?" 하고 물으면 아이들은 확신을 가지고 대답해주었을 것이다. "당밀을 만들어요!"

❖ ❖ ❖

1944년 10월 7일 토요일 밤은 날씨가 서늘해서 테니스 코트의 댄스파티가 더욱 즐거웠다. 사람들은 시원한 바람에 땀과 스윙댄스로 뜨거워진 몸을 식혔다. 가을이 왔고, 더위의 불길은 꺾였다. 야외의 댄스파티는 한층 더 즐겁고 덜 더웠다. 빌 폴록은 댄스파티의 사회자로 유명해졌다. 자신이 직접 설계한 사운드 시스템—폴록 와이어드 뮤직 시스템—으로 음악을 틀고, 서로 모르는 사람이 가득한 댄스파티에 잘 맞는 짝짓기 댄스 게임을 진행했다. 그리고 몇 곡에 한 번씩 꼭 '폴 존스Paul Jones'라는 단체 춤을 끼워넣었다. 그것은 언제나 인기였고, 구석에 외롭게 서 있는 사람들을 끌어내주는 역할을 했다.

폴 존스는 전통적인 스퀘어댄스를 일부 차용한 것이었다. 남녀가 동심원을 이루어 서되, 남자들이 바깥에 섰다. 음악이 시작되면 남자들은 '그랜드 레프트(상대를 바꾸어가며 왼쪽으로 움직이는 댄스 동작—옮긴이)'를 펼치고, 앞에 선 여자들은 '그랜드 라이트'를 했다. 젊은 파티 참가자들은 그 쉽고 익숙한 댄스 동작을 통해 새 파트너 앞으로 갔다. 치마가 빙글빙글 돌고, 바짓자락이 펄럭이고, 기대에 찬 미소와 고갯짓이 오가다가…

"폴 존스!" 폴록이 소리치거나 호루라기를 불었다.

그 신호가 나오면 음악이 멈추고 춤도 멈추면서, 남자와 여자는 새 파트너 앞에 서게 되었다. 그러면 폴록은 새 음악을 틀어서 새로 태어난 커플이 함께 춤을 추게 했다. 그 즐거운 가을 저녁에 음악이 멈추었을 때, 토니는 기쁘게도 어느 잘생긴 군인과 마주 서게 되었다. 이제 그는 적어도 다음 곡까지는 그녀의 파트너가 될 수 있었다.

토니는 예전부터 제복의 남자를 좋아했다. 이 사람은 키가 아주 컸다. 188센티미터도 넘을 것 같았다. 그리고 금발 스포츠 머리에 파란 눈은 놀라울 만큼 맑았다. 군복도 말끔하게 다림질되어 있었고, 전체적으로 머리에서 발끝까지 윤이 났다. 더욱 놀라운 것은 그가 일급 수다쟁이인 토니보다도 먼저 말을 걸었다는 것이다.

"키 큰 여자분을 만나서 기쁘네요. 춤추다가 무릎으로 배를 치는 일이 없을 테니까요." 그가 말했다.

토니는 웃었고 그가 또 무슨 말을 할지 기다렸다.

"그런데 민주당을 지지하시나요, 공화당을 지지하시나요?"

'초면에 무슨 이런 질문이람?' 토니는 생각했다. 하지만 어쨌건 대답할 수밖에 없었다. "공화당 지지자예요."

남자는 그 대답에 만족한 것 같았다. 그는 미소 짓고 고개를

말할 수 없는 것들

끄덕였다.

"제 이름은 척 슈미트입니다." 그가 말했다.

"저는 토니 피터스예요." 그녀가 대답했다. 만약 민주당 지지
자라고 대답했으면 그가 어떻게 반응했을지 궁금했다.

어쨌거나 토니와 금발의 군인은 그날 밤 그 춤뿐 아니라 많
은 춤을 함께 추었다. 그리고 계속 대화를 했다. 물론 일에 대한
이야기는 하지 않았다. 오크리지의 표준 첫인사는 "고향이 어디
세요?"였다.

척은 퀸스 출신이었다. 토니는 퀸스가 뉴욕시의 한 지역이라
는 것을 알게 되었다. 그것만으로도 많은 것이 이해되었다. 그가
왜 이렇게 R 발음을 많이 하는지 의아했기 때문이다. 동북부 지방
사람들도 지역에 따라 R 발음을 하거나 하지 않거나 하는 것 같
았다. 다이아몬드의 심부름을 하며 1년을 보냈지만, 그녀는 아직
도 '양키 말투'에 익숙해지지 않았다. 하지만 다이아몬드와 달리
척을 보니 조금 더 노력하고 싶다는 생각이 들었다.

척의 이야기는 그녀가 여태 들은 어떤 이야기 못지않게 흥미
로웠다. 그는 오크리지에 온 지 얼마 되지 않았고, 펜실베이니아
머서 카운티의 캠프 레이놀즈에서 기초 훈련을 마친 것도 최근이
었다. 원래는 다른 부대원들과 함께 해외로 나갈 예정이었는데,
모르는 어떤 사람이 그와 그의 친구 프레드, 그리고 다른 군인 이
렇게 셋을 파병 명단에서 뺐다. 그리고 그들에게 임무가 변경되었
다고 말했다. 그들은 해외로 가지 않고, 그날 밤 바로 기차를 타고
떠나야 한다는 것이었다.

남자는 척에게 전화번호가 적힌 쪽지를 주고 말했다.

"기차를 타고 테네시주 녹스빌로 가요. 기차역에 도착하면

그 번호로 전화를 하세요. 도중에 아무하고도 이야기를 하면 안 됩니다. 만약 누가 당신들은 누구고 어디로 가느냐고 물으면 하늘은 파랗고 잔디는 푸르다라고 대답해야 합니다."

그 말을 듣고 척과 프레드는 녹스빌 행 기차를 탔다. 그는 녹스빌은 사람들이 맨발로 다니고 집들은 판잣집이며 화장실이 바깥에 있는 깡촌이라고 생각했다. 그런데 이렇게 거기 와서 시골뜨기 한 명과 춤을 추고 있었다.

이 뉴욕 남자의 말은 알아듣기 어려웠지만, 토니는 이야기를 들을수록 그에게 매혹되었다. 클린턴에서 사귄 남자친구 켄 요크가 생각났다. 켄은 지금 해군에 가 있었고, 토니는 그를 사랑하지 않았다. 하지만 다른 남자와 어울리는 일은 마음이 편하지 않았다. 어머니는 항상 오크리지에서 누구를 만나더라도 켄에게 매정하게 굴면 안 된다고 했다.

"켄이 돌아오면 그 애랑 데이트해야 돼. 그 애는 나라를 위해서 싸우잖아. 켄은 너한테 의지하고 있어." 어머니가 말했다.

토니도 그러겠다고 했다. 하지만 켄이 떠나 있는 동안은 척하고 데이트할 수 있을 거고, 켄이 돌아오면… 그건 그때 해결책을 알아볼 것이다. 그녀는 언제나 해결책을 빨리 생각해내는 타입이었다.

잠시 후 테니스 코트 위로 〈잘 자요 아가씨Sleepy Time Gal〉가 흘러나와서 그날의 파티가 끝나간다는 것을 알려주었다. "잘 자요, 아가씨, 당신은 밤을 낮으로 만드네… 잘 자요, 아가씨, 밤새도록 춤을 추었으니." 토니는 척과 춤을 추었고, 배에 무릎이 닿는 일은 결코 없었다. 그 춤이 마지막 춤이 아닐 거라는 예감에 짜릿함이 몸속 가득 퍼졌다.

＊ ＊ ＊

　　로즈메리는 간호사로서 오크리지에 있는 모든 직종의 사람
을 만났다. 사람들은 대부분 어느 시점에 병원을 찾게 되었다. 콧
물 흘리는 아이—1차 진료 기관이 따로 없었다—에서부터 산업
재해나 기차 사고로 인한 부상자까지. 어느 날 새벽에는 그로브
스 장군도 치료했다. 그가 어깨에 다시 통증을 느꼈는데, 물리치
료사가 아직 출근 전이었다. 그녀는 그가 왜 오크리지에 왔는지
몰랐지만, 최선을 다해 그를 치료해주었다. 장군이 진료소에 찾
아온 것은 그때가 처음이 아니었다. 소문에 따르면, 그는 산부인
과 병동에 몰래 들어가 낮잠 자는 것을 좋아한다고 했다.

　　로즈메리는 장군이 좋아하는 말대로 "자기 것만 들여다보
았"다. 그럼에도 불구하고 호기심을 일으키는 일이 몇 가지 있었
다. 그녀는 어느 날 친구들과 댄스파티에 갔다가 어느 매력적인
젊은이와 춤을 추게 되었다. 그는 친구 몇 명과 함께 왔고, 두 젊
은이 무리는 앞으로 함께 어울릴 계획을 세웠다.

　　남자들은 타운사이트의 큰 집에서 함께 살았다(그게 어떤 유형
의 집인지 로즈메리는 몰랐다. 그 집들에 붙은 알파벳 표시의 의미는 시간이 지
나면서 뒤죽박죽이 되었다). 그곳의 집들은 즉석 파티에 알맞았다. 로
즈메리와 남자는 곧 데이트를 시작했는데, 그는 약간 특이한 점
이 있었다. 그는 일주일은 거기 있다가 다음 주에는 사라지곤 했
는데, 무슨 일로 떠나는지 그녀는 알 수 없었다. 그가 군복 입은
모습은 본 적이 없었는데, 그와 친구들은 군인처럼 머리가 짧았
다. 그들은 몸이 탄탄했지만 군복무에 부적합한 몸은 아닌 것 같
았다. 그는 때로 로즈메리와 함께 어떤 일을 계획했는데, 그런 뒤

갑자기 다른 곳으로 가야 하는 일이 자꾸 생겼다. 그는 어디로 가는지 말하지 않았고 얼마나 있다 올지도 몰랐다.

그렇게 아는 것이 없는 상태로 사람에 대해 판단을 내리기는 어려웠다. 로즈메리는 이미 아무것도 모르고 유부남과 데이트한 적이 있었다. 다행히 그 남자는 어느 정도 양심이 있어서 두 번째—이자 마지막—데이트에서 자신이 유부남이라는 사실을 털어놓았다. 로즈메리는 그가 유부남은 아닐 거라고 믿었다. 그녀와 친구들은 온갖 추측을 했다. FBI일까? 그럴 수도 있었다. 아니면 고위 정보요원일까? 어느 쪽도 상관없었다. 그녀는 프로젝트의 비밀주의를 잘 알았고, 어떤 면에서 다른 사람들보다 거기 제약을 덜 느꼈다. 일례를 들면 그녀는 자신이 간호사라는 걸 감출 이유가 없었다. 배관공에서 장군까지 모든 사람을 치료했기 때문이다.

하지만 이 남자에게는 물을 수 없었다. 그것이 불편하지는 않았다. 그와 친구들은 항상 매너 있고 재미있었다. 궁금하기는 했지만 그 마음을 누르는 일이 어렵지는 않았다. 데이트는 가벼웠고, 진지한 관계를 고려할 계획은 없었다. 그의 특이한 일정과 잦은 출장을 생각하면 더욱 그랬다. 그녀는 정착이 급하지 않았다. 그랬다면 고향 홀리크로스를 떠나지 않았을 것이다.

✦ ✦ ✦

젊은 독신 남녀가 낮과 밤을 업무와 사교로 채우는 동안, 그들만큼 젊지는 않은 가정주부들은 답답함에 시달렸다. 늘 생활을 공유하고 살던 부부들에게 오크리지 생활은 큰 어려움을 주었다.

말할 수 없는 것들

그것은 가벼운 데이트를 즐기는 이들보다는 결혼한 여자들에게 훨씬 더 큰 스트레스가 되었다.

아이들을 데리고 붐비는 상점에 다녀오는 일은 몇 시간씩 걸렸다. 그리고 진흙이 너무나 많았다. 유모차 바퀴—아니면 제대로 된 유모차가 없는 사람들의 경우는 손수레—가 진흙에 빠지거나 울퉁불퉁한 길에 흔들려서 자는 아기들을 깨우기 일쑤였다. 그리고 저녁에 남편이 돌아오면 할 이야기가 없었다.

"오늘 어땠어?"

수많은 아내가 하루 일을 마치고 돌아오는 남편에게 하는 이 단순한 말이 여기서는 완전히 다른 의미가 되었다. '나는 당신이 오늘 어땠는지 대충이라도 말할 수 없다는 걸 알지만 그냥 물어봐야 할 것 같아서.'

바이 워런 같은 지위의 여자도 그런 환경에 적응해야 했다. 그녀는 프로젝트 전체의 의무부장인 스태퍼드 워런의 아내였다. 남편은 그 지위 때문에 남들보다 더 비밀이 많을 수밖에 없었다. 바이는 테네시에 오기 전에도 이미 비밀에 싸인 삶의 맛을 약간 보았다. 그들이 뉴욕주 로체스터에 살 때, 언젠가부터 점점 남편의 출장이 잦아졌는데, 남편은 출장의 내용에 대해서는 갈수록 말을 하지 않았다. 한번은 그가 다시 한번 그런 출장에 다녀온 뒤에 두 아들이 탐정 놀이를 했다. 아버지의 출장과 관련된 모든 단서—대부분 성냥갑—를 수합해서 그의 여정을 구성해본 것이다. 그리고 저녁을 먹고 나서 자신들이 추리한 내용을 발표했다. 그러자 스태퍼드 워런은 자리에서 일어나더니 아무 말없이 성냥갑들을 집어들어 난로에 던져 넣었다.

그 뒤로는 그의 주머니에서는 어떤 단서도 나오지 않았다.

바이는 고등교육을 받았고 성격도 활발했다. 그녀가 아이들을 데리고 오크리지로 이주했을 때—얼마 전에 결혼한 장녀 제인과 그 남편은 먼저 거기 가 있었다—, 그녀는 자신의 건강한 호기심을 글쓰기로 해소했다. CEW의 생활에 대한 생각을 〈오크리지저널〉에 칼럼으로 게재한 것이다. 제목은 "당신이 기억하듯이…"였다. 칼럼은 지금의 일도 다루고 가까운 과거의 추억도 다루었다. 하지만 예지력이 있는 바이는—그 도시가 생겨난 지 겨우 2년이었는데도—앞으로 사람들이 그들의 이야기를 궁금해할 거라고 느꼈다.

배우자의 일상에서 갑자기 차단당하는 일은 버티기 쉽지 않았다. 배우자들은 아무런 이유도 말하지 않고 일주일 내내 떠나 있기도 했다. 그리고 아무리 성실하고 신뢰할 만한 남편이라도 벽장에서 'ACME 보험회사'라는 의아한 주소가 적힌 편지봉투 더미가 발견되면 아내는 당황하기 마련이었다. 이 편지가 누구한테 가는 거지? 다른 여자? 결혼 생활은 그보다 작은 균열로도 흔들리는 법이다. 개방되고 솔직한 대화를 나누던 관계는 비밀 유지에 타격을 입고 의무는 그 관계의 숨통을 조였다. 비밀은 규준이 되었다. 어느 프로젝트 포스터의 문구처럼 "침묵이 보안"이었다.

바이는 그런 난관을 글쓰기와 자원 봉사로 헤쳐나갔다. 다른 사람들과 만나서 어둠 속에 사는 게 자신만은 아니라는 걸 알게 되는 것도 큰 도움이 되었다. 그런 만남은 무지의 바다에서 만난 구명선 같았다. 그 배가 온갖 뒷소문과 불평불만으로 가득 차 있다 해도.

집과 옷에서 진흙을 털어내고 까다로운 난로, 검댕과 씨름하는 주부들에게, 함께 모여 양말을 깁거나 요리법을 교환하는 오후는 기다려지는 시간이었다. 늘 누군가가 바이의 이야기를 듣고 공감해주었고, 최신 소식도 빨랫줄을 타고 바로 전달되었다. 동네나 트레일러 캠프에 길게 쳐진 빨랫줄들은 기지 생활을 지탱하는 커뮤니케이션의 중추였다. 여자들이 최신 정보를 얻고 싶다면 빨래집게만 들고 나가면 되었다.

하지만 그런 모임도 감시의 대상이었다. 가내 주부 모임 하나는 생기고 얼마 지나지 않아 보안 요원에게 포착되었다.

요원들은 어느 날 요리법을 주고받고 양말을 깁는 주부들에게 가서 대화의 주제를 물었다. 이렇게 바늘과 실을 가지고 만나서 무슨 이야기를 나누는가? 왜 이렇게 규칙적으로 또 이렇게 '비밀스럽게' 만나는가? 여자들이 이건 그저 흔한 커피 모임이라고 설명하자 상황은 해소되었다.

"양말을 깁는 것은 문제없습니다. 하지만 그 일을 이렇게 은밀하게 하지는 마십시오, 사모님들."

✦ ✦ ✦

클라크 박사는 프로젝트의 정신의학과 팀장으로 일한 지 7개월 된 1944년 핼러윈 날에 "기존 정신의학 시설과 바람직한 증설 방향에 대한 보고서"를 제출했다. 그는 반 년 넘게 일하는 동안 오크리지 사람들이 맞닥뜨린 독특한 어려움에 익숙해졌지만, 그것은 때로 당혹스러움을 안겨주었다. 그들의 시대—대공황 시대를 벗어나 전쟁에 휘말린—를 생각하면, 오크리지를 비롯한 프로젝트 현장들은 다른 곳보다 문제가 적어 보였을 수도 있다.

어쨌건 그들은 모두 안정된 직업이 있고, 살 곳도 있고, 높은 봉급을 받았다. 그런 곳에서 어떤 문제가 있을 수 있겠는가?

　　박사가 상담을 통해 판단해 본 바로, 사람들이 오크리지를 대하는 태도는 사람들 자신만큼이나 다양했다. 특별구역은 장점이라고는 하나도 없는 '지옥 구덩이'라고 생각하는 사람도 있고, 적응하기 나름이라고 보는 사람도 있었다. 그래도 사람들이 대체로 괜찮은 건 잠깐 있다 갈 곳이었기 때문이다. 그곳이 전후에도 남아 있을 거라 생각하는 사람은 없었고, 그런 생각은 프로젝트 사다리 꼭대기의 책임자들도 마찬가지였다. 그리고 마지막으로 오크리지라는 이 신기한 동네는 그들 인생에 일어난 최고의 선물이라고 생각하는 사람들도 있었다.

　　"살림하기가 어렵다는 사실과 어머니들이 육아의 굴레에서 벗어날 수 없다는 사실이 차츰 희생을 낳고 있다…." 클라크는 특별구역뿐 아니라 전국 모든 여성의 좌절과 고통을 대변하듯이 썼다. 그는 또한 '끝없는 부족함'이 그런 고통을 증폭시킨다고 했다. 사고 싶은 모든 식품이 부족했다. 도로도 부족하고, 주택도 부족했으며, 쇼핑할 곳도, 부족한 물건을 사기 위해 줄을 서서 기다릴 시간도 부족했다.

　　의도적이건 아니건 프로젝트는 주민들의 정신 건강 문제와 관련해서 "공적 구조公的救助와 사회 복지를 혼동한다"고 클라크는 말했다. 볼링 리그, 댄스파티, 연극 클럽이 아무리 많아도 그토록 강도 높게, 그토록 장시간, 그토록 비밀스럽게 일하는 불안을 완전히 달래줄 수는 없었다.

　　"크고 작은 부서의 간부들은 강한 업무 압박 때문에 피로에 의한 신경증 반응이 자주 나타난다"고 그는 비밀 보고서에 썼다. 그리고 그 공동체는 "아직까지 공동체 생활을 통합해서 주민들의 개인적 문제 해결을 도와주는 중앙 조직이 없다는 점에서 다른 공동체들과 다르다. 이제 그런 것이 필요한 때가 된 것 같다."고 했다.

주거 문제는 그중에서도 단연 가장 큰 불만이자 많은 어려움의 근원이었다. 클라크 박사는 급성 불안신경증도 보았고, 그것을 해외의 전투피로증과 비슷하게 여겼다. 그에 관해 나중에 학회지에 이렇게 썼다. "긴장 상태에 따른 피로 반응은 만연하고도 당연해 보였는데, 간부 집단에서 더욱 그랬다. 장시간 근무, 계속된 긴장, 강한 압박감, 휴식 부재와 상황의 불안정이 모두 합해져서 개인들을 희생시켰다… 프로젝트의 전체 상황을 볼 수 없는 소규모 과학 집단들은 전후 사정을 전혀 알지 못한 채 여러 달 동안 한 가지 화학 분석만 반복 수행해야 한다는 사실에 좌절을 느꼈다." 그리고 그가 파악한 바에 따르면, 많은 노동자가 자신들이 다루는 물질이 무언지는 몰라도 독성이 있다는 것은 인지하고 있었다.

그래서 그는 외래 진료소에 정신과도 추가해야 한다고 생각했다. 물론 그에게도 그토록 다양한 환자들, 노벨상 수상자에서 '시골뜨기'에 이르는 다종다양한 개인을 치료하는 일은 어려운 일이 아닐 수 없었다. 하지만 직업적으로 독특하고 예외적인 경험이기도 했다. 그리고 그가 책임진 인구는 블랙오크리지산의 산박하처럼 끝없이 불어났다.

그는 정신의학 서비스를 위해 개별사회복지사 두 명—한 사람은 트레일러 거주자 담당, 또 한 사람은 일반 주택 거주자 담당—, 전임 보호관찰관, 어린이 레크리에이션 서비스, 어린이 정신건강 복지사가 필요하다고 제안했다.

클라크가 확신한 것 한 가지는 특별구역 울타리 안의 삶은 개인의 태도에 따라 크게 달라진다는 것이었다. 그는 여전히 주민들의 활기와 회복력에 힘을 얻었고, 특히 "트레일러 캠프와 조립식 주택들의 민주주의 정신"에 감명받았다. 특별구역의 삶은 그가 보았을 때 "유머 감각이 없는 사람들에게 특히 힘들었다."

그들 중 누가 맨땅에 도시를 건설해보았는가? 미국에서 건설한 도시들 중에 비밀 유지—외부에 대해서뿐 아니라 내부의 거주자들에게도—가 그 유일한 목적이었던 도시가 있었는가?

전시라는 상황뿐 아니라 모든 것이 부족하고, 무엇도 알 수 없고, 사방에 감시원과 보안 검문이 가득한 환경에서 이 사람들—시골뜨기와 과학자와 그 사이의 모든 사람—은 클라크 박사가 열 쪽짜리 보고서에 적은 모든 어려움과 그 후에 닥친 더 많은 어려움을 뚫고 견뎌나갔다.

◆ ◆ ◆

화학부에서 일하는 버지니아 스파이비는 어이가 없었다. 동료들과 함께 점심을 먹는데 실험실 직원 한 명—네바다주 출신으로 최근에 들어온—이 여자들은 대학에 갈 필요가 없다고 말한 것이다. 그는 이 말을 그녀도 있고, 그녀의 동료이자 친구인 에밀리도 있는 앞에서 했다. 그리고는 식사를 계속했다.

하지만 이 에피소드를 빼면 버지니아의 연구실 생활은 즐거웠다. 그녀는 화학 관련 일을 하고 싶어서—여자들의 고등교육에 대한 그 동료의 견해가 어떻건 간에—대학에 갔다. 그리고 이제 비커와 현미경이 가득한 작업 테이블 앞에서 이곳이 자신이 있을 곳이라고 느꼈다.

버지니아처럼 Y-12에 근무하는 많은 사람들은 플랜트 단지의 북문에서 버스를 내렸고, 거기서 화학 공정과 대량 처리 시설을 갖춘 9202동까지는 짧은 도보 거리였다. 연구실은 진지한 분위기였지만 열 명 정도의 팀원들은 하루 종일 눈을 현미경에 댄 채로 이야기를 했다. 현미경은 신체의 한 부속기관 같았다. 그들은 점심도 자주 같이 했다.

　　팀장인 앨 라이언은 느긋하고 다정한 성격이었다. 버지니아의 좋은 친구가 된 에밀리 레이션은 연구실 여자들 중 버지니아와 함께 유일한 과학 전공 대졸자였다. 연구실에는 청소와 세척 일을 하는 다른 여자가 있었고, 버지니아는 그녀를 좋아했다. 버지니아가 착각한 게 아니라면 그녀는 인근의 록우드 출신이었다. 버지니아도 남부인 노스캐롤라이나주 출신이지만 그녀마저도 애팔래치아 남부의 언어는 낯설었다. 예를 들면 그곳에서는 종이 가방을 '페이퍼 백papaer bag'이 아니라 '포크poke'라고 말했다.

　　그녀를 화나게 한 동료마저 괜찮았다. 하지만 자신이 그렇게 열심히 일을 하는데도 그런 말을 듣자, 조용한 버지니아도 화가 났다. 그래서 평소와 달리 자기 생각은 그렇지 않다고 분명하게 말했다.

　　어떻게 그럴 수 있었을까? 버지니아의 부모님은 중학교가 최종학력이었고, 그녀를 대학에 보내려고 너무도 열심히 일했다. 아버지는 그녀가 겨우 열두 살일 때 교통사고로 돌아가셨고, 바느질 솜씨가 좋은 어머니가 옷 한 벌당 1달러를 벌어서 6남매를 키웠다. 노스캐롤라이나주 루이스버그라는 작은 도시에는 어머니의 바느질 솜씨가 소문나서 손님들이 시어스 로벅Sears, Roebuck 백화점 같은 데서 옷감과 패턴을 사가지고 왔다. 버지니아의 어머니는 줄자를 꺼내서 뚝딱 치수를 쟀다. 버지니아의 어머니는 인생에서 대학을 고려할 수도 없었지만, 자신의 자녀는 버지니아뿐 아니라 누구도 대학에 못 갈까 걱정하지 못하게 했다. 버지니아는 지역 전문대학을 2년 다닌 뒤 노스캐롤라이나 대학에 장학생으로 편입했다. 버지니아보다 네 살 많은 언니 소피아는 이미 노스캐롤라이나 대학을 졸업하고 이어 석사 과정을 밟고 있었다. 네 살 차이라서 두 사람은 늘 같은 해에 졸업을 했지만(미국은 고등학교가 4년제인 곳이 많다—옮긴이) 언니가 더 상급학교를 졸업해서 관심도 더 많이 받았다. 하지만 그런 것은 중요하지 않았다. 버지니아는 언니와 함께 과학에 대한 관심을 공유하는 것이 좋았다.

그녀는 가난하게 자랐지만, 이제 그곳에서 일하며 돈을 잘 벌었고, 좋은 대학의 졸업장이 있었다. 그래서 성별은 물론이고 자신의 출신이 문제가 된다고 느낀 적이 없었다. 연구실 밖에 나가면 Y-12의 다른 사람들이 무슨 일을 하는지 몰랐기에, 사회적 격차를 느낄 일이 없었다. 그녀는 기숙사에서 플랜트로, 그리고 다시 기숙사로 다니며 사람들과 교류하고, 열심히 일하고 새 친구들을 사귀었다. 그런 일상 속에서 계층 차이를 인식할 일은 별로 없었다.

오크리지에 오기 몇 년 전에, 버지니아는 언니와 함께 신문과 잡지에 과학 발전에 대한 소식이 너무 없다는 말을 한 적이 있었다. 화학과 물리학 분야의 새 소식은 한동안 그렇게 활발하게 전해지더니 2년 전부터는 대중 문헌에서 완전히 사라진 것 같았다. 그들은 그 이유를 궁금해했다.

하지만 이제 버지니아는 예전에 읽었던 그런 발전의 한가운데, 그러니까 어떤 전시 배급품보다도 귀한 재료로 만든 소중한

말할 수 없는 것들

옐로케이크, 그린케이크에 둘러싸여 있었다. 그녀가 하는 일은 그 케이크들의 튜벌로이 구성을 분석하는 것이었다. 얼마나 염화되었나? 그 퍼센트는? 분석 결과는? 시금 내용은?

그러는 동안 그리 멀지 않은 곳에 있는 버지니아의 친구 제인은 버지니아가 도출해낸 숫자들을 복잡한 방정식에 넣어 계산했고, 도로시와 헬렌 같은 여자들은 튜벌로이가 칼루트론을 지나가게 했으며, 콜린은 K-25에서 대형 파이프의 봉인을 검사했다. K-25의 넓은 바닥과 높은 탱크들은 캐티가 반짝반짝 닦았다. 다친 사람들은 로즈메리 같은 여자들이 간호해주었고, 신입들, 협력업자들, 장군들은 캐슬 온 더 힐에 와서 토니나 실리아의 도움을 받았다.

그들은 전쟁 때문에 기숙사에서, 댄스파티에서, 일터에서, 버스에서 함께하게 되었다. 하지만 그들의 노력을 한데 묶는 또 한 가지, 눈에도 보이지 않고 누구도 말하지 않는 연결 고리―튜벌로이―는 그들의 능력에 철저히 의지하고 있었다.

버지니아에게 이 연구실, 이 인생은 오직 그녀의 것, 그녀가 성취한 것이었다.

◆ ◆ ◆

콜린과 어머니는 크리스마스 준비를 빨리 시작했다. 지미에게 늦지 않게 선물을 보내려면 그래야 했다. 콜린은 오빠가 어디서 크리스마스를 보낼지 몰랐고, 사실 지금 어디 있는지도 몰랐다. 그녀에게 있는 것은 육군 우체국APO 주소뿐이었다.

군인들은 가볍게 이동해야 했기에 콜린 모녀는 크리스마스 쿠키와 과일 케이크—장거리 이동에 적합하게 만든—를 굽고, 가죽 지갑을 사고, 그 안에 가족의 최근 사진을 잔뜩 넣었다.

선물과 먹을 것을 단단히 싼 다음에는 팝콘을 튀겼다. 이 천연 포장재이자 완충재는 충격을 흡수해서 지미가 크리스마스 날 부서진 과일 케이크를 받지 않게 해줄 것이다. 그들은 우체국에 가서 선물을 부치고, 팝콘 알갱이들이 긴 여행길에 버텨주기를 바랐다.

집에서는 남동생 해리가 재즈 음악가 해리 제임스Harry James가 쓰는 것과 같은 트럼펫을 갖고 싶어 했다. 그가 자신의 밴드와 함께 부른 〈유 메이드 미 러브 유You Made Me Love You〉는 진주만 공습 직후 순위가 솟구쳤다. 하지만 콜린과 어머니는 어디서 그것을 살 수 있는지 몰랐다. 오크리지에는 없을 것이다. 특별구역 상점들에는 이렇다 할 게 없었고, 녹스빌도 크게 다르지 않았는데, 거기다 녹스빌에 가려면 버스를 타거나 누군가의 차를 얻어 타야 했다. 기타는 구하기가 쉬웠기에 그들은 결국 기타를 선물하기로 했다. 해리는 아쉬웠지만 어쩔 수 없었다. 그들은 부족한 대로 최선을 다했다. 크리스마스 장식이 없어서 종이 사슬을 만들고, 콜린의 여동생 세라가 거기 빨간 매니큐어로 색을 칠했다. 콜린은 크리스마스에도 하루 종일 파이프를 오르내렸다. 프로젝트와 전쟁은 절기와 무관하게 한시도 멈추지 않았다.

튜벌로이

✦

신년의 통합된 노력

1943년은 Y-12 전자기 플랜트의 덜컹거림과 오작동 속에 끝났다. 1944년 말은 예측할 수 없다는 문제는 있었지만, 훨씬 양호한 상태로 끝나갔다. 이 시점에 Y-12의 완공률은 95퍼센트를 살짝 상회했고, K-25의 건설과 개발 및 기체확산법 연구는 계속 진행 중이었다. 격벽의 문제도 아직 해소되지 않았다.

11월의 선거 결과는 프로젝트에 유리했다. 이 무렵 루스벨트의 재선 도전은 당연시되었고, 그가 재선될 것은 더욱 확실해 보였다. 그는 155년 전 조지 워싱턴이 취임한 이래 그 누구보다도 오래 미국 대통령 직에 있었지만 상관없었다. 루스벨트는 미주리주의 해리 S. 트루먼을 러닝 메이트로 삼았다. 트루먼은 부통령 자리를 그렇게 열렬히 노리지 않았고, 상원의원으로서 과도한 전쟁 비용에 제동을 걸려고 했던 사람이다. 그로브스 장군에게 대통령 선거 결과는 당분간 보고 라인에서 새로운 사람이 한 명 줄어든다는 의미였다.

가을이 되자 과학과 군사 양쪽의 프로젝트 책임자들은 세 개의 주요 플랜트―Y-12, K-25, S-50―를 연계해서 사용할 수 있을지를 고민했다. 이것은 간단한 과제가 아니었다. S-50은 물건의 농축도를 0.7퍼센트에서 0.9퍼센트까지 높일 수 있을 것이

아토믹 걸스

다. 그런 뒤에 Y-12의 전자기 처리 과정—알파와 베타 단계—이 장치에 쓸 만큼 높은 퍼센트를 만들어내야 했다. 어쨌건 그것이 애초의 생각이었다.

핼러윈 전날, S-50의 열확산 플랜트에서 최초의 물건이 나왔다. 마크 폭스 소령—열확산 부서장—이 미친 듯한 속도의 S-50 건설을 감독했다. 니컬스 공병단장은 일을 마치면 "능력 있는 행정가를 배치해서 서류를 깨끗이 치우라"는 지시를 들었다. 접합부에 누출이 있었지만, 증기가 이미 그 안을 움직이고 있었다.

프로젝트는 K-25는 준비되는 개별 부분부터 운용을 개시하고자 했다. 각 플랜트의 여러 부분이 운용되기 시작하자, 니컬스 단장은 연구팀을 꾸려서 가능한 생산 조합을 전부 검토해보게 했다. 연구팀은 S-50에서 나온 농축 물질은 모두 Y-12 대신 K-25부터 가야 한다고 결론을 내렸다. K-25가 먼저 물건을 1퍼센트 정도까지 농축하면 그것을 Y-12의 알파 트랙에 투입할 수 있다는 생각이었다. 그런 뒤 K-25의 가용 부분이 충분히 많아지면, 물건의 농축도를 20퍼센트까지 올리고, 그것을 Y-12의 베타 트랙에 곧바로 투입하자는 것이었다.

그러자 K-25의 최고 단계를 완성해야 하는가 하는 질문이 남았다. 그것에 대해 연구팀이 만든 차트가 있다. K-25는 모든 단계를 가동해도 Y-12 베타 기와 연계된 베이스 플랜트만큼의 생산을 하지 못할 것이다. 하지만 Y-12만으로는—알파 기가 더 추가되어도—의미 있는 생산 증대를 할 수 없을 것이다. 모든 것을 고려하면, K-25에 추가 기체확산 베이스 유닛을 건설하고, Y-12에 베타 트랙을 하나 더 짓는 것이 좋다고 결정되었다. 새 기체확산 시설은 K-27이라는 이름이 될 것이다. 이 계획에는 1억 달

말할 수 없는 것들

러의 추가 예산이 필요하고 1946년에 완공할 예정이었다. 니컬스 단장은 저녁 식사 후 뉴욕시의 펜실베이니아 역 앞을 산책하면서 그로브스 장군에게 이것을 설명했다. 장군은 식전에 술을 두 잔 했고 그 때문에 승인이 쉬웠는지는 모르지만, 어쨌건 플랜트를 승인했다.

　단장과 장군은 1945년 8월에는 '장치'의 한 가지 모델이 완성될 수 있고, 어쩌면 두 가지 모델이 다 가능할 수도 있다고 생각했다.

10

호기심과 침묵

〰〰〰〰

3년 동안 응축된 호기심은 평범한 여자들에게는 꽤나 강력한 술이 된다.

—바이 워런, 〈오크리지 저널〉

"헨리는 오늘 밤 귀가하지 않습니다. 여기 있어야 해요." 전화선 저편의 목소리가 말했다.

남편의 직장에서 걸려온 또 한 차례의 전화, 또 한 차례의 수수께끼 같은 메시지. 실리아는 새 남편에 대해 이런 전화를 받는 일이 과연 이번이 마지막일까 하는 생각이 들었다.

헨리는 어쩔 때는 다음 날 돌아왔고, 어쩔 때는 이틀 후에 돌아왔다. 집에 오면 그에 대해 별달리 말이 없었다. 실리아가 알다시피—헨리도 이미 그녀에게 말했다—, 그도 자신이 남아 있어야 하는 이유를 완전히 알지 못했고, 또 거기 있는 동안 무슨 일이 벌어지는지 그녀에게 말할 수도 없었다. 실리아가 아는 것은 그저 그가 때때로 집에 돌아오지 못한다는 것뿐이었다. 실리아는 거기 익숙해지지 않았고, 헨리에 대한 걱정을 멈출 수 없었다. 그녀는 그 후 여러 해가 지나서야 그가 당시 직장에서 보낸 밤들의 이야기를 들을 수 있었다.

그들은 1945년 1월에 결혼했다. 실리아의 예상보다 일렀다. 어머니에 부름에 실리아는 1944년 말에 가족을 만나러 갔다. 부모님은 그때 뉴저지주의 할머니 댁 근처로 이사해 있었다. 아버지의 규폐증은 심해져만 갔고, 탄광에는 이제 그가 캘 것이 남아 있지 않았다. 아직도 영어가 서툰 그는 패터슨시 실크 공장의 엘리베이터 운전자로 취직했다. 그는 매력이 넘치는 사람이었기에 언어 장벽에도 불구하고 여성 승객들과 가벼운 농담을 많이 주고받았다. 그 모든 일이 어머니에게는 힘들었다. 특히 두 아들이 전선에 나가 있고—게다가 한 명은 실종 상태였다—, 실리아는 무언지 모를 일을 하고 있어서 더욱 그랬다. 어머니는 집에 한 번 찾아온 것은 부족하다고 여기고, 다시 뉴욕에 취직할 수 없느냐고 물었다. 실리아는 몇 살이 되어도 어머니의 요청을 거부하기가 힘들었다. 어쨌거나 헨리도 이번에 부모님을 뵈러 오기로 되어 있었다.

그녀가 부모님 댁에 있을 때 그녀를 또 부른 곳이 있었다. 이번에는 프로젝트였다. 실리아는 부모님 댁에 가기 전에 워싱턴과 뉴욕에 들러서 그로브스 장군과 스미츠를 만났다. 그들은 그녀에게 개인 열차 칸을 예약해주고 서류 전달을 지시했다. 이번에 프로젝트 관계자들은 그녀에게서 테네시주의 일을 듣고 싶어 했다. '내가 하는 서류 정리, 구술문 작성, 공문 작성에 대해서 뭘 알고 싶은 거지?' 실리아는 의아했다. 그녀는 기차를 타고 맨해튼에 갔고, 익숙한 길을 걸어 프로젝트 사무실로 가서 어느 육군 대령을 만났다.

그가 그녀에게 앉으라고 했다.

"삽카 양과 삽카 양의 일에 대해 몇 가지를 묻고 싶습니다." 그가 말했다.

그런데 그는 질문을 하기 전에 먼저 실리아를 어떤 기계에 연결시켰다. 실리아는 그런 것은 난생처음이었다. 팔에 천으로 된 띠가 감겼다. 의사들이 혈압을 잴 때 사용하는 것과도 비슷했다. 실리아는 가만히 앉아 있었다. 불안했다. 아무런 설명도 없었다. 그런 뒤 질문이 시작되었다.

"클린턴 공병사업소에 가서 어떤 일을 하고 있지요?"

"삽카 양이 일하는 곳에 대해 사람들에게 말한 적이 있나요?"

"삽카 양이 어디에 사는지 다른 사람에게 이야기한 적이 있나요?"

실리아는 아니라고 했다.

"고향의 친구들은요? 친구들에게 지금 직장에 대해서 이야기했나요?"

"가족에게 편지를 쓸 때는 어땠나요?"

실리아는 누구에게도 자신이 무슨 일을 하고 어디에 사는지 절대 말하지 않았다고 했다.

"그러면 편지에 무슨 이야기를 쓰나요?" 그가 물었다.

기이한 질문은 계속되었다. 실리아는 겁이 났지만 정직하게 대답했다. 자신이 생각할 때 잘못한 것은 없었다. 고난의 시간이 끝나고 그녀는 무사히 귀가했다.

헨리가 그녀의 집을 찾아왔을 때 실리아는 몹시 기뻤고, 식구들은 금세 그에게 호감을 느꼈다. 실리아도 헨리가 식구들에게 좋은 인상을 주었다는 것을 알았다.

그런 뒤 헨리는 자신이 거기 온 진짜 이유를 밝혔다. 그는 결혼하고 싶다고 했다. 하지만 실리아는 서두르고 싶지 않았다.

'6월까지 기다려도 될 텐데 왜 갑자기?' 그녀는 생각했다.

하지만 헨리는 결혼할 뜻이 강했다. 실리아는 그와 결혼하지 않을 이유를 찾을 수 없었다. 그는 좋은 직장이 있었다. 델라웨어주 호케신에 사는 그의 가족은 폴란드 출신의 가톨릭 신도였다.

그는 그녀의 까다롭고도 단순명료한 어머니의 마음을 얻었다. 그리고 실리아의 아버지하고는 폴란드어로 대화하려고 노력했다. 거기다 춤도 잘 추었다.

하지만 샵카가의 뉴스는 헨리의 청혼만이 아니었다. 그녀가 부모님 집에 머물고 있을 때, 클렘이 귀향 중이라는 소식이 왔다.

그는 독일의 육군 병원에 나타났다. 한동안 기억을 잃었지만, 이제 회복해서 귀국길에 오를 것이라고 했다. 모든 것이 제자리를 찾는 것 같았다. 실리아가 결혼하면 결혼식에 클렘도 참석할 수 있을 것이다.

하지만 어디서 결혼을 할까? 테네시주에서 결혼하면 방문자 통행증도 받아야 하고 식구들이 묵을 곳도 구해야 했다. 그리고 시너 신부도 좋았지만 친오빠 에드의 주례로 결혼하고 싶었다. 에드가 어머니를 설득해주지 않았다면, 그녀는 헨리 같은 사람을 만나지 못했을 것이다. 에드 신부가 결혼식에서 무언가 역할을 맡아야 했다. 그 덕분에 이 모든 일이 가능해졌으니.

실리아는 다시 기차를 타고 뉴욕시로 향했다. 이번에는 웨딩 드레스를 고르기 위해서였다. 그녀는 멋진 드레스를 발견했다. 손목 부분이 가는 긴 소매로 되어 있고 어깨를 살짝 부풀렸지만 너무 크지 않은 드레스였다. 어깨 쪽은 천이 얇았지만 허리 부분은 튼튼했고, 허리 아래쪽으로는 앞뒷면 모두 주름이 잡혀 있었다. 스커트 뒷자락 길이도 적당했고, 재질은 요란하지 않고 부드러웠다.

그녀는 갈색 곱슬머리에 꽃을 한 송이 꽂고 무릎까지 오는 베일에도 여러 송이를 꽂았다. 하지만 꽃집 주인은 실리아에게 그녀가 가장 좋아하는 치자꽃은 결혼식에 쓰지 말라고 했다.

"치자꽃은 금세 시들거든요." 꽃집 주인이 말했다. 실리아는 그래도 치자꽃을 샀다. 그리고 1945년 1월 27일, 뉴저지주 패터 슨의 세인트스티븐St. Stephen 성당에서 오빠 에드가 주례를 서고, 다른 오빠 클렘이 무사 귀환한 가운데, 전혀 시들지 않을 것 같은 치자꽃 꽃다발을 들고 결혼했다.

그것이 이제 몇 달 전이었다. 이제 클렘스키 부부가 된 그녀와 헨리는 CEW로 돌아왔고, 기숙사를 나와서 테네시 대로의 E-1 아파트에 입주했다. 그곳은 친구 로즈메리가 사는 간호사 기숙사에서 가까웠다. (그들은 새벽 3시에 게이트에 도착했고, 뒷좌석 가득한 결혼 선물은 결혼 피로연에서 남은 많은 술을 효과적으로 가려주었다.)

처음에 실리아는 뉴욕에서 그런 조사를 받고도 계속 일할 수 있다는 데 기뻐하며 캐슬에 복귀했다. 그리고 밴던 벌크 중령을 만났더니 자신이 제대로 행동한 건지 남아 있던 두려움도 없앨 수 있었다. 중령의 말에 따르면, 뉴욕 사무실은 아마도 실리아가 처음 거기 온 초기 시절의 오크리지 사정을 이해하고 싶어서 그랬던 것 같았다. 하지만 이제 그런 일은 다 지나갔다. 그녀는 이제 일을 하지 않았다. 헨리가 싫어했기 때문이었다. 헨리는 얼른 아이를 낳고 싶어 했다. 그래서 실리아는 일을 그만두었다.

그러다 보니 시간이 많아졌고, 그의 귀가가 늦는 밤에 걸려오거나 걸려오지 않는 전화에 대해 많은 생각을 하게 되었다. 하지만 헨리가 일하는 X-10에서 무슨 일이 벌어지는지는 몰라도, 때가 되면 자신도 알게 될 거라고 믿었다.

❖ ❖ ❖

아파트는 썰렁하기 그지없었다.

호기심과 침묵

로즈메리는 그곳에서 몇 달을 살았는데도 그곳을 알아보기가 힘들 지경이었다. 벽은 아무 장식 없이 헐벗었고, 분위기에 생기를 불어넣는 커튼도 없었다. 바닥에 깔렸던 카펫도 사라졌다. 그리고 창문에는 창살이 달려 있었다.

로즈메리가 그곳을 나간 지 얼마 되지 않아서 집은 완전히 변해 있었다. 새로운 목적에 쓰려고 개성을 다 지웠기 때문이다.

로즈메리는 간호사 기숙사 생활도 좋았지만, 기숙사 과밀 해소를 위해서 선임 간호사들용으로 병원 근처 E 아파트 몇 채가 나오자 기회를 놓치고 싶지 않았다. 아파트는 위치가 병원 바로 옆이었다. 그래서 로즈메리와 병원의 수석 영양사 헬렌 매든이 입주 신청을 했고, 타운사이트 테네시 대로의 E-1 아파트에 당첨이 되었다. 그곳은 침대 두 개가 놓인 방이 하나 있고, 또 진짜 부엌이 있어서 요리도 할 수 있고, 원한다면 빵도 구워서 줄을 서지 않고 집에서 아침 식사를 할 수도 있었다. 그런 생활의 변화는 정말 반가운 것이었다. 비용은 간호사 기숙사보다 약간 더 비쌌지만 여전히 합리적인 수준이었고, 생활의 개선은 그만한 값어치가 있었다. 두 여자는 금세 새집에 정착했다. 카펫을 사고 커튼도 달았다. 그곳은 곧 진짜 집으로 변해갔다.

하지만 그 일은 오래가지 못했다.

그날 병원 복도에서 리아 박사를 만난 로즈메리는 그의 표정을 보고 좋지 않은 이야기가 자신을 기다린다는 것을 알았다.

"로즈메리, 이런 말, 하기 싫은데…" 리아 박사가 그녀를 복도에 세우고 말했다. "격리해야 할 정신질환자가 한 명 있어서 그 사람에게 로즈메리의 아파트를 주어야 할 것 같아요."

로즈메리는 속상했지만, 리아 박사의 요청을 거절할 수는 없었다. 그녀가 거기 온 뒤로 박사 부부는 그녀에게 정말로 잘해주었기 때문이었다. 로즈메리는 그를 도울 수 있는 게 기뻤지만, 아쉬운 것은 어쩔 수 없었다. 리아 박사는 로즈메리에게 자신이 결정할 수 없는 일이었다고 말했다. 병원은 공간이 부족했다. 로즈메리가 처음 온 1943년에 병원의 계획은 50병상 규모였다. 50병상! 하지만 이제 337개 병상을 갖추고 별관도 신축하며 시설을 계속 확장하는데도 그토록 특수한 환자를 치료할 적절한 공간이 없었다. 이 환자는 일반 환자들과 같이 둘 수 없었다.

그렇게 된 것이다. 그녀는 다시 부엌을 잃었다. 거실도 잃었다. 커튼도 요리도 잃었다. 다행히 그녀와 헬렌은 집을 꾸미는 데 그렇게 많은 돈을 쓰지는 않았다. 아파트에는 이미 비닐에 싸인 군용 목조 가구들이 들어와 있었다. 그녀는 간호사 기숙사에 돌아갈 곳이 있기를 바랐다.

로즈메리는 그 수수께끼의 환자를 보지 못했다. 하지만 그가 병원에 있다는 것은 알았다. 그 젊은 해군 소위의 일은 병원 밖까지 소문이 퍼졌다. 응급실 간호사들은 그가 병원에 들어오는 것을 보았지만, 그는 곧 어딘가로 숨겨졌다. 그 뒤로 하루 이틀 후에 몇몇 직원이 병원 뒤편에 트레일러가 온 것을 보았다. 로즈메리는 그것을 보지는 못했지만, 흥분 상태가 극도로 높은 사람이 입원했다는 것, 그 사람이 자기가 한 일에 대해 떠들고 있고, 말하면 안 되는 것을 말하고 있다는 이야기는 들었다.

의사들은 그 환자가 자신이 Y-12에서 한 일에 대해 그렇게 계속 떠든다면, 그를 다른 환자들과 같이 둘 수 없다고 판단했다. 그래서 격리의 첫 단계로 일단 트레일러를 들여왔다. 하지만 곧 트레일러로도 부족하다는 결론이 나왔다. 이 환자는 최대한 사람

호기심과 침묵

들의 눈과 귀를 피할 수 있는 조용하고 안전한 공간에서 치료해
야 했다.

리아 박사는 그런 환자를 수용할 최상의 공간은 병원 근처의
아파트라고 말했다. 로즈메리는 자신의 아파트가 환자 수용에
적당한 이유를 알았다. 그곳은 침실 하나짜리 작은 아파트였고,
맨 끝쪽 집이라 접근이 쉬웠다. 병원 서쪽 출입문에서 아파트 출
입문까지는 아주 가까웠기에, 의사와 간호사들이 이동하는 데 많
은 시간을 들이지 않고 병원 밖에 나가 치료를 하고 돌아올 수 있
었다.

치료의 책임자는 정신의학과 과장인 클라크 박사였다. 그는
여기 와서 지낸 짧은 기간 동안 아주 많은 것을 보았고, 창의적인
문제 해결법을 만들어냈다.

참고할 것은 거의 없었다. 사이트 X 같은 도시가 없었기 때문
이다. 그가 첫해에 정신의학과장으로 겪은 문제들은 정신과 의사
들이 어떤 공동체에서도 맞닥뜨리는 유형이었다. 혼외 임신, 알
코올 중독, 그리고 그가 나중에 썼듯이 "가끔 동성애 집단"이 있
었다.

하지만 클라크 박사가 클린턴 공병사업소 사람들을 관찰하
며 가장 놀란 것은 '주변 일에 대한 호기심 부재'였다. 그는 그것이
사이트 X 주민들의 두드러지는 행동 특징이라고 여겼다.

"기본적인 편집증 성향이 있는 사람들의 의심을 증폭시킬 것
이 많았다. 누가 정보기관원인지, 자신이 언제 감시를 받는지 아
무도 몰랐다."

하지만 호기심 부족은 이 새로운 환자에게는 해당하지 않는
증상이었다.

아토믹 걸스

오크리지의 좀 더 비밀스러운 영역에 관계되지 않고, 그곳에 대해서 아는 것이 없는 '비위험군' 환자들은 현장의 의료 시설에서 병증이 호전되지 않으면 다른 병원이나 치료 센터로 옮길 수 있었다. 물론 인근 녹스빌이나 테네시주 다른 도시의 병원들도 나름대로 공간 문제를 겪고 있었다. 오크리지의 병원은 주어진 시설 속에서 최선을 다해야 했다. 하지만 기밀을 아는 환자—자신이 아는 것과 전체 퍼즐의 관계를 알건 모르건—가 침묵을 지키지 못하면 폐쇄된 환경에서 치료해야 했다. 그 환자를 미국 내 다른 의료 시설로 옮긴다면, 아무리 군 병원으로 이송한다 해도 중요 정보가 유출될 위험이 컸다. 클라크가 볼 때 이 Y-12 출신 해군을 다른 시설로 보낼 수는 없었다. 적어도 전쟁이 끝나기 전까지는, 그리고 이 남자가 자신이 거기서 한 일에 대해서 입을 다물기 전에는.

이 사람은 분별없이 떠들기만 하는 게 아니라 일본에 가서 CEW에서 벌어지는 일을 일왕에게 알리고 싶어 했다.

로즈메리와 친구가 아파트를 비워주기로 하자, 그 집은 금세 새 환자의 치료 시설로 개조되었고, 정신의학과 소속 의사 칼 휘터커Carl Whitaker는 1945년 2월 9일에 리아 박사에게 모든 것이 준비되었다는 소식을 전했다.

원장님 요청에 따라 테네시 대로 207번지의 아파트를 격리 병동으로 개조했습니다. 창에 창살을 치고, 이웃 아파트와의 사이에 방음 시설을 설치했으며, 문은 비상 구조원들이 들어갈 수 있게 밖에서는 열리지만 안에서는 열리지 않게 하고, 응급실과 비상벨로 연결했습니다.

경비병이 8시간씩 교대로 아파트를 감시하고, 클라크 박사가 오전 8시 30분과 저녁 6시 30분에 한 번씩 회진을 오게 되어 있는 상황이었다.

그 충격 기계는 2월 6일 저녁에 시카고를 떠났다고 합니다… 환자는 아직도 자기 자신과 주변 사람들에게 위해가 될 수 있는 공격적인 행동을 하던 시절과 거의 비슷한 상태입니다.

그래서 로즈메리는 자신이 한때 살던 그 아파트에 와보았다. 만약 눈을 가린 채 거기 이끌려 왔다면 그곳을 알아보지도 못했을 것 같았다. 바깥에 헌병이 있고, 환자를 지키는 경비병이 있었다. 창문마다 창살이 설치된 것이 가장 큰 충격이었다. 그녀는 서둘러 나가느라 장식의 상당 부분을 그냥 두고 나갔다. 커튼은 헬렌이 가져갔겠지? 하지만 이제 테이블 하나와 의자 하나만 남은 거실 공간은 썰렁하고 엄격해 보였다. 옆집에는 간호사들이 살았다. 그리고 누군가 24시간 환자 곁을 지켰다.

로즈메리가 처음 보았을 때, 남자는 별로 위험해 보이지 않았다. 흥분 없이 침착한 모습이었다. 나이는 젊었다. 20대 아니면 30대 같았다. 로즈메리가 그 아파트에 있는 동안, 환자는 별다른 행동도 말도 없었다. 진정시키는 약물이 처치되었다고밖에 집작할 수 없었다. 그래도 아파트는 잠겨 있었다.

로즈메리는 클라크 박사의 새로운 치료를 돕는 소규모 간호사 팀의 일원이었다. 그 기계는 도착한 지 얼마 되지 않았고, 이제 그것으로 정기적인 치료를 시작할 것이다. 환자의 머리에 전극이 부착되었다. 로즈메리는 시카고에서 간호사 실습을 할 때 이런 치

아토믹 걸스

료를 본 적이 있었다. 기술자 한 명이 기계의 자동 조종 장치를 움직이고 전압을 통제했지만, 모든 것은 클라크 박사가 감독했다. 환자는 고분고분했고, 그 치료가 실행되기 전에도 실행되는 중에도 반항하지 않았다. 그가 그런 치료를 받는 것이 처음이 아닌 것 같았다.

전기충격 치료는 1940년에 미국에 처음 도입되어서 의사들에게 인기를 끌었고, 2차대전 때는 군의관 훈련 과정에 들어갔다. 〈미국 정신의학회보〉에는 전기충격기 광고들이 실렸다. 신모델 개발과 함께 특정 전류에 대한 환자의 저항을 예견하는 등의 기술적 발전도 이루어졌다. 하지만 환자의 부상 가능성은 여전히 남아 있었다.

전기충격기를 사용할 때는 먼저 간호사가 환자의 입에 고무 블록을 넣었다. 로즈메리의 역할은 작지만 중요한 것이었다. 다른 간호사와 함께 환자의 팔다리를 잡아서 치료할 때 그가 골절을 입거나 다른 사람에게 상해를 입히지 못하게 하는 것이었다.

기술자가 다이얼을 돌렸다. 전류가 남자의 몸을 흐르자 손이 주먹을 움켜쥐었고, 근육이 전압에 반응해서 요동쳤다. 간질의 대전간 발작과 비슷했다. 실제로 로즈메리는 환자의 반응을 보면서 자신이 보았던 발작들을 떠올렸다. 환자의 근육이 수축과 경직을 거친 뒤 경련이 이어졌다. 경련의 지속 시간은 환자의 특성과 충격량에 따라 달라졌다. 10초일 수도 있고, 1분일 수도 있었다. 눈꺼풀과 신체 말단 부위들은 발작이 지나간 뒤에도 떨렸다. 이 치료는 우울증에도 많이 쓰였다. 환자의 상황에 따라 반복적으로 치료해야 결과가 나오기도 했다. 때로는 몇 번만으로도 끝났다.

로즈메리는 그가 얼마나 오래 치료를 받을지, 지금까지 얼마나 여러 번 받았는지도 몰랐다. 그녀는 그가 회복하기를 바랐지만, 전쟁이 끝나고 오크리지의 비밀이 모두에게―그 남자가 간절히 만나고 싶어 하는 일왕까지 포함해서―밝혀지기 전에는 그가 이 창살 쳐진 아파트에서 나갈 수 있을 것 같지가 않았다.

◆ ◆ ◆

처음 그 소리를 들었을 때 캐티는 귀가 먹먹했다. 너무 놀라서 심장이 떨어지는 것 같았다. 누가 어떤 스위치를 켜서 그 거대한 건물을 달리게 만든 것 같았다. 그녀가 바깥에 있었다면 (멀리 이웃 도시에 있었어도) 지난 몇 달 동안 그랬던 것처럼 증기가 솟아오르는 모습을 보았을 것이다. K-25의 증기는 수 킬로미터 밖에서도 보였다. 하지만 이번은 달랐다. 플랜트 안쪽 그녀의 구역에서 무언가 움직이고 있었다.

캐티는 무슨 일인지 궁금했다. 소음은 점점 커져서 사방 벽에 울리며 넓고 높은 작업장을 가득 채웠다. 이제 친구 스몰을 비롯해서 다른 사람들과 이야기를 하려면 소리를 질러야 했다. '이게 어디서 나는 소리지? 뭐가 잘못 됐나?' 하지만 사실 그녀가 청소 일을 한 지난 몇 달 동안 공장은 아직 전면 가동 상태가 아니었다. 그런데 이제 그녀가 아는 한 플랜트 전체가 동시에 작동하는 것 같았다. 그때까지도 그곳은 조용함과는 거리가 멀었다. 하지만 이제 그녀가 날마다 쓸고 닦는 그 콘크리트 건물 안에서 무언가 살아났다.

1945년 봄이었고, 겨울이 차츰 사그라들었다. 캐티에게는 전혀 이르게 느껴지지 않았다. 이곳 애팔래치아 남부의 겨울은 익숙해지기 어려웠다. 그녀는 이렇게 많은 눈을 본 적이 없었다. 사람들은 뉴욕이나 메사추세츠 같은 북부만큼 춥지 않다고 했지만, 그녀는 북부 출신이 아니었다. 앨라배마주에서도 눈을 몇 번 보기는 했다. 그런 눈은 예쁘고 순하고 잿빛 하늘에서 마법처럼 나타났지만, 문제를 일으킬 만큼 많이 온 적은 없었다. 눈이 오면 약간 춥고 미끄러울 뿐이었다. 아이들은 약간 신나서 뛰고, 어른들은 서둘러 식품점과 장작 헛간으로 갔다.

이곳의 겨울은 더 길고 추웠으며 눈도 많이 내렸다. 캐티는 이곳이 평생 겪은 최악의 장소라고 생각했다. 땅은 딱딱했고, 밤에 침대에 누워 있어도 추웠다. 다음 날 아침 일찍 일어나면—그녀는 가장 먼저 출근하고 퇴근하는 것이 자랑이었다—더 심했다. 막사 문을 열고 보면—제대로 된 창문이 없었기에—보이는 것은 온통 눈뿐이었다. 캐티에게 그것은 신발을 삼키는 진흙보다 더 나쁜 환경이었다. 막사 주변에는 고드름이 달렸고, 그것들은 해가 비치면 차갑고 날카로운 끄트머리를 반짝이며 떨어져 내렸다. 흰 눈이 갈색 흙속으로 녹아 사라지면서 캐티의 나날에 색채와 희망이 돌아왔고, 기온이 올라가는 만큼 생기도 살아났다.

캐티는 탱크와 바닥을 청소했지만, 가장 즐거운 것은 화장실 청소였다. 다른 사람들은 왜 그 일을 싫어하는지 알 수 없었다. 화장실은 오붓했고 많이 걷지 않아도 되었다. 친구와 함께 화장실을 청소하면 함께 오순도순 이야기할 수 있었다. 탱크를 청소할 때는 탱크가 너무 커서 반대편에서 일하는 스몰을 볼 수 없었다. 캐티는 매일 걸레를 들고 탱크들을 반짝반짝 닦았고, 그 못지않게 중요한 플랜트 바닥도 열심히 청소했다.

그들이 바닥을 청소할 때는 몇몇 여자가 앞쪽에서 콘크리트

위에 천천히 젖은 톱밥을 뿌리며 걸어갔다. 그러면 캐티를 비롯한 여자들이 뒤를 따라가면서 그것을 청소했다. 그리고 청소한 톱밥을 손수레에 담았다. 톱밥은 플랜트 내 건축 작업이 남긴 기름과 오물을 흡수했는데, 캐티 무리가 청소를 마치면 톱밥과 콘크리트의 마찰로 표면이 유리처럼 반들거렸다. 30명가량의 사람들이 K-25 내의 길다란 통로 비슷한 것을 따라 앞뒤로 오가면서 청소를 했다. 그 통로들 중 어떤 것은 폭이 집채만큼이나 넓었다. 그들이 쌓이는 톱밥을 따라 통로를 끝에서 끝까지 청소하는 데는 1시간 정도가 걸렸다.

그들이 시간을 보내는 방법 중에는 수다를 빼놓을 수 없었다. 하지만 이제는 목이 터져라 소리를 지르지 않고는 바닥 곳곳에 선 대형 탱크 맞은편의 동료들과 이야기를 할 수 없었다. 톱밥을 뿌리고, 청소하고, 모아서 치워내고, 다시 반복. 한쪽 끝에서 다른 쪽 끝으로 갔다가 다시 반대 방향으로, 그런 뒤 퇴근을 하면 윌리의 막사에 가서 음식을 만들었다. 거기 가면 알 수 없는 무엇이 내는 굉음을 듣지 않을 수 있었다. 그녀와 동료들은 아지랑이 아른거리는 애팔래치아 산봉우리들 아래서 얼른 이 전쟁이 끝나기를 기다리며, 종전에 도움이 된다는 그 일에 힘을 보탰다.

◆ ◆ ◆

Y-12의 작업과 진척은 칼루트론에서 나오는 튜벌로이―공정의 각 과정에 따라서 이름은 물건, 합금, 그린케이크 등으로 다양하게 불렸지만―의 농축 정도에 달려 있었다.

버지니아는 연구실에 들어오는 물질을 계속 분석했다. 그게

308

아토믹 걸스

어디서 오는 건지는 몰랐다. 라슨 박사가 그녀의 작업을 감독했고, 버지니아는 그를 좋아했다. 그는 똑똑할 뿐 아니라 스트레스 속에서도 여유로워 보였다. 그는 감독자로서 이따금 연구실에 들러 인사를 하고, 진척 상황을 살피고 또 가장 중요한 농축률을 확인했다.

"마지막 표본은 어땠죠?" 그가 버지니아에게 물었다. 그녀가 대답하고 결과를 적어주겠다고 하면, 그는 괜찮다고, 나중에 전화하겠다고 했다. 그리고 얼마 후에 전화가 왔다. 라슨 박사는 같은 질문을 했고, 버지니아는 같은 대답을 했다. 그러면 라슨 박사는 아주 열렬하게 반응했다.

"맙소사! 98.9퍼센트라고요? 정말 훌륭하군요." 그는 소리 높여 환호했다.

그런 일이 몇 번 지나간 뒤 버지니아는 그 이유를 알게 되었다. 라슨 박사는 높은 사람들이 자기 방에 올 때를 일부러 기다린 것이다. 그걸 큰 소리로 외치는 것은 종이에 숫자만 적어서 주는 것보다 강한 효과가 있을 것이었다. '똑똑한 남자야.' 그녀는 생각했다. 그가 누구를 옆에 두고 그러는 것이건, 그리고 그 퍼센트가 그들에게 무슨 의미이건 한 가지는 확실해져 갔다. 퍼센트가 1년 전에 비해 훨씬 좋아졌다는 것.

튜벌로이

✦

프로젝트의 중차대한 봄

시간이 지날수록 프로젝트의 규모는 커져갔고, 인근 지역 주민들은 그 울타리의 도시가 거대한 실패로 끝나는 것 아닐까 하는 의문을 품었다. 더 나쁘게는 그것이 국민의 세금으로 벌인 어떤 복잡한 사기가 아닐까 하는 의문도 있었다. "들어가는 것만 있고 나오는 것은 없다"는 농담은 사라지지 않았다. 다만 그 농담이 옛날만큼 재미있지 않았을 뿐이다.

하지만 프로젝트 내부에서 볼 때는 마침내 진척이 가시화되고 있었다. 1945년 초가 되자, 아직 그들이 희망하는 농축 수준에는 이르지 못했을지라도 발전의 징후가 뚜렷했다. Y-12의 알파와 베타 트랙은 여전히 유지 보수에 어려움을 겪으면서도 1년 전보다 훨씬 원활하게 돌아갔다. 그리고 마침내 K-25와 그 까다롭던 격벽이 말을 듣기 시작했다. 1945년 3월에 그 세계 최대의 건물—건축 비용이 약 5억 1200만 달러가 들어간—이 최초로 (아주 약간) 농축한 튜벌로이를 Y-12의 칼루트론에 보냈다. 이블린 핸콕 퍼거슨 부인, H. K. 퍼거슨사와 그 자회사 퍼클리브가 가을 내내 엄청난 노력을 기울여서 공사 시작 69일 안에 S-50을 완공하고 심지어 가동까지 시작했다. 초기의 작동 문제는 연초에 해결되었다. 3월에는 2142개의 기둥 모두가 가동되어서 S-50도 약간 농축된 튜벌로이를 K-25와 Y-12에 보낼 수 있었다.

Y-12는 아직도 튜벌로이 농축의 대부분을 수행하고 있었다. 애초에 예산 규모가 3000만 달러였던 Y-12는 결국 4억 7800만 달러가 소요되었다. 그래도 어쨌건 겨울은 지났다. 어둡고 추운 겨울에 눈 때문에 버스가 늦어지면 큐비클 앞에 앉은 사람은 교대자가 올 때까지 자리를 떠나지 못했다. 때로 그런 일은 16시간 동안도 이어졌다.

높은 강도와 빠른 속도의 결합은 때로 안전과 건강 문제를 낳았다. 플랜트와 공장에 흐르는 전기만 생각해도 순간적인 판단 실수조차 위험했다. 어느 날 한 정비공은 Y-12의 큐비클 오퍼레이터들이 보는 앞에서 큐비클 통제실에 들어갔다가 작업 시작 전에 접지용 후크를 유닛에 걸어두는 일을 깜박 빼먹었다. 그는 즉시 감전사했다.

이제 물건이 상당히 규칙적인 간격으로 뉴멕시코주 사막의 사이트 Y의 과학자들에게 갔고, 그 일부는 장치에 쓸 수 있을 만큼 고농축된 것이었다. 평복 차림의 무장 배송원들은 계속 기차로, 가끔은 비행기로 그 소중한 물질을 수천 킬로미터에 걸쳐 날랐다. 오크리지에서 의료진은 배송원들을 꾸준히 만나서 임무 수행 후 건강에 문제가 없는지를 살폈다. 그들은 병원에 가서 마사지를 받고, 목욕을 하고, 큼직하고 질 좋은 스테이크를 먹었다. 배급 시대에 그것은 큰 선물이었다. 그런 뒤 후식으로 나오는 진정제를 먹고 하루 동안 깊은 잠을 자며 몸과 마음을 회복했다.

그것은 수십억 달러가 집약된 물건이었다. 수만 헥타르의 땅을 개간하고 수십만 명의 사람이 24시간 쉬지 않고 일했다. 그 모든 재정적, 지적, 물리적 희생과 전념과 협력과 노동시간이 이것으로 집약되었다. 작은 여행 가방 안에 든 더 작은 용기, 금으로 내벽을 두른 용기 안에 역사상 가장 종합적이고 값비싼 프로그램의 결과물 몇백 그램이 들어 있었다.

배송원들의 건강과 안전은 하이머 프리덜 박사의 담당이었다. 그는 프로젝트 의무부장 스태퍼드 워런과 밀접한 관계를 이루어 일했다. 1944년 11월에 프로젝트의 정보 담당관에게 보낸 공문에서 프리덜은 이렇게 썼다.

배송원들이 방사능 물질을 수송하는 조건에 대한 논의가 있었습니다… 요원이 아주 극단적인 환경에서만 허용 선량 이상을 수송할 수 있다는 것은 확고하게 결정되었습니다. 방사능 물질은 신중하게 측정하고 적절하게 차폐했습니다. 측정은 적절한 보호를 위해 차폐 장치와 용기를 다양한 위치에 놓고 측정했습니다. 배송원들이 방사능 모니터 장치(필름 배지)를 휴대할 수도 있을 것입니다. 그것은 맨해튼 공병단을 통해 구할 수 있지만, 한 달에 두 번 이상 그런 물질을 수송한 배송원에 한해서 규칙적 혈액검사 프로그램을 실시해야 할 것입니다.

로스앨러모스에서는 CEW에서 생산한 농축 튜벌로이를 사용하는 포신형 장치의 설계가 확정되었다. 사이트 W에서 생산하는 49를 사용하는 내폭형 장치의 테스트는 7월로 계획되어 있었다. 하지만 이 새 원소는 다른 고려 사항들도 있었다. 그것은 활동성이 높아서 건강 문제를 일으킬 위험이 높았는데, 아직은 그게 어느 정도일지 알 수 없었다.

과학자 글렌 T. 시보그Glenn T. Seaborg—49의 공동 발견자—는

1944년 1월 5일에 프로젝트의 보건 책임자 한 명에게 이런 편지를 보냈다. "[49]와 그 화합물을 가지고 일하면 큰 생리학적 문제가 있을 수 있습니다. 그것의 알파선과 긴 수명 때문에 1밀리그램 이하의 극소량이라도 신체에 영구적으로 머물면 아주 위험할 수 있습니다."

스태퍼드 워런이 곧바로 답을 했다.

"이 물질들의 생물학적 영향에 대한 정보가 긴급히 필요합니다. 이제 실험을 할 수 있을 만큼 충분한 양의 물건이 준비되었습니다."

49는 인체에 휴대 가능한 양이 어느 정도인지 아직 불확실했다. 그것은 라듐만큼 해로운가? 그 이상인가?

1944년 8월 오펜하이머는 인체 내 49 탐지법을 개발하는 프로그램을 인가했다. 하지만 그 실험을 로스앨러모스에서 하는 것은 원하지 않았다. 그들은 의무부와 회의를 한 뒤 동물과 사람을 모두 대상으로 연구하는 것이 바람직하다고 결정했다.

1945년 3월에 로스앨러모스의 의사들은 그곳에서 일하는 몇몇 노동자의 소변 샘플 결과에 만족하지 못했다. 로스앨러모스의 보건 책임자 루이 헴펠만 박사는 "날마다 소변과 분변으로 배출되는 [49]의 퍼센트를 알아내는 인간 추적 실험"을 권했다.

하지만 그 프로그램의 시작은 지체되었다. 의사들은 "지금보다 더 만족스러운 [49] 투여 방법 개발을 기다리고" 있었다.

무고한 희생

꽤 자주, 우리가 어떤 남자에게 이야기를 하면 그의 얼굴에 멍한 표정이 떠올랐다. "잘 모르겠어요" 하는 표정, 그것은 우리가 위험한 땅에 들어와 있다는 경고가 되었다.

—바이 워런, 〈오크리지 저널〉

오전 6시 30분을 조금 지난 이른 아침, 자동차 한 대가 노동자 여섯 명을 태우고 출근길을 달렸다. 에브 케이드와 그의 두 형제, 친구 제시 스미스는 모두 인근 해리먼의 한 집에서 살았다. 그들 네 명은 중간에 다른 노동자 두 명을 더 태우고 계속 달렸다. 3월 24일 토요일이었고, 떠오르는 태양이 특별구역의 서쪽 경계를 이루는 블랙오크리지산 위로 살짝 보였다. 자동차는 클린턴 공병사업소 남서부 모퉁이 근처의 블레어 게이트를 향해 동쪽으로 달렸다. 게이트는 포플러천川 근처, K-25 플랜트 바로 북쪽에 있었고, K-25가 그들의 최종 목적지였다.

케이드는 프로젝트의 건설 노동자로 J. A. 존스 건설에서 시멘트 섞는 일을 했다. 그의 하루는 어떤 교대조에 속하느냐에 따라 일찍 시작하거나 늦게 끝나거나 둘 다거나 했다. 케이드 3형제는 조지아주 메이컨 출신으로 노스캐롤라이나의 히코리-그린즈버러 지역으로 이주했다가 일자리를 찾아서 서쪽의 오크리지로 왔다.

도로는 거칠고 통행량이 많았다. 타이어들은 혹사당했지만 배급 때문이건 돈이 없어서건 어지간해서는 교체되지 않았다. 자동차가 게이트에 다가가자, 경비병이 차를 멈춰 세우고 배지를 본 뒤 긴 노동의 하루를 향해 그들을 들여보냈다.

　게이트에서 플랜트까지는 그리 멀지 않았다. K-25까지 2.5 킬로미터도 남지 않았을 때 앞에 무언가 보였다. 정부의 대량 차량 같은 것이 도로 옆에 멈추어 서 있었다. 뒷바퀴가 잭(소형 기중기─옮긴이)으로 들려 있었다. 케이드 일행은 그 큰 차량 옆을 비켜가야 했다.

　케이드의 자동차가 그 차량을 둘러갈 때 정면에서 덤프트럭이 나타났다. 이제 해가 뜨기 시작한 지 5분은 지나 있었다. 그 때문에 운전자들이 눈이 부셨던 걸까? 아니면 그것 때문에 눈을 찌푸리거나 크게 뜨는 사이에 반사 신경이 무뎌졌던 걸까? 경비소에서 시간을 조금만 더 지체했어도 결과가 달라졌을지 몰랐다. 하지만 지금은 어떻게 할 시간이 없었다. 두 대의 차량은 정면으로 충돌했다. 충격으로 차체가 찌그러졌고, 그 충격에 승객들 몸이 뒤틀렸다.

　케이드의 차에 탔던 여섯 명은 전부 오크리지 병원으로 실려가서 검사와 치료를 받았다. 케이드 말고도 적어도 한 명 이상이 입원했다. 케이드는 상당한 출혈이 있었지만, 최초의 보고에 생명을 위협하는 징후는 없었다.

　그런데 입원한 케이드에게 추가적 관심을 가진 사람들이 있었다.

　짧은 보고서는 이렇게 시작했다.

이 53세의 유색인 남자 환자는 1945년 3월 25일에 교통사고로 왼쪽

대퇴골과 오른쪽 슬개골 분쇄 골절, 오른쪽 요골과 척골의 횡골절을 당해서 입원했다. 주의할 만한 소견은 왼쪽 수정체의 백내장, 양 무릎의 비후성 및 위축성 관절염성 변화, 왼쪽 무릎의 뼈연골종증이 있다….

그다음에 일어난 일은 타이밍이 중요한 역할을 했을 것이다. 사고 후 겨우 이틀 뒤인 3월 26일에 주사 투여 건의서가 도착했다. 그리고 또 며칠 후에 로스앨러모스의 라이트 랭엄Wright Langham 박사가 오크리지의 프리덜 박사에게 49의 표본을 보내서 가능하면 그것을 환자에게 시험해 보라고 했다. 프리덜이 설명했듯이 '유색인 남자'는 '체격이 좋고' '영양상태도 좋았다' 팔다리가 골절되었지만, 의사소통에 문제가 없어서 담당 의사들에게 자신은 본래 건강했다는 사실을 알려줄 수 있었다.

환자는 계속 입원한 상태로 다리만 빼고 치료를 받았다. 그 뼈들은 바로 접골되지 않았다. 당분간은 그럴 예정이 없었다. 그것이 어떻게 되는지 의사들이 알게 될 때까지는.

이 순간부터 교통사고로 오크리지 병원에 입원한 흑인 건설 노동자 에브 케이드는 HP-12라고 불리게 되었다.

◆ ◆ ◆

1945년 봄이 지나 여름에 접어들 때, 클린턴 공병사업소는 영아기를 벗어나 걸음마를 하는 단계에 들어갔다. 아직도 계속 새로운 사람들이 들어왔다. 1945년 초에 다시금 확장이 시작되었다. 흙먼지 가득한 땅 위에 두 가구용 빅토리 오두막—합판과 간

무고한 희생

편 지붕재로 만든 임시 주택―이 애팔래치아의 비를 맞은 새싹들처럼 돋아났다. 침실 한 개와 거실 겸 부엌으로 이루어진 그 집들의 예상 수명은 3년이었다. 가족용 주택과 아파트에 약 2만 8834명이 살았다. 약 1053명의 사람들은 아직도 프로젝트 때문에 버려진 뒤 약간의 수리만 한 농가에 살았다. 기숙사에도 1만 3789명의 남녀가 살았고, 대형 막사, 트레일러, 소형 막사에 3만 1257명이라는 엄청난 인구가 살았다.

이 세 번째 팽창 단계의 인구는 6만 6000명으로 집계되었다. 하지만 그것도 적은 수치였다. 주민의 인구는 이제 정점인 7만 5000명에 이르러 있었다. 사이트 X 개발 초기의 1만 3000명가량에 비하면 엄청나게 증가한 수치였다. 고용인 수는 정점인 1945년 5월에 8만 2000명이었고, 거주자와 통근자를 합해서 날마다 현장에 10만 명 이상의 사람들이 있었다. 사이트 X 안팎으로 승객을 실어 나르는 버스 제도는 그 규모가 미국에서 열 손가락 안에 들어갔다. 처음에는 요금도 공짜였지만, 1944년에 5센트가 되었다. 전성기에는 800대의 버스가 매일 12만 명의 승객을 수송했다. 목조 '인도'가 260킬로미터에 걸쳐 뻗었고, 도로는 480킬로미터에 이르렀으며, 이제 열일곱 개가 된 직원식당은 매일 4만 명 분의 식사를 만들었다. 그렇게 사람이 많은데도 그렇게 비밀스러웠다. 오크리지의 전기 사용량과 비교하면 뉴욕시도 깡촌처럼 보일 지경이었다. 그런데도 오크리지는 아직 어떤 지도에도 실리지 않았다.

신입자들은 계속 여자들의 비율이 높았다. 오크리지에서 여자들은 직업 생활과 활발한 사교 생활을 누렸고, 이 두 가지는 때로 예상치 못한 방식으로 영향을 미쳤다. 화학부의 버지니아는 점점 남자들과 만나는 모임에 이끌렸다. 그녀에게 자신 같은 대졸

아토믹 걸스

여성을 만날 기회가 없던 것은 아니다. 하지만 이따금 파티에 가면 결혼한 여자들과 공통점을 찾기가 힘들었다. 여자들을 친구로 사귀어보려고 해도, 대화 내용이 기저귀, 장보기, 가정생활에 그칠 때가 많았기 때문이다.

버지니아는 오빠가 둘 있었기 때문에 예전부터 남자들과 대화하는 일이 어렵지 않았다. 한 오빠는 미 육군항공대에 입대가 거부당하자 캐나다 공군에 들어갔다. 버지니아는 그녀가 아직 부모님과 함께 살 때 오빠가 휴가를 맞아 집에 온 일을 기억했다. 오빠는 그녀보다 여섯 살 많았지만 여전히 젊었다. 그는 집 마당의 나무에 기대 서서 자신이 보고 경험한 것들을 이야기했는데, 전쟁에 극도로 지친 모습이었다. 그 기억은 버지니아에게 오래 남았고, 자신도 전쟁에 기여하고 싶다는 소망을 불러일으켰다. 오크리지 사람들은 전쟁이 끝나고 가족이 집에 돌아올 수 있다면, 그리고 그들이 겪은 전쟁의 참상을 가족과 고향이 (지우지는 못해도) 달래줄 수 있다면, 비밀에 참여하는 것을 꺼리지 않았다.

버지니아는 그곳의 제한과 비밀주의가 불편하거나 곤란하지 않았다. 밀고자와 스파이가 늘 곁에 있다고는 하지만, 누가 자기 말을 듣고 거기서 대단한 정보를 기대할 것 같지는 않았다. 하지만 때로는 어쩌면 자신이 의외로 많은 걸 알고 있을지 모른다는 생각이 들기도 했다.

그녀는 어느 날 당시 데이트 중이던 남자 과학자와 등산을 하면서 CEW의 목적에 대해 평소보다 대담하게 이야기하게 되었다. 버지니아는 등산을 좋아했다. 콘크리트와 추위, 냉기와 약품 가득한 연구실을 벗어나 크고 작은 나무들이 아직 땅과 밀착해 있는 산에 가면 기분이 상쾌해지고 활기가 돌아왔다. 빅리지산 주변 숲은 주민들에게 인기였다. 그곳이 공장과 진흙과 특별구역에서 물리적으로 떨어져 있다 보니 사람들은 그곳에 가면 비밀에 대해서 조금 더 편하게 이야기할 수 있었다. 거기서 사람들의 말을 듣는 것은 늘 보이는 홍관조와 이따금 보이는 붉은배딱따구리, 그리고 함께 등산을 하는 일행이 전부였기 때문이다. 광고판의 부릅뜬 눈도 없고, 테이블 맞은편 또는 붐비는 버스 몇 좌석 앞에서 쫑긋 세운 귀도 없었다.

"너는 과학자야. 여기서 벌어지는 일을 알아야 돼…." 남자가 소나무와 사탕단풍나무들 사이로 산을 오르며 버지니아에게 말했다.

그는 버지니아에게 언론에서 핵물리학의 발전과 분열 같은 일들에 대한 보도가 사라진 것을 아느냐고 물었다. 실제로 그것은 버지니아와 언니가 몇 년 전에 이야기했던 일이다. 남자는 지금까지 누구도 꺼내지 못한 그 강력한 힘이 오크리지에서 개발되고 있고, 그것이 전쟁을 끝낼 거라고 말했다.

그는 구체적인 내용은 모르고, 어떤 권위 있는 사람에게서 들은 것도 아니었다. 그저 특별구역의 많은 과학자들과 똑같은 방식으로 그런 결론에 이른 것이었다. 아는 일도, 논의하는 일도 금지되어 있었지만, 그런 제약이 탐구로 단련된 지성을 잠재울 수는 없었다. 생각하고, 고안하고, 추리하는 것을 막을 수도 없었다.

버지니아는 그의 말이 잘 이해되었다. 논리의 구성 요소들이 그녀의 과학적 두뇌 속에서 착착 맞아떨어졌다. 하지만 그 이후 다른 사람들과 그 이야기를 하지는 않았다. 그 대화로 당황하지는 않았지만, 연구실 밖에서는 일과 관련된 이야기를 하지 않았다. 행여 다른 사람들이 참지 못하고 말을 꺼내는 경우에도 마찬가지였다.

하지만 이런 이야기를 들으면 버지니아는 자신이 아직 경험하지 못한, 그래서 관심도 매력도 없는 가정생활에 대한 이야기보다 훨씬 더 흥미를 느꼈다.

◆ ◆ ◆

용감한 누출 테스터 콜린 로언 역시 파이프 숲을 떠나 진짜 숲을 누비는 일을 좋아했다. 그녀와 블래키의 관계는 점점 진지해졌지만, 두 사람 다 그 일을 딱 꼬집어 말하지는 않았다. 어쨌거나 둘 다 다른 사람하고는 데이트를 하지 않았다. 콜린은 심지어 플랜트에서 일할 때 블래키의 낡은 군복을 입기도 했다. 군복에 띠 몇 개를 꿰매 붙이고 긴 소매를 접어 올렸다. 그 옷이 편리한 것은 그녀가 초대형 파이프를 계속 오르내리고, 진흙길을 걸어 출퇴근을 했기 때문이다. 그런 생활은 옷에 해로웠다. PX 이용과 군복 대여는 군인과 사귀면서 얻은 예상치 못한 두 가지 이점이었다.

하지만 콜린의 복장을 플랜트의 모두가 좋게 본 것은 아니다. 어느 날 아침 그녀는 적정화 건물에 출근한 뒤 아래층의 자기 자리에 내려가서 탐지기를 들고 용접부를 살피기 시작했다. 그런데 한참 일하다가 보니 어떤 병장이 그녀를 향해 다가오고 있었다. 콜린은 모르는 사람이었다. 병장은 콜린 앞에 와서 블래키 군복 소매의 계급장을 떼고 말했다.

"당신은 이걸 착용할 권리가 없어요. 이건 모욕 행위입니다."

콜린은 대꾸하지 않았고, 남자는 떠났다.

물론 그녀는 군인이 아니었다. 하지만 군인을 모욕할 생각은

323

무고한 희생

전혀 없었다. 콜린의 오빠도 군인이고 남자친구도 군인이었다. 그들이 하는 일에 자부심을 품었고, 군복 착용은 군에 대한 지지를 보여주는 일이라고 생각했다. 자신이 잘못 생각했다는 것—군복은 존중받아야 하고, 현역 복무 중인 사람만이 입어야 한다는 것—을 깨달았지만, 그 남자가 아무런 설명 없이 면박만 주고 간 것은 마음에 들지 않았다.

콜린은 군복을 벗고 본래의 장식 없고 낡은 옷차림으로 돌아가서 다시 일을 했다.

그런데 콜린의 가족은 복장과 관련해서 이보다 더 심한 실수도 했다. 오빠 브라이언—그 역시 CEW에서 일했고, 로언가의 못말리는 유머 감각을 지녔다—은 어느 날 로마의 신 메르쿠리우스처럼 양옆에 날개가 달린 모자를 쓰면 재미있겠다고 생각했다. 그것은 자신이 현재 일하는 재료에 대한 은유도 될 것 같았다(메르쿠리우스의 영어 이름 Mercury는 '수은'이라는 뜻도 있다—옮긴이). 그러니까 그것은 "나는 생각보다 많은 걸 알고 있다"는 메시지로, 화학과 신화를 아는 사람이라면 능히 알아차릴 수 있는 것이었다. 그는 그들이 수은을 가지고 일한다는 것을 알았다. 그걸로 무얼 하는지는 몰랐지만, 어쨌건 수은이 관계된다는 것만큼은 알았다. 그래서 그 모자를 당당하게 쓰고 출근했지만, 그 후 얼마 지나지 않아 더 이상 그곳에서 일할 수 없게 되었다.

군사 특별구역에서 처음 일하게 되면 그런 일들이 교훈을 주었다. "자기 것만 들여다볼 것" 이상의 행동 지침이 있었지만, 그것이 늘 뚜렷이 적시되지는 않았다. 콜린은 파이프 누출 테스트 훈련을 받았다. 수많은 알파벳 약어를 익혔고, 자신이 본 것, 한 일, 일하는 곳에 대해 아무에게도 말하지 말라는 교육을 수도 없이 받았다. 하지만 "남자친구의 군복을 입지 말라"는 내용은 교육에 없었다.

대부분의 경우는 그때그때 상황을 모면하면서, 할 수 있는 일과 없는 일을 구별해내야 했다.

일에 대해 농담하는 것은 괜찮았다… 일정 수준까지는.

애국심을 보여주는 것은 권장되었다… 적절한 방식으로, 적절한 상황에서 한다면.

이따금 잭슨 광장 극장 무대에도 오크리지의 비밀스런 성격을 놀리는 내용이 올랐는데 그것도 괜찮았다… 너무 나가지만 않으면.

콜린과 동료들은 과학과 산업, 민간과 군이 결합된 공동체에 적응하며 살아가는 젊은 민간인이었다. 그곳 생활은 대학 캠퍼스처럼 활기찼지만, 군사시설 고유의 제한과 감시를 받지 않을 수 없었다.

하지만 숲에는 알파벳 약어도 규제도 없었다. 콜린은 블래키와 함께 특별구역 밖으로 나가는 일이 즐거웠고, 빅리지 나들이는 그녀가 가장 좋아하는 데이트 중 하나였다. 그래서 블래키가 빅리지의 호젓함을 이용해서 콜린에게 그동안 궁금했던 질문을 한 것은 그렇게 이상한 일이 아니었다. "콜린, 너는 결혼하고 싶니?"

'결혼?' 콜린은 생각했다.

그것은 놀라운 질문이 아니어야 했지만, 그녀는 그렇게 일찍 청혼받을 줄은 몰랐다. 어쩌면 청혼은 원래 그런 것인지도 몰랐다. 놀랍지만 정말로 놀랍지는 않은.

콜린은 블래키가 좋았다. 식구들도 블래키를 좋아했고, 블래키 역시 콜린의 가족 같은 대가족에 질겁하지 않고 다정하게 행동

무고한 희생

했다. 그래도… 결혼이라. 서두를 이유가 있나? 여기서는 모든 것이 다 순간에 지나가는 것 같았다.

그래서 그녀는 블래키―그녀의 남자친구, 애인, 양키 출신 외아들, 축구 팀도 꾸릴 만큼 많은 남부의 로언가를 따뜻하게 끌어안은 사람, 그녀만큼이나 여행과 모험을 사랑하는 사람에게 진심으로 할 수 있는 유일한 대답을 했다.

"아니."

◆　◆　◆

도로시와 실리아에게 1945년은 불과 몇 달 전과는 크게 달라졌다. 그들은 콜린이 저항한 것을 끌어안았기 때문이다.

그들은 결혼하면서 젊은 직장 여성의 삶을 끝냈다. 실리아는 그 변화가 갑작스러웠다. 헨리는 얼른 아이를 갖고 싶어 했고, 그 소망대로 실리아는 결혼 후 곧바로 임신했다. 그런데 석 달쯤 지나면 끝날 줄 알았던 입덧이 도무지 멈추지 않았다. 그녀는 날마다 견딜 수 없는 고통에 시달렸다. 그런데 옆에 아무도 없었다. 이따금 상황이 허락하면 이웃과 커피 한잔을 하기도 했지만, 일하고 통근하고 캐슬이나 직원식당에서 다른 비서들과 수다를 떠는 일은 이제 할 수 없었다. 봄은 빠른 속도로 여름이 되었다. 박태기나무와 층층나무는 타오르는 진달래에 밀려났고, 진흙 위로 옥스아이 데이지가 돋아날 날이 멀지 않았다. 그와 함께 더위와 습기가 몰려와서 그녀를 더욱 힘들게 했다. 그녀는 고통의 나날에 시달렸다.

자신의 감독관 폴 윌킨슨과 결혼한 도로시는 통조림 햄에 경탄하며 살게 되었다.

'스팸아, 고맙다.' 도로시는 작은 부엌에서 처음 살림을 익혀나가면서 생각했다. 그 조미된 통조림 햄은 해외에 보내는 데 인기가 높았다. 냉장 보관할 필요가 없었기 때문이다. 군용으로는 특별히 2.7킬로그램짜리 대형 통조림이 나왔다. 그것은 여러 모로 시대의 음식이었다. 저널리스트 에드워드 R. 머로Edward R. Murrow는 2년 전 크리스마스에 런던에서 이런 글을 썼다. "크리스마스 식탁은 풍성하지 않겠지만, 모두가 스팸 런천 미트는 먹을 수 있을 것이다."

도로시와 폴은 아름다운 이른 봄날, 채플 온 더 힐에서 결혼했다. 예배당은 여전히 수많은 교파가 함께 이용했고, 서로 다른 집단의 예배가 연달아 열렸기에 성배와 십자가가 있던 자리에 유대교의 가지 촛대와 육각별이 놓이는 일이 드물지 않았다.

예배당 환경은 아름다웠다. 잭슨 광장 뒤편 언덕에 자리한 그 건물은 아담하게 솟은 흰색 뾰족탑에, 벽은 목조 미늘로 마감되어 있었다. 하루 중 특정한 때 특정한 각도에서 보면—그리고 눈을 찌푸리고 보면—, 언덕 위의 예배당은 때로 뉴잉글랜드 지방의 풍경을 연상시켰다.

도로시가 폴에게 느꼈던 좋지 않던 첫인상은 사라졌다. 그는 똑똑하고—때로 약간 지나치게—, 매너도 좋고, 좋은 집안 출신이었다. 그녀는 그가 언제나 자신을 돌봐주고 또 좋은 아빠가 될 것을 알았다. 그것은 중요했다. 도로시는 녹스빌의 밀러스 백화점에서 예쁜 분홍색 크레이프 드레스를 샀다. 예식은 간소했고 식구들만 참석했다. 도로시의 어머니와 언니 마거릿, 그리고 폴의 어머니와 누나, 아버지가 왔다. 식구들이 모이는 것은 좋았지만, 결혼식장이 특별구역에 있다 보니 도로시와 폴은 먼저 모두의 보안 통행증을 마련해놓아야 했다. 그리고 여윳돈이 별로 없는 가운데에도 게스트하우스에서 작은 피로연을 열었다. 그곳은 특별구역 내에서 단연 최고의 선택이었다. 호텔의 작은 연회장에서 식사와 케이크가 나왔지만 술은 없었다. 이후 그들 부부는 가까운 테네시주 개틀린버그로 신혼여행을 갔다.

특별구역에 돌아온 도로시는 자신의 사회생활이 바뀌고 있음을 느꼈다. 그녀는 기숙사 생활이, 그곳의 자유와 친구들이 좋았다. 일이 끝나면 대개 피곤했기에 집에 가서 속옷을 빨아 기숙사 방에 널고 잘 시간밖에 없었다. 하지만 사람들과 어울리고 싶지만 딱히 밖에 나가고 싶지 않을 때는 같은 기숙사의 여자들이 있었다. 언제나 누군가의 방은 문이 열려 있었기에 거기 가서 함께 수다 떨고 잡지를 뒤적일 수 있었다.

그런데 이제는 그녀뿐이었다. 밤 시간이 가장 힘들었다. 폴은 Y-12에서 때로 야간조로 근무했고 도로시는 밤새 혼자 겁에 질린 채 온갖 소리—버스 소리, 사람들 말소리, 벌레 소리, 몇 년 안에 허물 예정인 허약한 주택의 벽을 흔드는 바람 소리—에 잠을 이루지 못했다. 그런 소리들은 24시간 잠들지 않는 공장 도시의 사운드트랙이었다.

도로시는 결혼하고 두 달 뒤까지 일을 다녔지만, 이제 그 일이 힘들어졌다. 그녀 역시 결혼과 동시에 임신했는데, 그것은 문제없었지만 어쨌건 폴에게 일을 그만두고 싶다고 말했다. 폴은 도로시가 돈을 버는 게 좋았지만 그 결정을 말리지 않았다. 그들은 앨투나 레인Altoona Lane의 방 한 개짜리 납작 지붕 집—사실 나무 다리에 합판 상자를 얹은 것이라고 해도 과언이 아니었다—에 살았는데, 집의 면적이 55제곱미터도 안 되는데도 도로시는 살림이 만만치 않았다.

그녀는 차도 없어서 시장에도 걸어서 다녔다. 그런데 전보다 쇼핑을 많이 했다. 시간이 직원식당과 매점을 중심으로 돌아가지 않았기 때문이다. 집에 기본적인 것—침대, 서랍장, 식탁—은 있었지만, 그릇과 냄비와 팬은 사야 했다. 도로시는 부엌에서 여러 가지 실험을 하며 요리를 배웠다. 그녀도 나름대로 최선을 다했지만 폴은 오래지 않아 식사 준비를 자신이 하는 게 낫겠다고 생각하게 되었다. 어쨌거나 고기 요리만큼은. 폴은 고기는 덜 익힌 것을 좋아했는데 도로시는 소중한 배급 고기를 애초의 모습이 사라질 만큼 바짝 굽는 데 익숙했다. 그러다 일찌감치 스팸이라는 구원자를 만났다. 통조림을 따고 지방을 긁어낸 뒤 팬에 굽기만 하면 금세 맛있는 음식이 되었다.

하지만 너무 많은 끼니를 스팸에 의존한 뒤에 도로시는 스스로 맹세했다. 전쟁이 끝나고 배급제도 사라져서 원하는 것을 원하는 만큼 살 수 있게 되면 스팸은 두 번 다시 쳐다도 보지 않겠다고.

◆ ◆ ◆

CEW는 진척의 정도를 판정하기 어려운 경우가 많았다. 다른 전시 산업 분야는 탱크, 타이어, 폭격기의 숫자가 업무 성취의 기준이 되었지만, 오크리지의 노동자들 대부분에게는 그런 기준점이 없었다. 물론 종전을 앞당기는 것은 성취 동기가 되었다. 군인들이 무사히 귀국하는 것도 마찬가지였다. 하지만 사람들이 자부심을 느낄 구체적인 무언가가 아쉽기는 했다.

그래서 노동자들이 스스로 구체적 목표를 만드는 경우가 있었다. 캐티와 콜린이 일하는 K-25 플랜트의 노동자들은 2주일치 야근 수당을 모아서 "선데이 펀치Sunday Punch"라는 이름의 비행기를 만드는 데 기부했다. 그 폭격기는 바로 몇 주 전인 1945년 3월 18일에 파일럿에게 배달되었다. 캐티를 비롯한 노동자들은 자신들이 거기 힘을 보탰다며 자랑스럽게 그 비행기를 가리킬 수 있었다.

두 번의 일요일 근무 정도는 캐티가 계획하기 쉬웠다. 그녀는 오래전부터 적은 수입을 잘 관리해서, 생활비를 최대한 아껴 쓰고 오번의 집에 충분한 돈을 보냈다. 송금은 처음보다 훨씬 쉬워졌다. 그들 부부가 거기 처음 왔을 때는 돈을 보낼 방법이 별로 없었다. 대개의 경우 그들은 윌리가 담배 주머니에 돈을 넣고 캐티가 그것을 블라우스 안쪽에 핀으로 찔러 고정한 뒤, 그 돈을 품고 앨라배마까지 길고 힘든 버스 여행을 가서 어머니와 아이들에게 직접 전달했다.

캐티는 확실히 자기 상사보다 돈을 잘 관리했다. 상사는 그녀에게서 계속 돈을 빌렸다. 그녀보다 몇 살 많은 그 백인은 그럭저럭 괜찮은 사람이었고, 씹는담배 때문에 담뱃진이 입가의 주름을 따라 흘러내렸다.

"캐티⋯." 그는 부끄럽게 웃으며 말을 건넸다.

캐티는 그런 모습을 보면 무슨 말이 나올지 알았다. 늘 똑같았기 때문이다.

"10달러만 빌려줘요."

그가 캐티가 힘들게 번 10달러를 손에 넣으면 인근 대도시 채터누가로 여자들을 만나러 간다는 것을 그녀는 잘 알았다.

하지만 그녀는 언제나 돈을 빌려주었고, 그는 언제나 돈을 빨리 갚았다. 캐티는 모든 감독자들과 관계가 좋았다. 그녀는 그게 중요하다고 생각했다. 그래야 괴롭힘을 덜 받을 수 있었다.

그녀는 결근도 지각도 하지 않았고, 그것은 그녀의 자부심이었다. 그녀는 매일 선두 그룹으로 출근하려고 노력했다. "4556!" 그녀는 출근 복도에서 일하는 한쪽 팔이 없는 남자에게 소리쳤다. 그 남자는 외팔로도 놀라울 만큼 빨리 일했다. '마치 팔이 세 개인 것 같아.' 그녀는 생각했다. 그녀는 출근하면 안 될 거 같은 때도 출근했다. 그래서 어느 날은 기절해서 쓰러졌다. 다른 사람들은 집에 돌아가서 쉬었겠지만 캐티는 그러지 않았다. 그녀는 그곳에서 최대한 많은 돈을 벌고 싶었다. 전쟁을 위한 그 모든 희생을 생각하면 그 방법밖에 없었다. 그날 그녀는 생리통 환자들을 위해 마련된 방에 몇 분 누워 쉬었다. 하지만 그녀는 생리 때문에 쓰러진 것이 아니었다. 원인은 과로였다. 캐티는 거기 오래 머물지 않았다. 그리고 동료의 조언에도 불구하고 병원에 가지 않았다. 캐티는 일을 하고 추가근무 수당을 펀치에 당당하게 기부하고 싶었다.

선데이 펀치라는 말은 '대히트'라는 뜻이었다. 3년 전에 그런 제목의 영화가 대히트를 쳤다. 테네시주 녹스빌 출신의 톰 에번스 중위가 행운의 주인공이 되어서 녹스빌 공항을 출발한 최신 B-25J 비행기를 넘겨받았다. 22살의 에번스는 인도 카라치 근처의 기지에 도착한 그 폭격기가 자신의 고향 근처 군사시설에서 일하는 시급 노동자들이 돈을 모아 구입한 것이라는 말을 들었을 때 자신이 그 비행기의 파일럿이 되는 게 당연하다고 생각했다. 선데이 펀치는 비행기 옆면, 조종석 아래쪽에 이름을 큼직하게 새겼다. 폭격기 가격은 약 25만 달러로, K-25 노동자 수천 명이 일요일 근무를 두 번만 하면 충당이 되는 액수였다.

폭격기는 제10육군항공대, 12포격그룹(어스퀘이커스The Earth Quakers), 81포격대대(배터링램스The Battering Rams) 소속으로, 중국-버마-인도 전장으로 갈 예정이었다. 에번스와 선데이 펀치가 얼마나 하늘을 누빌지는 에번스의 기술과 행운뿐 아니라 일본의 끈기에도 달려 있었다. 그리고 선데이 펀치를 선물한 노동자들의 성공 또는 실패에도 달려 있었다.

✦ ✦ ✦

병원에서 에브 케이드라는 이름의 교통사고 환자 HP-12에 대한 치료는 이상하게 변해 있었다. 그에게는 부상 치료와 관계 없는 처치가 실시되었다. 주사 투여는 1945년 4월 10일에 시작되었고, 가장 먼저 투여된 것은 49, 즉 플루토늄 4.7마이크로그램이었다.

몇 년 후, 하울랜드 박사라는 사람은 애초에 자신은 HP-12에게 플루토늄을 주사하라는 지시에 반대했다고 말했다. 주사와 관련된 환자의 동의는 없었다. 하지만 그는 어쨌건 그 일을 했고, 그것은 상관 프리덜이 직접 지시를 했기 때문이라고 말했다. 하지만 나중에 프리덜 박사는 자신은 그런 명령을 내린 적이 없다고 주장했다. 그리고 HP-12에게 주사를 투여한 사람은 드와이트 클라크 박사라는 사람이라고 말했다. 이 일의 진실은 밝혀지지 않았다.

의사들은 생체 표본―조직, 소변, 분변―을 얻어서 그것으로 플루토늄이 인체를 어떻게 지나가는지, 인체에 얼마나 남는지,

아토믹 걸스

HP-12에게 어떤 영향을 미치는지를 시험할 계획을 세웠다. 주사 투여 다음 날 프리덜 박사는 로스앨러모스에 그 사실을 알리는 편지를 보냈다. "여기서 상당한 임상 자료를 얻을 것 같습니다. 여러 환자에게 시험할 수 있다면 좋겠습니다."

HP-12의 골절된 뼈는 사고 이후 20일이 지난 4월 15일에야 접골되었다. 의사들은 시험을 위해 그렇게 하는 편이 더 수월하다고 생각했다. 골조직은 첫 주사 96시간 이후에 표본 채취되었다. 접골은 생검을 수행한 뒤에야 실시할 수 있었다. 그래서 그들은 4월 15일에 HP-12를 수술해서 표본을 채취하고 뼈를 접골하고 깁스를 했다. 의사들은 이미 환자의 이가 썩고 잇몸에 염증이 생기는 것을 알았다. 그래서 의사—클라크인지 하울랜드인지는 분명하지 않다—는 HP-12의 뼈 표본을 채취할 때 치아 열다섯 개도 뽑기로 했다. 뽑힌 치아는 뉴멕시코로 갔다. 그들은 그것을 철저히 검사해서 플루토늄이 HP-12의 핏줄을 흘러 입안까지 들어갔는지 알아내고자 했다.

튜벌로이

✦

희망과 잡화상, 1945년 4월~5월

"내가 다음에 프랭클린을 만나면, 육군이 테네시주에 테네시강 개발청과 그 많은 댐보다 더 많은 일을 해주고 있다고 말해야겠어." 언제나 유쾌한 국방장관이 니컬스 공병단장에게 말했다. 프랭클린이란 프랭클린 루스벨트 대통령을 가리켰다.

국방장관 헨리 스팀슨은 그 말을 클린턴 공병사무소를 처음 둘러보고 난 뒤에 했다. 그는 1945년 4월 11일에 참모를 데리고 그로브스 장군과 함께 그곳을 방문했다. 77세의 나이에도 여전히 미남인 장관은 이렇게 거친 외곽 기지를 다니는 일이 약간 불편했다. 진흙, 계단, 가설 발판 때문이었다. 니컬스 단장은 지팡이를 짚고 페도라를 쓴 장관이 순시할 주요 지역에 경사로를 설치하게 했다. 오크리지 건물들 바깥에 갑작스레 경사로들이 생겨나자 특별구역에는 뒷소문이 폭발했다. '루스벨트 대통령이 와!'

장관은 CEW의 규모에 만족했고, 노동자들은 순시하는 그를 알아보지 못했다. 첫날 순시를 마치고 게스트하우스에 들어간 그는 일기에 그날 본 것에 대해 이렇게 적었다. "역사상 이 세상에 존재했던 것 가운데 가장 놀랍고 독특한 사업부다."

순시는 다음 날까지 이어졌다. 그런 뒤 장관은 워싱턴으로 돌아가서 일기에 그 방문에 대해 열렬한 칭송글을 남겼다. "역사상 가장 거대하고 비범한 과학 실험을 보았"고, 자신은 "그 바리케이드 안쪽의 비밀을 들여다본 첫 외부인"이며, 오크리지는 "질서 있고 체계적인 도시"라고 했다.

그리고 장관은 프로젝트가 지금껏 계획대로 진행되었고, 성공을 99퍼센트 확신하지만, 성공의 진정한 척도는 아직 만들어지지 않았다고 덧붙였다. 장치의 가치와 효과는 첫 시험으로 평가해야 한다고.

◆　◆　◆

그로브스 장군은 라디오 뉴스를 들은 동료 장교에게서 소식을 들었다. 1945년 4월 12일 루스벨트 대통령은 조지아주 웜스프링스의 '작은 백악관'에서 다량의 뇌출혈로 죽었다.

미국은 오랜 지도자를 잃고 깊은 슬픔에 빠졌다. 사람들은 프랭클린 루스벨트를 한 번도 아니고 두 번도 아니고 무려 네 번 연속 대통령으로 뽑았다. 청소년들은 다른 대통령을 기억하지 못했다.

프로젝트를 생각하면 타이밍이 좋지 않았다. 프로젝트를 중단, 지연하거나 일시 중지 또는 재정비할 수는 없었다. 시간표는 그런 것을 허락하지 않았다. 하원의회 다수는 프로젝트의 존재도 몰랐고, 그래서 추가 재정 지원을 받을 때면 거의 어김없이 못마땅한 눈길이 따랐다. 그로브스 장군과 국방장관은 추가 재정을 요청할 때마다 최소한의 어려움을 겪었다. 매번의 지원금이 어디로 가는지 모호하게라도 설명해야 했기 때문이다. '전쟁 지원'이 목적이라는 표준적 설명만으로는 부족했다. 그들은 대통령과 한

편이 되어야 했다.

프로젝트에 대해 말하면서 실제 내용은 거론하지 않는 까다로운 작업은 대개 토지 구매 금액, 주거 비용, 건축 및 기반 시설 관련 비용에 초점을 맞추는 방법으로 수행되었다. 장관과 장군은 그러면서도 실제 플랜트의 비용과 크기에 대해서는 정보를 감추려고 조심했다. 모든 것을 납득할 만한 수준에서 최대한 광의의 용어로 설명했다. 하지만 얼마 전부터 하원의원 몇 명을 끌어들여야 할 필요가 강력히 대두되었다. 하원의회의 지도자가 그들과 한배를 타면, 몇몇 핵심 의원을 클린턴 공병사업소에 초대해서 프로젝트의 규모를 파악하게—상세한 내용은 감추더라도—해줄 수도 있었다.

장군과 장관은 루스벨트의 승인 아래 4월 13일에 하원의 주요 의원들을 만날 계획을 한 상태였다. 하지만 4월 12일의 안타까운 죽음으로 이 만남은 취소되었다. 이제 부통령이었던 트루먼이 전쟁 중인 나라뿐 아니라 프로젝트까지 물려받아야 했다.

그는 테네시주 산악 지대, 뉴멕시코주 사막, 워싱턴주 저지대를 비롯한 장소들에서 무슨 일이 벌어지는지 거의 몰랐다. 프로젝트 책임자들은 트루먼에게 얼른 그 일을 알려야 했다. 미주리주 태생의 트루먼은 그때 부통령 자리에 오른 지 겨우 82일이었다. 그가 장치를 모르는 것도 문제였지만, 이제 베를린으로 진격하는 러시아와 갈등이 커지는 것도 문제였다.

장관은 트루먼 대통령에게 자신과 논의해야 할 중요한 현안들이 있다고 말했다. 하지만 새 대통령이 떠맡은 책임이 워낙 많았다. 수많은 일정과 회의가 바쁘게 짜여져 있었다. 행정 인수인계 문제를 포함해 가족의 백악관 이주 문제도 있었고, 할 일의 목록은 끝없이 이어졌다. 거기에 전쟁 때문에 모든 것이 더욱 복잡해졌다. 그래서 장관은 이 만남은 미루면 안 된다는 것을 분명히 알렸다.

> 대통령 각하
> 극히 비밀스러운 문제로 인해 제가 최대한 이른 시기에 각하를 뵙기를 청합니다.
> 각하께서 취임하신 직후에 제가 짧게 언급은 했지만, 각하가 처한 힘겨운 상황으로 인해 강하게 촉구하지는 않았습니다. 하지만 이 일은 우리의 현재 외교와 관련된 중요한 사항이고, 이 분야의 모든 일에 너무도 큰 영향을 미치기에, 각하께서 더 이상 지체 없이 이 일을 아셔야 한다고 생각합니다.
>
> 1945년 4월 24일

트루먼은 즉시 손으로 답장을 써 보냈다. 비서실장 매슈 코널리는 바로 다음 날인 4월 25일 수요일에 국방장관과 약속을 잡았다.

미주리주 인디펜던스의 잡화상 출신인 트루먼은 그가 하고자 하는 이야기가 무엇인지 짐작하지 못했다. 그는 한때 이른바 트루먼위원회라는 상원 특별위원회의 위원장으로 맹활약했다. 그 위원회는 국방비가 허투로 쓰이지 않게 감시하는 기구였다.

하지만 이제 대통령이 되었더니 엄청난 이야기가 그를 기다리고 있었다.

트루먼은 미국 군 역사상 최대 규모의 지출에 대한 자세한 설명을 경청했다. 그리고 이 프로젝트가 현재의 전쟁뿐 아니라 앞

무고한 희생

으로의 외교에 미치는 장기적인 영향이 어떨지 가늠해 보려고 했다. 결정의 시간은 그의 판단을 기다리며 그를 향해 빠르게 다가오고 있었다.

취임한 지 열흘 남짓 된 신임 대통령은 나중에 썼듯이, "달과 별이, 모든 행성이 내게 떨어진 것 같은" 느낌을 받았다.

그로브스 장군과 국방장관이 함께 새로이 대통령의 짐을 진 트루먼에게 우주를 떨구었다. 그들은 그에게 연구 초기부터 맨해튼 공병단 설립을 지나 장치 전달 방법을 고민하는 현재까지 설명했다. 장관의 CEW 시찰은 타이밍이 적절했다. 덕분에 장관은 CEW의 최신 상황을 그로브스 장군만큼 잘 알았다.

그들은 장치의 한 가지 버전—49를 연료로 사용하는 내폭형—은 앞으로 겨우 석 달 뒤인 7월에 테스트가 가능할 거라고 말했다. 그리고 두 번째 버전의 장치—CEW의 농축 튜벌로이를 사용하는 포신형—는 8월 1일 정도면 준비가 될 예정이었다.

트루먼은 이야기를 들었다. 그는 이제 한 배에 탔다.

하원의원 다섯 명—그중 한 사람은 이미 비밀스럽고 막대한 비용이 드는 프로젝트에 질문을 제기한 적이 있었다—을 CEW에 초대해서 그들에게 이 선례 없는 군사적 모험의 규모와 필요성을 알리자는 제안이 나왔다.

트루먼은 군사비에 대한 지식이 얕지 않았다. 그는 과도한 국방비 지출이라 여겨지는 많은 사안을 조사한 경력이 있었다. 그는 자신의 이름을 딴 트루먼위원회를 이끌면서, 몇 번에 걸쳐 국방장관에게 이 프로젝트에 대해 제대로 설명하라고, 왜 이렇게 돈이 많이 드느냐고, 그들이 요청하는 그 막대한 재정이 도대체 어디로 가는 것이냐고 추궁한 적이 있었다. 장관은 거기 답하지 않았다. 그리고 이제 트루먼 대통령은 그에 대한 답을 들었다. 모든 답을. 달과 별과 행성이 떨어졌고, 트루먼은 미지의 새 우주가 동 터오는 것을 볼 수 있었다.

◆　◆　◆

"유럽의 전쟁은 끝났다! 적은 무조건 항복했다. 오늘 V-E (Victory in Europe, 유럽 전쟁 승리—옮긴이)가 선포될 것이다. 오키나와 전선에서도 승리가 이어지고 있다." 〈뉴욕타임스〉 1945년 5월 8일 1면의 헤드라인이다.

독일은 공식적으로 아돌프 히틀러가 4월 30일에 죽고 일주일 남짓 버텼을 뿐이다. 물론 히틀러가 새 신부 에바 브라운Eva Braun과 함께 베를린 지하 15미터 깊이의 '총통의 벙커'에 들어갔을 때 이미 모두 그 일을 예견하기는 했다. 두 사람의 머리 위에서, 한때 유럽의 수도로 군림하던 도시 베를린은 러시아 군대에 힘없이 무릎을 꿇고 있었다. 그들은 다시는 햇빛을 보지 못했다.

VE 데이(유럽 전승 기념일)는 베니토 무솔리니와 루스벨트 대통령이 죽고 겨우 몇 주일 만에, 그리고 트루먼 대통령이 프로젝트에 대해 완전히 알게 된 직후에 왔다. 유럽에서 종전을 공식 선포하고 24시간 안에 국방장관이 이끄는 프로젝트 대표단이 임시 위원회의 첫 비공식 회의를 열었다. 그들이 의논할 과제는 어떻게 그 장치를 사용할 것인가에 그치지 않고 장치와 그것을 만든 과학을 전후에 어떻게 관리해야 할지도 포함되었다. 정치적 이념이 서로 다른 국가들이 그 정보를 어떻게 공유할 것인가, 그 과학을 국제적으로 어떻게 통제하고, 또 그것을 규제하는 데 어떤 입법이 필요한가 하는 것까지.

전시 정보 통제와 홍보는 더욱 긴급했다. 5월 14일에 열린 임시위원회의 두 번째 비공식 회의에는 그로브스 장군이 참석했다. 그들은 페르미, 콤프턴, 로런스, 오펜하이머가 참여하는 과학 패널 구성에 합의했고, 또 대중에게 정보를 전파할 방식에 대해서도 의논했다.

"윌리엄 L. 로런스William L. Laurence—〈뉴욕타임스〉의 과학부 편집자로 현재 맨해튼 공병단에서 일하는—가 공식 발표의 초안을 작성할 것이다…."

그들이 수년 동안 비밀리에 노고를 바친 프로젝트를 이제 대중에게 완전히 공개할 시점에 이르렀고, 위원회는 장치에 대한 정보를 세계와 공유할 지침이 필요했다.

✦ ✦ ✦

히틀러 이후의 유럽이 모양을 갖추기 시작하면서, 연합군은 열 명의 독일 과학자를 찾아냈고, 그중에는 리제 마이트너의 전 동료인 오토 한도 있었다. 그들은 과학자들을 영국 케임브리지 인근 고드맨체스터의 시골 영지인 팜홀에 구금했다. 그들은 전쟁이 끝날 때까지, 그리고 연합국이 독일의 장치 개발이 어디까지 진척되었는지 최종적으로 파악할 때까지 거기 갇혀 있어야 했다.

팜홀에 갇힌 독일 과학자들은 자신들이 구금된 이유와 그 구금이 언제까지 이어질지 이야기하는 것밖에는 할 일이 없었다. 그리고 그들이 하는 이야기를 연합군이 들었다. 이것이 엡실론 작전이었다.

"… 여기 도청 마이크가 설치돼 있을까요?" 쿠르트 디브너 Kurt Diebner—물리학자이자 독일 튜별로이 연구 사업의 대표—가 동료들에게 물었다.

"도청 마이크요?" 세상에 양자 이론의 불확실성 원리를 소개한 베르너 하이젠베르크Werner Heisenberg가 웃으며 말했다. "아뇨, 그 사람들은 그렇게 귀엽지 않아요. 그런 진짜 게슈타포식 방법을 알 것 같지 않아요. 그 사람들은 그 점에서 좀 구식이에요."

◆　◆　◆

유럽의 승전은 가족과 친구가 해외의 전장에 나간 이들에게 기쁨과 안도, 그리고 이제 곧 군인들이 집으로 돌아올 거라는 희망을 안겨주었다. 그러는 동안에도 클린턴 공병사업소의 일은 잠시도 멈추지 않았다.

독일의 항복 소식이 신문을 때리자마자 CEW 광고판들에 새로운 메시지가 나타났다. 이전과 달라진 게 없다는 내용이었다. 페이스를 늦춰야 할 이유는 전혀 없었다. 오히려 속도를 더 올려야 했다.

어느 날 갑자기 솟아난 듯한 광고판 하나에는 건장한 엉클 샘이 소매를 걷어 올리고 있는 그림이 실려 있었다. 그는 백기가 날리는 독일 땅을 등지고 서서 일본 지도에 시선을 고정했다. 거기는 이런 문구가 적혀 있었다.

하나는 끝나고, 하나가 남았다
가진 힘을 모두 바쳐 끝날 때까지 최선을 다하자.

무고한 희생

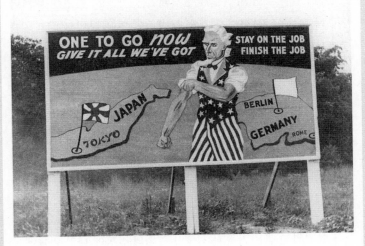

독일, 일본에 관한 엉클 샘 광고판.

　'끝날 때까지는 끝난 게 아니다'라는 내용의 선전물 가운데
특히 자극적이었던 것 하나는 군인들이 적으로부터 포격을 당하
는 이미지를 담은 것이었다. 군인 두 명이 바닥에 나뒹구는 가운
데 세 번째 군인이 어두운 하늘의 포탄 파편들을 바라보고 있었
다. 그리고 이런 문구가 적혀 있었다. "전쟁의 마지막 순간에 누구
의 아들이 죽을 것인가? 매순간이 중요하다!"

　유럽의 승전 선포 16일 뒤에 그들은 도쿄에 맹폭을 퍼부었
다. 3월 초의 폭격—예배당 작전Operation Meetinghouse—도 이미 엄청
난 타격이었다. 1945년 3월 10일 아침 해도 뜨기 전에 도쿄 하늘
에 279대의 B-29기가 날아들었다. 소이탄 폭격이 끝났을 때 도쿄
의 건물 26만 7000동이 무너졌다. 도시 건물 전체의 약 1/4에 해
당하는 수치였다. 사망자가 8만 3000명—집계에 따라 훨씬 더 많

은 경우도 있다—이었고, 이재민과 부상자는 이루 헤아릴 수 없었다. 그것은 2차대전의 하루 사망자 기록 중 가장 높았다. 그리고 이번 5월의 공격 때 B-29기는 황궁 근처의 시가지 및 산업 지역 외곽을 때렸다.

현대의 경이라 할 만한 초대형 폭격기 B-29 슈퍼포트리스는 2차대전과 태평양 전쟁의 하늘을 지배했다. 그것은 리모컨 조정 포탑과 가압 조종실을 갖추었고, 대당 가격이 50만 달러가 넘었으며, 1만 2000미터 상공에서 시속 560킬로미터로 날았다. 태평양의 작은 섬 마리아나제도가 미국의 지배 아래 들어와서 일본에 반복 공격을 가할 수 있는 이상적인 항공 기지가 되었고, 프로젝트는 2월에 그곳의 티니안섬Tinian에서 독자적 작업을 시작했다. B-29는 이미 임무를 한 차례 확장해서 애초의 계획인 주간 고고도 폭격과 더불어 야간 저고도 폭격까지 수행했다. 그런데 이제 또 다른 특이한 임무까지 수행하게 되었다.

VE 데이가 다가오면서 프로젝트는 새로운 질문들을 안게 되었다. 그로브스 장군은 국방차관 패터슨의 질문을 귀 기울여 들었다. 종전까지는 얼마 정도 남았는가? 유럽에서 승리했으니 일본에 장치를 사용하려는 계획이 변경될 수도 있는가?

'왜 그래야 하지?' 장군은 생각했다.

독일의 항복으로 일본이 미국에 대한 공격을 줄였나? 그러지 않았다. 국방장관은 프로젝트의 이유는 전쟁을 끝내는 것이고 그것도 "다른 어떤 방법보다 빨리 끝내서 미국인의 생명을 지키는 것"이라고 말했다. 그로브스 장군에게 장치는 적국에게 사용하는 무기이고, 일본은 아직 적국으로 행동하고 있었다.

임시위원회의 5월 31일 회의 보고서는 일주일 뒤에 트루먼에

무고한 희생

게 갔다. 그것은 장치의 사용법과 그것의 연료, 그리고 미래에 그와 관련된 연구를 공유할 방법을 추천하고 있었다. 그 뒤를 이어 금속연구소에 또 하나의 위원회가 만들어졌다. 거기에는 레오 실라르드, 글렌 T. 시보그, 그리고 의장 제임스 프랑크가 속했다. 그런데 이들이 작성한 프랑크 보고서는 장치 사용과 관련해서 임시위원회와 견해가 달랐다. 이들은 먼저 장치의 힘을 보여주자고 제안했다. 하지만 임시위원회의 과학 패널은 "직접적 군사적 사용의 적절한 대안이 없어 보인다"고 그 제안을 거절했다.

그로브스 장군은 장치를 쓸 방법에 대해 아무런 의심이 없었다. 결단의 시간이 다가왔고, 그것은 장군과 장관 둘이서 결정할 일이 아니었다. 워싱턴의 집무실들에게 그들끼리, 또 전국과 전 세계의 관계자들 사이에서 고위급 회의가 계속 열릴 것이다.

하지만 최종 책임은—대통령 집무실 책상에 그가 올려놓은 격언처럼—트루먼 대통령 자신에게 있었다.

12
사막의 모래가 튀다, 1945년 7월

그녀는 남편의 여행가방을 쌌고, 그가 어디로 가는지도 모르고 작별인사를 했다. 저녁 식사가 끝난 뒤에는 남편이 손님과 긴히 할 이야기가 있으니 자리를 비켜달라고 할 것을 예견했다. 그녀는 이제 그렇게 남겨지는 데 익숙했고, 앞으로 다시 남편이 자신에게 무언가를 털어놓을 날이 올까 싶었다.

—바이 워런, 〈오크리지 저널〉

1945년 7월 17일, 그로브스 장군은 몇몇 과학자들과 함께 워싱턴으로 향했다. 그들은 며칠 전부터 함께 있었다. 장군이 보니 그들은 지친 얼굴이었고, 지난 24시간 사이에 목격한 일에 아직도 마음이 진정되지 않은 상태였다.

장군은 정오 무렵 워싱턴에 도착했다. 그의 일은 아직 끝나지 않았다. 그는 국방장관과 트루먼 대통령에게 보낼 추가 보고서를 작성하고 암호화해야 했다. 사막에서 그 일이 있은 직후 이미 그들에게 짧고 수수께끼 같은 요약 메시지를 보냈지만, 이제 그 이상의 자세한 설명이 필요했다. 그리고 장군은 사진가 에드 웨스트콧과의 약속도 지켜야 했다. 그는 이미 장군의 사무실 앞에서 그동안 무수히 그런 것처럼 조용히 기다리고 있었다.

에드 웨스트콧에게 그 일은 예상치 못한 것이었다. 그가 받은 지시는 단순하지만 모호했다. "워싱턴으로 가시오."

상세 지시는 평소보다 더 이상했다. 기차가 밤늦게 올 테니 엘자 게이트 고가 철로에서 기다리라는 것이었다. CEW에 대한 그의 방대한 지식에 따르면 그곳에는 여객 열차가 다니지 않았다. 철로를 빼면 기차가 다닌다는 표시도 없었다. 하지만 그는 지시에 따랐다.

자정이 다가왔다. 웨스트콧은 카메라와 장비를 들고 어둠 속에서 혼자 기다렸다. 얼마 후 발밑에 진동이 느껴졌다. 어둠 속에서 불빛이 나타나서 점점 커지더니 기관차가 들어왔다. 기차는 이어 속도를 늦추고 오직 웨스트콧 한 사람을 위해서 멈추었다. 문이 열리고 짧은 계단이 내려왔다. 웨스크콧은 거기 탑승했고 기차는 다시 어둠 속으로 떠났다.

다음 날 새벽에 워싱턴DC에 도착한 웨스트콧은 당시 국방부 건물(현재는 국무부 건물)에 있는 그로브스 장군의 집무실로 안내되었다. 장군의 본래 집무실은 5120호와 5121호였지만, 프로젝트가 확장되면서 더 많은 공간을 차지하고 있었다. 하지만 그가 갔을 때 장군은 거기 없었고, 그밖의 어떤 정보도 그에게 주어지지 않았다. 그래서 그는 앉아서 기다렸다.

계속 기다렸다.

여러 시간이 지나고 점심시간이 지나갔다. 오후가 저물어갈 때 마침내 장군이 왔다. 웨스트콧은 그를 처음 만나는 것이 아니었다. 웨스트콧은 이제 3년 가까이 클린턴 공병사업소를 플랜트에서 기숙사, 감시탑의 탐조등에서 테니스 코트 댄스파티의 조명까지 사진으로 기록하고 있었다. 장군은 CEW에 시시때때로 찾아왔다. 하지만 오늘 장군은 옷차림도 머리도 평소처럼 단정하지 않았다. 그는 몹시 피곤해 보였고, 수염 자국도 꺼칠했다. 장군은 웨스트콧에게 인사를 했지만 금세 자리를 떠났다.

웨스트콧은 또 기다렸다. 장군이 사진을 찍기 위해 단장을 하러 갔다고 생각했다. 그 일은 평소의 사진 촬영과 같을 수 없었다. 어두운 새벽 뉴멕시코주 사막에서 그 일이 일어났기 때문이다.

✦ ✦ ✦

7월 16일 오전, 조앤은 친구의 오토바이 뒤에 앉아 40킬로미터를 덜컹덜컹 달린 끝에 작은 언덕 꼭대기에 도착했다. 다른 사람들도 똑같은 생각이었지만, 속삭임과 어둠이 경비병들을 피해서 거기까지 온 사람들을 감추어주었다. 어쨌건 당분간은.

22세의 조앤 힌튼과 마찬가지로 다른 젊은 대학원생들도 그 비밀 테스트에 초대받지 않았지만, 그 일이 일어난다는 것을 알았다. 사이트 Y는 작고, 각 연구소들은 훨씬 더 작았다. 소문은 빠르게 퍼졌다.

건강미 넘치는 매력적인 금발 여성 조앤 힌튼은 지난해 위스콘신 대학에서 박사학위를 받고 뉴멕시코주 로스앨러모스에 와서 페르미의 반응기와 제어봉 관련 그룹에서 일했다. 연구실에 여자는 별로 없었지만, 조앤은 과학자들에게서 충만한 동료의식을 느꼈다. 그녀가 속한 4인 팀에는 헝가리 출신 이론물리학자 에드워드 텔러도 있고, 리제 마이트너의 조카 오토 프리쉬도 있었다. 엔리코 페르미는 야외 활동을 좋아해서 그들과 함께 등산도 하고 그녀가 가장 좋아하는 스키도 탔다. (그들은 반응기 부품을 만드는 작업장에서 스키 날도 갈았다.) 조앤은 1940년 올림픽 출전 자격도 땄지만, 전쟁으로 올림픽이 취소되었다. 그녀는 이제 로스앨러모스에서 남쪽으로 4000킬로미터 떨어진 황량한 뉴멕시코주의 사막에 있었다. 그녀는 비공식적 경로를 통해 알게 된 그 테스트를 목격하기 위해서, 보안을 피해 잠입한 다른 손님들과 함께 이제 곧 벌어질 그 일의 카운트다운을 기다렸다.

✦ ✦ ✦

엘리자베스 그레이브스는 남편 앨과 함께 뉴멕시코주 캐리 조조의 허름한 모텔 밀러스 투어리스트 코트Miller's Tourist Court의 4번 객실에 들었다. 침대 위에는 그들의 도구가 놓여 있었다. 지진계. 단파 수신기. 발전기. 모든 것이 준비되었다. 창가에 놓은 가이거 계수기는 스스로도 사막의 신호를 기다리는 것 같았다.

그레이브스 부부는 사이트 Y에서 일했다. '디즈Diz'라는 애칭의 엘리자베스는 전에는 시카고의 금속연구소에서 일했다. 앨은 사이트 Y에서 스카웃을 받자 디즈도 함께 채용해달라고 요구했다. 그녀가 연구한 것 가운데는 장치를 둘러쌀 중성자 반사표면도 있었다. 그것은 중성자를 흡수하지 않고 계속 움직이게 해서 반응을 돕는 구조였다.

남편은 곧 벌어질 테스트뿐 아니라 그녀의 몸 상태에 대해서도 걱정했다. 임신 7개월은 많은 것을 조심해야 하는 시기였고, 방사능도 조심해야 할 대상이었다. 그들은 테스트 장소에서 65킬로미터 거리에서 낙진을 측정하기로 했다. 하지만 디즈는 쉽게 당황하는 유형이 아니었다. 몇 달 후 그녀는 자궁 수축이 오는 순간까지 연구실에 서서 중성자 산란에 몰두했다.

지금 그들은 다른 사람들과 함께 그 일을 기다렸다.

아토믹 걸스

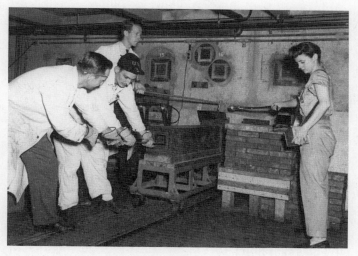

가이거 계수기를 들고 일하는 오크리지 여성.

◆ ◆ ◆

처음에 그들은 가로세로 3×7.5미터 크기로 특별 제작한 강철 구조물—'점보'라는 별명의—에 테스트 장치를 넣으려고 했다. 그로브스 장군과 과학자 팀은 테스트의 잔해가 흩어지지 않아야 이후에 지역에 보건 관련 문제가 생기는 것을 막을 수 있다고 생각했다. 그들은 또한 이것—장치의 내폭형 모델—의 연료인 49의 일부 또는 전부를 회수하기를 바랐다.

하지만 그것은 작년에 처음 테스트를 계획할 때의 생각이었다. 이제 사이트 Y의 과학자 팀과 장군은 테스트의 결과를 낙관했다. 점보를 쓰면 더 많은 문제가 일어날 것이고, 어쩌면 강철 조각이 수십 킬로미터 밖까지 날아갈지도 몰랐다. 그래서 이제는 테

사막의 모래가 튀다, 1945년 7월

스트 장치를 30미터 높이의 탑에 매달기로 했다. 앨라모고도가 테스트 장소로 선정된 것은 크기—1120제곱킬로미터—와 고립성, 그리고 이미 군사 기지로 지정되어 있어서 확보하기가 쉽다는 점 때문이었다.

오펜하이머는 날씨를 걱정했다. 장군이 도착한 날 밤에는 질풍이 불고 비도 조금 뿌렸다. 바람직한 날씨는 아니었다. 비가 오면 낙진이 흩어지지 않고 한 지역에 집중적으로 떨어질 것이다. 폭우는 전기 설비에 영향을 줄지도 몰랐다. 바람의 방향은 주거 지역과 반대 방향이 되어야 했고, 관측 비행기들은 앞을 볼 수 있어야 했다. 테스트는 내폭형 장치의 규모와 범위를 시각적으로 판단할 유일한 기회였다.

흥분 속에 기다리는 동안 모두에게 약간의 두려움과 블랙 유머가 감돌았다. 폭발의 규모를 두고 가벼운 내기들이 이루어졌고, 페르미는 이 테스트로 뉴멕시코가 지도에서 사라질지를 두고 따로 내기를 걸었다. 그로브스 장군은 오펜하이머와 이야기했다. 테스트를 연기하면 여러 가지 문제가 생길 것이다. 특히 바로 그 순간 트루먼 대통령이 베를린의 포츠담에서 회담을 하고 있어서 더욱 그랬다. 여기서 벌어지는 일은 트루먼이 영국의 윈스턴 처칠 총리 및 소련의 수상 이오시프 스탈린과 하는 논의에 영향을 줄 것이다.

테스트 목표 시각은 7월 16일 새벽 4시였다. 그렇게 이른 시간에 인근 지역 주민들은 대부분 잠을 자고 있을 테고, 어두워서 사진 찍기에 좋을 것이다. 인문학적 교양이 풍부한 오펜하이머는 나중에 말하기를, 그 테스트에 '트리니티(삼위일체라는 뜻—옮긴이)'라는 이름을 붙인 것은 존 던의 시 〈삼위일체 하느님, 내 심장을 치소서)를 떠올렸기 때문이라고 했다. 영국의 16세기 형이상학파 시인인 존 던John Donne은 《신성한 소넷Holy Sonnets》이라는 시집에서 신에게 자신을 지배해달라고 간청한다. 하지만 전기 작가들은 오펜하이머의 힌두교에 대한 소양도 그 명명에 영향을 미쳤을 거라고 지적했다. 힌두교의 성 삼위일체는 창조신 브라마, 보존의 신 비슈누, 파괴의 신 시바로 이루어져 있기 때문이다.

모두가 행동 요령을 알았다. 납작 엎드리고, 머리를 폭발 반대 방향으로 하고, 눈을 가린다. 관측 캠프가 세 곳에 설치되었다. 모두 탑에서 약 10킬로미터 거리였다. 그곳에 공식으로 초청된 사람들은 과학자들도 있고 다른 특별 손님들도 있었다. 몬산토Monsanto의 찰스 토머스도 오고, 소련에 '레스트Rest'라는 이름으로 알려진 물리학자 클라우스 푹스Klaus Fuchs도 왔다. 그는 1950년에 소련 요원이자 스파이로 밝혀졌다.

섬광을 똑바로 보는 것은 금지되었다. 폭발이 끝난 뒤에는 볼 수 있었지만 용접용 안경 같은 특별 안경을 써야 했다. 테스트는 날씨가 협조하지 않아서 잠시 미뤄졌지만, 오전 5시 10분에 카운트다운이 시작되었다.

프로젝트는 캘리포니아 델라노의 라디오 방송국 KCBA와 같은 주파수를 사용했다. 그 순간 그 방송국은 〈성조기여 영원하라〉를 방송했는데, 그 노래가 물리학자 샘 앨리슨의 카운트다운 소리와 섞여들었다.

장군은 자리를 잡고 기다렸다. 카운트다운이 끝나고 '아무 일도 일어나지 않으면' 어떻게 되는 걸까?

"… 새벽빛 속에…."

수년 동안의 노력, 엄청난 비용과 인력.

"… 마지막 황혼빛 속에서…."

그리고 산악 전시 서머타임 시각으로 5:29:45에 그 일이 일어났다.

"… 대포의 붉은 화염… 공중에서 포탄이 터지고…."

◆ ◆ ◆

40킬로미터 바깥의 언덕에 있는 조앤 힌튼은 먼저 열기를 느꼈다. 나중에 그녀는 그것이 "빛의 바다 같았다"고 말했다. 그것은 "섬뜩한 자주색 빛 속으로 빨려들더니 점점 위로 올라가서 버섯 구름이 되었다. 그것이 아침 해를 밝히는 모습은 아름다웠다." 그런 뒤 천둥 같은 소리가 밀려왔다.

캐리조조 모텔의 4번 객실이 흔들렸다. 하지만 가이거 계수기는 오후 3시에야 움직였다. 그때 방사선 물결―약 160×48킬로미터 폭의―이 캐리조조에 닿았기 때문이다. 4시 20분에는 계수기 움직임이 맹렬해졌다. 조안과 앨은 베이스 캠프에 전화했다. 그로브스 장군은 지역 주민을 소개해야 할까 생각했지만, 가이거 수치는 곧 사그라들었다. 캐리조조 사람들은 여전히 아무것도 몰랐다. 검열청과 앨버커키 연합통신사에 배치한 장교 덕분에 일반 시민이 읽은 것은 이런 기사였다.

"상당한 양의 고성능 폭약과 화약을 보관하던 외딴 오지의 탄약고가 폭발했다…."

150킬로미터 바깥의 〈소코로 치프턴Socorro Chieftain〉 신문도 "탄약고" 사고를 보도했다.

"섬광은 하얗게 타올랐고, 세상을 가득 채우는 것 같았다.

1945년 7월 16일 트리니티 테스트 후 뉴멕시코주 지평선에 떠오른 불덩이.

그 뒤로는 거대한 진홍색 빛이 이어졌다…"

'캘리버'라는 암호명으로 활동한 스파이 데이비드 그린글라스David Greenglass는 연구소로 출근하러 앨버커키의 버스 정류장으로 가다가 지평선에 섬광이 번득이는 것을 보았다. 그는 그때 사이트 Y에서 일한 지 1년 가까이 되었고, 그것이 테스트라는 것을 알았다. 그가 보고할 것이 많아졌다.

트리니티는 대성공이었다. 테스트 '장치'는 강철탑을 날리고 깊이 1.8미터, 지름 360미터의 거대한 크레이터를 남겼다. 불덩어리 중심부의 온도는 태양 중심부의 네 배였다. 그것이 일으킨 1000억 기압이 넘는 기압은 지구 표면에 존재했던 기압 중의 최대였다. 그것은 10킬로미터 밖에 서 있는 사람도 쓰러뜨렸고, 그것이 일으킨 섬광은 320킬로미터 밖에서도 보였으며, 소리는 최소

사막의 모래가 튀다, 1945년 7월

한 65킬로미터 밖까지 들렸다. 240킬로미터 떨어진 애리조나주에서 비몽사몽 간에 그 모습을 본 한 여자는 지역 신문에 "왜 태양이 떴다가 다시 지는지" 물었다고 한다. 그리고 그 뒤로 며칠 동안 일대에는 이상한 흰색 가루가 내려앉았다. 7월에 난데없이 내리는 서리 같았다.

그로브스 장군은 테스트 전에 이미 비서인 진 올리어리에게 다음 날 오전 6시 반에 자신의 워싱턴 DC 집무실에 출근해서 자신이 보내는 메시지를 받으라고 지시해놓았다. 올리어리는 암호 해독표를 준비하고 메시지를 기다렸다. 그리고 메시지가 오자 그것을 해독한 뒤 국방부로 직접 가서 조지 L. 해리슨이라는 사람에게 말했고, 그 사람은 그 소식을 독일 포츠담에 있는 국방장관에게 전했다.

국방장관이 받은 메시지는 짧은 암호문이었다.

"아기가 태어났습니다."

◆ ◆ ◆

트루먼은 스탈린 및 처칠과 2주일간의 회담을 위해 독일의 수도 베를린 외곽의 도시 포츠담에 가 있었다. 그는 어쩌면 미국 역사상 그 어떤 대통령보다도 더 무거운 결정을 해야 하는 상황에 다가가고 있었다.

세 지도자는 포츠담에서 다음과 같은 문제들을 다루어야 했다. 전후 세계는 어떻게 되어야 하는가? 정치적으로 또 지리적으로? 전후에 독일은 어떻게 분할해야 하는가? 새로운 점령지 통치를 위해 외무장관 회의를 만드는 것은 어떤가? 그보다 좀 더 논쟁적인 문제들도 있었다. 공산주의의 성장은 어느 정도인가? 승전한 연합국이 어떻게 서로 다른 정치 체제―민주주의와 공산주의―를 융합시켜나갈 것인가?

우선순위는 태평양 전쟁이었고, 연합군이 6월에 오키나와와 이오지마에서 중요한 승리를 거두면서 일본은 미국 군대의 타격 거리 안에 들어왔다.

회의 시작 전날, 솔직담백한 화법의 소유자인 트루먼은 아직도 트리니티 테스트에 생각이 사로잡혀서 일기에 이렇게 썼다.

"나는 일종의 평화를 소망한다. 하지만 기계가 도덕을 몇 세기 앞서 있다는 것이, 그리고 도덕이 마침내 따라잡으면 그것이 필요 없어질지 모른다는 두려움이 든다. 그러지 않기를 바란다. 행성의 흰개미들일 뿐인 우리가 행성 속으로 너무 깊이 파고들면 응보가 있지 않겠는가?"

포츠담 회담이 시작되자 트루먼은 일단 카드를 감추어두었고, 특히 러시아의 스탈린에게는 더욱 조심했다. 러시아는 8월 중순에 일본에 선전포고를 할 계획이었다.

"나는 스탈린을 상대할 수 있다. 그는 정직하지만 지독할 만큼 똑똑하다." 그는 일기에 썼다. 회의가 시작되자 스탈린은 의제에 없는 몇 가지 질문이 있다고 말했다. 트루먼이 "말씀하시라"고 하자, 그 반응이 "다이너마이트 같았다"고 했다.

"하지만 나도 아껴두고 있는 다이너마이트가 있다"고 트루먼은 그날 저녁 일기에 썼다.

트리니티 다음 날은 완전히 달라졌다. 아직 공식 보고서는 오지 않았지만 뉴멕시코의 소식은 트루먼에게 자신감을 안겨주었다. 그는 트리니티의 성공 소식을 먼저 처칠에게 전하고, 스탈린에

사막의 모래가 튀다, 1945년 7월

게는 적절할 때까지 기다릴 생각이었다. 스탈린은 전쟁이 끝나면 연합국 간의 협력이 전시보다 어려워질 거라 생각할 것이 분명했다. 스탈린은 처칠과 트루먼에게 일왕이 그에게 "평화를 요구하는" 전보를 보냈다는 소식을 전했다. 트루먼은 이 일을 7월 18일 일기에 썼다. 각자가 전쟁을 끝낼 방법에 대해서, 그리고 그 후의 일에 대해서 나름의 생각이 있었다. 트루먼에게는 일본의 무조건 항복이 핵심이었다.

"일본은 소련의 침공 전에 항복할 것이다." 트루먼이 적었다. "그들의 조국에 맨해튼이 나타나면 당연히 그럴 것이다. 나는 적절한 시기에 스탈린에게 이 일을 알릴 것이다."

◆ ◆ ◆

마침내 그로브스 장군이 사진가 웨스트콧 앞에 나타났다. 훨씬 단정하고 차분해져 있었다. 장군은 최근 CEW에 다녀온 일에 대해서 아무 말도 하지 않았다. 그들은 바로 작업을 시작했다.

정부는 준비중인 보도자료—거기 발표할 사건은 아직 일어나지 않았지만—에 쓸 사진이 필요했다.

웨스트콧은 프로였고, 프로젝트는 그의 다루기 힘든 뮤즈였다. 그는 프로젝트 최초의 직원들 가운데 한 명—스물아홉 번째로 채용되었다—으로, 테네시주 동부의 그 황량한 땅에 일찌감치 발을 디뎠다. 채터누가에서 태어나 내슈빌에서 자란 그는 플랜트 건설에서부터 예상치 못한 지역 공동체의 발전까지 사이트 X에서 벌어지는 모든 일을 사진으로 기록했다.

그는 스피드그래픽Speed Graphic이나 디어도프뷰Deardorff View 카메라를 들고 사이트 X 최초의 건물인 캐슬 온 더 힐을 찍었다. Y-12, K-25, X-10, S-50의 기공식도 찍었다. 만화책 판매와 걸 스카웃 모임도 찍고, 국채 판매 운동, VIP 방문도 찍었다. 피곤하 지만 웃는 얼굴로 장을 보는 주부들, 학교의 아이들, 댄스파티의 노동자들, 인종에 따라 분리 설치된 화장실─모든 것이 그의 렌즈 를 지나갔다. 그는 그곳의 일상적 기쁨과 고난에 함께했다. 정육 점, 물자 배급소, 영화관에서 데이트하는 연인들, 첫사랑, 스윙 댄 스, 진흙길, 장시간 근무를 마치고 보안 게이트를 지나가는 젊은 이들의 얼굴에 떠오른 미소. 그는 3년 전까지만 해도 세상에 존재 하지 않던 새로운 장소에서 새로운 인생을 살면서, 역사상 그 무 엇과도 다른 일을 하는 남자와 여자와 아이들의 사진을 수도 없 이 찍었다. 그는 〈오크리지 저널〉의 얇은 지면에 실릴 일반 대중 을 위한 사진도 찍고, 신원 인증을 받은 소수의 사람들이 볼 사진 도 찍었는데, 후자의 사진은 아주 오랜 세월 동안 다른 사람들은 볼 수 없었다.

오늘 웨스트콧은 새롭게 단장한 장군의 사진을 여러 장 찍었 다. 그는 지난 몇 년 동안 권력자들과 일하는 방법을, 그들을 부드 럽게 설득하는 방법을 터득했다. 그러려면 그들에게 자신이 전문 가임을 알려야 했다. 그들은 그 점을 존중했고, 그 결과 좋은 사진 이 나오면 더욱 그랬다. 그가 특히 자부심을 품은 스냅 사진이 한 장 있었다. 장군이 벽면 가득한 세계 지도 앞에 옆으로 서 있는 모 습이었다. 장군이 앞의 지도를 가리켜 보였다. 웨스트콧이 카메라 를 들었다. 그것은 아직 일어나지 않은 그 사건의 홍보 자료로 알 맞았다.

7월 31일.

사막의 모래가 튀다, 1945년 7월

'그날이 장치를 사용할 수 있는 가장 이른 날짜야.' 장군은 생각했다. 웨스트콧의 카메라가 찰칵거리는 동안, 장군은 집무실 지도 앞에 서서 전쟁의 마지막 대결지가 될 곳, 아직 일어나지 않은 그 사건의 현장이 될 태평양의 한 섬 일본에 시선과 검지손가락을 고정했다.

✦   ✦   ✦

장군이 트리니티에 대한 상세 보고서를 작성할 때 프로젝트 과학자들 중 한 그룹도 자체 서신을 작성했다. 트루먼 대통령에게 보내는 청원서였다.

"미국 국민들은 아직 이 일을 모르지만 이 발견은 가까운 미래에 우리 나라의 복지에 영향을 미칠수 있습니다." 한 쪽짜리 서신은 그렇게 시작했다.

편지는 이어서 프로젝트 전역에서 밝히고 사이트 Y에서 응용한 과학적 사실들, 거기서부터 발전해나갈 혁신적 기술들, 이 새롭고 엄청난 힘을 이용할 잠재적 방법들을 이야기했다. 대통령은 그들 그룹이 말한 '운명의 결정'에 직면해 있었다. 그들이 수년을 바친 프로젝트의 결과물이자 놀라운 테스트 결과를 보인 그 장치를 사용할 것이냐 말 것이냐 하는 것이었다.

그들이 애초에 품었던 두려움은 미국이 스스로 테스트한 그것과 같은 장치로 공격을 받을지도 모른다는 것, 반격이 "유일한 방어"가 되는 경우였다고 청원은 설명했다. 하지만 이제 "독일이 항복했으니 그 위험은 지나갔고, 우리는 다음의 말을 해야 한다고 생각합니다…".

금속연구소 과학자들이 보낸 7월 17일 자 편지는 트루먼 대통령에게 그 장치를 "일본에 자세한 항복 조건을 내걸고, 일본이 그런 뒤에도 항복을 거부할 때만" 사용해달라고 부탁했다. 그리고 장치를 사용하는 데 따르는 "도덕적 책임"을 고려해달라고 촉구했다. 이것은 새로운 시대의 시작일 뿐이라고.

"앞으로는 이것이 더욱 개발되면서 인류는 한계 없는 파괴력을 손에 넣게 될 것입니다." 과학자들은 썼다. "그래서 자연에서 새롭게 얻은 이 힘을 최초로 파괴 목적에 사용하는 나라는 상상할 수 없는 파괴의 시대를 연 책임을 져야 할지도 모릅니다."

7월 3일에 작성한 최초의 초안은 더욱 직접적이었다. 헝가리 물리학자 레오 실라드르가 이 청원을 주도했다. 그는 여러 해 전 아인슈타인이 루스벨트에게 프로젝트를 권고하는 편지를 보냈을 때도 그 일을 주도한 사람이었다. 그는 자신의 견해, 그리고 청원에 서명한 사람들—최초 버전은 59명, 두 번째 버전은 70명—의 견해가 "모든 과학자의 견해라고 볼 수는 없다"는 걸 알았다.

프로젝트 과학자들의 청원과 반청원이 잇따랐다. 그중 하나에는 이런 문장이 담겼다.

"나라를 위해 목숨을 내걸고 있는 사람들은 이 무기의 효과를 누릴 자격이 있지 않습니까? 요컨대, 빠른 승리의 수단이 있는데 미국인의 피를 계속 뿌려야 합니까?"

◆ ◆ ◆

그로브스 장군이 트리니티에 대한 상세 보고서를 대서양 너머로 보낸 7월 21일 전에도, 처칠은 회담을 하는 트루먼의 태도가 변한 것을 감지했다. 처칠은 무엇이 이 사람에게 이렇게 자신감을 불어넣었는지 알지 못했다. 그는 스탈린에게 훨씬 직설적인 태도가 되었다. 하지만 트루먼이 처칠에게 트리니티에 대해 알려주자, 처칠은 그가 그렇게 자신감을 얻은 것을 이해했다.

그러는 동안 오크리지에서는 7월 23일에 아서 콤프턴이 금속연구소 과학자들에게 행한 최근의 여론조사를 듣고 니컬스 공병단장을 만났다. 단장은 아서에게 누가 장치의 사용에 찬성하고 누가 반대하는지 대놓고 물었다.

150명의 과학자는 다섯 개의 선택지—장치를 사용하지 않는 것에서 "일본의 조속한 항복을 받는 데 가장 효과적인" 방식으로 사용하는 것까지—를 받았다. 소수의 과학자가 이 스펙트럼의 양극단에 투표했다. 26퍼센트는 미국에 일본 대표를 불러서 시범을 보이는 것을 선택했다. 46퍼센트를 받은 최다 의견은 "무기를 전면적으로 사용하기 전에 먼저 일본의 한 도시에 시범을 보여서 그들이 항복할 기회를 다시 한번 주는 것"이었다.

"그러면 박사님의 생각은 어떻습니까?"

니컬스 단장이 물었다. 콤프턴은 망설였다.

"그런 질문을 하다니!"

그는 나중에 그의 '평화주의 조상들'을 생각하며 썼다.

"저도 다수 의견과 같습니다."

그가 단장에게 말했다.

"전쟁이 지속되니 폭탄을 사용해야 하겠지만, 항복을 이끌어내는 데 필요한 만큼만 쓰는 게 좋을 것 같습니다."

♦ ♦ ♦

단장이 콤프턴을 만난 그날, 젊은 배송원 닉 델 제니오^{Nick Del} Genio 중위는 서류 가방을 들고 CEW를 떠나서 기차를 탔다. 가방 속의 커피 용기에는 장치에 쓸 마지막 분량의 물건이 들어 있었다.

지난 한 해 동안 2만 2000명이 Y-12에서 24시간 쉬지 않고 일했고, 1152대의 칼루트론이 약 50킬로그램의 튜벌로이를 농축 했다.

그로브스 장군은 작전명령을 준비하고 포츠담의 국방장관 에게 공문을 보내면서 〈내셔널 지오그래픽〉 최근호에서 찢은 일 본 지도를 동봉했다. 그리고 타격 가능 지점 네 곳에 대한 설명을 덧붙였다.

과학자들의 걱정은 장군에게는 고려 사항이 아니었다. 표적 을 타격해서 세상을 놀라게 할 의도가 아니라면 그 모든 보안 조 치가 무엇 때문이었다는 말인가? 장군은 그 결정의 책임을 진 트 루먼을 존경했다. 그는 자신이 최종 책임자라는 것을 알면서 그 일을 맡았다. 아무리 많은 과학자와 장군이 힘을 보탰어도 결국 최종 결정자는 트루먼으로 남을 것이다. 그것이 그의 책임이었고, 그는 그것을 알았다. 장군은 그 점에서 그를 존경했다.

트루먼은 마침내 스탈린에게 미국의 "비상한 파괴력을 갖춘 신무기"를 알려주었다. 스탈린은 많이 놀라는 것 같지 않았다. 러 시아 특유의 진중함? 포커페이스? 아니면 스탈린은 이미 트루먼 과 국방장관의 생각보다 더 많은 것을 알고 있었던 걸까? 그러니 까 프로젝트의 진전에 대해서 계속 보고를 받았기 때문에?

나중에 데이비드 그린글라스, 클라우스 푹스, 조지 코발^{George}

Koval 등의 덕분으로 밝혀진 바에 따르면, 스탈린은 프로젝트에 대해 누구보다 잘 알고 있었다.

7월 25일에 트루먼은 8월 3일 이후 가능한 한 이른 날짜에 장치를 사용하라는 명령을 내렸다. 그 명령은 다음 날 미 육군 전략항공대 사령관인 스파츠 장군에게 전해졌다. 행동이 시작되었다. 그리고 같은 날 니컬스 단장은 여론조사 내용, 아서 콤프턴의 편지, 실라르드의 청원 등을 한데 묶고 거기다 "이 문서들을 적절한 설명과 함께 미국 대통령에게 전달해주시기 바랍니다"라고 설명한 편지를 붙였다. 그리고 그것을 그로브스 장군에게 보냈다.

7월 25일 저녁, 아직도 포츠담에 있는 트루먼은 장치가 "노아의 방주 이후, 유프라테스 계곡 시대에··· 예언한 최초의 불의 파멸을 부를지도 모른다. 뉴멕시코주 사막의 실험은 놀랍다는 말로는 부족했다"라고 일기에 썼다. 그리고 국방장관에게 "그것을 군사 목적으로 쓰고 여자와 아이들이 아닌 군인을 표적으로 삼으라고 말했다"고 했다.

적국에 대한 견해와 상관없이 트루먼은 장치를 "국회의사당 같은 곳"에 사용하고 싶지 않았다. 그는 덧붙여 썼다. "순전히 군사적인 시설을 표적으로 삼아야 하고, 우리는 일본에게 자국민의 생명을 구하려면 항복하라는 경고를 보낼 것이다. 물론 그들이 그 말을 듣지는 않겠지만, 그래도 기회를 줄 것이다··· 그것은 역사상 가장 참혹한 일이 되겠지만, 가장 유용한 쓰임이 될 수 있다."

참혹하지만 유용한 일. 그로브스 장군과 과학자들과 다른 손님들이 사막에서 그 참혹하지만 유용한 일을 지켜보고 겨우 일주일이 지난 뒤였다. 트리니티 현장의 유일한 기자였던 〈뉴욕타임스〉의 윌리엄 로런스가 거기서 그 일을 기록했다. 그 내용은 나중에 전국의 신문사에 발송되었다. 장치는 놀랍고도 대단한 성공을 거두었고, 이 이상한 무지갯빛 자주색, 분홍색, 주황색 아름다움은 최초의 목격자들의 기억에 불로 지진 듯 새겨졌다.

트리니티 후 짧은 시간이 흘러 사람들이 현실로 돌아오자, 테스트 책임자인 케네스 베인브리지Kenneth Bainbridge가 오펜하이머에게 돌아서서 말했다.

"이제 우리는 모두 개새끼들입니다."

오펜하이머는 나중에 그때 힌두교 경전 《바가바드-기타 Bhagavad-Gita》의 한 구절이 떠올랐다고 말했다. "이제 나는 세상을 파괴하는 죽음이 되었다."

◆ ◆ ◆

젊은 배송원 델 제니오 중위는 테네시주로 바로 돌아갈 수 없었다.

귀환 명령을 열어보니, 1945년 7월 26일에 노던 마리아나제도에 속한 태평양의 작은 섬 티니안으로 출발하라는 명령이 담겨 있었다. 이번에 그가 배송할 물건은 높이가 60센티미터에, 폭은 30센티미터 정도 되는 통이었다. 거기에 무엇이 들었는지는 몰라도, 그는 그것을 날짜변경선 너머 티니안에 도착할 때까지 한시도 눈에서 떼어놓지 말아야 했다. 사이판 남쪽에 있는, 육지 면적이 100제곱킬로미터에 지나지 않는 이 작은 섬에는 길이가 2.6킬로미터에 달하는 대형 활주로들이 있었다.

델 제니오가 태평양 상공을 날아가던 7월 26일, 영국과 중국은 미국과 함께 포츠담 선언을 발표했다. 그것은 일본에게 무조건 항복을 요구하고, 만약 일왕이 그것을 거절하면 일본은 "즉각적이고 전면적인 파괴"를 겪을 것이라고 경고했다.

같은 날, 영국의 한적한 팜홀에 억류된 독일 과학자들은 더 많은 추측을 했다. 3층짜리 벽돌 저택은 편안했지만 그들은 가족과 아무런 연락도 할 수 없었다. 기록에 따르면, 리제 마이트너의 전 동료인 오토 한은 이렇게 말했다.

이 사람들은 우리가 아무런 해도 입힐 수 없거나 우리가 러시아의 손에 떨어지거나 하지 않는 것이 확실해지기 전에는 우리를 풀어주지 않을 것이다… 나는 소령에게 말했다. "미국과 영국에 있는 내 친구들이 내가 1933년부터 한 연구에 대해 이런 보답을 받고 있다는 것, 아내에게 편지도 쓰지 못하고 있다는 걸 알게 되면 크게 놀랄 겁니다…." 우리는 지금 모두 미래가 어둡다. 나는 남은 미래가 많지 않다… 사람들은 이상주의자가 아니고, 그렇게 위험한 것을 개발하면 안 된다는 데 모두가 동의하지는 않을 것이다. 모든 나라가 비밀리에 그것을 개발할 것이다. 특히 그것을 전쟁 무기로 사용할 수 있다고 생각하기 때문에.

◆ ◆ ◆

에드 웨스트콧은 지난 2년 동안 수천 장의 사진을 찍고 현상하고 정리했다. 프로젝트의 고위 책임자들이 그 가운데서 CEW의 이야기—적어도 프로젝트가 원하는 버전의 이야기—를 전해줄 것을 골랐다. 이제 모두가 테네시주 등지에서 벌어진 일을 대강으로라도 알게 될 것이다.

7월 27일에 서른세 장의 사진이 윌리엄 로런스가 작성에 참여한 열네 종의 보도자료와 함께 꾸러미를 이루었다. 그 일부는 공군의 보호 아래 사이트 Y, 사이트 W, 워싱턴 DC로 갔고, 나머지는 정보 요원들이 남부의 주요 도시들로 가지고 갔다. 그들은 거기서 기다렸다. 그 글과 사진 꾸러미에 담긴 정보는 추가 지시가 오기 전에는 열람하는 것도 지역 언론 매체로 보내는 것도 금지되어 있었다.

그리고 그날 국방장관은 프랑크푸르트에 가서 유럽의 연합군 총사령관인 드와이트 아이젠하워 장군을 만났다. 두 사람은 프로젝트 관련 논의를 했고, 아이젠하워 장군은 장치 사용에 대한 걱정을 표명했다. 그는 장관에게 "적에게 그런 것을 사용할 필요가 없기를 바란다"고 말했다. 그는 3년 후에 그 일에 대해 "그토록 끔찍하고 참혹한 무기를 미국이 선도적으로 사용하는 것이 싫었다"고 썼다.

그 며칠 뒤인 8월 1일, 그로브스 장군은 니컬스 단장이 보낸 청원과 다른 문서들 꾸러미를 국방장관의 집무실로 보냈다. 하지만 단장이 이후 추정해낸 바에 따르면, 그 문서들은 보관함으로 들어갔고, 포츠담의 대통령에게 전달되지 않았다. 단장은 이해했다. 과학 패널은 그렇게 자신들의 견해를 밝혔고, 어쨌건 결정은 이미 내려져 있었다.

◆ ◆ ◆

1945년 8월 초의 CEW는 평소와 똑같았다. 농축 튜벌로이의 수요는 다스릴 수 없는 갈증 같았다. 따라서 작업을 멈출 수도 늦출 수도 없었다.

어느 날 간호사가 환자 HP-12의 병실에 들어가보니 그가 없었다. 그는 마침내 다리를 접골하고 치아를 발치했는데, 이제 그가 어디로 갔는지 아무도 모르는 것 같았다. 에브 케이드가 병원에 남긴 것은 약간의 생체 표본뿐이었다. 이제는 더 표본을 채취할 수 없었다. 에브 케이드는 실종되었다. 아직도 유독한 플루토늄을 핏속에 담은 채.

그가 퇴원한 건가? 그냥 나가버린 건가? 그의 아내를 본 사람이 있는가? 사람들이 아는 것은 그가 사라졌다는 것뿐이었다.

로즈메리는 이런 사건을 모르고 직원 채용과 물품 조달에 몰두해 있었다. 행정직은 그녀에게 잘 맞았고, 그녀는 날로 발전하는 의료 기관의 일급 간호사였다. 아이오와주 소도시 출신인 로즈메리는 고향에서뿐 아니라 학교를 다닌 시카고에서도 꿈꿀 수 없던 큰 책임과 기회를 누렸다.

헬렌은 고향 친구들을 만나려고 그들이 직장 생활을 하는 뉴올리언스로 갔다. 오래전에 세운 계획이었다. 그녀는 녹스빌에서 비행기를 탔고, 이제 일상을 벗어나서 휴식을 취하고 새로운 풍경을 즐기며 좋은 친구들과 즐거운 시간을 보내게 될 것을 기대했다.

결혼한 실리아와 도로시는 집에서 입덧과 싸우며 새로운 전업주부의 역할에 적응해나갔다. 제인이 감독하는 계산팀은 책상 위에 거대하게 올라앉은 마천트&먼로 계산기로 계속 숫자들을 살피고 그 결과를 제인에게 주었고, 제인은 그것을 알 수 없는 지휘 계통을 통해 올려보냈다.

Y-12는 여전히 생산의 주력이었다. K-25는 아직도 프로젝트가 희망했던 생산 수준에 이르지 못했지만, 그래도 어느 정도

농축 수준을 높일 수 있었다. 캐티는 플랜트 바닥과 탱크를 반짝반짝 청소했다. 콜린은 파이프를 오르내리며 누출 여부를 추적했다. 하지만 한 가지 달라진 게 있었고, 그것은 약간 걱정스러웠다. 블래키가 최근에 청혼을 멈추었다는 것이다.

다시 말해서 모든 플랜트가 여전히 전속력으로 돌아가고 있었다. 무언가 달라질 거라고 생각할 이유가 없었다.

◆　◆　◆

버지니아는 오래 기다린 워싱턴 DC로의 휴가 생각으로 가득했다. 그녀는 친구 바버라 스메들리Barbara Smedley와 함께 출발했다. 바버라는 켄터키주 렉싱턴 출신으로 Y-12에서 일했다. 고대하던 휴가였다. 그들은 야간 열차를 타기로 하고 침대칸을 예약했다. 두 친구는 다른 관광객들과 똑같이 쇼핑몰도 다니고 박물관에도 갈 생각이었다. 그런 뒤 배를 타고 노퍽에 가서 버지니아의 언니를 만날 계획도 있었다.

하지만 출발 날짜가 가까워졌을 때 몇몇 동료를 만났더니 그들이 그녀를 조용한 곳으로 데려가서 말했다.

"지금은 아무 데도 가지 않는 게 좋아요."

'이게 도대체 무슨 소리지?' 그녀는 의아했다. 그들은 라슨 박사와 좀 더 가까이서 일하는 사람들이었고, 항상 주변에서 벌어지는 일에 귀를 기울이고 있는 것 같았다. 어쨌건 버지니아 자신보다는 그랬다.

"잘은 몰라도 무슨 일이 곧 일어날 거예요." 그들이 말했다.

사막의 모래가 튀다, 1945년 7월

13

장치가 드러나다

———

남자들은 처음에는 이상하게 조용했다. 비밀 유지의 긴장 때문에 대화 능력도 잃어버린 것 같았다… 그때 라디오가 말하기 시작했다! 그것은 우리 모두에게 육체적 타격과도 같았다.

—바이 워런, 〈오크리지 저널〉

토니가 가장 먼저 하고 싶은 일은 일터의 척에게 전화하는 것이었다. 그녀는 언제나 그가 무엇이든 자신보다 먼저 알 거라고 생각했지만 상관없었다. 그녀는 지금 소식을 들었고, 그의 생각을 알고 싶었다. 이제 모든 것이 달라질 것이다.

토니는 정신이 없었다. 전화가 계속 울리고 여자들은 허락된 대화의 범위를 생각하지 않고 마구 떠들었지만, 누구도 그들을 말리지 않았다. 신문, 라디오, 아니면 그냥 수다를 통해서 주위 모은 미미한 사실들이 복도를 흐르고 구석방까지 들어가서 비서진을 휩쓸었다. 특별구역 전체가 점화되었고, 정보의 물결이 입과 전선을 타고 퍼져나갔다. 한 사람이 소식을 알리면, 두 명 이상이 그것을 받아 전했고, 그 속도는 갈수록 빨라져서 소식을 들은 사람의 숫자는 기하급수적으로 불어났다.

"폭탄이래!" 마침내 척이 전화를 받자 토니가 소리쳤다.

아무 대답이 없었다.

"척! 척! 들었어? 폭탄이래!!!"

그러자 딸깍 소리가 났다. 척은 아무 말도 없이 토니의 전화

장치가 드러나다

를 끊었다.

◆ ◆ ◆

　로즈메리 마이어스는 리아 박사의 방에 가서 거기 모인 사람들을 둘러보았다. 아무도 자신들이 왜 불려왔는지 몰랐다. 그날은 평범한 하루처럼 지나가고 있었는데, 갑자기 리아 박사가 들뜨고 심각한 표정으로 들어와서 말했다.
　"11시에 내 방으로 모이세요. 대통령이 중대 발표를 하실 겁니다."
　이제 그녀는 다른 몇몇 병원 직원들과 함께 리아 박사의 라디오 앞에 서서 기다렸다 로즈메리 역시 다른 사람들처럼 사람들이 라디오 앞에 심각하게 모일 일은 전쟁 관련 일일 거라고 짐작했다. '하지만 리아 박사는 어떻게 해서 그 소식을 미리 아는 것 같은 거지? 그 소식이 모두 하던 일을 멈추고 모여서 들어야 할 만큼 중요하다는 걸 어떻게 아는 걸까?'
　리아 박사는 라디오를 틀었다. 다이얼을 돌리자 수신 잡음과 깨끗한 방송이 번갈아 나왔다. 마침내 방송국을 고정했다. 사람들은 귀를 기울였다. 세계를 놀라게 할 연설이 시작되었다.

　16시간 전에 미국 비행기가 일본의 중요 육군 기지인 히로시마에 폭탄 한 발을 투하했습니다. 그 폭탄의 힘은 TNT 2만 톤보다 더 강력합니다. 그 파괴력은 지금까지 인류 역사상 가장 강력한 폭탄이었던 영국 '그랜드 슬램'의 2000배가 넘습니다.
　일본은 진주만을 공습해서 전쟁을 시작했습니다. 그리고 몇 배로 그 대가를 치렀습니다. 전쟁의 끝은 아직 오지 않았습니다. 우리는 이제 증대하던 우리의 군사력에 이 폭탄으로 새롭고 혁명적인 파괴력을 더했습니다. 이 폭탄들은 현재의 형태로 생산이 이루어지고 있고, 더 강력한 형태들도 개발 중입니다.

이것은 원자폭탄입니다. 우주에 내재한 기본적 힘, 태양이 타오르는 원리를 이용한 것입니다. 그 힘이 극동에 전쟁을 일으킨 자들에게 가해졌습니다.

트루먼 대통령은 이 연설을 하고, '어거스타Augusta함'에 승선해서 미국으로 돌아가고 있었다. 그것은 그의 임기 중의 가장 중요한 연설이었다.

히로시마는 표적 위원회가 선정한 네 곳의 표적지 후보 중 하나였다. 그곳은 일본 육군의 출항지이자 지역 육군 사령부 겸 창고, 또 산업 단지였다. 그로브스 장군은 더 큰 도시인 교토를 표적지로 선호했다. 그곳은 중요한 군사 표적이면서 폭탄의 힘을 확인할 이상적인 장소 같았다. 하지만 국방장관이 옛 수도이자 중요한 문화 유적지인 교토를 폭격하는 것에 반대했고, 대통령도 같은 견해였다.

장치 대부분의 해외 이송은 트리니티 테스트를 한 7월 16일에 곧바로 시작되었다. '인디애나폴리스Indianapolis함'은 장치를 싣고 태평양을 건너 7월 26일에 노던 마리아나제도의 티니안에 도착했다. 델 제니오 중위가 물건 마지막 분량과 장치의 나머지 부분을 가지고 C-54기 편으로 뉴멕시코를 떠난 바로 그날이었다.

인디애나폴리스 함은 중위가 가져온 것을 티니안에 전달하고 나서 겨우 나흘 동안 생명을 유지했다. 7월 30일에 일본 잠수함의 공격을 받고 900명의 선원과 함께 바다에 침몰했기 때문이다. 나중에 밝혀진 바에 따르면 그 전함은 어뢰에 극도로 취약해서 단 한 방만 맞아도 침몰할 수 있는 구조였다.

그로브스 장군의 7월 23일 명령은 다음과 같았다.

"제20항공대, 509혼성군단은 1945년 8월 3일 이후 육안 폭격이 가능한 가장 이른 시각에 네 개의 표적—히로시마, 고쿠라, 니가타, 나가사키—중 한 곳에 최초의 특수 폭탄을 투하한다." 그리고 "추가 폭탄은 프로젝트 인력에 의해 준비되는 대로 언급된 표적지 중 한 곳에 투하될 것이다."

CEW에서 나온 물건을 이용한 이 포신형 장치는 테스트를 하지 않았다. 농축 튜벌로이는 너무도 귀했다. 하지만 과학자들은 이 모델이 제대로 작동할 거라고 믿었다. 포신형의 실물 크기 드로잉을 한 사람은 미리엄 화이트 캠벨이었다. 그녀는 1943년에 입대한 건축학과 학생인데 결국 로스앨러모스에 가서 폭탄의 복잡한 내부 구조를 그리는 일을 하게 되었다.

8월의 처음 며칠은 날씨가 협조해주지 않았다. 2만 5000명 가량의 군인과 육군 사령부가 있는 히로시마가 1차 표적이었다. 같은 날 '장치를 쓰지 않는' 공격도 함께 수행할 예정이었다. B-29기 '에놀라 게이Enola Gay호'—파일럿인 폴 티베츠 대령이 어머니 이름을 따서 붙인 이름—가 '리틀보이Little Boy'라는 이름의 원자폭탄을 싣고 가게 되었다. 에놀라 게이를 도울 관측기 두 대가 있었고, 에놀라 게이에 기계적 문제가 닥칠 경우에 대비한 예비 비행기 한 대도 이오지마로 갔다. 거기에 2차 표적지인 고쿠라 병기창과 고쿠라, 그리고 3차 표적지인 나가사키로도 비행기들이 날아갔다. 그 장소들의 날씨에 대해 실관측 보고를 하기 위해서였다.

8월 5일이 되자 대기 상태가 호전되는 것 같았다. 자정의 브리핑은 비행 전 식사와 종교의식으로 이어졌고, 이후 에놀라 게이호와 탑재물은 8월 6일 티니안 시각 오전 2시 45분에 공중으로 날아올랐다. 폭탄은 오전 9시 15분에 투하되었다. 에놀라 게이호에서 폭탄을 투하한 파슨스 대위는 섬광 후 비행기에 두 차례의 '타격'이 있었다고 보고했다. 대위를 비롯해서 폭발 장면을 지켜본 사람들은 일본인들이 운석이 떨어진 줄 알 거라고 생각했다.

그로브스 장군은 처음에는 또 하나의 장치―뉴멕시코주 앨라모고도에서 시험한 것과 같은 내폭형―가 8월 6일에 티니안에 도착할 거라 생각했다.

과학자들은 1939년 이전부터 원자 에너지를 방출하는 것이 이론적으로 가능하다고 생각했습니다. 하지만 그렇게 만드는 방법은 아무도 몰랐습니다. 그런데 우리는 1942년에 독일이 세계 장악을 시도하며 자신들의 무기 목록에 원자 에너지를 더하려고 맹렬하게 노력하고 있다는 것을 알게 되었습니다. 하지만 그들은 실패했습니다. 우리는 독일이 V-1과 V-2를 늦게 그리고 제한된 수량으로 갖게 되고, 원자폭탄은 전혀 갖지 못하게 된 섭리에 감사해야 할지도 모릅니다.

연구실의 전투는 공중전, 지상전, 해전 못지않게 치열했고, 우리는 이제 다른 전투들과 마찬가지로 연구실의 전투도 이겼습니다.

영국과 미국은 진주만 습격 이전인 1940년부터 전쟁에 유용한 과학 지식을 공유했고, 이런 협력은 우리에게 수많은 값진 도움을 안겨 주었습니다. 그런 정책 기조 속에서 원자폭탄 연구가 시작되었습니다. 우리는 양국 과학자들의 협력을 통해 독일에 맞서는 과학 연구

장치가 드러나다

의 전투를 벌였습니다.

히로시마 하늘에 구름이 걸렸다. 피해 면적은 4.4제곱킬로미터으로 추산되고, 즉사자는 약 7만 명—오크리지의 인구와 거의 비슷한—으로 집계되었다. 부상자 수도 거의 비슷했다. 피해자 집계는 곧 바뀌어서 사망자가 14만 명에 이른다고 보고되었지만, 정확한 숫자는 지금도 알 수 없다. 폭격 소식은 금세 전 세계로 퍼졌고, 특별구역에도 전해졌다. 라디오와 전화가 있는 주부들은 직장의 남편에게 전화를 걸었다. 속삭임은 고함이 되었고, 뒷소문이 사실이 되었다. K-25에서 콜린 로언은 동료가 아내의 전화를 받고 온 뒤 그 소식을 들었다. 그녀는 녹스빌 신문을 사러 나갔다. 그것은 평소에는 한 부에 5센트였는데, 그날의 '호외'는 무려 1달러였다. 그래도 모두 품절이었다.

미국은 필요한 여러 학문 분야에서 뛰어난 과학자를 많이 보유하고 있었습니다. 또한 프로젝트에 필요한 막대한 산업적, 재정적 자원이 있었기에, 다른 중요 군사 업무에 과중한 피해를 끼치지 않고 거기 힘을 쏟을 수 있었습니다. 미국에서는 연구 작업도 생산 플랜트들—거기서 상당한 초기 작업이 진행된—도 적군의 폭격을 받지 않을 수 있었는데 반해서 당시의 영국은 항시적으로 공습에 노출되어 있었고, 침공의 위협도 그치지 않았습니다. 이런 이유로 처칠 총리와 루스벨트 대통령은 프로젝트를 미국에서 수행하는 것이 좋다고 합의했습니다. 우리는 이제 원자력 생산을 목적으로 하는 대형 플랜트가 두 곳, 작은 공장이 여러 곳 있습니다. 건설이 한창일 때 그 시설들에서 고용한 인력은 12만 5000명에 이르렀고, 지금도 6만

5000명이 플랜트를 운영하고 있습니다. 많은 사람이 2년 반 동안 거기서 일했습니다. 그들 중에 자신이 무얼 만드는지 아는 사람은 거의 없었습니다. 많은 재료가 들어오지만 플랜트에서 나가는 건 아무것도 없어 보였습니다. 폭약의 물리적 크기가 엄청나게 작기 때문입니다. 우리는 역사상 최대의 과학 개발이란 도박에 20억 달러를 썼고 결국 이겼습니다.

하지만 이 일에서 가장 놀라운 것은 사업의 규모, 비밀 유지, 비용이 아니라 과학 각 분야의 많은 사람들이 보유한 더없이 복잡한 지식을 한데 엮어서 현실의 계획으로 만들어냈다는 것입니다. 그리고 그 못지않게 놀라운 것은 이 세상에 없던 것을 설계하는 산업, 또 그것을 운용하는 노동력, 그것을 실행하는 기계와 기술의 역량이었습니다. 그 덕분에 수많은 과학자의 머릿속 이론이 실물로 만들어져서 계획한 작업을 수행할 수 있었습니다. 과학과 산업이 미국 육군의 지도 아래 협력해서, 놀라울 만큼 짧은 시간에 지식 발전 과정에서 부딪히는 다양한 문제를 성공적으로 관리해냈습니다. 그런 결합의 사례가 세상에 다시 태어날 수 있을 것 같지 않습니다. 이것은 역사상 최대의 조직화된 과학의 성취입니다. 그 일은 엄청난 압박 속에, 하지만 실수 없이 이루어졌습니다.

제인 그리어는 커지는 소동을 무시할 수 없어서 계산을 멈추고 창가로 갔다. 독일이 항복한 뒤로 바뀐 것은 없었다. 하지만 이제 그녀가 서 있는 9731동 2층 창문까지 환호가 올라왔다. 아래에서는 예상치 못한 광경이 펼쳐지고 있었다.

진흙 땅에 많은 사람이 모여 있었고, 모두 기쁨에 들떠 있었다. 서로를 끌어안고, 지나가는 사람에게 소리를 지르고 했다.

장치가 드러나다

'뭔가 대단한 일이 있는 모양이야.' 제인은 생각했다. 창문을 열자 사람들의 수가 더 늘었다. 그녀는 고개를 내밀고 그 시끄러운 무리의 누군가에게 무슨 일인지 물어보려고 했다. 무언가 전쟁과 관련된 일 같았다.

아니면 자신들과 관련이 있는 것인가?

우리는 이제 일본이 어느 도시의 지상에서 수행하는 어떤 생산 시설도 신속하고 철저하게 파괴할 수 있습니다. 우리는 그들의 부두를, 그들의 공장을, 그들의 통신 시설을 파괴할 것입니다. 실수는 없을 것입니다. 우리는 일본의 전쟁 수행 능력을 완전히 파괴해나갈 것입니다.

7월 26일에 포츠담에서 최후통첩을 내린 것은 일본을 완전한 파괴에서 구해주기 위해서였습니다. 일본의 지도자들은 즉각 그 최후통첩을 거부했습니다. 이제 그들이 우리의 조건을 수용하지 않는다면 공중에서 참화가 비처럼 내릴 것이고, 그와 같은 것은 지상에서 누구도 본 적이 없을 것입니다. 이 공습에 이어 해군과 지상군이 이전까지 보지 못한 병력과 장비를 가지고, 그리고 그들이 이미 잘 아는 전투 기술을 가지고 그 뒤를 따를 것입니다.

폭탄이 투하된 후 이런 내용의 선전물이 일본 도시들에 뿌려졌다. 이 폭탄을 사용한 것은 포츠담에서 요청한 항복 선언을 일본 측이 거부했기 때문이라는 것을 알리기 위해서였다.

일본인에게 고합니다. 여러분의 도시를 떠나십시오.
여러분의 군사 지도자가 열세 개 조항으로 이루어진 항복 선언을 거절한 까닭에 지난 며칠 사이에 엄청난 사건이 두 가지 벌어졌습니다.

군부의 이러한 결정 때문에 소련은 일본의 사토 대사에게 여러분의 나라에 선전포고를 한다고 알렸습니다. 그래서 이제 세계의 모든 열강이 일본과 전쟁을 하고 있습니다.

그리고 여러분의 지도자가 이 쓸모없는 전쟁을 명예롭게 끝내줄 항복 선언을 거절했기 때문에 우리는 원자폭탄을 사용했습니다.

우리가 개발한 원자폭탄 한 발의 파괴력은 우리의 대형 B-29 전투기 2000대가 실어 나를 수 있는 폭발력에 맞먹습니다. 라디오 도쿄는 우리가 이 엄청난 무기를 처음 사용한 도시 히로시마가 완전히 파괴되었다는 사실을 이미 알려주었습니다.

우리가 이 폭탄을 계속 사용해서 이 쓸모없는 전쟁을 연장하는 군사 기지들을 남김없이 파괴하기 전에, 천황에게 전쟁을 끝낼 것을 청원하십시오. 우리의 대통령은 여러분에게 명예로운 항복의 열세 가지 결과를 제시했습니다. 여러분이 그것을 받아들이고 더 발전되고 평화적인 새 일본을 건설하기를 촉구합니다.

즉시 행동하지 않으면 우리는 결연히 이 폭탄을 비롯한 우월한 무기를 사용해서 전쟁을 강제로 끝낼 것입니다.

여러분의 도시를 떠나십시오.

파괴된 도시의 하늘에서 전단지들이 떨어져 내렸다. 때는 일본인들이 조상의 영혼을 만나는 시기, 산 사람들이 죽은 사람을 기리는 오봉お盆 명절이 시작될 때였다. 종잇장들은 풀밭과 쓰레기 위에 떨어져서 먼 곳의 화염과 연기 오르는 잔해를 경고하고, 그 뒤로도 파괴가 이어질 것을 경고했다.

장치가 드러나다

미국에서는 대통령의 선언이 계속되었다.

프로젝트의 모든 단계를 직접 지켜본 국방장관이 곧 자세한 내용을 발표할 것입니다. 장관은 테네시주 녹스빌 근처의 오크리지와 워싱턴주 패스코 근처의 리칠랜드, 뉴멕시코주 샌타페이 근처의 시설들에 대해서 설명할 것입니다. 그곳에서 일하는 노동자들은 역사상 가장 파괴적인 무기를 만드는 데 참여했지만, 다른 분야 노동자들 이상의 위험은 겪지 않았습니다. 극도의 안전 조치들이 취해졌기 때문입니다.

'오크리지?'
리아 박사의 방에서 그리고 특별구역 전체에서 사람들의 귀가 쫑긋 섰다.
오크리지! 전화기가 있는 사람들은 수화기를 들고 맹렬히 다이얼을 돌렸다. 그렇지 않은 사람들은 오크리지에 대한 정보가 더 나오기를 기다리며 라디오 앞에 붙박혀 있었다.
이것은 달랐다.
이 선언은 폭탄에 대한 것만이 아니었다.
그 세월 동안 여기서 벌어진 일에 대한 것이었다.
오크리지의 비밀이 풀렸다.

우리가 원자의 에너지를 끌어낼 수 있다는 사실이 밝혀지면서 인간은 자연의 힘을 완전히 새롭게 이해할 수 있게 되었습니다. 원자 에너지는 미래에 지금 석탄, 석유, 수력의 힘을 보충하게 될지도 모르지만 현재로서는 그것들과 상업적으로 경쟁할 수준의 생산은 할 수 없습니다. 그런 일이 가능하려면 오랜 시간의 집중적인 연구가 필요합니다.

우리 나라는 과학자들도 정부의 정책도 과학 지식 탐구에 머뭇거린 적이 없습니다. 그러므로 정상 상태가 되면 원자 에너지와 관련된 일들이 모두 공개될 것입니다.

하지만 현 상태에서는 생산의 기술적 과정이나 군사적 활용 내용을 공개하지 않을 것입니다. 이제 우리와 세계를 갑작스런 파괴의 위험으로부터 보호할 방법들을 연구해야 하기 때문입니다.

하원의회는 미국 내의 원자력 생산과 사용을 통제할 적절한 위원회 설치를 신속히 논의해주시기를 바랍니다. 원자력이 어떻게 하면 세계 평화를 유지하는 강력한 힘이 될 수 있을지 나도 의회에 계속 여러 가지 제안과 권유를 하겠습니다.

◆　◆　◆

"우리가 여기서 무슨 일을 했는지 이게 알게 됐네요."

리아 박사가 자기 방에 모인 사람들에게 말했다. 대통령의 연설은 끝났지만, 오크리지 사람들에게 그 소식은 이제서야 조금씩 현실로 느껴지기 시작했다.

그 강력한 신무기가 히로시마를 폭격했다는 것만도 놀라운 소식이었다. 그런데 오크리지 주민들은 이제 거기서 자신들이 행한 역할을 깨닫기 시작했다.

이제 보니 모든 것이 이해가 되었다. 게이트들, 경비병들, 플랜트들, 그토록 숨 가쁜 일정과 그토록 엄격한 비밀. 대통령이 연설에서 한 많은 말들 가운데 단 한 번 나온 '오크리지'가 가장 거

장치가 드러나다

대한 충격으로 다가왔다.

지난 2년 동안 주변에서 벌어진 일이 무엇인지 마침내 알게
되자, 로즈메리는 지난 경험 전체가 당혹스럽고, 흥미진진하고,
섬뜩했다. 그리고 물론 충격적이었다.

그리고 자신의 나라는 이제 일본에게 항복하라는 최후통첩
을 내렸다.

'그들이 거기 따를까?' 그러면 전쟁이 끝난다는 뜻이었다. 많
은 미국인이 그런 대화를 나누었지만, 오크리지 CEW의 사람들
은 그 사건 자체뿐 아니라 자신들이 거기 기여했다는 사실도 이해
해야 했다.

◆　◆　◆

"전쟁이 시작되었을 때 가까운 미래에 원자 에너지가 전쟁
목적으로 개발될 것이 분명했고, 어느 쪽이 그것을 먼저 이루느냐
가 문제였습니다…."

국방장관 헨리 L. 스팀슨은 8월 6일에 독자적으로 발표한
"일본 폭격에 대한 성명"에서 말했다. 그런 뒤 원자폭탄을 상세하
게 설명하며 새 무기가 "과학, 산업, 노동, 군대가 협력해서 이룬
역사상 가장 큰 성취"라고 말했다.

앞으로 개선이 이루어지고, 효율과 규모가 더 커질 거라고,
리틀보이의 충격은 앞으로 개발될 것에 비하면 아무것도 아닐 거
라고 했다.

"이 무기를 미국이 현재 상태로라도 소유한 것은 일본과의
전쟁을 빨리 끝내는 데 중대한 도움이 될 것입니다."

그는 말했다.

정확한 방법은 당연히 공개할 수 없었지만 "국가 보안에 저촉되지 않는 한, 국민들의 완전한 알 권리를 위해서 국방부는 종전의 효과적 촉진을 위해 개발한 이 가공할 무기에 대해서 약간의 얼개라도 알리고자 합니다."

스팀슨은 1939년에 분열이 발견되면서 많은 나라가 원자폭탄 개발의 토대를 이루는 '근본적 과학 지식'을 얻었다고 강조했다. 일본은 아직 끝나지 않은 이 전쟁에 원자폭탄을 사용하지 않을 것 같았고, 이 무기를 독자적으로 개발하려던 독일의 시도는 패전과 함께 중단되었다고.

장관은 미국과 영국의 긴밀한 협조에 대해서도 설명하고, 프로젝트가 처음에는 버니바 부시Vannevar Bush가 이끄는 과학연구개발국에서 시작했지만 이후 책임이 국방부와 레슬리 R. 그로브스 소장에게 이관되었다는 것도 설명했다.

이 사람—레슬리 그로브스—은 만 3년이 못 되는 기간 전에 맨해튼계획의 공식 수장이 되었다. 그런 뒤 의지의 힘과 20억 달러 가까운 돈으로 장치를 만드는 길을 열었고, 그 길에 J. 로버트 오펜하이머가 이끄는 과학자 팀과 전국 곳곳의 수십만 명 노동자가 힘을 보탰다.

정부는 육군 기지 내에 오크리지라는 도시를 세웠고, 그 도시에 이 프로젝트를 위해 일하는 사람들이 살았습니다. 그들은 소박한 집, 기숙사, 막사, 트레일러에서 평범하게 생활하고, 모든 종교, 여가, 교육, 의료 등 현대 소도시의 모든 서비스를 누리고 있습니다. 오크리지의 전체 인구는 약 7만 8000명으로, 건설 노동자와 플랜트 오퍼레이터 및 그 가족들로 이루어져 있습니다. 그밖에 그 주변 지역에서 사는 사람들도 있습니다.

스팀슨은 말을 이었다.

"이렇게 넓고 고립된 지역을 선택한 것은 보안을 위해서, 그리고 혹시 있을지 모르는 위험을 피하기 위해서였습니다."

그는 워싱턴주 핸퍼드의 플랜트들, 뉴멕시코주의 연구소도 설명하며 '천재' J. 로버트 오펜하이머 박사에게 폭탄 개발의 공을 돌렸다. 스팀슨은 거기에 많은 '소형' 현장과 대학—컬럼비아 대학, 시카고 대학, 아이오와 주립대학 등—, 그리고 캐나다 등 여러 나라와 정부도 언급했다. 많은 협력 회사들—M. W. 켈로그, 유니언 카바이드, 테네시 이스트먼, 듀폰 등—에게도 감사를 전했지만, 그들이 건설하고 운영한 플랜트의 이름—Y-12, K-25, S-50, X-10—은 언급하지 않았다.

스팀슨은 검열청의 정책에 협조해준 언론에도 감사했다. 미국 전역에서 편집국장들은 추후 공지가 온 다음에야 열어보라는 꾸러미를 마침내 열 수 있었다. 꾸러미에서는 공식 성명과 사진이 쏟아져 나왔다. 사진은 상당수가 사진가 에드 웨스트콧의 작품이었다. 그는 특허 통제에 대해서도 말하고, 프로젝트에서 일하는 수만 명이 '튜벌로이'라고 알고 있는 원소를 적절히 공급해야 할 필요에 대해서도 말했다. 철통 보안에 대해, 그리고 그렇게 많은 사람이 그렇게 큰 비밀을 그렇게 잘 지킨 경이에 대해서 스팀슨은 이렇게 말했다.

일들은 철저히 분리구획되어서 수만 명의 사람들이 여러 가지 방식으로 프로그램과 연결되어 있지만, 아무도 자기 일을 하는 데 필요한 이상의 정보가 없었습니다. 그 결과 정부와 과학계의 소수 고위 인사들만이 전체 상황을 파악했습니다.

원자 분열이 평화로운 시기에 활용될 가능성은 충분하지만, 이 과학의 앞으로의 사용법에 대해서는 의문이 있으며, 그 이유는 이것이 지금까지 보여준 가장 강력한 쓰임이 전쟁 무기였기 때문이라고 그는 말하며, 앞으로 오랜 연구가 필요할 거라고 예견했다. "원자 에너지를 유용한 힘으로 바꾸는 것과 관련해서… 우리는 새로운 산업기술의 문턱에 서 있습니다…."

◆　◆　◆

그렇게 오래 이어진 정보 가뭄에 이어 이제는 정보의 홍수가 밀어닥쳤다. 하지만 CEW 플랜트에서 일하는 사람들은 아직도 자신들이 '정확히' 무슨 일을 해온 건지 잘 몰랐다. 오크리지에서 그들이 수행한 특정한 역할의 상세 내용이 모두 전해지지는 않았기 때문이다. 많은 사람들은 그 전체 이야기를 그 후로 수십 년이 지날 때까지도 알지 못했다.

누구도 헬렌과 도로시에게 손잡이를 이렇게 저렇게 돌릴 때 무슨 일이 일어나는 건지 설명해주지 않았고, 그들이 칼루트론을 운용했다는 것도 말해주지 않았다. 콜린은 그렇게 끝없이 검사한 파이프들이 무엇을 수송하는 파이프인지 여전히 듣지 못했다. 캐티는 자신이 청소하는 플랜트가 무슨 일을 하는 곳인지 몰랐다. 물론 버지니아 스파이비 같은 화학자나 제인 그리어 같은 통계 전문가는 정보의 조각들을 조금 더 쉽게 조립할 수 있었지만, 처음부터 끝까지를 관통하는 그림은 공개되지 않았다.

CEW의 사람들은 이 새로운 정보를 통해서 그동안의 많은 이야기와 경험들을 돌아보았다. 사람들은 아직 오크리지의 정확한 역할을 알지 못했다. 어떤 이들은 자신들이 직접 폭탄을 만들었다고 생각했다. 원자폭탄의 연료원을 만들었다는 것은 많은 사람에게 지나치게 난해한 이야기였다. 그리고 대부분의 상세 내용은 일급비밀이었다.

하지만 상관없었다.

오크리지 사람들은 마침내 '무언가' 알게 되었다. 자신들이 한 일에 이름을 붙일 수 있었다. 그들은 전쟁의 중대 전환점이 된 일, 전쟁을 영원히 끝낼 수 있을 것 같은 일에 참여했다.

뉴욕공립도서관에서 오크리지로 파견된 사서 엘리자베스 에드워즈는 백과사전이 있는 서가로 갔다. 백과사전들을 죽 살피다가 U자 항목이 담긴 책을 꺼냈다. 책은 명령이라도 받은 것처럼 딱 펼쳐졌다. 책등이 갈라진 부분을 보면 이미 화학에 밝은 사람들이 여기서 벌어지는 일을 이해하기 위해 특정 부분을 수도 없이 펼쳐 보았다는 것을 알 수 있었다.

그 많은 사람의 손길이 닿은 페이지에는 검은 얼룩이 배어 있었다. 땀에 젖은 과로한 손들이 만든 자국이 클린턴 공병사업소를 태어나게 한 그 원소(우라늄Uranium)의 항목까지 이어져 있었다.

◆ ◆ ◆

그날 밤 축하가 이어질 때, 그간 몰라서 또는 금지되어서 말하지 못한 단어들이 모든 사람의 입에서 나와 벽에 부딪히고, 플랜트의 구석구석, 직원식당, 버스에서 울렸다.

"우라늄!"

"원자!"

"폭탄!"

"방사능!"

"플루토늄!"

대부분의 사람들은 그때까지 235, 238라는 말을 들어본 적도 없었지만, 이제 그 말이 사방에서 울렸다. 아이들은 흥분해서 '원자폭탄' 이야기를 떠들었다. 작업 현장에서는 아직도 "하던 일을 계속 하라"는 메시지를 유지했다. 전쟁은 아직 끝나지 않았지만, 많은 노동자가 거리로 나갔다. 큐비클 오퍼레이터들은 패널을 떠났고, 화학자들은 실험 테이블에서 벗어났다. 축하의 물결이 이어지고 억눌렸던 호기심이 방출되는 가운데, 어떤 이들은 그 금지 단어들을 들을 때마다 움찔했다. 특정 용어들을 사용할 수 없었던 과학자들은 그 말이 그토록 자유롭게 오가는 것이 불편했다.

Y-12의 젊은 화학자 빌 윌콕스는 달력을 집어들었다. 그는 늘 웃는 얼굴에 나비 넥타이를 좋아하는 펜실베이니아주 출신 양키로, (하지만 댄스파티에서 지니라는 이름의 붉은 머리 테네시 처녀에게 빠졌다) 이 깡촌에 와서 밀주 증류기도 보고 대학 때 배운 원자의 힘을 활용하는 과학도 보았다. 몇몇 서류에 '40번 화학자'로 기록된 윌콕스는 빨간 펜으로 달력의 날짜에 동그라미를 쳤다. 8월 6일 월요일이었다. 그는 어쩐지 아직도 우라늄이라는 말이 어색했다. 그래서 대신 그냥 큰 글씨로 'T 데이'라고 썼다.

하지만 어떤 과학자들은 침묵 명령이 풀렸다고 느꼈고, 오크

장치가 드러나다

리지 관현악단을 만든 생화학자 윌도 콘도 그중 한 사람이었다. 그는 자동차를 몰고 시내를 다니면서 창밖에 대고 모두가 들으라고 거리낌없이 외쳤다.

"우라늄! 우라늄! 우라늄!!!"

◆ ◆ ◆

물리학자 리제 마이트너는 스웨덴의 호숫가 작은 마을 렉산드에서 휴가를 보내다가 소식을 전해 들었다. 그녀는 충격을 받았다. 눈물이 흘렀지만 입을 다물었다. 곧 지역 기자가 왔다. 폭탄에 대한 선생님의 기여에 대해 하시고 싶은 말씀 없습니까?

그녀는 자신은 원자폭탄과 관련된 어떤 일도 하지 않았다고 말했다. 그런데도 카메라와 기자들이 그녀를 따라다녔고, 리제가 폭탄과 관련된 중대 정보를 가지고 독일을 떠나서 연합국에게 넘겨주었다는 헛소문이 퍼졌다. 그녀의 사진들—염소와 같이 있는 것을 포함해서—이 그 과장되고 날조된 이야기에 자주 동반되어서 원자폭탄이 떨어진 날 휴가를 즐기는 추방된 물리학자의 이미지를 만들었다.

◆ ◆ ◆

그 소식은 영국 팜홀에 구금된 독일 과학자들에게도 닿았다. 오토 한은 그 일에 개인적 책임을 느꼈다. 그는 정신이 흐려질 때까지 폭음을 했다. 다른 과학자들은 처음에는 그 소식을 믿기 힘들어했다. 자신들을 구금한 자들의 정교한 계략이라고 생각했다. 하지만 그것이 사실임을 알게 되자 몇 시간 동안, 이어 며칠 동안을 그 이야기만 했다.

바이체커: 그건 우라늄하고는 상관없을 거예요….

한: 어쨌건 하이젠베르크, 자네들은 2류가 됐으니 짐을 싸는 게 좋겠군.

하이젠베르크: 저도 그렇게 생각합니다.

한: 저들은 우리보다 50년을 앞섰어.

하이젠베르크: 저들의 이야기를 믿을 수 없어요. 동위원소를 분리하는 데 5억 파운드 전체를 썼을 겁니다. 그러면 가능해져요.

한: 앞으로 20년 동안은 불가능할 줄 알았어.

바이체커: 미국이 그걸 해냈다는 게 무섭습니다. 그 사람들은 미쳤어요.

하이젠베르크: 아니, '그게 전쟁을 끝내는 가장 빠른 방법'이라고 생각할 수도 있어요.

한: 그게 그나마 위안이군.

이틀 뒤 팜홀의 과학자들은 독일의 '우라늄 관련 연구'를 설명하는 공문을 준비했다. 그들은 그것을 통해 자신들의 연구 내용을 알리고자 했다. 언론이 독일을 제대로 대변해주지 않는다고 느꼈기 때문이다. 그들은 분열의 발견에 대해 이렇게 썼다.

우라늄 원자핵의 분열을 발견한 사람은 베를린 소재 카이저 빌헬름 화학연구소의 한과 슈트라스만이다… 수많은 연구 인력─마이트너와 프리쉬가 선두를 이룰─이 우라늄 분열에서 막대한 에너지가 나온다는 것을 알아냈다. 반면에 마이트너는 그 발견 6개월 전에 베를린을 떠나서 발견에 관련되지 않았다.

장치가 드러나다

♦ ♦ ♦

　공병단장 케네스 니컬스 대령은 아내 재클린이 그 사실을 다른 사람들보다 먼저 알게 하려고 했다. 그래서 자신이 구할 수 있는 원자폭탄 관련 자료를 모두 집에 보내서 재클린이 다른 사람들처럼 라디오로 소식을 듣는 당혹감을 없애주려고 했다. 그것은 그 모든 비밀과 침묵 때문에 고생한 아내에 대한 화해의 제스처였다.

　하지만 우편물이 도착했을 때, 집에는 바이 워런이 손님으로 와 있었다. 신중한 성격의 재클린은 바이 워런이라면 이해해주리라 믿고 그녀가 떠난 뒤에 봉투를 개봉하기로 했다.

　그때 전화가 울렸다. 재클린의 시누이가 소식을 전하며 어떻게 생각하느냐고 물었다. 재클린은 얼른 라디오를 켜고 우편물을 열어서 모든 것을 살펴보았다. 그녀는 나중에 남편에게 말했듯이 "폭탄이 민간인들에게 떨어진 것은 크게 실망스러웠"지만, 가족의 시간을 그토록 잡아먹은 프로젝트가 성공했다는 것과 남편이 거기서 핵심적 역할을 했다는 것을 기쁘게 여겼다. 무엇보다 그녀는 그 모든 일이 이제 끝나가는 것 같아서 기뻤다.

♦ ♦ ♦

　많은 전업주부가 직장에서 일하는 남편보다 먼저 원폭 소식을 들었다. 지난 3년 동안 특별구역 안에 칡넝쿨처럼 뻗어나간 조립식 주택과 트레일러 틈으로 정보가 날아다니며 흙 묻은 양말과 화학약품으로 얼룩진 셔츠 이야기를 뒤로 밀어버렸다.

소식은 부엌 창문에서 빨랫줄을 타고 길거리로 날아갔다. 실리아는 다른 사람들과 함께 기뻐하고 싶었지만 그럴 수 없었다. 언제 다시 입덧이 닥칠지 몰랐기 때문이다. 바깥에서 군중 소리, 자동차 경적 소리, 즐겁고 떠들썩한 소리가 이어졌지만, 몸이 힘들어서 거기에 낄 수 없었다. 집에 혼자 조용히 있는 그녀는 캐슬에서도 멀리 떨어져 있었고, 그녀와 프로젝트가 일을 시작한 맨해튼에서는 더욱 멀었다.

✦ ✦ ✦

아무래도 헬렌 홀이 테네시를 떠나 루이지애나에 가 있는 동안 세상이 바뀌어 버린 것 같았다. 그녀는 휴가를 그렇게 기다리던 자신이 루이지애나에서 하룻밤도 보내지 않고 테네시로 바로 돌아간다는 사실이 스스로도 믿어지지 않았다.

루이지애나주 뉴올리언스에 그녀의 친구 피위와 남편이 살았다. 피위의 남편은 헬렌이 잘 모르는, 정부의 일을 했다. 피위는 고향 친구로 헬렌보다 한 학년 아래였다. 어린 시절에 둘은 늘 붙어다녔고, 성인이 되어 떨어져 살게 되었어도 여전히 친했다.

헬렌은 휴가 때 옛 친구와 만날 일을 고대했다. 하지만 뉴올리언스에 발을 내딛자마자 피위가 자기 부부는 테네시주에 가야 한다고 말했다. 그들은 다른 모든 미국인처럼 원폭 투하 소식을 기뻐했지만, 오크리지가 거기 참여한 것을 알게 되자 계획을 바꾸었다. 그들은 테네시 출신이었는데, 테네시가 그런 엄청난 사건에서 중요한 일을 했다는 것을 알게 되었기 때문이다.

헬렌은 마치 뒤틀린 시공간을 지나온 것 같았다. 한 세계에

장치가 드러나다

서 비행기를 탔는데, 내리고 보니 다른 세계였다. 발밑에서 변한 것은 장소만이 아니었다.

그녀는 피위가 그 소식에 그렇게 반응하는 것이 이해되었고, 그래서 유일하게 분별 있어 보이는 결정을 했다.

"좋아, 그럼 나도 같이 가겠어."

그녀는 짐도 풀지 않고, 피위 부부와 함께 자동차에 타고 새로운 휴가지가 된 오크리지로 달려갔다.

◆ ◆ ◆

토니는 아직 척에게서 소식을 듣지 못했다. '아직 모를지도 몰라.' 그녀는 생각했다. 척이 아직 '우라늄'이니 '폭탄'이니 하는 말이 금지어로 남아 있는 오크리지라는 평행 우주에서 연마석에 코를 박고 있다면, 아마 토니가 미쳤다고, 괜히 자신을—그리고 토니도—곤란하게 만들려고 한다고 생각할 것이다.

토니는 바로 이틀 전에 캐슬 밖에서 친구 베티 쿠브스하고 이야기를 하다가 다이아몬드를 마주쳤을 때의 일이 떠올랐다. 지금 생각하니 그 대화가 새롭게 느껴졌다.

"나는 사람들이 여기서 무슨 일을 하는지 알아냈어…." 베티가 말했다. 그러자 다이아몬드가 귀를 쫑긋 기울였다. 토니는 겁을 먹고 자리에 얼어붙었다.

"원자를 쪼개서 그 에너지로 폭탄을 만드는 거야."

토니는 말도 안 되는 소리 같아서 웃어 넘겼다. 하지만 그때 다이아몬드의 표정은 별로 좋지 않았다.

'베티는 그걸 어떻게 알았지?' 토니는 의문스러웠다. 베티는 언제나 똑똑했다. 하지만 원자를 쪼갠다고? 물론 베티가 그 대담한 이론—오늘 사람들은 그걸 알게 되었다—을 펼치던 이틀 전에 미처 몰랐던 것은 다이아몬드가 그 일을 보안대에 신고했다는 것이었다.

"베티, 오늘 베티하고 할 이야기가 좀 있어요." 다이아몬드가 말했다.

하지만 역사가 끼어들어서 베티는 무거운 질책을, 그리고 어쩌면 실직도 피할 수 있었다.

토니는 전체적인 그림은 아직도 이해하지 못했지만, 그녀에게는 더 긴급한 문제가 있었고, 가야 할 곳도 있었다. 그녀는 곧 척과 함께 뉴욕시 퀸스에 있는 그의 부모님의 집에 가봐야 했다. 토니는 척의 가족이 자신을 마음에 들어할지 궁금했다. 그들은 그녀의 오빠 벤에게는 친절을 베풀었다. 그가 플로리다의 공군 기지에 있다가 2주 간의 통신 교육을 받으러 뉴욕에 갔을 때 척의 부모님은 벤을 집으로 초대했고, 그는 다정한 테네시 청년만이 할 수 있는 방식으로 그들의 호감을 샀다. 하지만 그녀의 경우는 사정이 달랐다. 척의 부모님은 아들이 취직을 하는 것도 집을 떠나는 것도 싫어했는데, 이제 토니라는 여자가 그의 애정을 독차지하고 있었다. 너무 많은 것이 자신의 통제 영역 바깥에 있는 것 같았다.

'앞으로는 어떻게 되는 거지? 내가 이 일을 계속 할 수 있는 건가?' 토니는 의문이 들었다.

척은 이제 뉴욕으로 돌아갈까? 그들이 뉴욕에 갈 때쯤이면 전쟁은 끝났을지도 몰랐다. 그렇게 되면 벤은 무사히 집에 돌아올 것이다. 그것은 좋은 일이었다. 전쟁이 마침내 끝났다는 뜻이니.

◆　◆　◆

　　버지니아는 맑은 하늘 아래 친구 바버라와 함께 포토맥
Potomac강의 여객선을 탔다. 배는 체사피크만Chesapeake Bay을 지나서
버지니아의 여동생이 사는 버지니아주 노퍽까지 갈 것이다. 기차
에서 자는 일은 조금 어려웠지만 그 뒤의 여정은 환상적이었다.
두 여자는 워싱턴을 걸어다니며 박물관을 구경하고 워싱턴 기념
비 근처 쇼핑몰의 밴드 연주도 관람했다. 테네시를 떠날 때 버지
니아는 자신이 오크리지를 떠나 있는 짧은 시간 동안 세상이 이렇
게 변할지 전혀 몰랐다. 하지만 이제 돌아보니 그녀가 떠나기 전
에 연구실 사람들이 한 수수께끼 같은 말이 조금씩 이해되었다.
　　"이제 곧 무슨 일이 일어날 거예요…."
　　그녀는 이제 그게 무엇인지 알게 되었다.
　　다른 일들도 차츰 이해가 되었다. 과학 저널에서 자취를 감
춘 논문들, 연구실에서 자신이 한 일, 퍼센트 계산, 함께 등산을
한 물리학자 남자친구가 그들이 일종의 폭탄을 만들고 있다고 말
한 일, 예일과 하버드 대학 출신 남자들이 데이트에서 중얼거린
말, 그녀가 떠나기 전에 동료들이 경고한 말. 그녀와 바버라가 여
객선 갑판에 서서 늦여름 날씨를 즐길 때, 주변 승객들의 대화는
어쩔 수 없이 히로시마의 원폭 투하로 돌아갔다.
　　사람들은 이제 신문들의 1면을 가득 채운 일급비밀 프로젝
트에 대해 이야기를 했다. 그중 누군가가 거기서 일한 사람들은
자기들이 무슨 일을 하는지 전혀 몰랐다고 말했다.
　　버지니아는 자기도 모르게 불쑥 말했다. "저는 알았어요."
　　그러자 가볍게 떠들던 분위기가 갑자기 날카로워졌다.

"신문에 났어요. 그 사람들 아무도 몰랐다고! 당신이 어떻게 알았다는 거죠?" 그중 한 명이 화를 냈다.

버지니아는 사람들이 자신의 말에 격렬하게 반응하자 물러났다. 그들은 그녀가 거짓말을 한다고 생각했다.

'이렇게 젊은 여자가 그런 비밀을 알았다고?'

버지니아는 그들의 대화에 자신의 체험을 더하고 싶었을 뿐이다. 자랑하려는 마음은 없었다. '나 스스로는 알아내지 못했을 거야.' 그렇게 생각했지만, 그녀도 그 비밀이 화학적 성격이고 원자 에너지와 관련되어 있다는 것은 알았다. 하지만 그런 단서들을 연결하는 데에는 다른 사람이 필요했다.

그녀가 자신의 생각을 소리 내서 말한 것은—그리고 특별구역 바깥의 사람들에게 말한 것은—아마 그때가 처음이었을 것이다. 하지만 사람들의 반응에 더는 이런 대화에 끼지 말자고 생각했다. 버지니아는 마침내 자신이 하던 일을 말할 수 있게 되었는데, 아무도 그 말을 듣고 싶어 하지 않았다.

대화는 멈추고, 그 이야기도 거기서 끝났다. 버지니아는 아무 말도 하지 않았다. 하지만 그 발견은 놀라웠다. CEW에서 자신보다 훨씬 많은 걸 아는 사람들이 있었다는 것, 하지만 아무도 그 이야기를 하지 않았다는 것.

생각하면 할수록 신기했다. 오크리지 사람들은 역사상 가장 놀라운 비밀을 지켰다.

14

천 개의 태양이 떠오르는 새벽

한 남자가 "쉬-쉬-쉬잇!" 하고 맹렬하고 본능적으로 외쳤다. 그가 2년 넘도록 목숨을 걸고 지키던 비밀이 온 세상에 터져나오고 있었다. 암호로 기록되고 '일급비밀'로 분류되었던 데이터가 공중에 던져졌다. 아내도 적인 듯 여기며 꽁꽁 감추었던 사실이 모두에게 상세하게 공개되고 있었다.

—바이 워런, 〈오크리지 저널〉

토니는 엠파이어 스테이트 빌딩 꼭대기에 서 있었다. 프로젝트가 시작한 장소 한 곳에서 다섯 블록 거리였다. (높이로는 360미터도 넘게 차이가 났다.) 거기서 그 마천루와 오피스 빌딩들 사이에 매디슨 스퀘어 지역 공병대 사무실이 숨어 있었다. 그곳은 한때 원폭의 원료를 확보하는 중심지였다. 이 작은 섬에서 시작한 일이 테네시주, 그녀의 고향에서 멀지 않은 곳에서 일부 완성되었다. 모든 것이 그녀가 복숭아를 따고, '빌린' 차로 놀러다니고, 독특한 두 분 부모님의 사랑을 받던 곳 근처에서 열매를 맺었다. 토니는 척의 옆에 서서 조용히 미래를 생각했다. 미래는 그녀가 생각하고 원했던 것보다 선택의 여지가 넓게 펼쳐져 있었다.

진실이 드러난 이후 세상은 달라졌다. 모든 사람이 이제 곧 전쟁이 끝날까 하는 생각을 할 때, CEW의 사람들에게는 다른 걱정이 있었다.

'오크리지도 문을 닫을까?'

전시 수요 충당을 위해 개조했던 공장들은 다시 립스틱 통과 주방용품을 만드는 일로 돌아갈 수 있었다. 하지만 오크리지는 하나의 플랜트 또는 몇 개의 플랜트 집단에 그치는 것이 아니었다. 그곳은 말 그대로 도시였다. 이제 모두가 이 거대한 건물들, 임시 트레일러, 조립식 주택을 버려두고 떠나게 될까? 갑작스레 생겨난 이 기지를 자기 집으로 여기게 된 수만 명의 사람들이 계속 남아 있을 자리가 있을까?

✦ ✦ ✦

버지니아는 워싱턴 DC에 다녀와서 연구실에 복귀했다. 일은 계속되었다. 그녀의 직속 감독관 한 명이—다른 많은 사람들처럼—그 '빅뉴스' 이야기를 하려고 그녀에게 왔다.

"버지니아! 여기서 우리가 무슨 일을 하는 건지 알았어요?!" 신기하게도 그 사람도 전혀 몰랐던 것 같았다. '어떻게 저렇게 놀랄 수 있지?' 그녀는 생각했다. 그 정도 위치의 사람이면 여기 있는 동안 여러 가지 사실들을 꿰어 맞출 수 있을 줄 알았다. 그는 어쨌건 감독관이었고, 그녀보다 더 많은 정보에 접근할 수 있었을 것이다. 하지만 그렇지 않을 수도 있었다. 그걸 알려면 그에게 직접 물어보는 수밖에 없었고, 그녀는 그러지 않기로 했다. 완전히 투명한 대화는 대공개 이후로도 이루어지지 않았다.

새로운 규칙이 생겨나고 있었다. 그 뒤로 오크리지에서 공개적으로 할 수 있는 말과 할 수 없는 말은 계속 변해갔다. 원폭과 관련된 세부 내용은 프로젝트의 계획대로 공개되었다. 그러나 노동자들에게는 아직도 전체 그림의 많은 부분이 알려지지 않았다.

모든 것이 변했지만 아무것도 변하지 않았다. CEW의 일과는 전과 다름없다는 지침이 내려왔다. 하지만 일부 노동자는 이미 떠날 준비를 시작했다. 그들의 일자리와 도시 자체가 전쟁만큼이나 일시적인 것이라고 생각했기 때문이다. 국방부는 모든 노동자에게 다음과 같은 공문을 내렸다.

클린턴 공병사업소의 모든 종사자 여러분께
오늘 전 세계는 여러분이 오랜 시간 지켜준 비밀을 알게 되었습니다. 나는 일본군 지도자들이 그 효과를 우리보다 더 잘 알게 되었다는 것이 기쁩니다. 여러분의 애국심에 힘입어 개발된 원자폭탄은 이 세상에서 가장 강력한 군사 무기입니다. 여기서 일한 여러분들 중에는 프로젝트 전체에 관여한 사람도 없고, 사업의 전모를 아는 사람도 없습니다. 여러분 각자가 자신의 일을 했고 각자의 비밀을 지켰습니다. 그래서 오늘 나는 나라를 대표해서 축하와 감사의 말씀을 드립니다. 여러분이 지금까지 지켜온 비밀을 계속 지켜주시기 바랍니다. 보안과 생산 지속은 지금와 마찬가지로 앞으로도 중요하기 때문입니다. 여러분 모두가 자랑스럽습니다.

1945년 8월 7일
워싱턴 DC
국방부 차관
로버트 P. 패터슨

재인 그리어는 언니 캐스린이 히로시마에 폭탄이 터진 8월 6일 밤에 쓴 편지를 개봉했다.

"오늘은 정말로 놀라운 날이었어. 우리보다 너 때문에…."
편지는 그렇게 시작했다.

제인은 '바깥세상' 사람들이 그녀의 세계에 대해 하는 이야기가 언제나 흥미로웠지만, 그들의 호기심에 답을 해줄 수는 없었다. 그녀는 아버지, 패리스의 고향 집, 형제자매의 일, 다음 달 계획 등에 대한 소식을 즐겁게 읽었다. 제인 자신도 캐스린과 곧 태어날 조카를 보러 갈 날을 고대하고 있었다.

아버지가 제인이 "그렇게 강력한 것에 그렇게 가까이서 지낸" 것을 걱정한다고 했다. 캐스린은 제인에게 일을 할 때 안전 조치를 철저히 취한다고 아버지에게 편지를 써서 걱정을 덜어드리라고 했다.

"정말이지 그 물건이 그렇게 강력하다니 좀 무서워. 나는 그런 건 상상도 못하겠어. 그 파괴력을 생각하면 너도 무섭지 않니? 그게 나쁜 사람 손에 들어가면 어떻게 되겠니? 하지만 그게 평화시에도 신기하고 멋진 일에 쓰일 수 있을 거라고 믿고 앞으로는 그렇게만 쓰이기를 바라자. 그 무기는 지금 벌어지는 전쟁을 금방 끝낼 것 같고—사실 사람들은 오늘밤 당장이라도 끝내버릴 것 같아. 나라면 그럴 거야. 이것이 한 번만 그런 좋은 일을 하고 다시는 파괴에 사용되지 않기를 바라자."

✦ ✦ ✦

하지만 그것은 8월 9일에 다시 사용되었다. '팻맨Fat Man'이라는 이름의 그 폭탄은 트리니티에서 시험한 모델처럼 플루토늄—49—을 사용한 내폭형으로 나가사키에 투하되었다. 약 4만 명의 사람이 즉사했다. 이 두 번째 공격과 그 전날 이루어진 소련의 선전포고만으로 히로히토가 항복할 마음이 들지 않을 경우에 대비해서 즉시 투하할 다음번 폭탄이 또 준비되어 있었다.

"다음번에 투하할 내폭형 폭탄은 1945년 8월 24일 이후 날씨가 좋은 첫날, 표적지에 투하하기로 계획되어 있었습니다."

그로브스 장군이 육군 참모총장 조지 마셜 George Marshall 에게 보낸 8월 10일 자 공문의 내용이다.

"우리는 생산과정을 4일 단축했고, 뉴멕시코에서 12일이나 13일에 최종 부품을 선적할 수 있을 것입니다… 폭탄은 8월 17일 또는 18일 이후 날씨가 좋은 첫날 투하할 수 있을 것입니다."

세 번째 폭탄을 투하하기 전에 일본이 항복을 선언했다. 8월 14일, 나가사키 폭격 5일 후였다.

2차대전은 모든 사람에게 영향을 미쳤다. 미국 장병 1600만 명이 싸우러 갔고, 40만 명 이상이 목숨을 잃었다. 전 세계에서 죽은 군인과 민간인 수는 최대 8000만 명으로까지 추산되었다. 여자들 중에도 1942년까지 100만 명을 훨씬 웃도는 인력이 공장과 사무실에 나가서 일했고, 그러지 않은 여자들도 배급제 속에 살림을 꾸리고, 고철을 모으고, 전쟁 국채를 사고, 미군 위문클럽에 가서 군인들과 춤을 추었다.

온 나라가 기쁨을 터뜨릴 때, 오크리지가 느끼는 환희는 특별했다. 안도와 자부심이 두 번째 폭격의 충격과 무거운 상념에 섞여들었다.

두 번째 원폭은 마침내 전쟁을 끝냈고, 클린턴 공병사업소 사람들은 승전을 가져온 '절대 무기'에 기여했다. 많은 사람들은 자신이 승전에 기여했다는 사실만으로 기뻐할 수 있었다. 하지만 그 사실을 감당하기 힘든 사람들도 있었다. K-25의 젊은 노동자 한 명은 노래와 축하의 현장을 떠나 기숙사로 돌아갔다. 그리고 자신이 그 폭격에서 행한 작은 역할을 생각하고 울었다.

✦ ✦ ✦

VJ 데이(대일 전승 기념일). 사진가 에드 웨스트콧은 특별구역을 다니면서 사람들이 일본의 항복에 기뻐하는 모습을 카메라에 담았다. 아직도 24시간 가동되는 플랜트들에서부터 기숙사, 트레일러 캠프까지 축하는 열렬하게 이어졌다. 도시의 심장부인 잭슨 광장은 젊은 남녀로 들끓었다.

〈녹스빌 저널Knoxville Journal〉 1면에는 전 세계가 6년 동안 기다린 소식이 큰지막한 글씨로 새겨졌다.

평화.

웨스트콧은 바쁘게 셔터를 눌렀다. 사이트 X의 탄생을 포착한 바로 그 카메라가 이제 진주만 공습을 인가한 일본 총리 도조 히데키東條英機 인형의 화형식을 찍었다. 자동차들이 진흙길 위에서 퍼레이드를 벌였다. 아이들은 부엌과 헛간에서 양동이와 냄비를 가져다가 두드리고, 뚜껑을 맞부딪히고, 손수레를 덜컹거리며 행진했다. 시끄러운 소리를 내는 물건은 아무것이나 좋았다. 술잔을 들 수 있는 사람들―맥주건 밀주건 가정주건―은 그것을 높이 들어올렸다. 경적이 사방에서 울렸고, 사람들은 노래했고, 커플들은 춤을 추었다. 방방곡곡에서 모든 사람이 그토록 바라던 소식에 일제히 안도의 한숨을 쉬었다. 전쟁은 끝났다.

◆ ◆ ◆

　멋쟁이 화학자 빌 윌콕스처럼 해외에서 싸울 기회를 놓친 젊은 남자들은 그동안 수많은 의심의 눈초리와 질문을 받았다.

　'저 사람들은 왜 의무를 수행하지 않는 거지?'

　그들은 여러 해 동안 하소연할 데도 없고 대답도 할 수 없는 상태로 많은 직간접적 비난을 감당하고 살았었다. 이제 그들에게는 그동안 자신들의 애국심을 의심하고 그들이 부당하게 징집을 피했다고 비난하던 사람들에게 해줄 말이 생겼다.

　윌콕스는 친구들과 함께 노리스댐에 나가서 햇빛을 누리면서 최근의 사건들과 거기서 자신이 한 역할을 음미했다.

　"하느님 감사합니다, 마침내 모든 것이 끝났습니다." 그는 1945년 8월 15일 펜실베이니아의 부모님에게 편지를 썼다. "전쟁의 소음이 완전히 사라지고, 기쁨의 순간들이 지나가고 보니, 또 하나의 시대가 끝났다는 것을 느끼지 않을 수 없습니다… 이토록 핵심적인 지식이 이토록 많은 사람에게 맡겨져서 이토록 큰 성공을 거둔 일은 이전까지 없었습니다…."

　그는 2년도 넘게 부모님에게서 감춘 인생의 자세한 이야기를 처음으로 쏟아냈다. 편지 쓰기가 카타르시스를 불러일으켜 할 말이 끊기지 않았다.

　"2년 동안 '왜 병역을 기피하고 있느냐'라는 말을 계속 들으며 살면 안에 수많은 감정이 쌓이게 됩니다."

　그는 그렇게 쓰고, 오크리지의 엄청난 규모, 16시간 노동, 생활조건, 스트레스를 하나하나 설명했다. 그 편지에는 함께 일하고 생활한 남녀 동료에 대한 사랑과 존경이 담겼다.

세계 역사상 이렇게 젊은 사람들의 어깨에 이렇게 큰 책임이 얹힌 적이 없습니다… 여기는 노인들의 땅이 아닙니다….

오크리지는 도시에 그치지 않습니다. 이곳은 크고 독특한 철학을 상징합니다. 그 철학은 여기서 2년 동안 미친 듯이 달리고 땀을 흘리고 욕을 퍼부은 사람들만이 느낄 수 있습니다.

◆ ◆ ◆

〈오크리지 저널〉은 특종 중의 특종을 놓쳤다.

전쟁의 가장 뜨거운 이야기가 코앞에서 벌어졌는데, 그들은 보도는 고사하고 그것을 알 권리도 없었다. 게다가 그 신문은 주간지였다. 그래서 마침내 정보를 얻었을 때는 며칠 후에야 기사를 실을 수 있었고, 그때는 지상의 모든 주요 매체가 관련 보도를 마친 뒤였다.

"오크리지가 일본을 공격하다!"가 마침내 〈오크리지 저널〉에 실린 기사의 표제였다.

처음에 국방부가 언론에 제공한 풍부한 정보는 굶주린 전국의 편집자와 기자들의 갈증을 채우기에 충분했다. 하지만 대중은 곧 '더 상세한 것'을 요구했다. 정부가 어떻게 프로젝트의 비밀을 유지했는지, 일본의 피해 상황은 어떤지, 그리고 가장 중요한 질문인 원자 세계의 앞날은 어떻게 될지에 대해서. 하지만 더 이상은 알 수 없었다. 주기적으로 기밀 목록에서 해제되는 자료들을 기대할 수 있을 뿐이었다.

"오크리지가 존재한 2년 가까운 세월 동안 본지가 그것에 대해서 쓸 수 있던 것보다 더 많은 기사가 이번 주에 전국의 신문 잡지에 쏟아져나왔다." 8월 16일 자 〈오크리지 저널〉이 비꼬아 말했다.

독자 투고란에는 신문 이름을 〈원자 도시^{Atomizer}〉로 바꾸자는 글도 실렸다. 신문의 지역 인물 섹션에는 그리 사이가 좋지 않은 이웃 도시 녹스빌의 신문팔이 소년 이야기가 실렸다. 소년은 길거리에서 녹스빌이 비밀에 싸였던 특별구역에 대해 마음을 바꾸었다고 소리쳤다.

"호외요! 호외! 오크리지가 원자폭탄을 만들었어요! 우리는 전에는 그 사람들을 싫어했지만 이제는 좋아합니다!"

수많은 기자가 오크리지에 몰려왔다.

보도자료 작성은 '원폭의 빌'이라는 별명을 얻은 윌리엄 로런스가 주도했다. 퓰리처상 수상 경력의 〈뉴욕타임스〉 기자인 로런스는 트리니티 현장을 목격했고, 나가사키 폭격 시 관측 비행기에도 탑승했다. 보도자료는 육군 방첩부대의 활동도 최초로 언급했다. 그들은 프로젝트의 비밀을 유지하기 위해 활약한 집단 중 하나였다.

히로시마 폭격 이후 처음 발행된 〈오크리지 저널〉의 '화제의 인물' 섹션에는 공보관 조지 O. '거스' 로빈슨이 나왔다. 로빈슨은 오크리지와 프로젝트 관련 비밀이 전국에 걸쳐 지켜질 수 있도록 관리하는 책임자였다. 그는 2년 넘게 많은 편집자와 신문 기자를 만났고, 마침내 그 전주에 그들을 CEW에 초대해서 그동안 못한 말을 전할 수 있었다.

"그는 언제나 아는 것을 다 말하지 않는다는 인상을 준다. 그리고 대개의 경우 그것은 사실이다." 신문은 로빈슨에 대해 그렇게 썼다.

신문은 오크리지의 생활이 계속된다는 것도 보여주었다. 그로브 센터의 나이츠 상점Knight's store은 8월 17일에 확장되었다. "목소리 높여 알려드립니다. 모자 코너가 신설되었습니다." 8월 25일에는 엘자 게이트에서 카니발이 벌어져서, 미들타운Middletown 극장에서 〈짜릿한 모험! 숨가쁜 질주! 녹원의 천사National Velvet〉가, 스카이웨이 자동차극장에서는 제임스 캐그니James Cagney가 출연한 〈프리스코 키드Frisco Kid〉가 상영되었다. 채플 온 더 힐에서는 특별 VJ 데이 예배가 열렸다. 또 기숙사들이 그 달 말부터 현금만 받는다는 소식도 있었다. 보는 곳마다 사람들이 이미 짐을 싸서 떠나고 있었다.

특별구역은 "하던 일을 계속하라"는 메시지를 내보냈다. 그 말은 광고판에도 새겨졌고, 신문 좌상단에도 찍혔다. 신문 1면에는 공병단장 니컬스 대령의 편지가 다시 한번 실려서 강조했다.

"어떤 침략자도 우리를 다시 공격할 수 없도록 우리는 이 가공할 신무기를 충분히 보유해야 합니다."

✦ ✦ ✦

캐티는 게이트 너머로 동료 한 명이 전쟁에서 돌아온 남자친구를 반갑게 맞는 모습을 보았다. 캐티도 기뻤다. 하지만 모두가 세상이 변했다고 말하는데 캐티의 세상은 별로 변한 게 없었다. 그녀는 아직도 아이들 곁에 가지 못했다. 아직도 앨라배마의 가족들에게 돈을 보내고 있었다. 그녀가 알던 오크리지의 흑인 사회는 반으로 나뉘었다. 절반은 전쟁이 끝났으니 집에 돌아가고 싶어 했고, 절반은 남고 싶어 했다. 하지만 아이들을 키울 집과 보낼 학교가 없다면 거기 남을 수 없었다. 아이들을 데려올 수 없다면 그곳은 집이 될 수 없었다. 캐티와 윌리는 다른 사람들처럼 전쟁이 끝난 것이 기뻤지만, 이제 아이들을 데려와서 함께 살 수 있을지, 아니면 오크리지의 시간은 모두 끝나고 테네시 동부의 눈도 기억 속으로 사라질지 알 수 없었다.

◆ ◆ ◆

헬렌에게 종전이란 오빠 해럴드가 집에 돌아오는 것이었다. 그녀는 아직도 그가 훈련을 마치자마자 집에 작별인사도 못하고 곧장 파병되었다는 사실을 납득할 수 없었다. 해럴드가 떠난 지 어느새 3년이었고, 그동안 휴가 한 번 없었다. 그의 편지는 군데군데 잘린 채로 왔다. 헬렌이 보내는 편지도 마찬가지였을 것이다. 편지가 오는 데도 한 달 이상이 걸렸다. 그런 연락 부재, 침묵, 무소식은 어머니에게 훨씬 더 힘들었을 것이다.

그리고 마침내 소식이 왔다. 해럴드는 미국에 돌아와 귀환 보고를 한 뒤 내슈빌로 날아왔다. 하지만 거기서 시골길에 내려진 그는 고향 이글빌까지 40킬로미터를 혼자 힘으로 이동해야 했다. 이웃이 해럴드를 보았다는 소식을 전하자, 아버지는 차를 타고 내슈빌을 향해 달려갔다. 군장을 멘 채 집으로 걸어가던 해럴드에게 아버지의 차는 반갑기 그지없었다.

헬렌은 귀환 병사를 그런 식으로 돌려보내는 게 어이없었지만, 어쨌건 그가 무사히 돌아온 것이 기뻤고 그를 얼른 다시 보고 싶었다. 하지만 계속 그의 곁에 있을 수는 없을 것이다. 그녀는 오크리지에 남기로 결심했기 때문이다. 그곳은 직장, 소프트볼, 농

천 개의 태양이 떠오르는 새벽

구가 있었고, 또 살기 좋은 곳이었다. 어쨌건 그녀는 직장이 있다고 생각했다. 첫 원폭 투하 후 일본이 항복하기 전에, 플랜트 폐쇄의 소문이 돌기 시작했다. Y-12의 일부 여자들은 이미 테네시 이스트먼사의 주요 사업부들이 있는 킹즈포트로 옮길 계획을 했다. Y-12 플랜트의 여러 부서가 문을 닫고 인력을 줄였다. 그녀는 새 직장을 찾아야 할 것이다. '그럴 수 있을까? 도시 전체가 떠나게 될까?' 어떤 사람들은 그 일은 시간 문제일 뿐이라고 말했다. 그녀는 그 말이 틀리기를 바랐다.

◆ ◆ ◆

로즈메리는 새로운 일자리 제안을 받았다. 수락하고 싶지 않았지만 리아 박사가 자꾸 권했다. 그녀는 우쭐한 심정도 들었지만 거기 넘어가지 않았다. 그녀도 대부분의 오크리지 사람들처럼 중요한 결정을 내려야 했다. 병원 의사의 절반가량은 고향으로 돌아가 재개업하거나 떠났던 병원에 복귀할 계획을 했다. 다른 사람들은 오크리지의 미래에 희망을 걸고 여기서 개업할 생각을 했다. 그녀가 만들었던 진료소가 빠른 속도로 변해갔다.

폭격 자체에 대해서 그녀는 아직도 판단하기 힘들었다. 그런 사람이 그녀만은 아니었다. 오크리지에서 일하며 그토록 엄청난 파괴 무기의 개발에 기여한 누구라도 스스로에게 그것이 옳은 일이었는지 자문해보지 않을 수 없었다. 어쨌거나 전쟁이 끝난 것은 다행이었다. 그토록 많은 사람, 특히 많은 민간인을 죽인 것은 너무 큰 대가가 아니었을지 의문을 품는 사람들이 있었지만, 오크리지 사람들 대부분은 그렇게 생각하지 않는 것 같았다. 원폭이 일으킨 피해 규모는 아직도 확실히 파악되지 않았다. 아무것도 알수 없었다. 그녀는 그런 결정을 내린 트루먼 대통령의 입장이 끔찍하게 느껴졌다. 그것은 너무도 무거운 책임이었다.

로즈메리는 애초에는 시카고로 돌아갈 생각을 했다. 그곳은 그녀가 테네시로 오기 전에 일하던 곳이었다. 딱히 병원에 복귀하고 싶지는 않아서, 학교로 돌아가서 보건학을 공부할까 하는 생각도 했다. 오크리지의 의사 두 명이 자신들이 새로 차릴 진료소에서 일해달라고 했지만, 그것도 자신에게 어울리는 자리 같아 보이지 않았다.

리아 박사가 제안한 자리는 X-10 플랜트의 진료소 소장인 그의 친구 진 펠턴이 부탁한 것이었다. 펠턴은 플랜트의 현장 진료소에서 일할 경력 있는 간호사를 찾고 있었다.

로즈메리는 별로 흥미가 없었지만, 리아 박사가 그녀를 X-10 플랜트로 태우고 갈 자동차까지 불러놓았다. 가서 펠턴과 직접 이야기를 해보라고. 로즈메리는 가보지 않을 도리가 없었다. 약간 궁금하기도 했다. 오크리지에 거주한 지 어느새 2년이었지만 클린턴 공병사업소 안의 플랜트에는 가본 적이 없었다. 그것들이 거기 있다는 건 알았지만, 여태껏 그녀의 생활 범위는 특별구역의 거주 지역에 한정되어 있었다. 병원에 찾아온 수많은 사람들의 인생을 지배한 거대한 플랜트들은 그녀에게 계속 출입이 금지된 미지의 공간이었다. 하지만 오늘은 아니었다.

진 펠턴을 만나보니 로즈메리는 그가 마음에 들었다. 플랜트들은 모두 독자적인 진료소가 있었다. 그곳 사람들은 사다리에서 추락하는 일에서부터 다양한 화학약품에 노출되는 일까지 여러 가지 현장 사고에 대응했다. 어떤 면에서 그 일은 그녀가 오크리지에 오기 전에 시카고의 탄약 플랜트에서 한 일과 아주 비슷했다. 그녀는 그 일을 해보기로 했다. 만약 그 일이 별로라면 언제든지 시카고로 돌아갈 생각이었다.

이후 그녀는 새 직장에서 방사능에 대해서 많은 것을 배우게 되었다. 물론 시카고의 병원에서도 관련 이야기를 듣기는 했다. 대개 엑스레이 촬영 때 취할 주의 조치와 관련되어서였다. 다량의 방사능에 장기적으로 노출되는 경우의 결과는 아직 분명히 알려지지 않았다. CEW 노동자들은 여러 가지 주의 조치를 취했다. 노출량을 측정하는 필름 배지도 달고 혈액검사도 했다. 하지만 파일럿 플루토늄 플랜트인 X-10은 이미 방사능 노출 관련 문제를 겪고 있었다.

노동자들이 자신이—플루토늄이나 다른 위험한 화학 물질에—노출된 것을 알게 되면 플랜트의 진료소에 와서 샤워로 몸을 꼼꼼히 씻어야 했다. 때로는 거기서 밤을 보내야 했다. 헨리 클렘스키가 귀가하지 못한 밤들이 그런 경우였다. 그러면 배우자들은 무슨 일이 있는 건지 의문에 빠졌지만, 그들에게 주어지는 건 남편이 그날 밤 집에 못 들어간다는 상사의 전화가 전부였다.

✦ ✦ ✦

실리아는 성 테레사St. Theresa에게 9일 기도를 바치기로 했다. 성 테레사는 두통 환자의 수호 성인이었기에, 실리아가 임신 기간 내내 두통에 시달린 것을 생각하면 기도를 바치기에 적절해 보였다. 거기다 헨리의 전보 발령도 새로운 두통을 일으켰다.

전쟁이 끝나자 듀폰 사는 노동자들을 다른 곳으로 배치시켰

414

아토믹 걸스

다. 헨리는 웨스트버지니아주의 찰스타운으로 가게 되었다. 헨리는 전근이 마음에 안 들었을지는 모르지만, 회사를 그만두고 싶지는 않았다. 그는 앨라배마 시절부터, 아니 그 전에 윌밍턴에서도 듀폰 사에서 일했기 때문이다. 하지만 실리아는 적어도 당분간은 이사를 감당할 수 없었다.

"나는 지금 못 가." 헨리가 그 소식을 전하자 실리아가 말했다. 출산 예정일은 석 달 뒤인 12월이었다. 그녀는 걱정에 싸여 선택지들을 생각해보았다. 몇 가지 되지도 않았고, 마음에 끌리는 것은 하나도 없었다. 임신 중인 지금 짐을 모두 싸서 다른 도시로 이사를 간다는 것은 악몽처럼 느껴졌다. 그녀가 생각할 수 있는 해법은 한 가지뿐이었다.

"당신은 웨스트버지니아로 가. 나는 친정에 가서 아기를 낳고, 그다음에 당신이 있는 곳으로 갈게." 그녀는 헨리에게 그렇게 말했다.

이상적인 방식은 아니지만 그때는 그것이 최선으로 보였다. 실리아는 여전히 다른 해법, 아직 생각해내지 못한 해법이 있을 거라는 희망을 버리지 않았다. 하지만 지금은 시간이 필요하고 외부의 도움이 필요했다.

그래서 성 테레사에게 기도하기로 했다.

실리아는 헨리와 헤어지고 싶지 않았다. 거기다 친구 루 파커의 말에 따르면, 웨스트버지니아는 오크리지 초기 시절보다도 환경이 더 열악했다. 실리아는 오크리지에 계속 살고 싶었다. 이제 그곳이 집이었다.

9일 기도의 마지막 날, 퇴근한 헨리가 문을 벌컥 열고 들어오며 소리쳤다.

천 개의 태양이 떠오르는 새벽

"다른 일자리를 구했어!"

"어디에?" 실리아는 그러면 웨스트버지니아는 어떻게 되는 걸까 생각하며 물었다.

"여기 오크리지에." 헨리가 말했다. "몬산토가 내가 여기 남아도 좋대. 봉급도 한 달에 100달러를 올려준대."

실리아는 성 테레사에게 감사하며 준비를 시작했다. 이사 준비가 아니라 앞으로 한동안은 계속 그들의 보금자리가 될 집에서 첫 아이를 맞이할 준비를.

◆ ◆ ◆

"네가 나한테 여러 번 물어봤던 거 있잖아. 기억해?" 콜린이 물었다.

"응, 기억해." 블래키가 대답했다.

다행이었다. '하지만 이제 수락하기에는 너무 늦은 걸까?' 콜린은 생각했다. 빅리지 등산 때 처음 청혼한 뒤로 블래키는 꾸준히 청혼을 반복했다. 그럴 때마다 콜린의 대답 역시 꾸준히 반복되었다. 아니라고.

콜린은 블래키가 좋았다. 아버지도 블래키를 좋아했다. 콜린의 어머니는 대부분의 어머니가 사윗감을 좋아하는 이유로 그를 좋아했다. 그는 친절하고 예의 바르고 항상 웃는 얼굴이었다. 콜린은 그가 가진 최고의 무기 중 하나가 그 미소라고 생각했다. 환하고 자연스럽고 진실해 보였다. 블래키도 로언 부인을 좋아했다. 문화적 차이는 약간 있었지만.

"네 어머니는 정말 좋은 분이야. 그런데 말씀은 한마디도 못

416

아토믹 걸스

알아듣겠어." 블래키가 한 번은 그렇게 말했다.

콜린의 어머니는 늘 그에게 미소로 답했다. 어떤 언어 장벽도 뛰어넘는 미소였다. 시간이 지나면서 그는 그들의 테네시주 억양을 조금 더 알아듣게 되었다. 게이 스트리트의 S&W 직원식당에서 그들과 처음 만난 이후로 많이 발전했다.

콜린은 시너 신부에게 블래키의 일을 말하며 조언을 구한 적이 있었다.

"지금은 전쟁 중이고, 전쟁이 끝나면 콜린 양은 가족과 함께 내슈빌로 돌아갈 것입니다." 시너 신부는 그렇게 말했다.

콜린은 그 말에 담긴 뜻—너무 진지한 관계로 나가지 말아라—를 마음에 깊이 새겼다. 시너 신부의 말이 맞았다. 콜린의 가족을 포함해서 많은 사람들이 오크리지를 떠나기 시작했다. 거주민 인구는 급속히 감소했다. 머지않아 전시 최대 인구였던 7만 5000명의 절반이 될 것 같았다. 기숙사의 친구들도 떠났고 콜린도 갈수록 플랜트의 일자리를 잃을 것만 같았다. 하지만 이런 느낌은 도시 전역 광고판의 "하던 일을 계속하라"는 메시지와는 상반되었다. 그리고 사람들은 이제 "평화의 확보"에 대해 이야기하기 시작했다. 어머니 베스 로언도 떠날 준비를 했다. 그녀는 내슈빌로 돌아가서 지미를 맞고 싶어 했다. 처음부터 로언가가 오크리지에 온 것은 좋은 일자리를 얻고 지미의 무사 귀환을 돕기 위해서였다. 목표는 성취되었다. 하지만 콜린이 고향으로 가려면 블래키를 떠나야 했다.

가족 없이 혼자 남는 것은 불가능할 것 같았고, 블래키를 떠나는 것도 잘못된 선택일 것 같았다. 시너 신부가 블래키를 반대하는 이유는 한 가지 더 있었다. 블래키는 가톨릭 신자가 아니었

천 개의 태양이 떠오르는 새벽

다. 시녀 신부는 심지어 그녀가 그 관계를 지속한다면, 지금 블래키가 콜린과 함께 성당에 다니고 있다 해도 그들의 결혼식에 주례를 서주지 않겠다고까지 말했다. 하지만 이제 가족이 내슈빌로 돌아가고 블래키도 군과 함께 어딘가—어쩌면 해외—로 떠날 가능성이 높아지자 콜린은 그가 그토록 자주 한 질문에 다른 대답을 해주고 싶었다.

문제는 그가 최근에는 그 질문을 하지 않았다는 것이다.

콜린은 처음에는 잘된 일이라고 생각했다. 하지만 남자가 거절을 당하는 것도 한계가 있는 법이었다. 블래키가 청혼 사실을 기억하는 것은 다행이었다. 하지만 그가 또 청혼을 할지는 알 수 없었다. 그래서 그에게 그것을 물은 뒤 그녀는 바뀐 대답을 했다.

"있잖아, 좋아." 콜린이 말했다.

블래키는 뛸 듯이 기뻐했다. 두 사람은 곧 기차를 타고 블래키의 고향인 미시건주 먼로로 갔고, 중간에 신시내티에 내려서 미사에 참석했다. 먼로는 털리도와 디트로이트 중간의 작은 제지공업 도시였다. 그들은 오래 머물지 않았다. 콜린은 블래키의 부모님이 좋았고, 그분들도 그녀를 좋아하는 것 같았다. 그들은 오크리지에 돌아와서 상황을 지켜보며 가을의 결혼식을 준비하기 시작했다. 블래키는 가톨릭 예식을 하는 데 동의했다. 콜린은 블래키와 함께 할 것이고, 그것만큼은 분명했다. 그들이 오크리지에 남을지 어쩔지는 아직 알 수 없었다.

◆ ◆ ◆

"자기 전에 이걸 한 모금 해." 슈미트 부인이 토니에게 술병을 건넸다.

토니가 척과 함께 뉴욕시 퀸스에 있는 그의 집에 와 있는데, 손님 방에 노크 소리가 났다. 그녀는 밤이 되어 그 방에서 잘 준비를 하고 있었다. 그때까지 그 방문은 별로 즐겁지 않았다. 늦은 밤에 척의 어머니가 찾아온 일도 마찬가지였다.

"아뇨, 괜찮습니다. 저는 술을 안 해요." 토니가 대답했다.

하지만 슈미트 부인은 물러서지 않았다. "그냥 마셔봐."

토니는 다시 한번 사양하려고 했다. 그 짧은 며칠 동안 자신에게 별로 친절하지 않았던 애인의 어머니에게 최대한 예의를 보이려고 했다.

"아뇨, 괜찮아요. 저는 술을 안 마셔요."

슈미트 부인은 문 안쪽으로 몸을 기울여 술병을 문 옆 서랍장 위에 놓고 떠났다. 토니는 버릇없어 보이고 싶지 않아서 아무 말도 하지 않았다. 그런 뒤 문을 닫았고 술병은 손도 대지 않은 채 서랍장 위에 그대로 두었다.

"우리 가족은 조금 이상해." 척이 그의 집 방문을 앞두고 토니에게 말했다. 예를 들면 그의 부모님은 밝은 빛을 싫어해서 전구를 붉은 색으로 칠해둔다고 했다. 또 외동아들인 그가 여자를 진지하게 사귀는 것도 싫어하고, 특히 루터교 신자가 아닌 여자는 더욱 싫어한다고 했다. 척은 아직도 식탁에서 가장 먼저 음식을 대접받았고, 토니는 척보다 뒷전이 되었다.

토니의 양육 환경도 완벽하지 않았지만, 그녀의 집에는 사랑과 기쁨이 넘쳤다. 그녀는 자신이 아버지의 삶의 기쁨이라는 것을 알면서 자랐고, 어머니는 시시때때로 "네가 기뻐하니 좋구나! 세상에 너보다 멋진 아이는 있던 적도 없고, 있을 수도 없고, 있지

천 개의 태양이 떠오르는 새벽

도 않을 거야!" 하고 감탄했다. 토니는 척의 가족을 이해할 수 없었고, 이번 방문이 불편했지만 금방 지나갈 거라는 사실로 위안을 삼았다.

그런데 척의 어머니의 냉대보다 더 나쁜 것은 척의 태도가 달라지고 있다는 것이었다. 토니는 지난 며칠 예의 바른 테네시 여자답게 최선을 다해 밝고 상냥한 모습을 보이느라 심신이 지쳤다. 그런데 척은 반대로 갈수록 우울하고 무뚝뚝해졌다. 그러다가 그가 그녀에게 맨해튼에 가보고 싶냐고 물어서 토니는 좋다고 했다. 그들은 아침에 기차를 타고 맨해튼에 왔고, 토니는 뉴욕의 펜실베이니아 역에 내려서 미드타운에 들어선 순간부터 기분이 좋아졌다.

하지만 밖에 나와도 척의 기분은 그대로였다. 그는 여전히 우울하고 말이 없고 토니의 눈길을 피했다. 그래서 그녀는 102층 건물 꼭대기에 서서 땅 위의 조그만 노란색 택시들을 내려다보았다. 택시들은 네 줄로 서 있었고, 손님들이 계속 타고 내렸다. 그 광경, 그 분주함, 대도시의 혼란 속에 자리잡은 이 마천루 위의 고요는 차분한 매혹을 선사했다. 그녀는 마침내 상념을 깨고 척에게 돌아서서 물었다.

"척, 도대체 무슨 일이야?"

"아무 일도 아냐." 그가 건성으로 말했다.

"거짓말 하지 마." 그녀가 말했다. "너는 지금 분명히 문제가 있고, 난 그게 뭔지 알고 싶어."

그는 여전히 입을 꾹 다물고 있었다. 들리는 것은 망원경 앞에서 교대하는 관광객들의 대화 소리뿐이었다. '립스틱 때문인가?' 싶었다. 그렇다, 그녀는 립스틱을 발랐다. 자신이 원하는 모

아토믹 걸스

습이 되고 싶었을 뿐이었다. 이 이상한 가족은 오빠 벤은 환대했다. 그런데 어떻게 그녀는 이렇게 박대할 수 있는가?

"척, 제발…." 그녀가 간절히 말하고, 뜨거운 여름 바람 속에서 기다렸다. 그러자 척이 마침내 입을 열었다.

'이런, 립스틱 때문이 아니었어.' 그녀는 척의 이야기를 듣고 깨달았다.

"우선 나는 네가 어머니한테 술을 달라고 했다는 데 충격받았어. 두 번째로는 프레디 삼촌 앞에서 몸을 노출했다는 데, 그리고 세 번째로는 화장실에 생리대를 두고 나가서 우리 어머니가 치우게 했다는 것."

토니는 척의 어머니의 거짓말에 아연해졌다. 하지만 지금 생각하니 그의 어머니는 아들의 관계를 깨기 위해서라면 어떤 추악한 일도 서슴없이 할 사람인 게 분명했다. 토니는 가만히 척의 이야기를 들었다. 그리고 그 높은 빌딩에서 아래로 멀리 보이는 택시들의 수를 세었다. 그것은 기이하게 마음을 달래주었다. 한 가지는 확실했다. 이런 어이없는 거짓말에 일일이 반박할 필요가 없다는 것. 그녀는 고개를 들어서 오래전 테니스 코트에서 그녀를 처음 내려다보던 척의 눈을 바라보았다. 그리고 그에게 짧게 물었다.

"너는 네 엄마 말을 믿어?" 그녀가 물었다. 눈에서 불꽃이 튀었다.

"아니, 안 믿어."

토니는 약지에 이미 끼고 있는 약혼반지를 내려다보았다.

"척, 우리가 네 부모님에게서 500킬로미터 바깥에서 살 수 없다면 나는 너랑 결혼하지 않을 거야."

토니는 세계에서 가장 높은 건물 꼭대기에 서서—충격은 받았지만 낙심하지는 않았다—척에게 자신과 인생을 함께하고 싶다면 그 조건에 반드시 따라야 한다고, 자신은 그와 관련해서 어떤 타협도 하지 않을 거라고 말했다. 그녀는 여유롭지 않아도 사랑이 가득한 가정에서 자랐다. 그리고 비밀과 수수께끼가 가득한 곳에서 2년을 살았다. 그녀는 헌신과 봉사를 알고, 공동체와 조국을 위한 희생을 알았다. 한계와 비난 위에 선 결혼, 거짓말과 조작을 품은 결혼은 할 수 없었다.

세상은 변했을지 모르지만, 그녀는 그럴 생각이 없었다.

아토믹 걸스

15

새 시대의 삶

안녕 여러분, 가시철망 안쪽 오크리지의 주부들이 바깥세상에 인사를 합니다. 네, 우리는 아직 여기 있습니다. 우리를 잊으셨는지 궁금하네요. 스미스 보고서에 우리 이야기가 나오지 않아서요. 우리는 원자폭탄을 만드는 남자들을 위해 살림을 하는 사람들입니다. 그리고 폭탄과 상관없이 그들의 아이를 길러주죠. 아이들은 여기서 두 살이 더 먹었고, 우리는 열 살 이상 늙었습니다. 사람이 그렇게 빨리 늙습니다. 세상이 험할 때는요.

—바이 워런, 라디오 연설

셔틀 보트가 도크를 빠져나가 부두 저편까지 짧은 뱃길에 올랐다. 햇빛이 밝은 날이었고, 승객들은 가까운 목적지에 이를 때까지 조용히 생각에 잠겨 있었다. 도로시는 손에 꽃목걸이를 들고 있었다. 하와이에 가면 무수한 냉장 전시대—호텔 로비, 짐 찾는 곳, 기념품점에 있는—에서 그것을 살 수 있었다.

목적지가 바로 앞에 있었다. 그녀는 한 가지 일을 위해 6500킬로미터를 날아왔다.

비행기에서 그녀는 쇼티를 생각했다. 그녀는 그 소식을 들은 이후 몇 년 동안 국가대사에 관련된 인생을 살았고, 그의 전쟁에 그녀 나름의 기여를 했다. 그녀가 의미도 모르고 조종한 손잡이, 다이얼, 계기는 우주의 가장 작은 곳에 숨은 힘을 꺼냈고, 그 힘은 오빠 쇼티의 생명을 앗아간 갈등을 끝내는 데 힘을 보탰다.

그녀의 10대 시절에 그 갈등이 시작됐고, 그 뒤로 곧 아내와

새 시대의 삶

어머니가 되어서 예정에 없이 불쑥 생겨난 긴밀한 공동체의 일원이 되었다. "우리가 무얼 하는 거지?"에 대한 답을 아는 일은 처음에는 짜릿했지만, 그녀 역시 대부분의 사람들처럼 현실을 마주해야 했다. 원폭 투하 후의 감정은 너무나 복잡했다. 그녀를 비롯한 많은 사람은 그 일을 겪지 않은 사람들에게 그 감정을 설명하기가 어려웠다. 어떤 것에 대해서 어떻게 좋은 감정과 나쁜 감정, 자부심과 죄의식, 기쁨과 안도와 부끄러움을 동시에 느낄 수 있겠는가? 그녀만 그런 것은 아니었다. 그들 중 많은 수가 이제 직장과 남편과 아기가 있는 인생을 살았고, 세상을 떠난 이들을 기억하며 여전히 슬픔을 느꼈다. 그들의 무사귀환을 위해 아무리 열심히 노력했다 해도.

◆　◆　◆

그로브스 장군은 1945년 8월 30일에 클린턴 공병사업소 노동자들에게 연설했다. 만약 그가 그날 〈오크리지 저널〉에 실린 칼럼 "그들이 우리를 볼 때"를 들여다보았다면 〈워싱턴 뉴스 Washington News〉의 사설을 인용한 다음의 대목을 읽었을 것이다.

오크리지는 신세계의 신도시다. 그것은 그들의 첫 물건이 히로시마를 파괴한 순간 태어난 세계다… 오크리지를 탄생시킨 철학은 모두 시대와 완전히 어긋난다… 현존하는 오크리지와 잠재적인 오크리지시민이 애초의 공격 정신을 유지한다면 그 성공은 절멸을 불러올 뿐이다….

테네시주 오크리지 사람들은 그 당혹스러운 허드렛일을 기꺼이 수행한다. 그들은 현대적 장치로 이루어진 그 도시에 만족한다. 처음에 그들은 그저 나치와 일본을 물리치는 데만 협력해달라고 부탁했다. 그들은 이제 자신들의 도움이 대단했다는 것을 안다. 그 모든 것을 이루었으니 오늘도 내일도 일자리를 달라고 한다. 그 컴벌랜드 언덕 지대에.

오크리지 사람들 역시 다른 사람들처럼 아직 21세기의 사고를 모른다. 하지만 본능적으로 우리 모두와 똑같은 희망을 표현한다. 그리고 그들만의 방식으로 이렇게 말한다. "우리는 이 모든 신사업이 유용한 것으로 바뀌기를 바란다." … 오크리지 사람들은 남녀도 각자의 위치도 상관없이 건설적인 평화 속에서 원자를 가지고 일할 권리를 달라고 요구할 것이다.

맨해튼계획의 의무부장이었던 스태퍼드 워런은 피해 정도를 알아보러 일본에 갔다. 방사능의 영향에 대한 연구는 오크리지를 비롯한 여러 곳에서 이어졌다. 프로젝트에 합류하기 전에 로체스터 대학 의대의 방사선학 교수로 일했던 워런은 8월 7일부터 10월 15일까지 일본을 시찰했다.

워런—과 맨해튼계획 사람들—은 거의 전적으로 시카고 금속연구소의 낸시 팔리 우드Nancy Farley Wood가 만든 가이거 계수기 튜브에 의존했다. 낸시는 솜씨가 좋았다. 그녀는 몇 종의 방사능 감지기를 설계하고, 사람들에게 튜브 제작법을 가르쳤지만, 워런이 볼 때 낸시만 한 사람은 아무도 없었다. 그녀는 나중에 N. 우드 계수기N. Wood Counter Laboratory라는 회사를 창업했다. N이라는 이니셜을 쓴 것은 회사 사장이 여자라는 것을 감추기 위함이었다. 그 시찰은 기이했다고 워런은 기억했다. 그들이 가이거 계수기를 들고 낙진을 추적하는데 여기저기서 가미카제 대원들이 칼을 높이 들고 달려와서 항복하려고 했다.

히로시마 중심부로 가니 "악취가 지독하고 파리떼가 어마어마했다"고 워런은 나중에 말했다.

"파리가 너무 많아서 자동차 창문을 열 수 없었다. 멀리서 보면 물방울 무늬 옷 같았던 것이 가까이 가보면 흰 셔츠에 파리들이 기어다니는 것이었다."

그리고 나가사키에서는…

우리는 일본인들에게서 그날 오전 원폭 투하 후 2시간 정도가 지난 10시 무렵 기차들이 나가사키에 돌아가서 수만 명의 사람을 태웠다는 이야기를 들었다. 기차는 도시 바깥으로 20킬로미터 정도 나가서 학교나 아파트가 있는 곳에 멈춰 섰다. 중상이나 중화상을 입은 사람들은 거기서 내렸다. 그중 상당수가 사망했다. 기차는 콩나물시루 같았다. 사망 원인은 충격과 감마선의 대량 피폭이었을 게 분명하다. 그리고 그보다는 적은 양이라도 치사량이 피폭된 사람들이 있었다. 그들은 피가 섞인 설사를 했고, 이어 소장이 갈라졌다. 4주에서 6주 후에는 골수가 파괴되어 피가 나오고 안색이 창백해졌다. 우리가 간 게 그때쯤이었다.

몇 주 동안 시찰을 한 뒤 워런은 도쿄에 가서 일본 의사이자 일본 내 방사선학 최고 권위자인 스즈키 마사오 제독의 집을 방문했다. 상황은 그랬지만 두 남자는 함께 6주를 보내며 우애를 쌓았다. 스즈키가 사는 동네는 봄의 폭격 때 화재를 피한 지역이었다. 워런은 자신이 어디로 가는지를 경호 팀에 굳이 알릴 필요가

아토믹 걸스

없다고 생각했다. 그는 제독의 집에 가서 신발을 벗고 미닫이문을 닫았다.

제독이 아내와 아들을 소개했지만 딸은 나오지 않았다. 스즈키의 부하 모토하시 소령이 워런의 맞은편에 앉아서 함께 차를 마셨다. 소령은 테가 두꺼운 안경, 검은 머리, 땅딸막한 체격이 캐리커처 속 인물 같았다. 그는 일본의 검술 챔피언이었다. 워런도 버클리에서 펜싱을 했기에 그와 함께 검술 이야기를 했고, 그러자 차를 마신 뒤 검이 나왔다.

모토하시는 칼집에서 사무라이 칼을 꺼내서 워런에게 날을 보여주었다. "300년도 넘은 검입니다." 그가 균형 잡힌 칼날을 보여주며 말했다. 워런은 참모 한 명만을 동반했고 그의 소재를 경호 팀에게 알리지 않았기에, 이 칼이 살인 무기로도 쓰일 수 있다는 생각에 식은땀이 흘렀다. 참모를 보니 그 역시 얼굴빛이 좋지 않았다.

여러 개의 검이 나왔다 들어갔다. 그중 하나는 스즈키의 아버지와 할아버지에게서 물려받은 것으로 러일전쟁 때 쓴 세이버 검이었다.

워런은 톱니 같은 칼날을 얼굴 몇 센티미터 앞에 두고 땀을 흘리며 감탄했다.

"스즈키 제독님을 대신해서 제가 이것을 박사님께 드리겠습니다." 모토하시가 말했다.

그것은 놀라운 선물이었다. 이 사람들은 달리 줄 게 없었다. 모든 것을 잃었기 때문이다. 워런은 그 가보를 사양하려고 했지만 그럴 수 없었다. 사무라이 검들이 그로브스 장군, 패럴Farrell 장군, 그리고 (곧 장군이 되는) 니컬스에게도 선사되었다. 모든 것이 잘 되었지만, 워런은 그렇게 무기가 많은 방에서 얼른 빠져나오고 싶은 마음이었다.

워런은 답례로 모토하시 소령의 심전도 기계에 쓸 배터리를 주었다. 그리고 그들은 인사를 했다. 워런은 그들을 존경했지만, 그 집에서 나올 때는 군화 끈도 묶지 않고 바로 지프차로 가서 엑셀러레이터를 밟았다.

여러 해가 지난 뒤, 스태퍼드 워런은 휴가를 맞아 아내 바이와 함께 한 가지 임무를 수행하러 일본에 갔다. 스즈키 가족을 찾아서—스즈키 제독은 이미 죽은 후였다—, 그 검 한 자루를 돌려주는 것이었다.

◆ ◆ ◆

히로시마 폭격 이후 몇 주 동안 사람들이 쉽게 접하는 정보는 모두 국방부가 준비하고 그로브스 장군이 면밀하게 검토해서 내놓는 것이었다. 일본도 기사를 통제했다. 그런데 나카무라라는 이름의 겁없는 기자가 짧지만 참혹한 내용의 기사를 썼다. 그는 자신의 조국에 벌어진 일을 제대로 알아보려고 뱃사공에게 돈을 주어 시체가 가득한 삼각주까지 배를 타고 내려간 세 사람 중의 한 명이었다.

"물 위로 불에 탄 팔이 불쑥 튀어나와서 배 옆면을 잡았다. 우리는 그냥 지나갈 수 없어서 손을 잡아서 끌어올리려고 했다. 하지만 피부가 조각조각 떨어져 나왔다…."

나카무라가 도쿄의 편집국에 기사를 보내자 검열관들은 놀랐다. 다음 날 〈아사히 신문〉에는 "두 대의 B-29기가 도시에 '약간의' 피해를 입혔다"는 기사가 실렸다.

리틀보이가 떨어지고 또 워런이 일본에 도착하고 한 달이 지난 9월에 최초의 서구권 기자인 오스트레일리아의 윌프레드 버쳇Wilfred Burchett이 히로시마에 갔다. 그는 사람들을 계속 죽이는 이른바 '원자 역병'을 기록했다. 그의 기사는 1945년 9월 5일에 런던의 〈데일리 익스프레스Daily Express〉에 게재되었다. 맥아더 장군은 그 기자를 일본에서 추방하려고 했고, 히로시마에 민간인 기자의 출입 금지를 선언했다.

미군은 원자폭탄이 폭발하고 시간이 한참 지난 뒤에도 사람들이 계속 죽는다는 초기 보고들을 선동으로 낙인찍었다. 종전 후 1952년 4월까지 연합국이 일본을 통치했기 때문에 기사 검열은 어렵지 않았다. 그 때문에 일본인도 미국인도 시간이 한참 지난 뒤에야 그 신무기의 장기적 영향에 대해서 알게 되었다.

독일의 수용소들을 기록한 〈라이프〉의 유명 사진가 버나드 호프먼Bernard Hoffman은 미국의 사진 기자 가운데 최초로 파괴된 히로시마와 나가사키의 모습도 기록으로 남겼다. 그의 사진은 1945년 10월 15일 자 〈라이프〉에 실렸다. 스태퍼드 워런이 시찰을 마치고 귀국한 날이었다. 도시가 파괴된 것은 누가 봐도 명백했지만, 끊이지 않는 수수께끼의 죽음은 히로시마와 나가사키를 덮은 먼지와 재에 쉽게 가려졌다.

◆ ◆ ◆

1945년 10월 25일에 맨해튼계획의 책임 과학자 J. 로버트 오펜하이머는 트루먼 대통령을 만났다.

이 세상에 원자폭탄을 보유한 것은 그들뿐이었고, 트루먼은 그 상태를 유지하기 위해 폭탄과 기술을 계속 비밀로 하고 싶어 했다.

그로브스 장군의 명령에 따라 이른바 '스미스 보고서'라는 것이 작성되었다. 그 작성을 책임진 국방부의 헨리 드울프 스미스Henry DeWolf Smyth는 프린스턴 대학 물리학과의 학과장으로 맨해튼계획과 육군 공병대의 자문위원으로 일했다. 그는 보고서에 1940년부터 1945년까지 프로젝트의 이야기를 담았다. 이 보고서가 출판되자 오크리지 사람들은 너도나도 그것을 샀다.

군의 일부 고위 인사는 보고서의 내용이 너무 자세하다고 걱정했다. 하지만 바이 워런이 지적했듯이 오크리지 사람들은 그 책에서 자신들이 한 일과 관련된 내용을 거의 찾지 못했다. 맨해튼계획을 둘러싼 비밀의 베일은 완전히 걷히지 않았고, 저자는 서문에서 이미 그 사실을 밝혔다.

"상세 사항과 전체적 개요 모두 아직 비밀로 두어야 할 것이 많아서 흥미로운 많은 내용이 생략되었다."

하지만 오펜하이머를 비롯한 많은 사람이 원자력 관련 지식을 계속 비밀로 간직하는 것은 불가능하다고 생각했다. 또 원폭 개발에 참여한 다수의 과학자는 세계가 불확실한 핵 시대로 옮겨가는 시점에서 그 정보를 감추는 것이 옳은 방법이라고 여기지 않았다.

그해 가을, 폭격 후 겨우 두 달 반이 지났을 때 오펜하이머는 트루먼에게 "죽음에 책임을 느낀다"고 말했다.

트루먼은 원폭을 세상에 만들어낸 과학자가 그런 말을 하는 것이 마음에 들지 않았다. '죽음에 책임을 느낀다'고? 트루먼은

"나약한 과학자"에 인내심이 없었다. 트루먼은 누군가 책임질 사람이 있다면 그것은 자신이라고 말했다. 그런 뒤 참모들에게 다시는 오펜하이머를 만나고 싶지 않다고 말했다.

◆ ◆ ◆

9월에, 지난 3월 에브 케이드(환자 HP-12)의 입에서 제거된 치아들이 로스앨러모스로 갔다.

그리고 다음과 같은 1945년 9월 19일 자 공문이 라이트 랭엄씨에게 발송되었다. 랭엄은 로스앨러모스 분석화학팀 소속으로 소변으로 플루토늄 잔존량을 측정하는 방법을 개발했다. 그는 뉴멕시코주 샌타페이에 있었다.

에브 케이드의 병력 기록을 동봉했고, 입원 치료 중의 도표 기록도 개별 표지 아래 보내드립니다. 환자가 보인 황달은 감염성 황달로 보이고, 퇴원 전에 치료되었습니다. 퇴원 무렵에 환자는 거동이 가능하고 상태가 좋았습니다. 피터 데일 대위가 15개의 치아를 뽑았고, 발치 부분의 치료 속도는 정상 수준입니다. 더 많은 뼈 표본과 발치한 치아를 이른 시기에 선생님께 보내서 분석을 부탁드릴 것입니다. 소변, 분변, 뼈 표본, 치아를 가능한 가장 이른 시간에 완전히 분석해서 보내주시면 고맙겠습니다.

공병단 의무대 대위
데이비드 골드라이트

하지만 원자력위원회Atomic Energy Commission (AEC)의 기록관에서

나온 이런 공문과 나중에 에너지부에서 채취한 구술사는 서로 이야기가 다르다. 한 기록에는 에브 케이드가 퇴원했다고 나오고, 다른 기록에는 그가 어느 날 사라졌다고 되어 있다. 확실한 것은 이 공문이 나오고 8년 안에 에브 케이드는 사망해서 노스캐롤라이나주의 그린즈버러에 묻혔다는 것이다. 사인은 심정지로 기록되어 있다. 나이는 61세가량이었다.

실험 대상이 에브 케이드만은 아니었다. 1945년에서 1947년까지 열여덟 명이 플루토늄을 주입받았다. 구체적으로 뉴욕주 로체스터에서 열한 명, 시카고 대학에서 세 명, 샌프란시스코 소재 캘리포니아 대학에서 세 명, 그리고 오크리지의 에브 케이드까지. 1944년에서 1974년 사이에 수천 건의 인간 방사능 실험이 수행되었다. 1994년에 클린턴 대통령은 인간방사능실험 자문위원회 ACHRE를 만들어서 미국 정부가 수행한 이런 실험들을 조사했다. 그 최종 보고서는 1996년에 나왔다.

✦ ✦ ✦

히로시마와 나가사키 폭격 석 달 뒤인 1945년 11월에 스웨덴 왕립학술원은 1945년의 노벨 물리학상 수상자로 볼프강 파울리Wolfgang Pauli를 선정하고 1944년의 노벨 화학상은 오토 한이라고 발표했다(전쟁 때문에 수상이 연기되었다).

하지만 한의 연구에 도움을 준 리제 마이트너는 상을 받지 못했다. 그해에 리제 마이트너가 어떤 상도 받지 못한 것은 과학계에 충격이 되었다. 리제는 자신이 언론에 한의 조수로 언급되는 것이 '부당'하고 '거의 모욕적'이라고 느꼈다.

시상식은 1946년 12월에야 열렸다. 그해에 시상식이 있기 전에 리제는 미국에 가서 세미나를 열고 친구들을 만났다. 그리고 여성 전국 언론클럽의 만찬에서 올해의 여성상을 받고 트루먼 대통령을 만났다. 트루먼은 이렇게 말했다고 한다. "당신이 이런 일을 가능하게 해준 숙녀분이군요." 리제는 어느 칵테일 파티에서 그로브스 장군을 처음 만났는데, 그때 두 사람은 서로 말이 거의 없었다고 한다. 그녀는 또 MGM사가 1947년에 만든 영화 〈시작인가? 끝인가?The Beginning or the End〉의 대본을 보고 "헛소리"라고 말했다. 그녀가 독일을 떠나는 대목이 전에 퍼진 잘못된 소문─그녀가 '가방에 폭탄을 넣어가지고' 도망쳤다는─을 그대로 담았다고 했다.

노벨상 시상식은 1946년 12월 10일에 스톡홀름에서 열렸고, 리제도 참석했다. 한이 스톡홀름에 가 있을 때 언론은 리제를 한의 제자 또는 조수로 묘사해서 그녀가 분열 발견에서 수행한 역할을 더욱 축소했다. 한 부부가 스웨덴을 떠난 뒤 리제는 친구에게 편지를 보냈다.

"한이 인터뷰에서 나에 대해 한마디도 언급하지 않고, 우리가 함께한 30년 세월에 대해 입을 다무는 일은 내게 고통스러웠다."

핵분열 발견의 공로가 무시당한 여성은 리제 마이트너뿐만이 아니었다. 1989년에 로마에 있는 엔리코 페르미 팀의 주축 멤버인 에밀리오 세그레는 〈피직스 투데이Physics Today〉에 다음과 같이 썼다.

또 하나의 실수는 베를린의 이다 노다크가 쓴 1934년 논문에 적절한 관심을 기울이지 않는 것이다. 그녀는 우리의 연구를 비판하고

새 시대의 삶

분열의 가능성을 지적했다. 사람들은 그녀의 통찰에 대해 많은 말을 했다. 로마의 우리도, 베를린의 한과 마이트너도, 그리고 파리의 졸리오Frédéric Joliot-Curie와 이렌 퀴리Irène Joliot-Curie도 그녀의 논문을 읽었다. 우리 중 누군가 그 논문의 중요성을 제대로 이해했다면 분열은 1935년에 쉽게 발견되었을 것이다.

◆ ◆ ◆

전쟁 이후 몇 달, 이어 몇 년이 지나는 동안 들뜬 승리의 분위기는 가라앉았다. 국제 관계가 전과 달라지고, 오크리지 역시 달라질 거라는 현실 때문이었다. 원자폭탄을 만든 기술이 드러나면서, 아직 해체되지 않은 CEW 울타리 안팎의 세계는 핵전쟁에 대한 두려움과 새로운 과학에 대한 기대 사이를 오갔다.

오크리지에서는 대량 인구 유출이 일었다. 전성기인 1945년에 7만 5000명이던 인구는 1946년 말에 4만 2465명으로 급감했다. 기숙사 서비스는 줄고 비용은 올랐다. 취업 인력은 8만 2000명에서 2만 8738명으로 줄었다. 가장 큰 요인은 1946년 말에 Y-12의 칼루트론을 파일럿 유닛과 '베타-3' 동만 남기고 모두 폐쇄한 것이었다. 그것만으로도 2만 명이 일자리를 잃었다. 열확산 플랜트인 S-50은 나가사키 폭격 한 달 뒤인 9월 9일에 문을 닫았다. 사람들이 떠난 플랜트는 처음에는 핵동력 비행기를 연구하는 시설로 쓰였다.

핵무기 경쟁이 일면서 K-25는 주요 우라늄 농축 시설이 되어서 계속 무기급 우라늄을 생산했지만, 1964년에 이르면 오크리지를 상징하던 그 대형 U자형 건물은 마침내 폐쇄되었다. 그리고

K-27 같은 소규모 시설은 우라늄을 원자력 발전에 적합한 3~5퍼센트 정도로 농축하는 데 집중했다. 이 우라늄은 여러 나라의 원자력 발전에 쓰였고, 그중에는 일본도 있었다.

X-10 플랜트―1948년에 오크리지 국립연구소가 된―는 과학계, 특히 방사능 동위원소 분야에서 차츰 많은 역할을 수행했다. 1946년 8월 2일에 오크리지에서 생산한 1밀리퀴리만큼의 탄소-14를 미주리주 세인트루이스의 '버나드 피부 및 암 자선병원'으로 보내는 것을 기념하는 행사가 오크리지 탄소 반응기 앞에서 열렸다. 그것은 방사능 동위원소를 의료용으로 발송하는 첫 사례였다.

그리고 그 하루 전날인 1946년 8월 1일, 트루먼 대통령은 원자력기본법에 서명했다. 그 법은 핵물질의 군사 및 민간 분야 사용에 대한 개발과 규제를 규정하고, 정부에 핵분열성 물질에 대한 통제권을 주는 것이었다. "하지만 이 새로운 에너지원의 개발이 우리 현재 삶의 방식을 심대하게 바꿀 것임은 익히 예상할 수 있다"고 법조문은 적었다. 이 법에 따라 맨해튼 공병단의 임무도 새로운 민간 기구가 맡게 되었고, 그 이관은 1947년 1월 1일에 공식적으로 이루어졌다.

오크리지는 계속 성장통을 겪었다. 거기 사는 사람들이 프로젝트는 예상하지 못한 미래를 건설하는 데 힘을 쏟았기 때문이다.

◆ ◆ ◆

원자력위원회가 설립되고 3년 뒤에 클린턴 공병사업소 엘자게이트 위로 연기가 물결쳐 오르면서 작은 버섯 구름이 생겨났다.

게이트에 걸린 커팅 테이프―가연성 마그네슘 테이프―가 점화
되자 군중이 밀려들었다. 사람들은 모두 누구보다 먼저 엘자 게
이트를 자유롭게―검문도 없고 배지도 없이―들어가보고 싶어
했다.

　1949년 3월 19일 군중 가득한 거리에서 퍼레이드가 벌어졌
다. 퍼레이드는 잭슨 광장 옆 테네시 대로를 행진해서 기지 도시
의 심장부인 타운사이트를 지나갔다. 트루먼 대통령은 오지 않았
지만, 켄터키주 출신 부통령 앨번 바클리^Alben Barkley^가 하원의원, 군
고위 간부, 할리우드 신인 배우들과 함께 참석했다.

　게이트를 열고 배지와 경비병을 없애는 일은 다양한 반응을
일으켰다. 한때 귀찮게 여겨졌던 보안 검문은 그동안 많은 사람들
에게 편안한 일이 되었다. 많은 주민이 오크리지 주민이 아닌 사
람들은 거기 출입할 수 없다는 사실에 익숙해져 있었다. 게이트
는 어떤 면에서 소속감과 배타성을 동시에 주었고, 그것은 미래
의 '빗장 도시(외부인의 출입을 금지하는 폐쇄된 주거 지역―옮긴이)'들이
제공하는 것과 비슷한 성질을 지녔다. 게이트 안에는 규칙이 있고
일자리가 있었다. 그 문을 개방한다는 것은 이제 오크리지도 다른
도시들과 똑같아진다는 뜻이었다.

　게이트 개방은 원자력기본법에 의해 오크리지를 자치 도시
로 변화시키기 위한 첫 단계였다. 그 노력은 1948년에 시작되었
지만 처음에는 별로 인기가 없었다. 게이트가 열리고 약 4년 후인
1953년에 실시한 자치단체 구성 관련 주민투표는 4:1에 가까운
압도적인 비율로 부결되었다. 하지만 오크리지는 새 단계에 들어
섰고, 계획에 없던 미래를 향해 움직였다.

　"오크리지는 과거도 없고 미래도 없는 도시다." 케네스 니컬

스 공병단장이 썼다. 맨해튼 공병단의 계획에는 장치 이후의 오크리지에 대한 청사진이 없었다. 하지만 1942년의 계획이 문을 닫는 쪽이었다고 해도, 그것은 냉전으로 인해 폐기되었을 것이다. 이제 거대한 이행이 이루어지고 있었다.

전후 오크리지의 주거 계획은 CEW의 초기처럼 다시 '스키드모어, 오잉스, 메릴 건축회사'가 맡았다. 그들은 졸속으로 건설한 주택들 일부가 철거되거나 쓸 수 없는 상태가 되면 새로운 마을이 많이 필요해질 것을 예견했다.

◆　◆　◆

1954년에는 1946년의 원자력기본법이 수정되어 원자력 발전에 더욱 초점을 맞추게 되었고, 원자력 발전소의 사적 소유와 경영이 허락되었다.

하지만 아이젠하워 대통령은 이어 또 다른 법에도 서명했는데, 그것은 그만큼 관심을 얻지는 않았지만 오크리지에 직접적 영향을 미쳤다. 그것은 오크리지의 자치를 승인하고 주택과 토지의 사적 소유를 허락하는 1955년의 원자력공동체법이었다. 이제 오크리지시는 전보다 한층 더 군 당국의 통제를 벗어났다.

주민들은 땅을 사서 집을 짓거나 정부에서 임대해 살던 집을 샀다. 길가에 늘어선 A, B, C, D형 주택들이 개성을 띠기 시작했다. 화단과 유리 현관을 만들고, 조립식 주택의 뼈대 위에 석조 장식을 달았다. 하지만 이제 군대의 통제 아래 사는 어려움이 군대의 통제 없이 사는 어려움으로 바뀌었다. 그들은 언제든지 실직할 수 있었고, 이제 경찰, 감옥, 대중교통, 지방선거, 그리고 더 많은 학교가 필요했다. 전쟁을 버텨낸 개척자 정신은 이제 생활력으로 변해야 했다.

'새로운' 오크리지 생활의 어려움은 사생활에서, 언론에서, 심지어 무대에서도 드러났다. 1957년 3월 20일에는 프랭크 클레멘트 주지사가 오크리지법에 서명해서 오크리지에 자치단체 구성을 허락했고, 그들은 독립을 향해 또 한 걸음 나아갔다. 그런 뒤 마침내 1959년 3월 5일에 오크리지 주민들은 자치단체 구성에 대해 투표를 했다. 결과는 찬성이 5552표에 반대가 395표였다. 군대와 원자력위원회는 지역사회의 관리로 역할이 줄었고, 오크리지는 1960년 6월에 완전히 독립한 '정상' 도시가 되었다.

◆ ◆ ◆

"원자폭탄! 축복인가? 아니면 인류를 파멸시킬 것인가?… 적들이 미국을 공격할 수 있을까?… 노예인가 파괴자인가?… 우라늄의 마법… 원자력이 당신의 집에!…."

원자 시대가 오면서 공포와 매혹이 함께 왔고, 그것은 제인이 집어든 25센트 시리즈 잡지 표지에서도 알 수 있었다. 그리고 맨해튼계획을 감쌌던 수수께끼의 구름이 걷히거나 어쨌건 약간 흩어지면서 새로운 어둠이 내려왔다. '원폭'의 두려움이 일상생활에 원자력을 활용하는 미래의 전망과 결합되었다. 민간 기업들이 우라늄 채굴 사업을 시작했다. AEC는 우라늄 가격을 책정했고, 굶주린 광산업자, 투기꾼, 광산 노동자들이 유타주의 모브 등으로 몰려들었다.

냉전의 장막이 무겁게 드리워지면서 오크리지를 비롯한 전국의 학교는 일상적으로 재난 대비 훈련을 했다. 미국 원자 프로그램 정보는 클라우스 푹스, 데이비드 그린글라스('캘리버'), 조지 코발 같은 사람들을 통해서 소련에 전해졌다. 그린글라스와 코발은 전쟁 중 오크리지에 거주하기도 했고, 코발은 거의 1년을 살았다. 그린글라스는 에설 로젠버그의 동생이었고, 아내 루스Ruth와 협력해서 누나 부부—에설과 줄리어스Julius 로젠버그—에게 정보를 전달했다. 그러다 1950년에 그동안의 행적이 발각되었는데, 그의 법정 증언은 로젠버그 부부에게 사형을, 루스에게는 방면을 안겨주었다. 그 자신은 15년 실형을 살았다. 소련은 1949년 8월 29일에 카자흐스탄의 세미팔라틴스크(세메이)에서 핵폭탄을 터뜨렸다. 그것은 팻맨과 같은 내폭형이었는데, 그린글라스가 바로 그 모델의 스케치를 소련에 건네주었다.

1950년에 연방 민방위국은 '거북이 버트Bert the Turtle'라는 캐릭터를 만들어서 사람들에게 '납작 엎드리는' 대피법을 가르쳤다. 원자폭탄은 '아토믹(원자의 라는 뜻)' 칵테일—히로시마의 폭격이 발표된 날 워싱턴 언론 클럽에 처음 나왔다—부터 음악, 영화, 공습 훈련, 호화 방공호까지 수많은 문화를 낳았다. 1953년 영화 〈심해에서 온 괴물The Beast from 20,000 Fathoms〉은 괴물 영화의 시대를 열면서, "특정 원소의 유일한 동위원소"가 그 괴물을 죽이는 유일한 희망이 되는 플롯을 선보였다. 오크리지는 비밀 세계에서 신세계의 중앙 무대로 진출했고, 그것은 매혹과 두려움을 동시에 안겨주었다. 더 새롭고 훨씬 더 강력한 수소폭탄의 공포가 월트 디즈니의 〈우리 친구 원자(1950년대의 TV 시리즈 '디즈니랜드'의 한 에피소드—옮긴이)〉 같은 따뜻한 작품과 공존했다. 이 새 시대에는 2차대전의 종전으로 누그러뜨릴 수 없는 불안이 있었다.

오크리지가 독립한 1960년에 맨해튼계획의 책임 과학자 J. 로버트 오펜하이머는 보안 위험 인물로 판정받아 기밀 접근 인가를 박탈당했다. 한국전쟁에서 다시 한번 원자폭탄을 사용할 가능성이—이번에는 아이젠하워 대통령 정부에서—제기되었다. 한국전쟁이 끝난 직후 아이젠하워 대통령은 UN에서 연설했다.

하지만 무기와 방위 체계에 아무리 막대한 돈을 들인다고 해도, 절대적 안전이 보장되는 도시와 나라는 없습니다. 원자폭탄의 참혹한 셈법은 간단한 해결책을 허용하지 않습니다….

1961년에 소련은 북극해의 노바야제믈랴Novaya Zemlya섬에서 사상 최대 규모의 핵무기를 실험했다. 그 폭발력은 58메가톤으로, 히로시마를 쓸어버린 원폭의 4000배였다. 원자폭탄이 전쟁에 처음으로 사용되고 만 18년이 다 되어가는 1963년 8월 5일에 미국, 소련, 영국의 대표가 부분적 핵실험금지 조약에 서명했다. 그것은 수중, 대기중, 우주에서 핵실험이나 폭발을 금지하는 내용이었다. 지하 실험은 계속 허용했다. 존 F. 케네디 대통령은 10월 7일에 그 조약에 서명했는데, 그로부터 한 달여가 지난 11월 22일에 암살당했다.

이제 드러난 지 오래된 비밀에서 태어난 오크리지, 군대에 소속된 특별구역에서 완전한 자치시가 된 오크리지는 역사, 전쟁, 에너지, 과학의 길을 바꾸는 데 한 역할을 했다. 냉전이 한동안 득세하다 사라져 갔듯이, 원자력 세계에서 오크리지의 위치도 계속 변화 발전했고, 그것을 둘러싼 역사와 여론도 끊임없이 변했다.

아토믹 걸스

◆ ◆ ◆

원자 도시의 여자들도 많은 변화를 겪었다.

제인은 짐 퍼킷과 결혼했다. 그는 제인이 오크리지에 온 첫날 그녀의 여행 가방을 게스트하우스 이층으로 들어다준 남자였다. 그녀는 Y-12에서 다른 자리로 옮겼고, 거기서 계속 통계 전문가로 일했다. 우라늄은 계속 농축되었고, 무기도 비축되었고, 과학자들이 핵물질을 폭탄이 아닌 다른 용도에 쓸 방법을 연구하면서, 오크리지에는 완전히 새로운 산업이 성장하기 시작했다.

물리학, 화학, 생물학. 한때 재정 지원에서 순위가 밀렸던 연구들은 이제 군산복합체를 지향하는 자본들의 지원을 받았다. 원자력이 만든 첫 번째 빛이었다. 플루토늄 반응기의 발전. 잠수함 추진, 가압수加壓水 원자로, 방사능 안정 동위원소 생산, 중성자 회절, 열핵 융합, 중이온핵 연구, 골수이식 연구, 의료 동위원소 스캐닝 등이 오크리지의 각 연구소에서 연구되었고, 이온화 방사선이 인간 등의 생물에게 미치는 효과도 집중 연구 대상이었다. 1963년 존 F. 케네디 대통령이 암살되자, 그 총탄 조각과 파라핀 모형은 오크리지 국립연구소로 가서 중성자 활성화 분석을 받았다.

제인의 직장은 아직도 많은 것이 비밀에 싸여 있었다. 가장 큰 비밀은 밝혀졌지만 다른 비밀들이 자리를 잡았다. 오크리지의 가장 큰 목적은 알려졌지만, 개개인이 수행한 작업의 자세한 내용은 여전히 감추어져 있었다. 종전 후 그리 오래지 않은 어느 날 제인은 가까운 곳에서 일하던 젊은 부부가 조용히 호송되어 나가는 것을 보았다. 제인은 사람들이 Y-12의 일을 생각보다 면밀히 관찰하고 있고, 그렇게 해서 알아낸 것을 바깥쪽 사람들과 공유한다는 것을 알게 되었다. 그게 누구인지는 몰랐다. 묻지도 않았다. 아직도 그것을 물을 수 없었다.

짐은 테네시주 털라호마에 취직했다. 그곳은 테네시 대학 우주연구소 소속 아널드 공학개발 센터Arnold Engineering Development Center의 소재지이자 디켈 위스키의 고향이기도 하다. 제인은 연구소를 떠났다. 마천트&먼로 계산기와 그녀가 감독하던 '인간 컴퓨터'들은 오크리지 자동컴퓨터 논리엔진ORACLE 같은 최신 기계에 밀려났다. 1953년에 개발된 오러클은 당시 세계에서 가장 앞선 컴퓨터였다.

버지니아도 Y-12에서 계속 일했다. 그녀의 실험 연구 가운데는 다우Dow 화학회사의 신제품 개발과 관련된 것도 있었다. 우라늄을 공개적으로 말할 수 있게 되었다고 그것을 추출하고 정제하는 일이 더 쉬워지지는 않았다. 작은 펠릿 구조(핵 연료를 1~2센티미터 길이의 작은 원기둥 모양으로 만든 것—옮긴이)는 다양한 형태의 우라늄을 담아서 회수를 더 쉽게 해준다고 여겨졌다. 처음에는 그 결과가 분명치 않았지만 차츰 결과가 개선되었다.

연구실에 새 사람이 왔다. 퍼듀Purdue 대학에서 물리화학으로 박사학위를 받은 찰스 콜먼이었다. 버지니아는 그가 똑똑하고 독창적인 문제 해결 능력이 있다고 생각했다. 두 사람은 동료에서 친구가 되었다. 찰스는 그녀와 잘 맞았고, 버지니아의 두뇌뿐 아니라 배우자로서의 가치도 높게 보았다. 그녀는 29살에 결혼했다. 결혼 후에도 일을 계속했지만 개인 생활과 직업 생활이 얽히지 않도록 다른 연구실로 옮겼다. 곧 아기들이 태어났고, 찰스의 특허도 줄줄이 태어났다.

캐티와 윌리는 오크리지에 남기로 했다. 하지만 전쟁이 끝났을 때 그들이 알던 많은 사람이 떠나갔다. 오크리지에서 당분간 지낼 만한 직업을 구하자 그들은 마침내 앨라배마에 있는 아이들을 테네시로 데려와서 함께 살 수 있게 되었다.

전후에 흑인 가족을 위한 주거 지구가 지정되었는데, 그곳은 지난날의 갬블 밸리 트레일러 캠프였다. 그곳은 나중에 스카버러라고 불리게 되었다. 1945년에는 흑인 부부를 위한 가족 주택이 드물었고, 1950년까지 많은 사람이 막사에 살았다.

"내가 본 계획 도시 중에 슬럼까지 설계해 넣은 곳은 그곳이 처음이었다." 이넉 P. 워터스는 1945년 〈시카고 디펜더Chicago Defender〉에 썼다. 그는 오크리지의 도시 계획은 "원자폭탄이 기술적으로 앞서간 만큼이나 사회적으로 뒤쳐졌다"고 말했다.

캐티, 윌리와 아이들은 스카버러 지역으로 이주했고, 마침내 다시 가족으로 살 수 있게 되었다. 하지만 흑인 사회의 변화는 더뎠다. 흑인들은 아직도 자동차 영화관에 출입할 수 없었다. 그래서 그들은 언덕 위에서 고개를 삐딱하게 기울이고 먼 스크린을 내려다보아야했다. 1946년에 흑인 초등학교가 세워졌다. 초등학교를 졸업하면 버스를 타고 녹스빌의 흑인 고등학교에 다녀야 했다. 그러다 1950년이 되자 자원봉사자들이 스카버러 학교에서 고등학교 과정을 가르치기 시작했다.

1955년에 오크리지는 테네시주에서 최초로 학교의 인종분리를 금지하는 1954년 대법원 판결에 따랐다. 거기에는 저항도 있었다. '인종분리를 지지하는 오크리지 주민모임'은 아이들을 학교에 보내지 말자고 촉구했다. 학교로 가는 길바닥에는 온갖 욕설이 도배되어 있었다(개학 전에 지워지기는 했다). 처음에는 학교만 인종이 통합되고 '교실'은 분리되었다. 하지만 흑인과 백인 주민이 모두 항의하자 곧 교실도 통합 운영되었다.

캐티의 딸 도로시는 오크리지의 학교들이 인종통합을 실행하기 전해에 마지막으로 스카버러 고등학교를 졸업했고, 졸업식에서 답사를 읽었다.

헬렌의 경우는 Y-12에서 큐비클 오퍼레이터의 일자리가 없어지자—전후에 CEW에서는 효율이 좀 더 높은 K-25가 주요 우라늄 분리 플랜트가 되었다—, Y-12의 도서관에서 일하기 시작했다. 그녀의 업무 중 하나는 기밀 해제된 정보를 미국 전역의 승인 연구소나 도서관에 배포하는 것이었다. 예전에는 CEW의 비밀을 지키기 위해 스파이 활동을 해달라는 요청을 받았는데, 이제는 워싱턴이 기밀 해제한 자료를 퍼뜨리는 일을 하게 되었다. 그녀 자신도 몰랐던 문장, 공문, 기술들이 이제 그녀의 손끝을 거쳐 연구자와 방문 과학자들이 기대를 품고 기다리는 곳으로 이동했다. 하지만 농구와 소프트볼에 대한 열정은 그대로였다. 그 점에서는 행운이었다. 헬렌의 소프트볼 팀은 새 코치를 구했다. 로이드 브라운이었다. 그런데 로이드는 헬렌의 운동 능력뿐 아니라 다른 매력에도 반했다. 첫 데이트에서 그들은 직원식당에서 가볍게 식사를 하고 저녁 내내 골프 연습장에서 골프공을 쳤다. 그리고 곧 채플 온 더 힐에서 결혼했다.

로즈메리는 봉합 물질을 찾다가 인생의 전환을 맞았다. 한 연구실에서 일하는 젊은 남자가 그녀의 방에 왔다. 그의 이름은 존 레인으로, 남태평양의 항공모함 의무실에서 해군으로 복무한 뒤 전역한 지 얼마 되지 않은 사람이었다. 지금은 연구실에서 허용 가능한 방사능의 양을 연구하고 있었다. 그의 업무에 봉합 물질은 매일같이 필요한 물건이었다. 그는 혹시 봉합 물질이 좀 있냐고 그녀에게 물었다.

"고향은 어디신가요?" 존의 질문이 이어졌다.

"아이오와주 홀리크로스요." 로즈메리가 별생각 없이 대답하고 그가 다음번 의료용품이 올 때까지 버틸 봉합사를 주었다.

"저는 캐스케이드 출신이에요! 친구들이랑 야구 하러 홀리크로스에 자주 갔죠!"

로즈메리와 존은 그렇게 아이오와주 남부 작은 가톨릭 지역의 25킬로미터 거리 안쪽에서—그는 아일랜드 지역, 그녀는 독일 지역에서—자란 뒤, 애팔래치아 남부의 한 플랜트 진료소에서 만나게 되었다. 그들은 결혼해서 E-2 아파트에 입주했다가 아이들이 태어나면서 B 하우스로 옮겼다. 몇 년 뒤에 존은 메릴랜드주 저먼타운으로 옮겼고, 온 가족이 그리 이주해서 살았다.

토니도 1945년 11월에 채플 온 더 힐에서 결혼했다. 루터교식 결혼이었다. 척의 어머니는 그 점에는 만족했겠지만, 그녀도 척의 아버지도 결혼식에 초대받지 못했다.

척은 목사가 "이 두 사람이 함께하면 안 될 이유를 알고 계신 분이 있다면 지금 말씀하시거나 평생 침묵해주십시오"라고 말할 때 아버지가 벌떡 일어나지 않을까 하는 걱정이 들었다. 그런 위험을 감수하고 싶지 않았고, 토니는 척의 부모가 오지 않는 것에

447

새 시대의 삶

아무런 불만이 없었다. 말이 나는 것을 막기 위해 척은 오크리지에서 새로운 비밀을 만들어서 부모에게 알리지 않고 결혼식을 했다. 결혼 서약을 하고, 피로연을 마치고, 법적, 종교적 절차가 모두 마무리된 다음에야 그 사실을 알렸다.

척은 K-25에서 계속 일하다가 Y-12로 옮겼다. 그런데 전쟁 직후에 그는 친구 한 명이 방첩대원이었다는 걸 알게 되었다. 공식 밀고자였던 것이다. 그는 친구가 자신에게 그 사실을 숨겼다는 데 배신감을 느꼈다. 토니는 그래도 나쁜 일이 없었다는 데 안도했다. 그녀는 척이 능력을 발휘해서 많은 특허를 따내는 것에 자부심을 품었다.

그는 잠시 스리마일Three Mile섬에서도 일했다. 그곳은 펜실베이니아주 해리스버그 근해의 원자력발전소로, 척의 부모님이 사는 뉴욕시.퀸스에서 250킬로미터 거리에 있었다. 그곳은 토니가 엠파이어 스테이트 빌딩에서 최후통첩을 내리며 설정한 '500킬로미터' 제한을 어기는 거리였다. 하지만 다행히 스리마일섬 근무는 짧게 끝났다. 토니도 거기 잠시 방문한 적이 있지만, 다시 안전한 오크리지로 돌아왔다.

❖ ❖ ❖

세월이 흐르는 동안, 초기 시절인 1943년부터 오크리지에 있던 사람들은 자신들이 2차대전 때 한 일에 대해 세상의 태도가 바뀌어 가는 것을 느꼈다. 스리마일섬은 그곳의 원자력발전소에 부분적 노심용융 사고가 나면서 미국 전역과 세계에 알려졌다. 미국 역사상 최악의 핵관련 사고였던 이 사건은 1979년 3월 28일에 일어났다. 핵발전소의 위험을 소재로 오스카상 4개 부문 후보에 오른 제인 폰다Jane Fonda 주연의 스릴러 영화 〈차이나 신드롬〉이 개봉되고 2주도 지나지 않아서였다. 2번 원자로를 청소하는 데 모두 14년이 걸렸고, 핵에너지에 대한 거부감은 최고 수준에 올랐다. 오크리지의 과학 박물관은 1949년 개장 당시에는 원자력 박물관이었지만, 그 사고 1년 전에 '원자'라는 말과 그 이름에 담긴 이미지를 지우기 위해 미국 과학에너지 박물관AMSE으로 개명했다.

자녀들이 어느 정도 자라자 **도로시**는 그 박물관의 전문 안내인으로 일했다. 처음에는 자신이 큐비클 오퍼레이터로 한 일을 관람객들에게 즐겁게 이야기해주었다. 2차대전 참전 군인도 민간인도 모두 자신들이 전쟁 때 한 일을 자랑스럽게 여겼다. 그녀가 그러지 못할 이유가 어디 있는가?

하지만 시대가 변했다. 사람들이 그 일에 대해 어떻게 "느끼는지" 물으면 그녀는 대답할 말이 없었다. 그런 순간에 할 수 있는 단순한 대답은 없는 것 같았다. 도로시는 결국 박물관 자원봉사를 그만두었다.

더 이상 그 일을 견딜 수 없게 만든 마지막 여자의 목소리는 늘 기억에 생생했다. 도로시는 Y-12 전시관의 칼루트론 패널 모형 앞에 서서 관람객들에게 손잡이와 다이얼 조종법을 보여주었다. 그러면 사람들은 물었다.

"무슨 일을 하는지도 모르면서 일하는 느낌은 어떤가요?"

"칼루트론이 뭐죠?"

"비밀 도시에 사는 느낌은 어땠나요?"

하지만 그중에서 특히 한 여자가 도로시를 노려보며 물었다. "그렇게 많은 사람들을 죽인 폭탄을 만든 게 부끄럽지 않은가

새 시대의 삶

요?"

실제로 도로시의 감정도 복잡했다. 그 많은 사람들이 죽은 것은 당연히 슬펐지만 그게 다는 아니었다. 전쟁이 끝났을 때 그들은 모두 벅차게 기뻐했다. 이 사람들은 그 일을 잊었나? 물론 오크리지 사람들도 일본의 참상이 담긴 사진을 보았을 때는 고통스런 감정을 느꼈다. 안도, 두려움, 기쁨, 슬픔이 섞여 있었다. 수십 년이 흐른 뒤에 그녀가 어떻게 프로젝트를 경험하지 못한 사람들에게 그것을 설명할 수 있을까? 오크리지의 삶은 고사하고 전쟁 자체를 겪지 못한 사람들에게?

도로시는 그 여자가 단순한 대답을 원하는 것을 알았기에 단순하게 대답했다.

"그 사람들이 우리 오빠를 죽였어요."

◆ ◆ ◆

콜린은 블래키와 함께 가톨릭 '교리 과정'에 충실히 참석한 뒤 1945년 11월 29일에 역시 채플 온 더 힐에서 결혼했다. 그들은 멋진 한 쌍이었다. 콜린은 내슈빌의 케인슬론Cain-Sloan 백화점에서 웨딩드레스를 샀고, 블래키는 군복을 입었다. 블래키는 아이들을 가톨릭 신자로 키우기로 합의했고, 그 자신도 결혼 전에 개종하지는 않았지만 조만간 개종하겠다고 했다. 콜린이 딱히 그것을 요청했던 것은 아니었다. 그녀가 볼 때 그는 충분히 노력했다. 그들은 워싱턴 DC로 신혼여행을 갔다. 그 뒤로도 그들은 일생 동안 많은 여행을 함께했다.

콜린과 블래키가 전근 발령을 받거나 블래키가 북부에 가서

아토믹 걸스

살고 싶어 할지 모른다는 그녀의 두려움은 실현되지 않았다. 하지만 블래키는 1946년에 육군에서 전역했고, 새로 구성된 원자력위원회에서 일하기 시작했다. 그녀는 고향 집에서 가까운 오크리지에 남게 되었다. 콜린의 오빠 지미는 전쟁터에서 무사히 돌아온 뒤 켄터키주의 퍼듀카에 직장을 잡았다. 하지만 오래지 않아 교통사고로 사망했다.

'인생이란 참 알 수 없어.' 지미를 떠올리면 콜린은 그런 생각이 들었다. 어머니는 전쟁 동안 내내 지미를 위해 기도했고, 지미가 무사히 돌아오자 이제 됐다고 생각하며 기도를 멈추었다. 그런데 지미는 떠나고 말았다.

콜린은 처음에 자신이 오크리지를 좋아하지 않았다는 것을 잘 기억했다. 1943년에 처음 가족과 함께 친척들을 만나러 거기 갔을 때 앞으로 거기서 살 거라는 말에 크게 낙심했다. 원피스를 차려입은 여자들이 구두를 손에 들고 맨발로 진흙길을 걷고 있었다. 그리고 삼촌이 살던 방 한 개짜리 작은 막사.

어머니가 했던 말이 다시 한번 떠올랐다.

"그냥 캠핑 왔다고 생각해…."

여기서 그렇게 오랜 세월을 산 지금 그 일을 생각하면 재미있었다. 캠핑이라니.

잠깐 있다 갈 거라는 말도 오크리지에 어울리지 않았다. 주택 매매가 가능해지자 그들 부부는 늘어나는 식구를 위해 집을 샀다. 아이들은 모두 여덟 명이었다. 아들 다섯에 딸이 셋이었다. 콜린의 어머니가 키운 아홉 명보다는 한 명이 부족했다.

전쟁이 끝난 뒤, 콜린의 도시에는 여러 가지 이름이 붙었다. 인류학자 마거릿 미드Margaret Mead는 그 도시를 사회적 실험으로 보았다. 콜린은 자신이 실험에 참여했다는 느낌은 들지 않았다. 그녀는 독특하고 예상치 못한 공동체의 일원이었다. 그 공동체는 프로젝트도 예상하지 못한 것이었다.

콜린은 오크리지에 사는 시간이 길어질수록 자기 도시에 대한 자부심이 커졌다. 그녀는 자신이 한 일을 미래 세대와 신규 이주자들과 공유하고 싶었다. 그래서 학교에 가서 학생들에게 자신이 플랜트에서 한 일과 오크리지가 참여한 전쟁 이야기를 전했다. 그녀도 원폭이 일으킨 파괴와 죽음을 어떻게 생각하느냐는 불가피한 질문을 받았다. 그녀도 정답을 몰랐지만, 그래도 자신이 느낀 전쟁은 다르다고 설명했다. 그 전쟁은 특히 미국의 거의 모든 가족의 삶에 영향을 미쳤고, 미국이 바란 것은 가족과 친구들의 무사 귀환뿐이었다고. 콜린은 자신이 개발에 참여한 그 폭탄이 다시는 사용되지 않기를, 그때가 처음이자 마지막이 되기를 소망했다.

미국과 일본의 관계는 극적으로 변했다. 콜린이 처음 오크리지에 왔을 때는 '일본놈'을 물리치는 것이 그들의 주요 임무였지만, 이제는 일본 과학자들이 연구와 학술 교류를 위해 오크리지에 계속 찾아왔다. 콜린은 YMCA에서 외국인을 위한 영어 교사로 자원 봉사를 할 때 그런 과학자의 아내를 한 명 가르치기도 했다. 두 여자는 금세 친해졌다. 처음 만났을 때 콜린은 그 학생의 과거를 전혀 몰랐지만, 알고보니 그녀 기세츠 야마다는 '히바쿠샤被爆者', 즉 히로시마 폭격의 생존자였다. 폭격 당시 그녀는 열 살이었고, 그날 몸이 아파서 집에 있느라 도시 중심부에 나가지 않았다. 콜린은 기세츠에게 그녀의 경험을 바탕으로 책을 쓰라고 독려했다.

콜린과 기세츠는 서로 총구를 겨누었던 적국 출신으로, 양국 바깥에서는 좀처럼 이해하기 힘든 유대를 쌓았다. 세월이 지나면서 과학적 협력뿐 아니라 문화 교류도 다양하게 이루어졌다. 가장 상징적인 것은 오크리지 잔디 광장에 세운 종각이었다. 동양적 느낌의 목조 구조물 안에 국제 우정의 종The International Friendship Bell이 설치되었다.

일본 전통 사찰 방식의 이 종—오크리지에서 설계하고 일본에서 주조한—은 세월이 지나는 동안 오크리지와 일본 여러 도시 사이에 시도한 몇 가지 문화 교류 프로그램의 일환이었다. 이 일을 추진한 사람은 교토 출신의 시게코 우풀루리Shigeko Uppuluri와 그녀의 남편 람이었다. 하지만 일부 시민은 여기 불편을 느꼈다. 지역 신문에 찬반 편지가 쏟아져 들어왔다. 어떤 이들은 이 종을 만들어 거는 일은 폭격에 대해 일본에 사과하는 것이나 마찬가지라고 했다. 물론 조직위원회는 그런 것이 아니라고 거듭 말했다. 그리고 어떤 사람들은 함께 평화를 지향하는 것은 전혀 잘못된 일이 아니라고 주장했다.

종을 만들고 2년이 지난 1998년에 로버트 브룩스가 오크리지시에 소송을 내면서 "도시 설립 50주년 기념일에 공원에 세운 우정의 종은 불교의 상징물이기 때문에 이것을 유지하는 것은 불교를 선교하는 것"이라고 말했다. 그는 이 종이 테네시주법과 미국 헌법을 위반했다고 주장했다.

"일본에서 종을 치는 것은 신에게 기도하는 의미입니다." 그는 저녁 뉴스에 나와서 성난 목소리로 말했다. 오크리지시가 승소해서 종은 그대로 남아 있다. 일본 어린이와 과학자들이 시타종 행사를 위해 오크리지로 날아왔다. 기도도 없고 염불도 없었다. 종은 누구나 울릴 수 있게 개방되어 있고 모든 분야의 사람들이 많은 공식, 비공식 행사 때 그 종을 타종한다. 그중에는 8월 6일도 있다.

◆　◆　◆

해군 셔틀 보트는 금세 선착장에 닿았다. 기념관은 길쭉한 흰색 직사각형 건물로, 밑에서 누가 잡아당긴 것처럼 가운데 부분이 움푹 들어갔다. 전함의 녹슨 포탑이 물 위로 비죽 튀어나와 있었다.

도로시는 보트에서 내려서 다른 승객들과 함께 물 위로 뻗은 좁은 구조물을 걸어갔다.

진주만 습격으로 시작된 일이 놀라운 기술 발전을 촉발시켜서 마침내 전쟁을 끝내고 인류의 정치적, 정서적 지형까지 바꾸게 되었다. 도로시는 대공황기를 겪은 테네시주 농촌을 떠나서 정부가 만든 비밀 도시, 현대 역사상 최대의 전시체제 도시로 갔고, 이제 그 모든 것이 시작된 곳에 와 있었다.

태평양의 물은 고요한 이불처럼, 격렬했던 지난날의 잔해와 이제 바다 밑바닥에 묻힌 역사의 씨앗들을 덮고 있었다. 그녀는 이제 배의 중간부 위쪽에 서 있었고, 발밑에는 뒤집혀 침몰한 거대한 전함이 있었다. 도로시는 항구를 바라보았다. 청록색 물 속으로 따개비와 해조에 덮인 배의 외곽선이 보였다.

도로시의 오빠, '쇼티'라 불린 수병 윌라드 워스 존스가 거기 어딘가 있었다. 그녀는 울음을 뱉어냈다. 잠시 후 돌아보니 나이 든 일본 여자가 옆에 있었다.

"이곳에서 누가 돌아가셨나요?" 여자가 도로시에게 일본 억양의 영어로 물었다. 그녀의 눈에도 눈물이 차 있었다.

"네, 우리 오빠요." 도로시가 대답했다.

여자가 고개를 끄덕이며 말했다.

"위로의 말씀을 드립니다."

여자가 다가오자 도로시는 두 팔을 내밀었고, 두 여자는 서로를 끌어안았다. 도로시는 이 낯선 여자가 다 이해해줄 것만 같았다. 왜 그런 생각이 들었는지 어떻게 그럴 수 있는지 몰랐고, 묻고 싶지도 않았다.

여자는 곧 인사를 하고 떠났다.

도로시는 가지고 온 하와이 꽃목걸이를 바다에 던졌다. 오빠의 무덤에 처음이자 마지막으로 놓는 꽃이었다.

에필로그

✦

창문을 내리고 구름에 손을 씻으며

62번 간선도로를 북서쪽으로 달려서 클린치강을 건넌다. 게이트
는 없다. 경비병도 없다. Y-12 국립보안단지의 표지판들이 거대
하게 떠오른다. 감추는 것은 없다. 가로들과 시내로 들어가는 도
로 주변의 장소들은 옛날을 상기시켜주었다. 스카버러 로드. 베어
크리크 로드. 뉴호프 묘지New Hope Cemetery. 작은 나무 표지판이 엘자
게이트가 있던 자리를 알려주었다.

여러 해 전 오크리지를 처음 방문한 이후, 나는 계속 어린 시
절 알았던 육군 기지들이 생각났다. 도시는 몇십 년 전에 군의 통
치를 벗어났지만, 조립식 주택의 흔적은 현대의 구조물들에도 숨
어 있다. 자세히 보면 보인다. 사우스일리노이 대로South Illinois Ave에
있는 국립해양대기관리처는 한때 야전병원이었다. 미드타운 주
민센터—일명 '와일드캣 덴The Wildcat Den'—는 남아 있지만, 지금은
오크리지 유산보전협회가 입주해 있다. 예전의 버스터미널 자리
에는 몇 개의 프랜차이즈 상점들이 있다. 잭슨 광장은 아직 있지
만, 상점들은 문을 열었다가 닫았다가 다시 열고는 했다. 1942년
작 〈토린호의 운명In Which We Serve〉 같은 영화를 상영한 센터 시어터
는 이제 오크리지 플레이하우스 극장이 되었다. 인근 채플 온 더
힐에서는 아직도 각 교파의 종교 행사와 결혼식이 열리지만, 게스
트하우스—나중에 알렉산더 모텔로 바뀌었던—는 주변에 풀이

무성한 폐건물이 되었다. 젊은 주민들은 그 건물을 알렉산더 모텔로만 기억하고, 예전에 J. 로버트 오펜하이머, 엔리코 페르미, 어니스트 로런스, 젊은 상원의원 존 F. 케네디 등이 거기 투숙했다는 사실을 전혀 모른다. 많은 A, B, C, D 주택들이 도시 곳곳에 흩어져 있는데, 그중 많은 수가 차고를 짓고 현관에 지붕과 데크를 달고 목조 미늘벽을 붙였다. 관급 조립식 주택에 암녹색 차양만 설치한 척추 치료소도 있다. 오크리지의 역사는 여러모로 드러나 있으면서도 감추어져 있었다.

여기 처음 올 때 나는 미래주의 스타일 표지판, 원자 기호 같은 것이 사방에서 튀어나오고 '맨해튼계획의 고향'이라는 커다란 광고판이 방문객을 맞을 거라고 막연히 생각했던 것 같다. 그런 것은 없었다. 오크리지의 과거를 호의적으로 추억하는 것 하나는 다양한 바와 식당의 메뉴였다. 닭날개 요리에 원자와 관련된 유머러스한 이름이 붙어 있고, 소스도 'Y-12' '핵'과 같은 이름들이었다.

오크리지는 현재 인구 2만 8000명가량의 도시로, 과거와 미래에 모두 걸쳐 있다. 이곳은 과학과 진보의 도시다. 과학자들은 계속 새 원자를 발견하고 중성자를 쏜다. 하지만 이제 그런 일은 오크리지 국립연구소ORNL의 파쇄중성자원에서 한다. ORNL이 보유한 컴퓨터는 때때로 세계에서 가장 빠른 컴퓨터라는 타이틀을 얻는다. 그 타이틀은 ORNL이 초고성능 컴퓨터를 보유한 중국, 일본 및 미국의 다른 시설들과 데이터 전송량을 두고 벌이는 전투 상황에 따라 놓쳤다가 되찾았다가 한다.

이곳에서는 매년 6월 '비밀 도시 축제'를 열어서 과거와 미래의 연결을 시도한다. 이틀짜리 축제는 2차대전 재연에서 간이 놀이시설, 반응기 탐방까지 역사와 과학이 반반씩 차지한다. 참가자들은 하루에 칼루트론에서 에어바운스 놀이집, 지미 버핏Jimmy Buffett 커버 밴드에서 블루그래스(1940년대 후반 미국에서 발생한 컨트리 음악의 한 장르—옮긴이), 분열, 꽈배기 과자까지 온갖 것을 두루 맛볼 수 있다.

최근의 축제 때 나는 미국과학에너지박물관 로비에서 조지아주 애틀랜타 소재 국가기록원(NARA) 남동부 지역관의 교육지원 책임자인 조엘 워커를 만났다. 내가 AMSE—이곳은 오크리지가 맨해튼계획에서 수행한 역할을 영구 전시한다—에 마지막으로 간 것은 에드 웨스트콧의 90세 생일을 축하하기 위해서였다. 많은 사람이 축사를 했다. 그는 발언하지 않았다. 그는 여러 해 전에 뇌졸중을 겪었고, 신체 상태는 크게 호전되었지만—그는 아직도 좋은 사진을 얻기 위해 높은 비계飛階를 오른다—, 언어 능력은 손상되었다. 하지만 70년 전 허허벌판에 만들어진 도시의 이야기를 사진가 에드 웨스트콧보다 더 잘 전한 사람은 아무도 없다.

맨해튼 공병단과 원자력위원회에 대한—이제 기밀 해제되어—열람 가능한 사료 대부분은 NARA 남동부 지역관에 있다. 내가 조사차 갔을 때 이 컬렉션에 특별한 관심을 가진 조엘이 나를 '자료실' 안으로 데리고 들어갔다. 그곳에서는 직원과 인턴들이 열람자들이 요청한 자료를 찾아 바쁘게 움직이고 있었다. AEC 서류를 보관하는 코너는 길이가 약 30미터에 높이는 6.5미터가 넘었다. 나는 영화 〈레이더스Raiders of the Lost Ark〉의 마지막 장면에 들어간 것 같았다. 이곳에 있는 AEC 서류는 분량이 140세제곱미터에 이르고, 대다수가 아직 제대로 분류되지 않았다. 그 상자들 가득한 서류용지와 타이핑한 공문들 안에 더 많은 비밀이 갇혀 있을 것이다.

그것이 프로젝트와 오크리지를 연구할 때 부딪히는 큰 어려움 중 하나다. 그것이 얼마나 많을지 아직 모른다. 거기다 그 시절을 전해줄 사람들, 그 시대로 난 창문이 되어주는 사람들도 빠른 속도로 우리 곁을 떠나고 있고, 그들이 한때 거주했던 구조물들도 곧 사라질지 모른다. K-25는 현재 철거되고 있지만 최근에 에너지부와 맺은 역사보존협정을 통해 설비를 복제한 건물과 역사 센터를 지어서 전쟁 당시와 전후에 K-25가 한 역할을 전해주기로 했다. Y-12는 아직 남아 있고, 여전히 국가보안단지의 일부지만 본래의 건물들과 유물들은 아직도 많은 수가 접근금지 상태다. 예외는 일 년 중 특별한 몇몇 날뿐이다. (비밀 도시 축제가 그중 하나다.) 기숙사들은 오래전에 사라졌고, 캐슬 온 더 힐도 마찬가지다. 게스트하우스는 폐건물 상태지만, 최근에 K-25 보존협정의 일환으로 50만 달러 지원금을 받았다.

이 사람들과 지금 남아 있는 도시와 플랜트가 다 사라지면, 누가 그리고 무엇이 남아서 세계사의 중요 순간인 핵 시대의 기원에 대해 설명해줄 것인가?

원자폭탄 이야기가 어려운 것은 뉘앙스가 몹시 중요해서 세심함과 사려를 동반해야 한다는 것이다. 기념과 축하의 경계선을 조심조심 걸어야 한다. 이 역사를 토론의 장에 올리는 것은 예를 들면 스미스소니언 항공우주박물관에서 수년 동안 논쟁을 일으킨 그 사건처럼 아슬아슬한 일이다. 스미스소니언 박물관이 에놀라 게이호 관련 전시를 기획했을 때 일어난 논란은 2차대전 종전 50주년 기념일 전날에야 멈추었다.

"우리가 그 전시에 대해 논의를 시작했을 때, 모두 공감한 것이 두 가지 있었다." 박물관의 관장 마틴 O. 하윗^{Martin O. Harwit}은 이렇게 말했다. "하나는 이것은 역사적으로 중요한 항공기라는 것이고, 둘째는 박물관이 무엇을 하건 엉망이 될 거라는 것이었다."

모든 사람이 만족할 전시를 기획할 수가 없어서 큐레이터들은 본래 구상하던 전시를 취소했고 하윗은 사임했다.

현재는 맨해튼계획 국립공원을 만들자는 움직임이 있다. 그것은 신시아 켈리와 워싱턴 DC의 원자유산재단^{AHF}이 이끌고 있다. 2012년 6월에 상원의원 제프 빙어먼(상원 3300번)과 하원의 독 헤이스팅스^{Doc Hastings}(하원 5987번)가 제출한 맨해튼계획 국립역사공원법은 오크리지, 뉴멕시코주의 로스앨러모스, 워싱턴주의 핸퍼드에 국립공원을 세우는 것을 목표로 하고 있다.

오크리지의 경우는 도시의 역사를 보존하고 복원하려는 노력들이 이루어지고 있다. Y-12 역사가 레이 스미스는 뉴호프 센터 건설을 주도해서 전자기 분리 플랜트의 역사 유품 전시 공간을 만들었고, 지금까지 남아 있는 맨해튼계획 시설들에 대한 한정된 투어를 꾸렸다. 오크리지 역사가 빌 윌콕스는 (AHF 등의 도움을 받아서) 대중에게 공개할 수 있는 K-25의 일부를 보존하기 위해—국립공원의 형태가 된다면 더욱 좋고—9년을 싸웠다. 하지만 어려움이 있다. 폐기물 문제다. 뚝딱 치워버리고 새단장을 할 수 없다는 것이 핵 시대가 남긴 유산의 한 가지 성질이다. 그리고 물론 재정 지원도 받기 어렵다.

역사의 이 시기에 대한 정보를 제공하려는 노력에 대해서는 논쟁이 계속될 것이다. 그러는 동안 맨해튼계획의 유산은 세계의 사회, 환경, 정치적 지형에 계속 영향을 미칠 것이다. 오크리지가 어떻게 변할지는 알 수 없다. 지금 비밀 도시 축제에 오면 콜린과 마티 롬 같은 사람들을 만날 수 있다. 마티 롬은 내가 오크리지 유산보존협회에서 만나 인터뷰한 또 한 명의 멋진 여성이다. 실리아는 근처의 오크리지 구술사센터 부스에서 6~9개월 예정으로 일하러 왔다가 70년을 오크리지 주민으로 살게 된 경험을 이야기해준다.

　　나는 박물관을 나와서 실리아의 집에 가는 길에 존 헨드릭스의 무덤 앞을 지나간다. 한때 예언자라 불렸던 그의 무덤은 교외 지역의 현대 주택 두 채 사이에 있다. 그가 어떤 미래를 예견했건, 이런 것, 그러니까 자기 무덤 주변에 주택가가 들어서는 일은 상상하지 못했을 것이다. 그날 저녁 나는 실리아를 태우고 그린필드 요양원Greenfield Assisted Living에 가서 맨해튼계획 콜라주로 한쪽 벽전체를 덮은 콜린의 방에서 도로시와 콜린과 함께 와인을 마셨다. 로즈메리는 아직 남편 존과 함께 메릴랜드에 산다. 제인은 테네시주의 요양 시설에 있다. 캐티는 스카버러에서 혼자 살고, 자신이 다니는 교회의 최고령 신도다. 그리고 아직도 K-25 비스킷 팬을 사용한다. 헬렌은 D 주택에서 살고, 여전히 열렬한 농구 팬으로 테네시 대학 볼런티어스UT Volunteers 경기를 빼놓지 않고 찾아간다. 그녀는 (손으로) 책을 쓰기 시작해서 대공황 시기의 어린 시절을 기록하고 있다. 손의 관절염 때문에 글을 빨리 쓸 수가 없다. 토니는 내가 이 책을 쓰던 중 예기치 못하게 세상을 떠났다. 그녀와 함께 보낸 짧은 시간 동안 나는 기록하는 일만큼이나 웃는 일이 많았다. 그 주말의 마지막 일정은 제인의 딸 베벌리 퍼킷의 집에 가서 그녀, 그리고 버지니아와 저녁을 함께한 것이었다. 버지니아는 식사 중 지금 오크리지 평생교육 센터에서 초우라늄 폐기물의 역사에 대한 강좌를 듣고 있다고 했다. 그녀의 과학 정신은 90

세에도 생생했다.

오크리지에서 수석 정신과 의사로 일한 에릭 클라크 박사는 그 시절에 대해 이렇게 썼다.

"오크리지를 시작부터 겪고 이겨낸 사람들은 그 경험으로 더 성숙해졌다."

나는 그들을 알게 된 일로 더 성숙해졌다.

나는 오크리지를 떠나서 클린치강을 다시 건넌다. 이제 진주가 사라진 그 강물 위로 분홍빛 저녁이 천천히 내려앉는다. 저녁 식사를 마치고 버지니아의 집을 떠나면서 나는 그녀를 비롯한 여자들이 다른 시대의 다른 전쟁 때 그 강을 건넌 일을 생각했다. 동쪽 산맥의 어스름한 그림자 속으로 들어가는 나는 머릿속 그림을 완성하지 못했다. 나는 창문을 내리고 구름에 손을 씻었다.

에필로그

드니즈 키어넌과의 대화

✦

어떻게 해서 테네시주 오크리지의 여자들에 대한 책을 쓰게 되었나? 원자폭탄 제작에 참여한 평범한 사람들의 일을 처음 알게 된 것은 언제였나?

내가 다른 책을 작업하고 있을 때였다. 스미스소니언 협회와 협력해서 화학 관련 책을 쓰고 있었다. 자료를 찾던 중 에드 웨스트콧의 사진들을 보았다. 여자들이 Y-12 칼루트론 패널 앞에서 일하는 사진이었다. 그것은 Y-12 회보에 실린 것으로, 사진 속여자 한 명에 대한 짧은 글이 딸려 있었다. 온라인에서 우연히 보게 된 그 짧은 글에서 나는 2차대전 때 정부가 세운 도시에 7만 5000명이 살았고, 그 상당수가 시골 출신 미혼 여성이었으며, 그들 대다수는 히로시마에 원자폭탄이 떨어질 때까지도 자신들이 무얼 만드는지 몰랐다는 사실을 알게 되었다. 그런데 또 그 도시가 우리 집에서 차로 겨우 2시간 거리였다. 그런 사실들을 하나씩 알게 될수록 그 이야기에 매혹되었다.

조사 과정에 대해 말해달라. 인터뷰한 여자들은 어떻게 찾았나? 이 연구에 인터뷰 외에 핵심적인 역할을 한 건 어떤 자료들이었나?

초기에는 그물을 상당히 넓게 쳤다. 일단 구할 수 있는 자료는 모두 확보하려고 했다. 요즘은 그 일이 예전보다 훨씬 쉽다. 기록물도 있고, 온라인 공공 도메인의 동영상, 에너지부와 오크리지 국립연구소, 로스앨러모스의 브로슈어와 보고서도 있다. 맨해튼 계획 전반에 대한 책들과 특별히 오크리지를 다룬 몇 권 안 되는 책도 읽었다. 오크리지에도 몇 번 가서 거기 남아 있는 게 무엇인지 살펴보고, 박물관도 방문했으며, 차를 몰고 도시 전체를 돌아다니기도 했다(한번은 잘못해서 Y-12에 들어갔다가 경찰관에게 제지당했다. 그런 실수는 두 번 다시 하지 않았다).

여기에 우리가 아직 깊이 들여다보지 않은 이야기가 있다는 걸 깨닫자 나는 사람들을 찾아나섰다. 가장 먼저 만난 사람은 Y-12 역사 보존 노력을 맨 앞에서 이끈 남자였다. 내가 온라인에서 본 그 기사를 쓴 사람이다. 그는 나에게 당시 101세였던 코니 볼링을 소개해주었다. 볼링은 Y-12의 감독관이었다. 요양원 로비에서 그를 기다리던 중 나는 도로시와 콜린을 만났다. 그들은 나에게 자신들이 아는 다른 사람을 소개해주었다. 이것이 패턴이 되었다. 내가 만난 모든 사람이 전쟁 시절의 또 다른 '옛사람'을 소개해주었다.

연구가 진행될수록 나는 더 깊이 탐구해 들어갔다. 인터뷰한 여자와 남자들의 개인 문서를 최대한 많이 스캔했다. 애틀랜타의 국립자료관도 여러 차례 방문했다. 그곳에는 맨해튼계획과 원자에너지위원회의 문서 대다수가 보관되어 있다. 그리고 스미스소니언 협회의 구술사, UCLA의 문서 컬렉션, 가족들의 병적兵籍 기록을 구했다.

이런 이야기들과 함께 배치해야 하는 것들이 몇 가지 있다. 개인적 기억, 공동체의 집단적 기억, 일차 자료, 당시의 언론 보도,

책과 보고서들이다. 때로 사람들이 확실히 믿고 있는 것도 오류가 있고, 공동체가 똑같이 말하는 이야기도 마찬가지다. 이런 글을 쓸 때는 상황에 최대한 다각도로 접근해서, 가능한 한 전체를 포괄하고 균형 잡힌 이야기를 전달하려고 애써야 한다.

어떤 여자들의 이야기를 책에 실을지 선택하는 것이 어려웠다고 책 끝의 주(479쪽)에서 말했다. 최종 결정은 어떻게 했는가? 싣지 못해 안타까운 이야기들이 있는가?

그런 결정은 여러 가지를 고려해서 내렸다. 우선, 대상자들의 연령대가 매우 높아서, 기억의 한계 때문에 배제된 사람들이 있다. 그들은 몇 가지 흥미로운 이야기를 잘 기억했지만, 그 이상으로 가면 덧붙일 게 별로 없었다. 나는 한두 가지 좋은 일화 이상을 가진 여성, 책 전체에 걸쳐 이어갈 만큼 흥미로운 경험을 가진 여성을 원했다. 또 어떤 여성들은 멋진 이야기를 갖고 있었지만 전쟁이 끝나기 직전인 1945년 봄이나 여름에 와서 별로 도움이 되지 않을 것 같았다.

거기다 나는 다양한 직무 경험을 소개하고 싶었다. K-25와 Y-12의 여자들도 다루고, 관리 부서의 여자들도 다루고 싶었다. 등장인물들의 눈으로 오크리지를 최대한 많이 보여주고 싶었기 때문에 한 플랜트의 여자들만으로 책을 채울 수는 없었다. Y-12 출신만으로도 책 한 권을 쓸 수 있었다. 하지만 나는 그런 방법은 택하지 않았다. 마지막으로, 내가 인터뷰를 하면서 개인적으로 느꼈던 공감대에 토대해서 선택한 여성들도 있다.

《아토믹 걸스》의 구조에 대해서 이야기해달라. 책은 맨해튼 계획의 비밀 원칙을 반영하고 있다. 어떻게 해서 책을 이런 방식으로 쓰기로 결정했는가? 폭탄의 정체를 끝까지 감추면서 동시에 그에 대한 설명도 하는 일에는 어떤 어려움이 있었나?

내가 깊은 흥미를 느꼈던 것은 사람들이 각자의 직무에 그토록 헌신해서, 자신이 우라늄을 다룬다는 걸 알았던 사람들조차 그 단어를 쓰지 않았다는 사실이다. 내가 기자 출신이라서 그렇겠지만, 언어 검열이 특히 흥미로웠다. 또 중요하다는 건 알지만 그 이유는 모르는 알파벳과 숫자의 세계에 사는 느낌이 궁금했다. 나는 그것을 되살리고 싶었다. 여자들을 비롯해서 그곳 사람들이 경험한 '모르고 일하는' 느낌을 포착하고 싶었다.

하지만 그러면서도 이 책이 독자가 맨해튼계획에 대해 읽는 유일한 책일 수도 있기 때문에, 프로젝트의 전모도 설명해야 했다. 그러지 않고는 그 일이 왜 그렇게 중요했는지를 알릴 수 없었다. 나는 또 아는 자들과 모르는 자들로 이루어진 두 개의 세계가 존재한다는 것도 좋았다. 그 두 세계가 트리니티 테스트를 둘러싸고 서로 겹치고 충돌하게 만들고 싶었다. 그를 위해 '폭탄'이나 '우라늄' 같은 단어를 최대한 쓰지 않으면서 과학적 변화와 상황을 명확하게 설명하는 일이 어려웠다.

2차대전의 역사를 다룬 책과 영화는 수없이 많다. 독자들이 왜 이 시대에 계속 관심을 보인다고 생각하는가? 《아토믹 걸스》가 이 시대에 대해 새롭게 제시해주는 시각은 무엇인가?

드니즈 키어넌과의 대화

나는 2차대전은 많은 층위에서 사람들에게 일정한 의미가 있다고 생각한다. 우리는 진주만 습격을 당했다. 우리의 동맹국이 었던 유럽 국가들은 국토가 유린당했다. 헤아릴 수 없는 잔혹 행위들이 이루어졌다. 그 전쟁은 너무도 많은 사람의 인생에 영향을 미쳤다. 모든 사람이 전쟁에 나간 누군가를 알았고, 그 사실은 징병과 배급제로부터 음악과 영화까지 미국인의 삶 전체에 스며들었다. 직접 전쟁터에 나가 싸웠건 그러지 않았건 간에 모두가 그 사건의 영향을 받았다. 그 시절에 미국 문화는 전쟁에 침윤되었다. 전쟁을 겪은 세대와 그 자녀들이 아직 살아 있고, 나는 그 시절을 잘 이해하고 싶은 욕망이 아직 남아 있다고 생각한다.

《아토믹 걸스》가 이 시절을 다룬 문헌에 더해주기를 바라는 시각은 20세기의 매우—어쩌면 가장—중요한 과학적 발전 과정에 함께했지만 그 결정에 참여하지 않은 사람들, 모든 사실을 다 알지는 못한 사람들, 그저 자신과 가족과 나라를 위해 최선을 다 하고자 한 사람들의 관점이다. 역사 서술은 많은 경우에 책임자들에게 초점을 맞추지만 나는 역사의 주목할 만한 순간에 우연히 함께했던 '다른 사람들'의 이야기도 가치가 높다고 생각한다. 그들은 탐구하고 공유해야 할 역사적 사건들에 중요한 층위을 더해준다.

2차대전에서 원자폭탄을 개발하고 사용한 사실은 아직도 논쟁적인 주제다. 이 책을 쓸 때 객관적 관점을 유지하는 데 어려움이 있었나? 연구를 하면서 폭탄과 관련된 윤리적 문제에 대한 관점이 바뀌었나?

원자폭탄 투하의 정당성을 둘러싼 논쟁은 끝나지 않을 것이라고 생각한다. 나는 그것의 정당성을 강력하게 옹호하는 사람들도 만나고 그 부당함을 강력하게 주장하는 사람들도 만났다. 내가 초점을 맞추고자 한 것은 '그때 그 사람들'이 무엇을 느꼈을까 하는 점이다. 오늘날 우리는 그 폭탄이 무엇이고, 그게 어떤 힘을 지녔는지를 안다. 그 날 히로시마에 폭탄이 투하되었다는 소식을 들은 사람들은 핵무기에 대한 지식이 없었다. '낙진'이나 '핵겨울'은 당시의 일상 용어가 아니었다. 하지만 그 후로는 상황이 달라졌다. 나는 그 시절 사람들이 그 일에 대해 느꼈던 것을 이해하려고 최선을 다했고, 우리의 지식으로 그들의 기억을 바라보지 않으려고 했다.

《아토믹 걸스》는 핵분열 같은 복잡한 과학 개념을 이해하기 쉽게 설명한다. 원자폭탄의 과학적 내용에 대해 공부하고 글을 쓸 때 어떤 어려움이 있었나?

운이 좋았던 것이 나는 학부에서 생물학을 전공하고, 환경보전 교육으로 석사학위를 받았으며, 그 과정에 상당한 정도의 화학과 물리학을 배웠다. 그래서 맨땅에서 시작한 것은 아니었다. 하지만 대학 시절은 이미 오래전이고, 내가 핵물리학을 꿰고 있다고 말할 수는 없다. 과학적 내용을 서술하는 일은 두 단계로 이루어졌다. 우선 주제를 최대한 깊게 이해하는 것이다. 책에 담을 수 있는 것보다 훨씬 더 깊은 수준까지 공부를 한다. 그다음에는 지나치게 복잡한 내용은 빼고 중요한 개념들만 남겨서 이해하기 쉬운 언어로 써야 한다. 초고에는 과학 관련 내용이 훨씬 많았지만,

수정을 하면서 점점 단순해졌다. 하지만 그것이 집필 과정의 큰 어려움 중 하나였던 건 사실이다.

《아토믹 걸스》에서 중요하게 다루는 주제 하나는 일상 속의 성차별과 소수자 차별이다. 인터뷰한 여자들이 과거에 그런 대접을 받은 것에 분노를 품고 있었나? 아니면 전쟁 당시의 기억을 소중하게 간직하고 있었나?

많은 분노를 접하지는 않았다. 사람들이 가장 많은 불만을 보인 것은 음식이었다. 제인은 이미 공대 입학을 거절당한 일이 있었기에, 자기보다 낮은 직급의 남자들이 더 많은 임금을 받는 일에 그렇게 놀라지 않았다. 물론 불쾌한 기억이었지만, 그것이 그 시절에 대한 좋은 기억을 지울 정도는 되지 않았다. 캐티를 비롯한 흑인들은 분명히 자신들이 받은 대접을 불쾌하게 생각했다. 하지만 그들 대부분은 오크리지에 오기 전에 남부에서 살았고, 고향에서 비슷한 차별을 겪었다. 그렇다고 그들이 그런 차별에 불만이 없던 것은 아니지만, 그것이 새로운 충격은 아니었다. 예외는 아이들 및 배우자와 관계된 것이었다. 아이들이나 배우자와 함께 지내지 못하는 것이 가장 큰 분노를 일으켰던 것 같다. 하지만 그럼에도 불구하고 많은 사람이 오크리지시절을 좋은 기억으로 간직하고 있다. 나는 이들이 쉽게 불평하는 세대가 아니었다는 걸 알게 되었다.

평범한 노동자에서 뛰어난 과학자까지, 이 시절에는 대중 역사 속에 잊힌 많은 여성이 있다. 이들의 이야기가 왜 중요하다고

생각하는가? 오늘날의 독자들이 여성의 역사를 받아들일 감수성이 충분하다고 생각하는가?

나는 여성의 역할은 크건 작건 모든 역사적 사건에 새로운 관점을 더한다고 생각하고, 역사 서술이 포괄성과 정확성을 목표로 한다면 가능한 한 모든 관점과 경험을 담아야 한다고 생각한다. 그들의 이야기는 오늘날 젊은 여성들이 개인의 경력 및 선택과 관련된 결정을 내릴 때 영감을 줄 수도 있다. 나는 오늘날의 독자는 과거의 독자보다 감수성이 풍부하다고 생각한다. 하지만 여성의 역사적 역할이 특이하거나 예외적인 것으로 여겨지지 않는 날이 오기를 바란다. '여자가 핵분열 발견에 참여했다고? 그게 뭐? 그건 사실이지만 그게 뭐가 특이한데?' 나는 아직 그런 반응을 기대한다.

당신의 전작은 독립선언서와 헌법에 서명한 남자들에 대한 책이었다. 《아토믹 걸스》는 훨씬 가까운 역사인데, 어떤 차이가 있었는가?

2차대전에 대한 책을 쓸 때는 구할 수 있는 자료가 훨씬 많았다. 가장 좋은 건 내가 책을 쓰는 대상들에 대해서 다른 사람이 한 인터뷰만 보는 게 아니라 내가 직접 인터뷰를 할 수 있다는 것이었다. 누군가와 직접 만날 수 있다는 것은 그렇지 못할 때와 큰 차이를 만든다. 자신이 담고자 하는 시대를 직접 산 사람과 대화하는 것 이상의 접근법은 있을 수 없다.

"'모두 한 배를 탔다'는 말은 내가 이 책을 위해 인터뷰를 하는 동안 남자와 여자 불문 모두에게서 가장 많이 들은 말이었던 것 같다."(482쪽)고 했다. 왜 당신이 인터뷰한 사람들이 그 말을 그렇게 자주 했다고 생각하는가? 그 말이 그 시대와 장소의 어떤 면을 보여주는가?

　이 말이 흥미로운 것은 그게 정확히 맞는 말은 아니었다는 것이다. 캐티가 탄 배는 다른 사람들과 같은 배가 아니었다. 트레일러와 막사 거주자들은—흑인이든 백인이든—조립식 주택 거주자나 심지어 기숙사 거주자들과도 주거 문제에서 같은 배를 타지 않았다. 하지만 그들은 모두 배급제를 겪었고, 같은 버스를 타고 같은 진흙길을 뚫고 다녔으며, 모두 전쟁이 끝나기를 기다렸다. 전쟁이 모두에게 가장 큰 배였다.

　당신이 클린턴 공병사업소의 노동자라고 상상해보자. 당신에게 가장 어울렸을 직무는 무엇인가? 당신이 가장 즐겁게 했을 일은 무엇이고 그 반대의 일은 무엇이었을까?

　나는 기숙사 사감이 좋았을 것 같다. 처음으로 독립해서 살게 된 수많은 젊은 여성이 오고가는 일을 지켜보는 것은 아주 흥미로웠을 것 같다. 호기심을 눌러야 하는 반복적 직무—대부분의 공장 일—는 맞지 않았을 것이다.

　이 이야기가 오늘날 가진 의미는 무엇이라고 생각하는가? 원자폭탄을 만든 노동자, 과학자, 정치가들에게서 무엇을 배울 수

있는가?

오늘날 우리의 삶에 핵무기와 원자력이 중대한 역할을 하고 있지만, 많은 사람들은 원자폭탄의 개발에 대해서 아는 것이 거의 없다. 이 대중 역사서가 그 시절과 그 특정 과학 발전에 대한 사람들의 이해를 조금 더 높여주기를 바란다. 나는 공장 노동자부터 언론 종사자까지 대부분의 미국인이 정부의 요구를 그렇게 기꺼이 수용했다는 사실도 흥미롭다. 당시에 사람들이 우리 지도자들에게 보인 신뢰는 오늘날에는 찾기 힘들다. 한 시대가 다른 시대보다 좋다는 것이 아니라, 그런 차이가 흥미로운 주제가 된다는 것이다. 그 결과에 찬성하건 않건, 맨해튼계획이 그토록 짧은 시간—3년에 약간 못 미치는—동안에 그토록 막대한 규모의 사업을 완수했다는 것은 놀라운 일이다. 그걸 보면 그런 수준의 결단력, 노력, 재정적·정치적 지원이 있다면 어떤 일들이 가능할까 하는 의문이 생겨난다. 예를 들어 맨해튼계획에 들어간 돈, 인력, 자원을 빈곤, 암, 노숙과 싸우는 데 썼다면 어땠을까 상상해본다.

감사의 글

✦

내가 이 프로젝트를 처음 만난 이후 7년 동안 놀라울 만큼 많은 분들이 내게 시간을 내어주고 통찰과 전문성을 제공해주었습니다. 그들은 단순히 내 작업만 도운 게 아니라, 그들이 알건 모르건 내게 꼭 필요한 동기와 영감까지 주었습니다. 그들 모두가 내 마음 깊은 곳의 감사를 받아 마땅합니다.

내 지칠 줄 모르는 출판 대리인 이팻 라이스 겐덜은 이 계획이 여러 가지 변화를 겪고 초기의 실수로 인해 헤맬 때에도 내 곁에 있어 주었고, 마침내 제대로 집을 찾을 때까지 노력을 멈추지 않았습니다. 그토록 충성심, 지성, 연민을 조화롭게 지닌 사람은 이 업계에서 찾아보기 어렵습니다. 더불어 이팻의 전현직 직원들인 에리카 워커, 세실리아 캠벨-웨스틀랜드를 비롯해서 파운드리 리터러리+미디어의 모든 팀원들, 이팻의 파트너, 피터 맥귀건, 데이비드 패터슨, 스테파니 아부에게도 감사드립니다.

뛰어난 편집자 미셸 하우리에게도 빚을 졌습니다. 이 프로젝트에 대한 그녀의 열정과 헌신, 인내, 사려 덕분에 이 책은 저 혼자 작업했을 때보다 훨씬 좋은 책이 되었습니다. 나의 제안서가 그녀의 책상에 도달한 것 자체가 나에게 엄청난 행운이었음을 잘 알고 있습니다. 그녀가 일하는 터치스톤의 팀에는 직원 킬리 레이먼드, 발행인 스테이시 크리머, 편집장 샐리 킴, 부발행인 데이비드 포크, 마케팅 및 홍보 팀 마샤 버치, 저스티나 배철러, 메러디스 빌라렐로, 그리고 조시 카프를 비롯해서 제작 및 교정 팀(교정 담당 토비 유엔, 트리샤 탬버, 주디 마이어스와 조판 담당 메건 데이 힐리), 표지 디자이너 셜린 리, 어빈 세라노, 내지 디자이너 루스 리-무이가 있습니다. 이 모든 분의 도움을 받은 것을 나는 큰 행운으로 여깁니다.

《아토믹 걸스》를 위해 연구를 하고 책을 쓰는 동안 내게 동력이 되어준 많은 단체와 사람들이 있습니다. 원자문화재단의 신디 켈리와 함께 한 시간은 짧지만 즐거웠습니다. 그녀는 맨해튼 계획 사이트들에 대한 전국적인 보존 노력을 이끌고 있습니다. 몇몇 단체는 구술사로 도움을 주었고, 스미스소니언 협회 자료관의 코트니 에스포시토, 그리고 브랜든 바턴, 스텔라 주, 특히 UCLA 찰스 E. 영 연구도서관 구술사연구센터의 앨바 무어 스티븐슨의 이름을 빼놓을 수 없습니다. 또 채플힐 소재 노스캐롤라이나 대학 데이비스 도서관의 사서 저니바 홀리데이는 조앤 힌튼과 관련된 결정적 자료를 찾아주었고, 클리블랜드 공립도서관의 테드 매커퍼티는 이블린 핸콕 퍼거슨에 대한 자료를 찾아주었습니다. 국가기록원NARA의 몇몇 분원들은 내가 이 소중한 기관이 모든 미국인에게 제공하는 어마어마한 양의 서류와 사진의 바다를 헤치고 나갈 수 있게 도와주었습니다. 내가 메릴랜드주 칼리지 파크에 보관된 에드 웨스트콧의 사진 수천 장을 헤집고 다닐 때는 에드워드 매카터, 닉 네이턴슨이 힘을 보태주었습니다. 워싱턴 DC에 있는 기록원 I의 수전 클리프턴, 더글라스 스완슨, 데니스 브랜든은 이 책을 위해 어디와 접촉하고 어떤 강의를 들어야 할지 사전 조언을 해주었습니다. NARA 인력기록부의 데이비드 새터필드는 2차대전 복무 기록을 찾아주었습니다. 국가기록원의 홍보 전문가 미리엄 클레이먼에게도 깊은 감사의 뜻을 전합니다. 그녀는 기록원의 투어 가이드처럼 언제나 내가 꼭 필요한 사람을 꼭 필요할

감사의 글

때에 만나게 해주고 또 올바른 방향으로 가도록 인도했습니다.

애틀랜타 소재 국가기록원은 원자력위원회 기록을 비롯한 관련 자료를 1차적으로 보관하는 곳입니다. 이 기관은 내가 이 책을 위해 조사를 하는 데 큰 도움이 되었습니다. 이 기관의 모든 분들이 늘 각별한 노력을 기울여 내가 찾는 자료를 찾아주었습니다. 그들의 이름은 가이 홀, 존 화이트허스트, 케빈 베이커, 모린 힐, 캐서린 파머 등입니다. 조엘 워커에게 특별한 감사를 드립니다. 원자력위원회 컬렉션에 대한 조엘의 열정 덕분에 내 일은 더 쉬워졌을 뿐 아니라 더욱 즐거워지기까지 했습니다. 그는 국가기록원뿐 아니라 맨해튼계획의 유산이 가진 훌륭한 자산입니다.

가장 큰 감사는 오크리지시에 바치고 싶습니다. 수많은 개인이 시간을 내서 나와 만나 이야기해주고, 인터뷰할 사람을 소개해주고, 또 우정 어린 조언과 격려를 보태주었습니다. 나는 오크리지 유산보존협회가 주최하는 몇몇 행사에 참석해서 즐거운 시간을 보냈습니다. 오크리지 공립도서관에 있는 멋진 '오크리지 룸'에서 터리사 포트니, 그리고 특히 앤 마리 해밀턴-브렘이 나를 도와주었습니다. 특별히 감사드리고 싶은 박물관이 두 곳 있습니다. 오크리지 어린이박물관에서는 마거릿 앨러드의 도움을 받았고, 미국 과학에너지박물관에서는 부소장 켄 메이스를 알게 되는 행운을 얻었습니다.

오크리지 지역사회의 많은 분이 시간, 정보, 연락처를 제공해주었습니다. 그밖에, 비록 이 책에서 크게 다루어지지는 않았지만 인터뷰에 응해준 분들의 목소리도 소중한 도움이었습니다. 시간과 에너지를 내어준 로즈 위버, 마틴과 앤 맥브라이드, 헨리 페리, 에설 스타인하우어, 에밀리와 돈 허니컷, 로즈메리 워거너, 마티 롬, 일레인 뷰커, 루이스 맬릿, 베티와 할란 화이트헤드, 도로시 스푼, 마사 니컬스, 앤 볼커, 헬렌 슈언, 아디스와 조지 라익센링, 얼린 배닉, 캐롤린 스텔츠먼, 매지 뉴턴, 디 론젠도퍼, 릴리언 존스 로스, 헬렌과 레드 린치, 보비 마틴, 루이즈 워커, 조앤 게일라, 조지아 마리 클로어 베일리, 루이즈 윔리, 스티븐 스토, 존 레인, 폴 윌킨슨, 코니 볼링, 내닛 비소닛, 짐과 존 클렘스키, 짐 램지, 프레드 스트롤, 발레리아 스틸 로버슨, 라이앤 러셀, 미라 키멜먼, 헬렌 저니건, 캐시 슈미트 고메스, 수잰과 피터 앤절리니, 베럴리와 핼 리버턴 퍼킷에게 감사합니다.

내 가슴속에는 '아토믹 맨'들을 위한 특별한 자리도 있습니다. 빌 튜스는 아내 오드리에 대한 기억을 나에게 기꺼이 이야기 해주어서, 오크리지뿐 아니라 전쟁 당시 그곳 여자들의 경험과 관련된 멋진 이야기들을 전해주었습니다. 에드 웨스트콧의 사진이 없었다면 내가 오크리지의 2차대전 역사를 들여다보는 일은 시작도 못했을 것입니다. 그는 이 세계를 향해 열린 대체 불가능한 창문입니다. 더불어, 지칠 줄 모르는 빌 윌콕스를 보면 언제나 마음이 환해집니다. 역사를 보존하고 의미 있는 인생을 살고자 하는 그의 노력은 진실로 마음을 울립니다. 그의 아내 지니도 늘 내게 즐거운 농담과 웃음을 나누어주었습니다. 그리고 레이 스미스는 나를 수많은 사람들과 연결해주고 여러 가지 자료를 찾아주었으며 내가 오크리지 안팎에서 벌어지는 일을 놓치지 않게 해주었습니다. 그는 1인 역사협회이고, 나는 그와 그의 사랑스런 아내 패니를 알게 되면서 많은 기쁨을 얻었습니다. 레이 스미스와 빌 윌콕스는 독특하고 너그럽고 열정적인 사람들로, 사람들이 알아주지 않는 일에 헌신하고 있습니다. 그들에게 존경을 바칩니다.

감사의 글

《아토믹 걸스》는 이 책에 나온 여자들이 흔쾌하게 내어준 시간과 정성이 없었다면 의미 있는 어떤 형태로도 세상에 나오지 않았을 것입니다. 콜린 블랙, 로즈메리 레인, 도로시 윌킨슨, 헬렌 브라운, 캐티 스트릭랜드, 제인 퍼킷, 실리아 클렘스키, 토니 슈미트, 버지니아 콜먼이 그들입니다. 그들을 알게 되면서 내 인생과 일이 모두 풍요로워졌고, 그 영향은 아직도 계속되고 있습니다.

오랜 기간 책을 쓸 때 가족과 친구들의 지지보다 더 중요한 것은 없고, 그 점에서 나는 엄청난 행운을 누리고 있습니다. 내가 사는 노스캐롤라이나주 애슈빌의 서점 맬러드롭스는 작가의 최고의 친구입니다. 이모크 브레이스와 린다 배릿 놉은 이 유서 깊고 소중한 공간을 만들고 가꾸어왔습니다. 그곳은 책을 사랑하는 사람들의 진정한 안식처입니다. 특히 알자스 월런타인은 여러 가지 이벤트, 사인회, 홍보 등으로 나를 도와주었습니다. 조지 플레밍은 늘 내게 에너지를 주었습니다. 벙컴 카운티 도서관의 라임 케딕은 찾기 힘든 책들을 찾아주었죠. 드레이크 위섬은 내가 로스앤젤레스에 갔을 때 나의 소중한 눈이자 현장 병력이 되어주었습니다. 내가 늘 제정신을 유지하게 도와준 캐스린 템플의 빛나는 정신과 엄격한 지성에 대해서도 말로 다 할 수 없이 감사드립니다.

그리고 마지막으로 이 책은 내 남편 조지프 대그니스의 지지와 끈기와 예리한 눈, 따뜻한 마음이 없었다면 완성되지 못했을 것입니다.

고맙습니다.

주

✦

* PC는 previously cited의 약자로 '앞서 언급한 자료'를 뜻한다.

이 책에 주요하게 등장시킬 인물을 결정하고, 다른 사람들을 편집실 바닥에 (사실대로 말하자면 디지털 연구 폴더에) 떨구는 일이 얼마나 어려웠는지 모른다. 실제로 이 책에 등장하지 않으면서도 이 책을 쓰는 데 엄청난 도움을 준 사람이 아주 많다. 주요 인터뷰 대상자 명단은 주 맨뒤에 실려 있다.

달리 언급하지 않은 경우라면 실리아 (샵카) 클렘스키, 토니 (피터스) 슈미트, 캐티 스트릭랜드, 제인 (그리어) 퍼킷, 헬렌 (홀) 브라운, 버지니아 (스파이비) 콜먼, 도로시 (존스) 윌킨슨, 콜린 (로언) 블랙, 로즈메리 (마이어스) 레인의 정보는 저자가 2009년에서 2012년 사이에 인터뷰를 통해 얻은 것이다.

대화는 저자 인터뷰, 구술사, 회의록에 근거해서 구성했다.

이 책을 집필하는 동안 많은 텍스트, 서류 원본, 오디오와 비디오 자료를 참고했다. 여기 언급한 주요한 자료들 외에 저자가 추천하는 '읽기, 보기, 듣기' 자료는 girlsofatomiccity.com에 소개되어 있다.

서문 및 등장인물

지역 묘사는 저자의 방문, 장기 거주민과의 인터뷰, 그리고 "History and Architectural Resources of Oak Ridge, Tennessee"(National Register of Historic

Places Multiple Property Documentation Form, National Park Service, US Department of the Interior, January 1987); "Report on Proposed Site for Plant Eastern Tennessee," Formerly Declassified Correpondence, 1942–1947; Records of the Atomic Energy Commission, Record Group 326, National Archives at Atlanta; National Archives and Records Administration을 참고했다.

테네시주 동부에 맨해튼계획 시설이 들어서게 된 자세한 경위는 다양한 자료와 서류에 드러나 있고, 그 자료들은 책 내용 중에 인용되어 있다. 웰스의 책 《자유를 맞이한 세계》는 1914년에 출간되었다(London: MacMillan and Co. Limited, St. Martin's Street). 현재는 프로젝트 구텐베르크 등의 공공 도메인에서 무료로 볼 수 있다. 맨해튼계획의 화학자 레오 실라르드를 포함한 많은 과학자들이 이 책에 매혹되었고, 그 사실은 리처드 로즈Richard Rhodes,《The Making of the Atomic Bomb》(New York: Simon & Schuster, 1986) 등에 언급되었다. 원자폭탄에 대한 웰스의 선견지명은 오늘날에도 인용된다. Matthew Lasar, 〈Wired〉("Rise of the Machines: Why We Keep Coming Back to H.G. Wells' Visions of a Dystopian Future," October 8, 2011) 등이 그 예다. 전시에 Y-12에서 일하고 이후 오크리지 국립연구소 기술정보분과장이 된 크리스 케임은 자신의 글—"A Scientist and His Secrets,"〈These Are Our Voices: The Story of Oak Ridge, 1942–1970〉(Oak Ridge: Children's Museum of Oak Ridge, 1987)—에 웰스의 책과 관련된 멋진 일화를 썼다. 그를 비롯한 과학자들이 캘리포니아 주 버클리 시의 한 서점에 있는《자유를 맞이한 세계》를 모두 사가자 서점 주인이 그 인기에 어리둥절해했다는 내용이다. 군 정보기관이 서점을 찾아가서 주인에게 함구할 것을 요구하고 그 책의 구매자들에 대해 물었지만 답을 듣지 못했다. 히로시마 폭격 12일 후인 1945년 8월 18일에 〈The Nation〉의 Freda Kirchwey는 그 잡지에 "When H.G. Wells Split the Atom"라는 멋진 글을 썼다. 웰스는 자신이 예견한 폭탄이 2차대전을 끝낸 1년 뒤인 1946년에 죽었다. 암호명에 대한 정보: '튜벌로이(tuballoy 또는 tuballoy)'라는 말은 '튜브 앨로이(Tube Alloy)' 프로젝트라는 말에서 왔다. 그것은 원래 영국이 자신들의 초기 원폭 계획에 쓴 암호명이었다. '튜벌로이'나 '튜브 앨로이'나 모두 로즈(PC) 등의 여러 문헌에 언급되어 있다. 다양한 공문과 기밀해제 자료에 두 가지 철자

아토믹 걸스

가 모두 쓰이고, 저자가 인터뷰한 개인들도 두 가지 다 많이 사용했다. 49와 94 는 플루토늄의 암호명이고, '구리'도 마찬가지로 쓰였다. 그래서 상당한 혼란 도 있었다. 49와 94라는 암호명은 다양한 기밀해제 자료에 나오고, 글렌 T. 시 보그(Ronald L. Kathren, Jerry B. Gough, Gary T. Benefiel ed.), 《The Plutonium Story: The Journal of Professor Glenn T. Seaborg, 1939-1946》(Columus: Batelle Press, 1994)와 아일린 웰섬Eileen Welsome, 《The Plutonium Files》(New York: Random House, 1995)에도 설명되어 있다.

1 모든 것이 준비되어 있을 것이다: 모르는 곳으로 가는 기차, 1943년 8월

내가 실리아 클렘스키를 처음 만난 것은 콜린 블랙을 통해서였다. 두 사람은 전시에 시녀 신부의 미사를 통해 만난 뒤로 지금까지 연락을 유지하며 산다. 나 는 실리아와 여러 차례 인터뷰를 했고, 그녀의 집도 자주 찾아갔다. 내가 처음 만났을 때 실리아는 이미 90대 초반이었지만 어디로 가는지도 모르고 기차에 탔 던 젊은 시절만큼이나 건강하고 활기찼다.

실리아 클렘스키에 대한 묘사는 저자 방문, 인터뷰, 그리고 실리아 클렘스키 가 제공한 사진을 참고했다. 펜실베이니아주 셰넌도어에 대한 묘사는 실리아 클렘스키의 말과 조지 로스 레이턴, "Shenandoah, Pennsylvania: Rise and Fall of an Anthracite Town," 《Five Cities: The Story of Their Youth and Old Age》(New York: Harper & Brothers, 1936)의 내용에 토대했다. 배급제와 고철 수집 운동 관련 이야기는 저자 인터뷰를 참고했다. 가족 중 참전병은 파란별로, 전사자는 황금별로 표시하는 깃발 이야기는 콜린 블랙에게서 처음 들었다. 파란별 어머 니회와 황금별 어머니회는 아직도 활동한다. 9월의 마지막 일요일은 황금별 어 머니회의 날이다. (Deborah Tainsh, "Blue Star Mothers of America," Military. com. October 17, 2006; "Proclamation 2196: Gold Star Mother's Day," 〈Code of Federal Regulations: The President〉, Office of the Federal Register.) 두 별의 이미지는 2차대전 포스터 Wesley, "… Because Somebody Talked!" 1943(Government Printing Office for the Office of War Information, NARA Still Picture Branch)에 나와 있다.

맨해튼 공병단 최초의 본부에 대한 정보는 그로브스, 《Now It Can Be Told:

The Story of the Manhattan Project》(New York: Da Capo Press, 1962); 니컬스, 《The Road to Trinity: A Personal Account of How America's Nuclear Policies Were Made》(New York: Morrow, 1987)에 실려 있다. 맨해튼계획의 뉴욕시 분소들 위치는 Cynthia C. Kelly & Robert S. Norris, 《A Guide to Manhattan Project Sites in Manhattan》(Washington, DC: The Atomic Heritage Foundation, 2008), 공병대 소속 맨해튼계획의 지출조달 담당자인 찰스 밸던벌크 (데이비드 레이 스미스, "Historically Speaking," 〈The Oak Ridger〉, July 5, 2011), 〈새터데이 이브닝 포스트〉 1943년 9월 4일 자 표지를, 리거스 레스토랑 설명은 실리아 클렘스키 등과 한 인터뷰 및 Carly Harrington, "Regas Closing After Nine Decades," 〈Knoxville News Sentinel〉 (December 12, 2010)와 옛날 우편엽서, 사진 등을 참고했다. 맨해튼 공병단(MED) 사무실을 오크리지로 옮긴 과정에 대해서는 국방부 공문(1943년 6월 29일), "Moving District Office to Oak Ridge, Tennessee," Formerly Declassified Correspondence, 1942-1947; Records of the Atomic Energy Commission, Record Group 326; National Archives at Atlanta; National Archives and Records Administration을 참고했다.

저자 주: "모두 한 배를 탔다"는 말은 내가 이 책을 위해 인터뷰를 하는 동안 남자와 여자 불문 모두에게서 가장 많이 들은 말이었던 것 같다.

튜벌로이: 보헤미안 그로브에서 애팔래치아 산지로, 1942년 9월

보헤미안 그로브의 회의에 대한 정보는 직접 거기 참석했던 케네스 니컬스의 책(PC)과 그로브스, 로즈의 책(PC), 그리고 Stephane Groueff, 《Manhattan Project: The Untold Story of the Making of the Atomic Bomb》(Boston: Little, Brown, 1967)을 참고했다. 보헤미안 그로브의 역사와 전설에 대한 추가적 정보는 Philip Weiss, "Masters of the Universe Go to Camp: Inside the Bohemian Grove," 〈Spy Magazine〉, November 1989; Alexander Cockburn and Jeffrey St. Clair, "The Truth About The Bohemian Grove," 〈Counterpunch〉, June 19, 2001; Alex Shoumatoff, "Bohemian Tragedy," 〈Vanity Fair〉, May 2009; Julian Sancton, "A Guide to the Bohemian Grove," 〈Vanity Fair〉, April 2009; Peter Martin Phillips, "A Relative Advantage: Sociology of the San Francisco

Bohemian Club" (University of California, Davis, 1994)을 참고했다. 우라늄 확보와 에드가 상지에, 위니옹 마니에르 뒤 오카탕가 사에 대한 추가 정보는 《Road to Trinity》(PC)와 Groueff의 책(PC). 니컬스, 《Road to Trinity》(PC); 그로브스, 《Now it Can Be Told》를 참고했다. "끓는 열매"의 출처는 Tom Zoellner, 《Uranium: War, Energy, and the Rock that Shaped the World》(New York: Penguin Books, 2009)다.

매켈러 일화는 저자 인터뷰와 Cynthia C. Kelly(ed.), 《Remembering the Manhattan Project: Perspectives on the Making of the Atomic Bomb and its Legacy》(Hackensack: World Scientific Publishing, 2004), 그리고 그 책이 인용하는 William Frist and J. Lee Annis Jr., 《Tennessee Senators, 1911~2001: Portraits of Leadership in a Century of Change》(Lanham, MD: Madison Books, 1999)를 참고했다.

매켈러 상원의원 이야기는 오크리지가 프로젝트 부지로 선정된 것과 관련해서 가장 인기 있는 이야기 중 하나로, 오늘날까지도 많은 기사와 이야기에 등장한다. 개인적으로는 1942년에 처음 추정했던 맨해튼계획의 비용은 아직 20억 달러에 미치지 않았던 점을 고려해볼 때 시간이 지나면서 '윤색'된 것이 아닌가 싶다.

레슬리 그로브스 장군은 공식적으로 1942년 9월 19일에 테네시주의 부지를 취득했고, 이 날은 지금까지도 오크리지의 '생일'로 여겨진다. 당시 대령이었던 케네스 니컬스는 이 회의 때는 맨해튼 공병단(MED) 소속이 아니었지만 1943년 8월에 공병단에 결합했다. MED 초기 시절에 대한 정보는 그로브스, 니컬스와 H. D. 스미스, 《Atomic Energy for Military Purposes (The Smyth Report): The Official Report on the Development of the Atomic Bomb Under the Auspices of the United States Government》(York, PA: Maple Press, 1945)를 참고했다.

2 복숭아와 진주: 사이트 X의 취득, 1942년 가을

내가 토니 슈미트를 처음 만난 것은 2010년 8월 오크리지 역사보존협회의 VJ데이 축하 파티에서였다. 그녀는 놀라운 에너지와 눈부신 미소, 대단히 정밀한 기억력의 소유자였다. 나는 그녀를 2010년 9월 14일에 처음 인터뷰했지만, 안타

깝게도 그녀는 내가 이 책을 쓰는 중간에 세상을 떠났다. 하지만 그녀의 딸 캐시 슈미트 고메스를 만날 수 있었고, 그녀는 어머니의 더 많은 문서들과 기억을 나와 공유해주었다. 그중에는 토니가 여동생 조이스―'도피'―가 어린 시절에 복숭아 팔던 일을 써서 보낸 편지가 있었다.

클린턴에 대한 묘사는 저자의 방문과 인터뷰에 토대했다. "들어가는 것만 있고, 나오는 것은 없다…"는 말은 여러 차례의 인터뷰에서 들었다. 작살 이야기는 저자가 테네시주 클린턴의 애팔래치아 박물관에 방문했을 때 들었다. 클린턴의 마켓 스트리트와 진주 산업에 대한 내용은 저자의 방문과 인터뷰에 토대했다. 클린치강 진주의 역사와 노리스댐이 진주 산업에 미친 영향 관련 정보는 Stephen Lyn Bales, 《Natural Histories: Stories from the Tennessee Valley》 (Knoxville: University of Tennessee Press, 2007)도 참고했다.

맨해튼 공병단(MED)이 테네시주 동부에서 사업 부지를 탐색한 일과 관련된 정보는 니컬스, "My Work In Oak Ridge," 〈Voices〉(PC); "Second Visit to T.V.A. Looking for Available War Plant Sites" 원본 서류, July 13, 1942, Formerly Declassified Correspondence, 1942-1947; Records of the Atomic Energy Commission, Record Group 326; National Archives at Atlanta; National Archives and Records Administration; Fred W. Ford and Fred C. Peitzch, 〈A City is Born: The History of Oak Ridge Tennessee〉 (Oak Ridge: Atomic Energy Commission, Oak Ridge Operations, 1961); Vincent C. Jones, 《Manhattan: The Army and the Atomic Bomb》(Washington: Department of the Army, December 31, 1985)을 참고했다.

토지수용권 취득과 관련된 공시, 감정평가, 원주민 이주, 구획지, 보상, 대지 정돈에 대한 정보는 《Road to Trinity》, 《Now It Can Be Told》, 〈A City is Born〉(모두 PC); "A Nuclear Family: I've Seen It" (Y-12 Video Services, Y-12 National Security Complex, 2012); Peter Bacon Hales, 《Atomic Spaces: Living on the Manhattan Project》 (Urbana: University of Illinois Press, 1997); Charles W. Johnson's and Charles O. Jackson, 《City Behind a Fence: Oak Ridge, Tennessee 1942-1946》 (Knoxville: The University of Tennessee Press, 1981)를 참고했다. 니컬스의 노리스댐과 테네시강 유역개발에 대한 설명은 테네시강 개발청 www.

tva.gov를 참고했다. 댐 건설에 따른 주민 이주 관련 정보는 위의 모든 자료와 Lisa R. Ramsay and Tammy L. Vaughn, 《Tennessee's Dixie Highway: The Cline Postcards》(Charleston: Arcadia Publishing, 2011)를 참고했다.

팔리 라비의 편지 출처는 Y-12 National Security Complex New Hope Center History Center Exhibits, Oak Ridge, TN의 문서 컬렉션이다. 밴 길더와 존 라이스 어윈 이야기의 출처는 〈Voices〉(PC); John Rice Irwin, "Oak Ridge Displacement"(NARA, College Park: Archive Booklet 62, no dates listed)다. 아이들에게 집에 보내서 부모들에게 이주를 설득시킨 일은 저자의 인터뷰와 레스터 폭스와 레이 스미스의 일화에 토대했다. 폭스가 학교를 빼먹고 안 갔는데 올리버스프링스 전화국에서 그를 부르더니 교장 선생님을 불러오라고, 상원의원에게서 중요한 전화가 왔다고 말했다. 전화를 받고 돌아온 교장은 학생들을 집합시키더니 집에 가서 식구들에게 얼른 이사가야 한다고, 그들의 땅을 정부에 주어야 한다고 말하라고 시켰다.

'예언자' 존 헨드릭스의 이야기는 George O. Robinson, Jr.,《The Oak Ridge Story: The Saga of a People Who Share in History》(Kingsport, TN: Southern Publishers, Inc., 1950); 데이비드 레이 스미스, "John Hendrix and the Y-12 National Security Complex in Oak Ridge, Tennessee," www.SmithDRay.net; Grace Raby Crawford(David Ray Smith ed.)〈Back of Oak Ridge〉(Oak Ridge, TN: 2003)를 참고했다.

저자 주: 지금까지 남아 있는 건물 하나는 토지 취득 불과 몇 달 전에 오언 해크워스라는 사람이 지은 석조 주택으로 지금은 국가 역사유적으로 등록되었는데, 이 집은 행정 건물과 게스트하우스가 완성되기 전에 그로브스 장군이 숙소로 썼다고 한다.

복숭아가 이 지역에서 차지한 역할에 대한 정보는 토니 슈미트와 한 인터뷰, 캐시 슈미트 고메스의 개인 문서, Patricia A. Hope, "The Wheat Community," 〈Voices〉(PC)를 참고했다.

리벳공 로지와 제럴딘(호프) 도일에 대한 정보는 T. Rees Shapiro, "Geraldine Doyle, 86, dies; one-time factory worker inspired Rosie the Riveter and 'We Can Do it!' Poster," 〈워싱턴포스트〉, December 29, 2010; 〈새터데이 이브닝 포

스트〉(May 29, 1943 표지 이미지);《Norman Rockwell》: Norman Rockwell and Thomas Rockwell, 《My Adventures as an Illustrator》(Garden City, NY: Doubleday, 1960)를 참고했다. 제임스 에드워드 '에드' 웨스트콧에 대한 정보는 저자 인터뷰와 Sam Yates(ed.), 《Through the Lens of Ed Westcott: A Photographic History of World War II's Secret City》(Knoxville, TN: The University of Tennessee, 2005)를 참고했다.

튜벌로이: 이다와 원자, 1934년

Fathi Habashi, 〈Ida Noddack: Proposer of Nuclear Fission〉; Marelene F. Rayner-Canham, Geoffrey Rayner-Canham, 《A Devotion to Their Science: Pioneer Women of Radioactivity》(Quebec, Canada: McGill-Queens University Press; Philadelphia: Chemical Heritage Foundation, 1997); Fathi Habashi, "Ida Noddack and the Missing Elements," 〈Education in Chemistry〉, March 2009; 에밀리오 세그레, "The Discovery of Nuclear Fission," 〈피직스 투데이〉, vol 42, July 1989. "Enrico Fermi—Biography," Nobelprize.org, June 10, 2012; Prof. E. 페르미, "Possible Production of Elements of Atomic Number Higher than 92," 〈네이처〉, pp. 898~899, June 16, 1934; 이다 노다크, "Über Das Element 93 (On Element 93)," 〈Zeitschrift für Angewandte Chemie〉, vol. 47, September 1934, p.653.

3 게이트를 지나서: 클린턴 공병사업소, 1943년 가을

인터뷰는 캐티 스트릭랜드, 실리아 클렘스키(PC), 토니 슈미트(PC), 제인 퍼킷과 수행했다. 배지, 구인 광고, 전보 관련 정보는 실리아 클렘스키와 제인 퍼킷이 제공한 개인 자료를 참고했다. 옛 농장의 가시철망을 재활용한 이야기는 《Atomic Spaces》(PC)를 참고했다.

나는 캐티의 손녀딸 발레리아 스틸 로버슨을 먼저 인터뷰한 뒤에 캐티를 처음 만났다. 캐티는 활기차고 다정했고, 매우 힘들었을 인생 시기에 대한 거듭되는 질문에 성실히 대답해주었다.

제인 퍼킷은 활력이 가득한 성품으로, 아직도 버지니아 콜먼과 로즈메리 워거너와 친구로 지낸다. 로즈메리 워거너는 내가 인터뷰했지만 이 책에 등장하지 않은 많은 사람들 가운데 한 명이다.

저자 주: 내가 인터뷰한 많은 사람이 먼지로 인한 기침 이야기를 했다. '오크리지 후두염'에 대한 일화와 교육 영화들은 조앤 게일러Joanne Gailar와 한 인터뷰와 그녀의 글, "Impressions of Early Oak Ridge," 《These Are Our Voices》 (PC)를 참고했다.

〈오크리지 저널〉의 발췌문은 모두 본문에 나온 대로이다.

기숙사 방을 계속 바꾸고 나누고 한 일은 저자 인터뷰(특히 실리아 클렘스키와 콜린 블랙), 《Road to Trinity》, 〈City is Born〉, 《City Behind a Fence》, 《Atomic Spaces》 (모두 PC)를 참고했다.

MED 본부를 테네시로 옮긴 것과 관련된 내용은 저자 인터뷰, 그로브스, 니컬스, 스미스(모두 PC)를 참고했다.

인력 빼오기와 인종 분리를 포함해서 인력 모집과 관련된 정보는 Russell B. Olwell, 《At Work in the Atomic City: A Labor and Social History of Oak Ridge, Tennessee》 (Knoxville, TN: The University of Tennessee Press, 2004); 《City Behind a Fence》, 《Atomic Spaces》(PC); Charles D. Chamberlain, 《Victory at Home: Manpower and Race in the American South During World War II》 (Athens, GA: University of Georgia Press, 2003)를 참고했다. 인력 모집의 어려움과 노동자 수요 관련 내용은 《Road to Trinity》, 《Atomic Spaces》, 《At Work in the Atomic City》, 《City Behind a Fence》, 《Now it Can Be Told》 (모두 PC), F.G. Gosling, 《The Manhattan Project: Making the Atomic Bomb》 (Washington, DC: United States Department of Energy, 2005)을 참고했다.

채플 온 더 힐의 봉헌에 대한 정보는 《City Behind a Fence》(PC)를 참고했다.

SED에 대한 설명은 윌리엄 튜이스, 콜린 블랙과 한 인터뷰, "Scientists in Uniform: The Special Engineer Detachment" (Los Alamos National Security, LLC, U.S, 2010-2011); "Special Engineer Detachment," (Y-12 National Security Complex, U.S. Department of Energy); Beverly Majors, "The Unsung Heroes of the Manhattan Project," 〈The Oak Ridger〉, December 27, 2010을 참고했다. 행정명령 8802호: "방위 산업에서 인종차별의 금지"는 루스벨트 대통

령이 발표했다. 행정명령 8802, 1942년 6월 25일, General Records of the United States Government; Rcord Group 11; National Archives.

흑인 막사에 대한 설명은 캐티 스트릭랜드, 밸러리아 스틸 로버슨과 한 인터뷰와 《Atomic Spaces》, 《City Behind a Fence》(PC)를 참고했다. J. 어니스트 윌킨스 2세와 관련해서는 에드워드 텔러가 해럴드 유리에게 보내는 편지(1944년 9월 18일 자), Formerly Declassified Correspondence, 1942-1947; Records of the Committee on Fair Employment Practice, Record Group 228; National Archives at Atlanta; National Archives and Records Administration을 참고했다.

크리스마스 장난감 배급에 대한 추가 정보는 Susan Waggoner, 《It's a Won-derful Christmas: The Best of the Holidays 1940~1965》, (New York: Stewart, Tabori & Chang, New York, NY, 2004); the Lionel Corporation을 참고했다.

튜벌로이: 리제와 분열, 1938년

리제 마이트너에 대해서는 충실한 전기 두 종이 있다. Ruth Lewis Sime, 《Lise Meitner: A Life in Physics》(Berkeley and Los Angeles, CA: University of California Press, 1996); Patricia Rife, 《Lise Meitner and the Dawn of the Nuclear Age》(Boston: Birkhauser, 1999)가 그것이다. 또 리제 마이트너, "Looking Back" 〈Bulletin of the Atomic Scientists〉, November 1964; Elisabeth Crawford, Ruth Lewin Sime and Mark Walker. "A Nobel tale of wartime injustice," 〈네이처〉, vol. 382, August 1996도 있다. 마이트너가 조카와 함께 나들이를 간 이야기는 로즈의 책(PC)에도 나온다.

한이 노다크의 이론을 무시했다는 이야기는 〈Proposer of Nuclear Fission〉, 《A Devotion to Their Science》(PC)를 참고했다. 한과 슈트라우스만의 논문은 O. Hahn and F. Strassmann, "Concerning the Existence of Alkaline Earth Metals Resulting from Neutron Irradiation of Uranium," 〈Naturwissenshchften〉, Jan. 1939, vol. 27, p.11을 참고했다. 마이트너와 프리쉬의 논문은 리제 마이트너 오토 프리쉬, "Disintegration of Uranium by Neutrons: A New Type of Nuclear Reaction," 〈네이처〉, Feb. 11, 1939, 143, 239-240을 참고했다. 레오 실라르드, 유진 위그너, 알베르트 아인슈타인과 루스벨트에게 보낸 편지와 관련된 정보는

그로브스, 니컬스를 비롯해서 많은 사람의 글을 참고했다. 아인슈타인이 루스벨트 대통령에게 보낸 이 편지는 많은 사람들에게 미국이 원자무기 연구를 시작하게 만든 결정적인 서신으로 여겨진다. 맨해튼계획 이름의 변화와 재정 확보에 대한 정보는 스미스와 존스의 책(모두 PC)을 참고했다.

4 불펜과 감시원: 신입 직원을 맞는 프로젝트의 자세

버지니아 콜먼을 만난 것은 오크리지 유산보존협회(ORHPA) 회원인 보비 마틴을 통해서였다. 나는 그녀에게 금세 호감을 느꼈고, 그녀의 예리함과 친절함에 감동받았다. 그녀는 나를 집에 초대하고 시간을 내서 자신의 이야기를 해주었다. 그녀가 요즘 듣는 강좌의 이야기를 들으면 나는 늘 놀란다. 대부분 과학 관련 강좌로 나이가 그녀의 1/3인 사람들에게도 어려운 것들이기 때문이다.

'불펜' 관련 정보는 저자 인터뷰와 John Googin, "Manhattan Project Auto-biography," 〈For Your Information〉, vol. 6, Issue 1 (Oak Ridge, TN: Y-12 Pride in Development, April 1994)을 참고했다. 제인 퍼킷이 제공해준 주민 안내서도 참고했다.

경력 조사에 대한 정보는 그로브스, 니컬스, 《At Work》와 《City Behind a Fence》(PC)를 참고했다. 열쇠공 일화와 훈련 중 질문을 질책했다는 이야기는 "A Scientist and his Secrets"(Keim, PC)를 참고했다.

훈련 시의 질문과 알 수 없는 결과들은 저자 인터뷰와 게일러의 글(PC)을 참고했다.

나는 도로시를 오크리지의 그린필드 요양원 로비에서 처음 만났다. 콜린을 만난 바로 그날이었다. 도로시는 활기찬 성격이었고, 성장 과정과 오크리지시절에 대해서 멋진 자학 유머를 구사했다. 그녀와 콜린과 함께 보낸 저녁 시간들은 몹시 즐거웠다.

헬렌도 초기에 인터뷰한 사람 중 한 명이었다. 그녀는 건조하고 침착한 유머 감각의 소유자였고, 농구 유니폼을 입은 멋진 사진들과 경기 관련 기사들 스크랩북도 간직하고 있었다.

ACME 보험회사 봉투에 관한 정보는 주로 J. 윌콕스 2세와 한 인터뷰를 토대했다.

튜벌로이: 리오나와 시카고의 성공, 1942년 12월

페르미 집의 파티, 반응의 날, 페르미 가족 리오나 우즈 관련 정보는 《The Uranium People》(PC); 라우라 페르미, 《Atoms in the Family: My Life With Enrico Fermi》(Chicago: The University of Chicago Press, 1954)를 참고했다. 1942년 12월 2일의 사건에 대해서는 기록이 많고, 여기 인용한 대부분의 책들도 싣고 있어서 참고했다.

CP-1의 크기와 규모에 대한 설명은 "Piglet and the Pumpkin Field," Argonne National Laboratory, US Department of Energy, http://www.ne.anl. gov/About/legacy/piglet.shtml; "The First Reactor," (Washington, DC: US Department of Energy, December 1982); 《Making of the Atomic Bomb》(PC) 을 참고했다. 리오나 우즈가 그 파일에 기여한 내용은 《Uranium People》에 실려 있다. 분열에 대한 페르미의 설명은 Cynthia C. Kelly(ed.), 《The Manhattan Project: The Birth of the Atomic Bomb in the Words of Its Creators, Eyewitnesses, and Historians》(New York: Black Dog & Leventhal, 2007)를 참고했다.

5 잠깐 있다 갈 곳: 1944년 봄에서 여름까지

나는 콜린을 그린필드 요양원에서 처음 만났다. 레이 스미스의 소개로 Y-12의 감독관 코니 볼링을 만나러 갔던 참이었다. 코니는 인터뷰 후 얼마 지나지 않아 세상을 떠났다. 처음 만났을 때 콜린은 크리스마스 반짝이 전구 목걸이를 하고 있었다. 에너지가 넘치는 여성이다.

콜린 등은 그들의 요리법—그녀가 샤워실에 줄을 서 있던 그날 알게 된 것들—으로 Cookbook Chairman, Colleen Black, 《Cooking Behind the Fence: Recipes and Recollections from the Oak Ridge '43 Club》(Oak Ridge, TN: Oak Ridge Heritage & Preservation Association, 5th Edition, 2009)을 냈다. 육류 배급제 시대에 사냥을 할 줄 아는 사람들은 다람쥐를 잡아서 먹었다. 네 다리와 등판 두 개에 밀가루, 소금, 후추를 뿌린 뒤 주물 팬에 쇼트닝을 약간 두르고 굽는다. 국물로 그레이비 소스도 만들 수 있다.

해피 밸리에 대한 묘사는 저자 인터뷰(특히 콜린 블랙)와 William J. Wilcox, Jr., "Oak Ridge's Lost City"를 참고했다. 클린턴 공병사업소 및 타운사이트의 위치와 배치 및 지도, 건설 진척, 스톤 & 웹스터, 스키드모어, 오잉스 & 메릴, 피어스 재단의 관계는 Department of Energy, 《The Manhattan Project》(PC)를 참고했다. 클린턴 공병사업소의 건설과 설계는 그로브스, 니컬스, 로즈, 에너지부, 헤일스, 존슨/잭슨(모두 PC)을 참고했다.

취업 인가 프로그램 관련 정보는 저자가 콜린 블랙과 한 인터뷰, Office of the Federal Register, 〈Code of Federal Regulations of the United States of America: 1944 Supplement, Titles 11~32〉(Washington, DC: US Government Printing Office)를 참고했다.

전화에 대해서: 콜린은 집에 전화가 있는 어떤 여자의 집에 방문했던 재미있는 사례 하나를 말해주었다. 그녀는 이웃과 친구들이 전화기만 보면 자꾸 전화를 쓰게 해달라고 요청하는 것이 싫어서 전화기에 종이 상자를 씌워두고 있었다. 콜린이 그 집에 있을 때 전화가 울렸다.

받지 않아도 계속 울렸다.

한참을 지나도 울렸다.

집 주인은 못 들은 척하려고 했지만 마침내 다른 손님이 말했다.

"상자가 울리네요."

노동력 수요, 전시인력위원회의 수요, 노동이동률에 대해서는 《At Work in the Atomic City》《Atomic Spaces》《City Behind a Fence》를 참고했다. 브라운-패터슨 협정과 국제전기노동자협회에 대해서는 그로브스, 존슨, 헤일스(모두 PC)를 참고했다. 주거 환경—트레일러, 막사, 기숙사, 일반 주택을 모두 포함해서—관련 정보는 저자 인터뷰와 〈Early Oak Ridge Housing: Photographs, Floor Plans and General Descriptions〉(no date), Robinson, 《City Behind a Fence》(PC)를 참고했다. 세탁 등의 서비스 관련 정보는 저자 인터뷰와 주민 지침서 (PC), 《City Behind a Fence》를 참고했다. 론-앤더슨사에 대한 정보는 저자 인터뷰, 그로브스, 니컬스, 《City Behind a Fence》, 헤일스, 로빈슨(모두 PC)을 참고했다.

에릭 켄트 클라크 박사의 관점은 Dr. Eric Kent Clarke, chief psychiatrist, "Report on Existing Psychiatric Facilities and Suggested Necessary Addition," Formerly Declassified Correspondence, 1942~1947; Records of the Atomic

Energy Commission, Record Group 326; National Archives at Atlanta; National Archives and Records Administration을 참고했다.

니그로 빌리지 관련 정보는 저자 인터뷰와 《City Behind a Fence》, 《At Work in the Atomic City》, 《Atomic Spaces》 (모두 PC)를 참고했다. 흑인 주민들에 대한 부당 대접과 그에 대한 불만은 Formerly Declassified Correspondence, 1942~1947; Records of the Committee on Fair Employment Practice, Record Group 228; National Archives at Atlanta; National Archives and Records Administration을 참고했다. '착한 여자'와 '나쁜 여자' 일화는 니컬스(PC)를 참고했다.

튜벌로이: 물건을 찾아서

우라늄 출처 관련 정보는 니컬스, 그로브스(PC)를 참고했다. 엘도라도, 말린크로트, 웨스팅하우스, 에임스, 하쇼에 대해서는 스미스 보고서, 그로브스, 니컬스(PC), Office of Legacy Management, United States Department of Energy를 참고했다. 미국 원자력위원회 위원장 글렌 시버그가 말린크로트 화학 대표 해럴드 E. 세이어에게 보낸 편지는 "Mallinckrodt Chemical works: The Uranium Story," collection, The Manhattan Project Heritage Preservation Association, Inc. http://www.mphpa.org/classic/CP/Mallinckrodt/Pages/MALK_Gallery_01. htm 2012년 6월 현재)에 실려 있다. 하쇼에 대해서는 James Renner, "Nuclear Fallout in Cleveland," 〈The Independent〉, March 3, 2010을 참고했다. 다양한 시기에 다양한 우라늄 화합물 처리에 참여한 그밖의 회사들은 Metal Hydrides Co, Electromet, Linde, DuPont, ALCOA 등이 있고, 스미스 보고서와 그로브스 (PC)를 참고했다.

다양한 우라늄 종류 관련 정보는 저자 인터뷰(특히 윌리엄 J. 콕스 2세)와 스미스 보고서(PC)을 참고했다. 사이트들, 그 목적, 건설 시간표는 그로브스, 니컬스, 로즈(모두 PC); "An Overview of the History of Y-12: 1942~1992, A Chronology of Some Noteworthy Events and Memoirs" (The Secret City Store, 2001); William J. Wilcox, Jr., "The Role of Oak Ridge in the Manhattan Project" (Oak Ridge: 2002); William J. Wilcox, Jr., "K-25: A Brief History of The

Manhattan Project's 'Biggest' Secret" (Oak Ridge, 2011)을 참고했다.

원통에 넣은 우라늄과 아메리카 알루미늄 회사에 관한 정보는 "A Short History of Oak Ridge National Laboratory (1943-1993)," ; http://www.ornl.gov/info/swords/swords.shtml (2012년 6월 현재)을 참고했다.

프로젝트의 지위, 비용, 건설 시간표는 니컬스와 그로브스(PC), K-25 묘사는 니컬스, 그로브스, 윌콕스를 참고했다. 기체확산법과 격벽 물질과 관련된 어려움은 그로브스를 참고했다. 윌콕스에 따르면 K-25 구조를 통과하는 우라늄의 경로는 투입 건물을 출발해서 U자형 건물의 동쪽으로 먼저 들어갔다.

전자기 분리 과정과 어니스트 로런스 관련 정보는 저자 인터뷰, 스미스 보고서, 윌콕스, 스미스소니언 협회 자료관(Record Unit 9531), 니컬스, 그로브스, 로즈, 구긴을 참고했다. 다양한 화합물의 암호명은 저자 인터뷰, 스미스소니언, 구긴(PC)을 참고했다. 칼루트론의 우라늄 회수에 대한 추가 정보는 그로브스, 니컬스, 윌콕스를 참고했다. 빌 윌콕스는 나를 데리고 이 과정을 탐방시켰고, 제인 퍼킷이 한 메모도 도움이 되었다. 박스의 우라늄은 질산 용액(청록색 독성 용액)으로 세척해서 회수했다. 그런 뒤 거기서 추출하고 화학 과정을 통해 베타 처리를 위한 4염화우라늄(UCl4)으로 만들었다. 그것은 결국 산화해서 UO4(치즈 케이크와 모양이 아주 비슷하다)가, 이어 723(UO3, 노란 가루)가 되고 거기 다시 염소가 들어갔다. 그 결과 우선 745(UCl5)가 만들어지고, 이어 승화―드라이아이스처럼, 고체가 액체 단계를 거치지 않고 바로 기체가 되는 것―과정을 거쳐 우라늄은 다시 UCl4가 되었다. 이것이 2라운드인 베타 과정에 맞추어 준비되었다.

미국 재무부의 은 구매 관련 정보는 저자 인터뷰, 니컬스, 그로브스, Department of Energy(DOE), 《Making the Atomic Bomb》(PC), 로즈, 그리고 the Y-12 National Security Complex, US DOE, "14,700 tons of silver at Y-12"를 참고했다. 칼루트론이 위원회를 떠나 해체되면서, 미국 재무부에서 빌린 은은 꾸준히 정부로 반환되었고, 최종 변제는 1970년에 이루어졌다. 그 과정에 분실된 양은 1/400퍼센트뿐이었다. Cameron Reed, "From Treasury Vault to the Manhattan Project" (〈American Scientist〉 2001년 1월)에는 오크리지 은의 이야기가 상세하게 실려 있다. 테네시 이스트먼과 노동자 부족 관련 정보는 니컬스, 그로브스, 윌콕스, 《Making the Atomic Bomb》(DOE)를 참고했다. Y-12의 확장, 1943년의 Y-12 폐쇄, 폭탄에 필요한 U-235 예상치의 증가, 요리사와 식당의 비유는 그로브스의 책에 실려 있다. Y-12에 쓴 목재의 양은 《Making the Atomic Bomb》(DOE, PC)을 참고했다. 플랜트 명명 관련 정보는 Letter to Gus Robinson from Leslie Groves, dated October 14, Formerly Declassified Correspondence, 1942–1947; Records of the Atomic Energy Commission, Record Group 326; National Archives at Atlanta; National Archives and Records Administration을 참고했다.

이블린 핸콕 퍼거슨과 해럴드 킹슬리 퍼거슨에 대한 정보는 Associated Press, "Ferguson Builds War Plants Fast,"〈Charleston News and Courier〉, November 22, 1942; "Rites Tomorrow for H. K. Ferguson,"〈Cleveland Plain Dealer〉, December 10, 1943를 참고했다. 필 에이블슨과 액체 열확산 방식 관련 정보는 그로브스와 《Making the Atomic Bomb》(DOE)을 참고했다. 이블린 퍼거슨과 그로브스의 만남 관련 정보는 그로브스, 스미스, 그루프를 참고했다.

6 작업

Y-12 실적 겨루기에 대한 정보와 여성 노동자들의 효율은 저자 인터뷰와 니컬스(PC)를 참고했다.

여성 노동자들의 역할, PSQ, 작업장 활동은 저자 인터뷰에 토대했다. 버스 요금 등을 포함한 Y-12 정보는 저자 인터뷰, 〈오크리지 저널〉, 로빈슨, 구긴을 참고했다. Y-12 큐비클 오퍼레이터들의 통근 시간 관련 추가 정보는 George Akin, "Eastman at Oak Ridge"(1981년 출간, 로체스터 대학 희귀도서 및 특별소장품 '클럽' 컬렉션 7번 상자, 27번 폴더에서 발견됨)를 참고했다. 배지, 경비병에 대한 설명은 저자 인터뷰, 《City Behind a Fence》, 《At Work in the Atomic City》, 로빈슨을 참고했다. 큐비클 통제실 관련 정보는 저자 인터뷰, 에드 웨스트콧 사진(NARA Still Pictures Division, Washington DC), 《At Work in the Atomic City》를 참고했다. 통제실 여자들의 수와 패널 정보는 저자 인터뷰, 에드 웨스트콧 사진(PC), 저자의 Y-12 방문, 큐비클 전시(미국 과학에너지 박물관, 오크리지), 스미스소니안 구술사(PC)를 참고했다.

E, Q, R 등과 관련된 설명은 저자 인터뷰, 구긴, 스미스소니안(PC), 제인 퍼킷의 논문들, 그리고 J.L. Heilbron, Robert W. Seidel and Bruce R. Wheaton, "Lawrence and His Laboratory: A Historian's View of The Lawrence Years, Episode 2: The Calutron," 〈Newsmagazine〉, Lawrence Berkeley National Laboratory, US Department of Energy, 1981을 참고했다.

E 박스 청소 관련 정보는 윌콕스와, 옐로케이크에 대한 정보는 버지니아 콜먼과 한 저자 인터뷰에 토대했다. 〈Mello's Handbook for Inorganic Chemistry〉 관련 정보는 구긴을 참고했다. 암호는 저자 인터뷰, 스미스소니안, 구긴을 참고했다. 38 준비와 관련된 정보는 Per F. Dahl, 《Heavy Water and the Wartime Race for Nuclear Energy》(London: Institute of Physics, 1999)를 참고했다. Y-12 단지 내 건물의 수는 로즈를 참고했다.

계산기 관련 정보는 저자 인터뷰(특히 제인 퍼킷)에 토대했다. 제인의 공정 메모, 직무 내용, 임금, 직책 관련 정보는 제인 퍼킷의 개인 문서를 참고했다.

출근 복도 관련 정보는 저자 인터뷰와 《At Work in the Atomic City》《Atomic Spaces》를 참고했다.

나는 몇몇 자료에서 출근 복도가 인종별로 분리되어 운영되었다는 내용을 읽었다. 하지만 캐티는 백인과 흑인이 함께 출근기를 찍은 일을 또렷하게 기억했다. 노동요는 캐티 스트릭랜드와 한 인터뷰와 B. A. Botkin(ed.), 〈Negro Work Songs and Calls〉(Washington, DC: Archive of Folk Song, Folk Music of the United States, Music Division, Recording Laboratory AFS L8, Library of Congress)를 참고했다. 특별구역 내 철도 인력 이동 관련 정보는 로빈슨을 참고했다.

K-25 파이프 적정화 정보는 콜린 블랙과의 저자 인터뷰에 토대했다. 작업장 설명은 저자 인터뷰와 에드 웨스트콧 사진(PC)을 참고했다. 글립탈 관련 정보는 저자 인터뷰와 글립탈/제너럴 일렉트릭 잡지 광고(1943)를 참고했다.

콜린의 탐지기에서 나온 가스는 헬륨이었지만, 그녀는 그 사실을 몰랐다. 그녀가 사용한 계측기는 질량분석계였지만, 그것도 당시의 그녀는 몰랐다.

젤리코 열차사고 관련 정보는 저자 인터뷰와 데이비드 레이 스미스, 〈Troop Train Wreck〉(Oak Ridge, TN: September 2007); "Death Toll in Troop Train

Wreck Reaches 33," 〈Kingsport Times〉, July 9, 1944; Associated Press, "Troop Train Wreck Toll Set at 40," 〈The Milwaukee Sentinel〉, July 8, 1944를 참고했다. 월간 사망자 수 관련 상세 정보는 "Number of Deaths at the Oak Ridge Hospital"(September 20, 1944), Formerly Declassified Correspondence, 1942~1947; Records of the Atomic Energy Commission, Record Group 326, National Archives at Atlanta; National Archives and Records Administration을 참고했다.

튜벌로이: 배송원들

배송 경로 관련 정보는 로즈, 그루프를 참고했다. 용기와 내용물의 형태에 대해서는 저자 인터뷰(특히 데이비드 레이 스미스 및 윌콕스)에 토대했다. 곡물 창고와 그 내용물도 로즈의 글에 실려 있다. 첫 번째 배송 물건의 품질은 그로브스, Y-12 생산 상세 내역도 그로브스를 참고했다. Y-12 배송 영수증은 Formerly Declassified Correspondence, 1942~1947; Records of the Atomic Energy Commission, Record Group 326; National Archives at Atlanta; National Archives and Records Administration을 참고했다.

배송원의 이동과 경로 관련 정보는 저자 인터뷰와 로즈, 그루프; Richard G. Hewlett and Oscar E. Anderson Jr., 《The New World: A History of the United States Atomic Energy Commission, Volume I, 1939~1946》 (University Park, PA: Pennsylvania State University Press, 1962); "Operations and shipments begin" (Y-12 National Security Complex, U. S. Department of Energy)을 참고했다.

7 인생의 리듬

1943년 12월의 론-앤더슨 회의와 레크리에이션이 특히 젊은 여성들에게 필요하다는 내용은 클라크와 《Atomic Spaces》 (PC), 그리고 "Minutes of Meeting of Executive Committee, Recreation and Welfare Association, Held at Town Hall, Oak Ridge, Tennessee, 12/31/43, at 2:00 PM"(memo from the War Department, US States Engineer Office, dated 4 January 1944)을 참고했다. 주

부들의 심리 상태는 저자 인터뷰(특히 로즈메리 레인)에 토대했다. 레크리에이션 활동 목록은 〈오크리지 저널〉과 저자 인터뷰에 토대했다. 월도 콘에 대한 정보는 저자 인터뷰와 June Adamson, "the Symphony Orchestra," 〈Voices〉(PC)를 참고했다.

댄스파티 관련 정보는 저자 인터뷰, 〈오크리지 저널〉을 참고했다. '낙하산 드레스'는 온라인 자료와 스미스소니안 미국사박물관(워싱턴 DC) 베링센터 전시를 참고했다.

오크리지 평균 연령은 저자 인터뷰와 D. 레이 스미스, "New High School in '51 Talk of the Town—and state," 〈Oak Ridger〉, August 11, 2008을 참고했다. 콜린이 자주 부른 노래 "Where are you from, Mr. Oak Ridger?"의 원곡인 "Where are you?"는 뮤지컬 "천 개의 태양"(베티 클레이턴 오스본 작, 오크리지 25주년 기념 공연)에서 나온 것이다.

저자 주: 저자가 인터뷰한 거의 모든 사람이 직원식당 '데이트'에 대해 이야기를 했다. 채플 온 더 힐 일정은 〈오크리지 저널〉을 참고했다. 감리교 예배를 영화관에서 본 것은 로빈슨을 참고했다. 레크리에이션 홀에서 예배를 보기 전에 술병들을 차낸 이야기는 Viola Lockhart Warren Papers(Collection 1322), Department of Special Collections, Charles E. Young Research Library, University of California, Los Angeles를 참고했다. 종교 집단 수와 관련해서는 로빈슨을 참고했다.

해피 밸리 레크리에이션 관련 정보는 저자 인터뷰(특히 헬렌 저니)와 Helen C. Jernigan, "Happy Valley," 〈Voices〉를 참고했다. 3.2도 맥주 광고는 Brewing Industry Foundation, "The American Soldier and Sobriety," 〈라이프〉, April, 19, 1943를 참고했다. 게이트 경비병에게 뇌물을 주고 술을 숨겨온 이야기는 저자 인터뷰(특히 폴 윌킨슨 및 토니 슈미트)와 John C. Pennock, 《Please God, US First》(Charlottetown: TWiG Publications, 2003)를 참고했다. 불법 주류를 숨기는 일과 가짜 와인을 만드는 일은 저자 인터뷰에 토대했다. 수영장 통계는 오크리지 방문자 센터와 "History and Architectural Resources of Oak Ridge, Tennessee"(PC)를 참고했다.

레크리에이션의 인종 분리 운영과 관련된 정보는 《At Work in the Atomic

497

주

City》《Atomic Spaces》《City Behind a Fence》, 저자 인터뷰(특히 밸러리아 스틸 로버슨, 캐티 스트릭랜드)와 Valeria Steele, "A New Hope," 〈Voices〉(PC)를 참고했다. 핼 윌리엄스 관련 정보는 "Scarboro: The Early Days" exhibit at Scarboro Community Center, Oak Ridge, Tennessee; Rose Weaver, "A Tribute to Hal Williams," 〈Oak Ridger〉, February 9, 2010을 참고했다. 유색인 캠프 회의 관련 정보는 《City Behind a Fence》를 참고했다.

녹스빌 주민들과의 갈등은 저자 인터뷰에 토대했다. 베이컨 양말 공장 정보는 《City Behind a Fence》를 참고했다.

튜벌로이: 보안, 검열, 언론

금속연구소 회의 관련 정보는 Alice Kimball Smith, "Behind the Decision to Use the Atomic Bomb: Chicago 1944-1945," 〈Bulletin of the Atomic Scientists〉, October 1958을 참고했다. 업무 분리구획화와 "자기 것만 들여다보라"는 것과 관련된 정보는 그로브스를 참고했다.

검열 및 국방부 방첩부대 관련 정보는 그로브스를 참고했다. 선별 및 고용 방식 관련 정보는 그로브스와 《An Exceptional Man for Exceptional Challenges: Stafford L. Warren》, vol. I. Interviewed by Adelaide Tusler. Oral History Program, University of California Los Angeles, Regents of the University of California, 1983를 참고했다.

대통령 행정 명령은 "Franklin D. Roosevelt: 'Executive Order 8985 Establishing the Office of Censorship,' December 19, 1941," The American Presidency Project(courtesy of Gerhard Peters and John T. Woolley), http://www.presidency.ucsb.edu/ws/?pid=16068 (2012년 6월 현재)를 참고했다.

미국 검열청. Clarence W. Griffin Papers(ed.), "Code of Wartime Practices: For American Broadcasters" (Washington: United States Government Printing Office, 1942), June 15, 1942, North Carolina State Archives, Raleigh, NC.

1943년 6월 28일 자 공문과 MBS를 포함한 검열 관련 추가 정보는 로빈슨(PC)을 참고했다.

8 반딧불이 이야기…

이 장에 실린 농담은 모두 저자가 이 책을 위해 조사를 수행하는 동안 들은 것이다. 책에 실리지 않은 농담도 아주 많다….

여자들 이야기는 저자 인터뷰에 토대했다.

신문 관련 정보, 프랜시스 게이츠 이야기는 June Adamson, "From Bulletin to Broadside," 〈Voices〉(PC)를 참고했다.

실리아의 오빠 클렘에 대한 추가 정보는 공식 병역기록, NARA office of Military Personnel Records, National Personnel Records Center, St. Louis, MO를 참고했다. 편지 검열은 저자 인터뷰(특히 실리아 클렘스키와 헬렌 홀)에 따르면 흔한 일이었다.

불분명한 이야기로 소문을 키우는 일은 저자 인터뷰(특히 조앤 갤리바)에 토대했다. 슈퍼맨 검열 관련 정보는 로빈슨; H. Bruce Franklin, "Fatal Fiction: A Weapon to End All Wars," 〈Bulletin of the Atomic Scientists〉, Nov. 1989를 참고했다.

오크리지의 오랜 거주자이자 '원주민'의 아들인 짐 램지에 따르면, 걸라 어를 사용하는 사우스캐롤라이나 저지 출신 사람들은 읽기 능력이 떨어져서 쓰레기 청소 같은 일에도 채용되었다. 선전 이미지들은 에드 웨스트콧(PC)의 사진을 참고했다. 나는 웨스트콧의 집에 가서 부엌에 노먼 록웰 달력이 걸려 있는 것을 보았다. 웨스트콧의 많은 사진이 '로크웰' 느낌이 났고, 어떤 것은 그렇게 연출되기도 했다. 정육점과 만화책 판매소에 늘어선 줄이 울타리, 경비병, 높은 공장 건물과 병치를 이루는 구도가 나는 늘 흥미로웠다. '감시원'과 밀고자들에 대한 추가 정보는 저자 인터뷰, 그로브스, 《City Behind a Fence》, 헤일스를 참고했다. 1944년 6월 14일 공문과 불순 행위로 인한 해고는 《Atomic Spaces》를 참고했다. 흑인 막사 지역 경비병의 괴롭힘 관련 추가 정보는 Formerly Declassified Correspondence, 1942~1947; Records of the Committee on Fair Employment Practice, Record Group 228; National Archives at Atlanta; National Archives and Records Administration을 참고했다.

튜벌로이: 호박, 스파이, 닭고기 수프, 1944년 가을

크래미시 이야기는 Arnold Kramish, "Hiroshima's First Victims," 〈The Rocky Mountain News〉, August 6, 1995를 참고했다. 크래미시는 우라늄을 '뼈를 찾아가는 물질(bone-seeker)'이라고 불렀고, 그 사고의 결과로 오랜 세월 많은 고통을 겪었다. 티베츠 관련 정보는 그로브스와 Carl Posey, "Wendover's Atomic Secret," 〈Air & Space Magazine〉, March, 2011을 참고했다.

프로젝트 과학자 명단은 그로브스, 로즈, 스미스를 참고했다. 과학자들의 경력을 확인하는 어려움과 공산주의 관련 발언들은 그로브스를 참고했다. 오펜하이머 관련 정보는 그로브스; Kaid Bird and Martin J. Sherwin, 《American Prometheus: The Triumph and Tragedy of J. Robert Oppenheimer》, New York: Alfred A. Knopf, 2005를 참고했다.

닐스 보어의 일화는 《The Manhattan Project》(Kelley, PC)를 참고했다. 암호명 등 데이비드 그린글라스에 대한 정보는 1944년 9월 21일과 1944년 11월 14일의 공문, VENONA program records of the US Army Signal Intelligence Service(현재 미국국가안보국), Federal Bureau of Investigation, "The Atom Spy Case"; Sam Roberts, 《The Brother: The Untold Story of the Rosenberg Case》, (New York: Random House, 2001)를 참고했다.

9 말할 수 없는 것들: 비밀 도시의 연애

제인의 상자 편지는 저자 인터뷰와 제인 퍼킷의 개인 문서에 토대했다. '청색 특수 물감' 이야기는 《Cooking Behind the Fence》(PC); 오줌 이야기는 저자 인터뷰; 당밀 이야기는 Frank Munger, "Citizens of Oak Ridge describe Life in the Secret City during World War II," 〈Knoxville News Sentinel〉, August 7, 2005. http://www.knoxnews.com/news/2005/aug/07/citizens-of-oakridge-describe-life-in-the-city/ (2012년 6월 현재)에 각각 실려 있다.

빌 폴록과 폴록 와이어드 뮤직 시스템 이야기는 June M. Boone, "Bill Pollock ···Music Man," 〈Voices〉; Charles Schmitt, 〈61-11 & Olio〉 (Oak Ridge: C&D Desktop Publishing and Printing Company, 1995)를 참고했다.

〈잘자요 아가씨Sleepy Time Gal〉: 작곡 Ange Lorenzo, Raymond B. Egan, 작

사 Joseph R. Alden, Richard A. Whiting. 저작권 EMI Music Publishing.

바이와 스태퍼드 워런의 이야기는 구술사와 바이올라 로카트 워런 문서(PC)를 참고했다.

ACME 보험회사 정보는 저자 인터뷰에 토대했다. 깨진 비밀 커피 모임 이야기는 《Cooking Behind the Fence》(PC)에 실려 있다.

클라크 박사의 관점은 Eric Kent Clarke, "Report on Existing Psychiatric Facilities and Suggested Necessary Additions," as cited in text (1944) from NARA Southeast, RG 326; Eric Kent Clarke, "Psychiatric Problems at Oak Ridge," 〈American Journal of Psychiatry〉 Jan 1, 1946, vol. 102, p.437-444를 참고했다.

튜벌로이: 신년의 통합된 노력

Y-12의 진척 과정은 그로브스와 니컬스를 참고했다.

트루먼이 부통령 후보 지명을 받으려고 하지 않았던 것과 관련된 정보는 Senate Historical Office, United States Senate, Hart Senate Office Building, Washington, DC를 참고했다. 보고에 따르면 민주당 내에서 점점 많은 사람이 헨리 월러스를 부통령 후보로 적절하지 않다고 보았다. 사람들은 그가 너무 기인이고, 러시아 사람들과 관계가 지나치게 깊다고 생각했다. 그의 러시아 인맥 중에는 신비주의 철학자 니콜라스 레리히도 있었다. 월러스는 편지에서 그를 '구루(지도자)'라고 칭했다.

플랜트의 연계 운영 아이디어는 니컬스, 그로브스, DOE(모두 PC)를 참고했다.

마크 폭스 관련 정보는 니컬스를 참고했다. K-27 건설 결정과 그로브스와 니컬스의 뉴욕시 회의는 니컬스를 참고했다.

10 호기심과 침묵

정신과 환자에 대한 정보는 저자 인터뷰(특히 로즈메리 레인과 루이스 맬릿), Clarke, "Psychiatric Problems at Oak Ridge"(PC); Eric Kent Clarke, Amy Wolfe(ed.), "Psychiatry on a Shoestring," 〈Voices〉(PC); 칼 A. 휘터커가 찰스 E.

리아 소령에게 보내는 오크리지 병원 공문(테네시 대로 207번지 아파트를 개조하는 문제와 환자의 상태에 대해), 1945년 2월 9일 자; 찰스 E. 리아가 의무부장 스탠퍼드 L. 워런 대령에게 보내는 공문(제목: 저스틴 휴 앨런 소위의 간호, 아파트 개조, 간호사들의 간호, 충격 치료 기계 주문에 대하여), 1945년 2월 8일 자(출처는 모두 Formerly Declassified Correspondence, 1942~1947; Records of the Atomic Energy Commission, Record Group 326; National Archives at Atlanta; National Archives and Records Administration)를 참고했다. "이따금 나타나는 동성애 무리"에 대한 정보는 Clarke, "Psychiatric Problems at Oak Ridge"(PC)를 참고했다. 전기충격 치료에 대한 정보는 Timothy W. Kneeland and Carol A. B. Warren, 《Pushbutton Psychiatry: A Cultural History of Electroshock in America》(Walnut Creek, CA: Left Coast Press, Inc., 2002); "A Science Odyssey: People and Discoveries—Electroshock therapy introduced, 1938," (WGBH, 1998), http://www.pbs.org/wgbh/aso/databank/entries/dh38el.html (2012년 6월 현재); "Neuropsychiatry in World War II," Office of Medical History, U.S. Army Medical Department. http://history.amedd.army.mil/booksdocs/wwii/NeuropsychiatryinWWIIVolI/chapter10.htm (2012년 6월 현재)를 참고했다.

K-25 가동 시작은 니컬스, 그로브스, 윌콕스를 참고했다. 증기 플랜트 관련 정보는 로빈슨과 윌콕스를 참고했다.

튜벌로이: 프로젝트의 중차대한 봄

Y-12, K-25, S-50 생산의 상태는 니컬스, 그로브스, 윌콕스를 참고했다. 비용 개념과 플랜트와 사이트 중복 관련 정보는 니컬스를 참고했다. Y-12 비용은 윌콕스를 참고했다. Y-12의 전기충격 이야기는 저자 인터뷰와 애그니스 하우저의 비디오 인터뷰(Y-12 국립보안단지, 구술사)를 참고했다.

배송원 이동과 치료에 대해서는 스탠퍼드 워런 구술사(PC)를 참고했다. 배송원 건강 관련 공문은 Friedell: Formerly Declassified Correspondence, 1942-1947; Records of the Atomic Energy Commission, Record Group 326; National Archives at Atlanta; National Archives and Records Administration을 참고했

다. 생리학적 사고, 추적 실험, 관리 방법 관련 공문은 US Department of Energy, "Physiological Hazards of Working with Plutonium,"; "Memo to members of the advisory committee on human radiation experiments, Oct. 18, 1994"; 《Final Report Advisory Committee on Human Radiation Experiments》 (New York, Oxford: Oxford University Press, 1996)를 참고했다.

11 무고한 희생

에브 케이드 사례와 관련한 정보는 ACHRE Report, Part II, Chapter 5: The Manhattan District Experiments. Department of Energy http://www.hss.doe. gov/healthsafety/ohre/roadmap/achre/chap5; sf2.html ; Memorandum Report, Atomic Energy Commission, Jon D. Anderson, director, Division of Inspection, July 15, 1974; memorandum, "Shipping of Specimens," from Hymer L. Friedell to commanding officer, Santa Fe Area, April 16, 1945, Formerly Declassified Correspondence, 1942~1947; Records of the Atomic Energy Commission, Record Group 326; National Archives at Atlanta; National Archives and Records Administration; 《Plutonium Files》(PC), "Human Radiation Studies: Remembering the Early Years: Oral History of Healthy Physicist Karl Z. Morgan, PhD." Conducted January 7, 1995 (US Department of Energy, Office of Human Radiation Experiements, June 1995)를 참고했다.

보건물리학자 칼 모건이 구술한 케이드 이야기는 아주 놀랍다. 여기 추가해 본다.

여피: 주사가 투여될 걸 미리 알았나?

모건: 몰랐다.

여피: 누가 주사를 놓았는지 알고 있나?

모건: 모른다. 내가 무얼 아는지 이야기를 듣고 싶은가?

카퓨토: 물론이다.

모건: 밥 스톤—콤프턴 휘하의 보건 담당 부책임자—는 X-10에서 내 옆방에 서 일한다. 어느 날 아침 그가 흥분해서 내게 왔다. 이것을 제대로 이해하려면

그때 우리가 있던 시간과 장소를 고려해야 한다. 우리가 있던 곳은 남부였고, 아프리카계 미국인에 대한 배려가 없었다. 그들은 'XXX(인종차별 단어)'로 불렸다. 나는 기억하는 대로 말할 뿐이다. 내 기억은 완벽한 것과 거리가 멀다.

내 기억에 따르면 그가 말했다. "칼, 얼마 전에 사고를 당한 그 XXX 트럭 운전사 기억합니까?" 내가 안다고 대답하자 그가 말했다. "그 사람은 오크리지의 군병원에 실려 갔어요. 다발성 골절이었죠. 거의 모든 뼈가 부러졌고, 병원에 왔을 때 살아 있는 게 기적일 정도였어요. 아무도 그가 다음 날까지 살아 있을 거라고 생각을 못했어요. 그래서 이게 우리가 기다리던 기회가 됐죠. 우리는 그에게 다량의 플루토늄 239를 주사했어요."

물론 '239'라고 말해도 거기에는 (플루토늄) 238과 240도 섞여 있었지만, 어쨌건 주로 239였다. (보안 문제로 '플루토늄'이라는 말은 1943~1944년 사이에 전혀 쓰지 않았다. 스톤은 계속 말했다.) "우리는 소변, 분변뿐 아니라 뼈나 간 등 여러 신체 기관 조직도 얻고 싶어 했어요. 그런데 오늘 아침에 간호사가 가보니 그 사람이 없어졌대요. 무슨 일이 일어난 건지, 어디로 간 건지 모르지만, 어쨌든 우리는 귀중한 자료를 잃었어요." 나는 실험 이야기를 듣지 못했다. 스태퍼드 워런과 하이머 프리델과 다른 사람들이 그 조사를 알고 있었다는 걸 나중에 알게 되었지만, 내 프로젝트는 의학이나 생물학이 아니라 물리학이 중심이었다. 그래서 그때야 그 이야기를 들었다.

나는 몇 년이 지나서야 그와 관련된 이야기를 들었다. 녹스빌 신문 〈뉴스-센티널〉에 난 작은 공고를 우연히 보았다. '흑인 남성'—우리 사회는 그때는 조금 더 발전해 있었다—이 노스캐롤라이나 동부의 모처에서 죽었다는 내용이었다. 내가 기억하기로 거기 적힌 정보가 제법 자세했던 것 같다. 나는 그게 그 사람이라는 것을 알 수 있었다. 그런 뒤 최근까지 그에 대해서 아무런 소식도 듣지 못했다. 그러다 최근에, 그야말로 몇 주 전에 그 사람의 이름을 들었고, 그의 가족 등과 관련해서 조금 더 알게 되었다.

카푸토: 플루토늄을 실험에 공급할 권한을 가진 게 누구였을까?

모건: 그게 누구였을까? 좋은 질문이다. 당시의 보안에도 불구하고 어떤 점에서 그것은 아주 어이없는 방식으로 공급되었다. 아마 플루토늄의 양에 여유만 있었다면, 나도 원한다면 플루토늄을 얻을 수 있었을 것이다. 조 해밀턴은 플

아토믹 걸스

루토늄-238로 수행한 연구의 보조용으로 소량을 얻었고, 플루토늄-238은 가속기에서 얻은 것이다. 나도 아마 요청했으면 얻을 수 있었을 것이다. 그냥 마틴 휘터커의 방에 가서 "마틴, 이 실험을 하려면 2~3마이크로퀴리의 플루토늄이 필요해요" 하고 말만 하면, 그가 아마 주었을 것이다.

카푸토: 우선순위는 마틴 휘태커가 결정했다. 플루토늄이 (당시에는) 아주 귀했기 때문이다.

모건: 그 시절에 그건 비공식적이었다. 우리는 유용한 정보가 빠져나가지 않도록 아주 엄격한 제한에 따랐다. 처음 몇 달 동안—(맨해튼계획의) 초기였다—(나 같은) 선임 보건물리학자는 기본적으로 물리학자였고, 의사들은 기본적으로 의사일 뿐 플루토늄을 다루는 사람들이 아니었다. 그래서 우리는 각자가 아는 최선을 다했고, 각자의 분야, 목표, 주요 직무를 생각하면 나는 우리가 아주 잘 해냈다고 생각한다.

나는 그것이 플루토늄을 얻는 데 어떤 문제도 되었을 것 같지 않다. 아마도—내 짐작으로는 하이머 프리들 또는 스태퍼드 워런이 (이 연구의) 초기 단계에 긴밀하게 관여했을 것이다. 구체적인 내용은 모르지만, 그 시절의 양쪽을 꽤 잘 알고, 그들의 관심 사항, 주요 목표 하나를 알기 때문이다. 그것은 플루토늄(과 우라늄)의 위험성을 밝혀내는 것이었다. 그것이 라듐만큼, 아니면 라듐보다 더 해로운가 하는 것이 질문의 핵심이었다.

변화된 오크리지 규모에 대한 정보는 《City Behind a Fence》를 참고했다. 스팸과 1944년 크리스마스의 에드워드 R. 머로 관련 정보는 호멜 식품회사를 참고했다. 납작지붕 집에 대한 설명과 사양은 Robinson, 《City Behind a Fence》, "Early Oak Ridge Housing" (ORHPA, no date given); American Museum of Science and Energy (Oak Ridge, TN); Amy McRary, "Original Flattop house on display at Oak Ridge museum," 〈Knoxville News Sentinel〉, March 22, 2009을 참고했다.

'선데이 펀치'에 대한 정보는 저자 인터뷰, "Sunday Punch finds a new home," 〈Oak Ridger〉, August 10, 2010; Fred Brown, "Weekend warrior: B-25J bomber connected East Tennesseans," 〈Knoxville News Sentinel〉, March 21, 2010을 참

고했다.

튜벌로이: 희망과 잡화상, 1945년 4월~5월

국방장관의 오크리지 방문과 그가 한 말들은 니컬스와 그로브스를 참고했다. 그로브스가 루스벨트의 죽음을 알게 된 일, 그 후 이어진 브리핑들에 대해서는 그로브스를 참고했다.

헨리 스팀슨이 해리 S. 트루먼에게 보낸 편지(1945년 4월 24일 자)와 "달과 별" 언급은 해리 S. 트루먼 도서관&박물관의 문서 컬렉션; CF ; 트루먼 도서관의 트루먼 문서를 참고했다. 트루먼위원회 관련 정보는 니컬스를 참고했다.

러시아의 베를린 진격은 Tilman Remme, "The Battle for Berlin in Word War Two," BBC, March 10, 2011을 참고했다. 히틀러의 죽음 관련 정보는 Maxim Tkachenko, "Official: KGB chief ordered Hitler's remains destroyed," CNN, December 11, 2009을 참고했다.

5월 9일, 5월 14일, 5월 31일의 공식·비공식 회의의 임시위원회 메모와 보고: 임시위원회 회의(1945년 5월 9일, 5월 14일, 5월 31일), 기타 역사문서 컬렉션, 트루먼 도서관&박물관 트루먼 문서를 참고했다. 임시위원회 첫 비공식 회의 참석자는 헨리 스팀슨 장관(의장), 랠프 A. 바드, 버니바 부시 박사, 제임스 F. 번스, 윌리엄 L. 클레이턴, 칼 T. 콤프턴 박사, 조지 L. 해리슨이었고, 하비 H. 번디가 '초빙'되었다.

팜홀 관련 정보는《Operation Episilon: The Farm Hall Transcripts》introduced by Sir Charles Frank, OBE, FRS(Berkeley and Los Angeles, CA: University of California Press, 1993)의 팜홀 대화록을 참고했다.

VE 데이 후의 CEW 생활에 대해서는 저자 인터뷰에 토대했다. VE 데이 후의 광고판은 에드 웨스트콧(PC)의 사진을 참고했다. 일본에 대한 소이탄 공격과 그 효과는 "U.S. Army Air Forces in World War II: Combat Chronology, March 1945," Air Force Historical Studies Office를 참고했다. 티니안의 B-29 슈퍼포트리스 정보는 그로브스를 참고했다. 폭탄 사용에 대한 그로브스의 의견은 그로브스를 참고했다.

12 사막의 모래가 튀다, 1945년 7월

그로브스 장군의 워싱턴 복귀와 집무실 위치 설명은 그로브스를 참고했다. 웨스트콧과 그로브스의 만남은 저자 인터뷰에 토대했다. 조앤 힌튼 관련 정보는 William Grimes, "Joan Hinton, Physicist Who Chose China Over Atom Bomb, Is Dead at 88," 〈뉴욕타임스〉, June 11, 2010; Dao-yuan Chou, 《Silage Choppers and Snake Spirits: The Lives & Struggles of Two Americans in Modern China》(Quezon City, Phillippines: Ibon Books, 2009); Ruth H. Howes & Carolina L. Herzenberg, 《Their Day in the Sun: Women of the Manhattan Project》(Philadelphia, PA: Temple University Press, 1999)를 참고했다.

엘리자베스 그레이브스 관련 정보는 랜싱 러몬트Lansing Lamont, 《Day of Trinity》(New York: Athenum, 1985); 《Their Day in the Sun》(PC); "Draft Final Report of the Los Alamos Historical Document Retrieval and Assessment(LAHDRA) Project, Chapter 10: Trinity," prepared for the Centers for Disease Control and Prevention, National Center for Environmental Health Division of Environmental Hazards and Health Effects Radiation Studies Branch, June 2009; Sid Moody(Associated Press), "Proving Ground" (〈An Albuquerque Journal〉 Special Reprint, July 1995)를 참고했다.

트리니티 테스트 장소 선택 관련 정보는 그로브스, 랜싱, LAHRDA를 참고했다. "삼위일체 하느님, 내 심장을 치소서" 일화는 《American Prometheus》를 참고했다. "이제 나는 세상을… 죽음이 되었다." "이제 우리는 모두 개새끼들입니다."는 랜싱 그리고 《Day After Trinity》directed by Jon Else (United States: 1980)를 참고했다.

트리니티에 대한 추가 정보는 Sid Moody(Associated Press), "Proving Ground," 〈An Albuquerque Journal〉, Special Reprint, July 1995; LAHDRA report(PC)를 참고했다. 트리니티 테스트 당일부터 쏟아진 통계와 개인적 반응 상당수가 《Day After Trinity》에 실려 있다.

포츠담 회담과 일기는 Harry S. Truman on the Potsdam Conference, July 16, 1945. President's Secretary's File, Truman Papers, Harry S. Truman Library and Museum; Tsuyoshi Hasegawa 《Racing the Enemy: Stalin, Truman, and the Surrender of Japan》 (Cambridge: Harvard University Press, 2005); David McCullough, 《Truman》 (New York: Simon & Schuster, 1992)을 참고했다.

그로브스가 트리니티 보고서와 일정을 전달한 것은 그로브스와 니컬스를 참고했다.

과학자들의 청원과 반청원(1945년 7월 3일과 7월 17일)은 NARA, RG 77; "Behind the Decision to Use the Atomic Bomb," 〈Bulletin of Atomic Scientists〉, October 1958, p.304; Petition to the President of the United States, July 17, 1945; MHDC, Truman Papers, Truman Library를 참고했다. 1945년 7월 23일 콤프턴과 니컬스의 회의는 니컬스(PC); 아서 홀리 콤프턴, 《Atomic Quest: A Personal Narrative》 (New York: Oxford University Press, 1956)를 참고했다. 그로브스의 사진 촬영 관련 정보는 저자 인터뷰와 로빈슨을 참고했다.

칼루트론의 수와 통계는 스미스, 윌콕스; Duncan Mansfield(Associated Press), "Public glimpses machines that fueled bomb," 〈USA 투데이〉, June 14, 2005를 참고했다.

그로브스의 폭격 명령에 대해서는 그로브스를 참고했다. 표적지 선택, 폭격 계획에 관해서 그는 "그 분야의 사령관들은 특별한 사전 인가 없이는 그 일과 관련된 어떤 공식 발표도 정보 공개도 하지 않을 것이다. 모든 기사는 국방부로 보내져서 특별 인가를 받을 것이다."라고 썼다. 닉 델 제니오와 배송원 관련 정보는 AMSE(PC), 그로브스, 니컬스, 저자 인터뷰를 참고했다.

배송원의 이동 경로와 날짜, 트루먼 명령, 스파츠 명령 관련 정보는 그로브스를 참고했다. 독일의 트루먼-스팀슨 회의에 대한 정보와 인용문은 Sean Langdon Malloy, 《Atomic Tragedy: Henry L. Stimson and the Decision to Use the Bomb Against Japan》 (Ithaca: Cornell University Press, 2008); Dwight D. Eisenhower, 《Mandate for Change, 1953~1956: The White House Years, A Personal Account》 (New York: Doubleday. 1963)를 참고했다. 그로브스와 트루먼에게 청원을 전달한 것과 관련된 정보는 니컬스를 참고했다. 팜홀 대화록은 《Operation Epsilon》을 참고했다.

웨스트콧의 사진과 1945년 7월 27일의 보도자료는 Robinson, 《The Oak Ridge Story》(PC)를 참고했다. 에브 케이드 관련 정보는 앞서 인용한 자료들

(11장)을 참고했다.

여자들에 대한 정보는 모두 저자 인터뷰에 토대했다.

13 장치가 드러나다

여자들의 일화와 폭격 소식에 대한 반응은 모두 저자 인터뷰에 토대했다.

히로시마 폭격 관련 성명 발표 시간은 Paul Boyer, 《By the Bomb's Early Light: American Thought and Culture at the Dawn of the Atomic Age》(Chapel Hill, NC: The University of North Carolina Press, 1985)를 참고했다.

트루먼 연설은 "Press release by the White House, August 6, 1945. Subject File, Ayers Papers, Harry S. Truman Library & Museum을 참고했다. 트루먼의 위치, 표적지 선택, 폭탄 나머지 부분의 이동, U-235 관련 정보는 그로브스, 니컬스, 랜싱을 참고했다. 공격과 임무의 묘사는 그로브스를 참고했다.

미리엄 화이트 캠벨 관련 정보는 Los Alamos Historical Society podcasts: http://www.losalamoshistory.org/podcasts/campbell.mp3를 참고했다. 히로시마 부상자 집계는 로즈(PC); John Hersey, 《Hiroshima》(New York: Alfred A. Knopf, [1946] 1985)를 참고했다. 폭격 직후 사망자 집계는 출처에 따라 6만 6000명에서 7만 명 이상까지 크게 차이난다. 1945년 말까지의 사망자 집계는 흔히 14만 명이라고 언급되지만, 정확한 사망자 수는 사실상 아직도 집계가 불가능하다. 어떤 사람들은 당시에 입은 부상이나 방사능 노출로 인해 죽었지만 그 사이에 상당한 시간이 흘렀기 때문이다.

일본 도시들에 뿌린 전단 관련 정보는 Truman Papers, Miscellaneous Historical Document File, no. 258 Harry S. Truman Library & Museum을 참고했다. 스팀슨의 연설 관련 정보는 "Press release by Henry Stimson, August 6, 1945." Subject File, Ayers Papers. Harry S. Truman Library & Museum을 참고했다.

엘리자베스 에드워즈 이야기는 저자 인터뷰에 토대했고, 월도 콘 관련 정보는 〈Voices〉(PC); 빌 윌콕스 일화는 저자 인터뷰와 윌리엄 J. 윌콕스 2세의 개인 문서를 참고했다. 마이트너 정보는 사임(PC)을 참고했다. 팜홀 대화록은 《Operation Epsilon》을 참고했다. 재클린 니컬스 일화는 니컬스를 참고했다.

14 천 개의 태양이 떠오르는 새벽

여자들의 일화는 모두 저자 인터뷰에 토대했다.

실직 공포 관련 내용은 저자 인터뷰에 토대했다. 국방 차관의 편지는 〈오크리지 저널〉과 제인 퍼킷의 개인 문서를 참고했다. 제인 그리어의 언니의 편지는 제인 그리어의 개인 문서를 참고했다.

나가사키 관련 추가 정보: 이 임무는 사흘 전에 리틀보이를 투하한 '에놀라 게이'호보다 더 많은 어려움을 겪었다. 팻맨이라는 폭탄을 운송한 폭격기 '복스카'호는 연료 전달 밸브 이상과 악천후에 부닥쳤다. 연료가 위험 수준에 이르렀고, 구름 때문에 표적지를 보기가 어려워서 명령에 따라 '육안'에 의지해서 공격해야 했다. 폭탄을 투하한 뒤, 승무원들은 예상과 달리 충격을 두 차례가 (한 번은 최초의 폭발로 인한 충격, 또 한 번은 땅에서 반향된 충격) 아니라 세 차례 느꼈다. 비행기 사령관인 찰스 스위니 소령은 예상치 못한 세 번째 충격은 우라카미 계곡 주변의 언덕에 반향된 것일 수 있다고 보고, 표적을 완전히 빗나갔을 가능성을 걱정했다. 하지만 그러지는 않았다. '복스카'호는 버섯 구름을 한 바퀴 돌고 연료가 거의 바닥난 상태로 오키나와에 착륙했다. 기숙사 방에서 운 젊은 여자의 일화는 Atomic Heritage Foundation, http://www.atomicheritage.org/index.php/ahf-updates-mainmenu-153.html에 실려 있다(2012년 8월 28일 기준).

오크리지의 VJ 데이 관련 정보는 저자 인터뷰와 에드 웨스트콧(PC) 사진을 참고했다. 빌 윌콕스의 편지와 일화는 저자 인터뷰와 윌리엄 J. 윌콕스 2세의 개인 문서를 참고했다. 〈오크리지 저널〉 발췌문들은 본문에 인용된 대로이다.

15 새 시대의 삶

여자들의 일화는 모두 저자 인터뷰에 토대했다.

〈오크리지 저널〉은 인용된 대로 발췌했다.

바이 워런의 발언은 Jane Warren Larson, "Mission to Japan," 〈Voices〉(PC)를 참고했다. 스태퍼드 워런의 일본 설명은 스태퍼드 워런 구술사(PC); Jane Warren Larson, "Mission to Japan," 〈Voices〉(PC)를 참고했다.

낸시 팔리 우드 관련 정보는 스태퍼드 워런 구술사(PC); Ana Beatriz Cholo,

"Nancy Farley Wood, 99," 〈Chicago Tribune〉, May 17, 2003를 참고했다.

마사오 쓰즈키 관련 정보는 스태퍼드 워런 구술사; M. Susan Lindee, 《Suffering Made Real: American Science and the Survivors at Hiroshima》 (Chicago, IL: The University of Chicago Press, 1994)를 참고했다.

나카무라와 〈아사히 신문〉 관련 정보는 Robert Karl Manoff, "The media: nuclear secrecy vs. Democracy," 《Bulletin of Atomic Scientists》, January 1984를 참고했다.

버나드 호프먼의 사진은 〈라이프〉, October 15, 1945를 참고했다. 트루먼이 폭탄과 관련해서 비밀 유지를 원한 일에 대한 정보는 "In the Matter of J. Robert Oppenheimer," PBS's 〈American Experience〉, http://www.pbs.org/wgbh/ americanexperience/features/transcript/oppenheimer-transcript/를 참고했다.

윌프레드 버쳇 관련 자세한 내용은 Amy Goodman and David Goodman, "Hiroshima Cover-up: How the War Department's Timesman Won a Pulitzer," 〈CommonDreams〉, August 10, 2004, http://www.commondreams.org/ views04/0810-01.htm (2012년 8월 28일 현재); Greg Mitchell, "66 Years Ago: Wilfred Burchett Arrives in Hiroshima—as a New Era of Nuclear Censorship Begins," 〈The Nation〉, September 2, 2011, http://www.thenation.com/ blog/163115/66-years-ago-wilfred-burchett-arrives-hiroshima—new-era- nuclear-censorship-begins#(2012년 8월 28일 현재); "1945: A Rain of Ruin from the Air," 〈BBC: On this Day, 1950~2005〉, http://news.bbc.co.uk/ onthisday/hi/witness/august/6/newsid-4715000/4715303; Juan Gonzalez, "Atomic Truths Plague Prize Coverup," 〈New York Daily News〉, August 9, 2005 를 참고했다.

스미스 보고서 관련 정보는 저자 인터뷰와 〈오크리지 저널〉의 스미스 보고서 판매 공지를 참고했다.

트루먼과 오펜하이머의 회의와 관련해서는 David McCullough 〈Prome- theus〉 (PC); 《Truman》 (New York: Simon & Schuster, 1992)(PC)을 참고 했다.

에브 케이드 관련 정보는 앞서 인용한 자료들과 데이비드 골드브링이 공병단장을 대신해서 뉴멕시코주 샌타페이의 라이트 랭엄 씨에게 (에브 케이드의 병력과 치아 15개 발송과 관련해서) 보낸 공문(1945년 9월 19일 자), Formerly Declassified Correspondence, 1942-1947; Records of the Atomic Energy Commission, Record Group 326; National Archives at Atlanta; National Archives and Records Administration and ACHRE report(PC)를 참고했다.

리제 마이트너 관련 정보는 사임(PC)을 참고했다. 에밀리오 세그레의 이다 노다크 인용은 Emilio G. Segrè, "The Discovery of Nuclear Fission," 〈피직스 투데이〉, July 1989을 참고했다.

전후 오크리지 통계는 〈A City is Born〉(PC); Y-12 National Security Complex, US Department of Energy; Wilcox-K-25 (PC); "Oak Ridge National Laboratory: The First Fifty Years," 〈Oak Ridge National Laboratory Review〉, produced by UT-Battelle, LLC, for the US Department of Energy를 참고했다.

동위원소 생산 관련 정보는 W. E. Thompson, "Oak Ridge National Laboratory Research and Radioisotope Production," (Oak Ridge, TN: Oak Ridge National Laboratory, January 1952)를 참고했다. 1946년의 원자에너지법 관련 정보는 "Legislative History of the Atomic Energy Act of 1946" (Public Law 585, 79th Congress) US Atomic Energy Commission (Washington, DC: 1965)을 참고했다. 1954년의 추가 수정에 대해서는 "Drawing Back the Curtain of Secrecy: Restricted Data Declassification Policy. 1946 to the Present," Office of Scientific and Technical Information, US Department of Energy, June 1, 1994를 참고했다. 1955년의 원자력공동체법(42 U.S.C. 2301 이하 생략)으로 원자력위원회가 소유한 공동체들의 정부 소유와 관리가 끝났다. 원자력위원회 관련 추가 정보는 〈A City is Born〉, 《City Behind a Fence, ORNL: First 50 Years》; Alice L. Buck, "A History of the Atomic Energy Commission" (Washington, DC: U.S. Department of Energy, July 1983)을 참고했다.

1949년 3월의 엘자 게이트 개방 관련 정보는 〈History of AEC〉, 〈A City is Born〉, 《City Behind a Fence》(PC)를 참고했다. 오크리지에 대한 니컬스의 발언은 K. D. Nichols, "My Work in Oak Ridge," 〈Voices〉(PC)를 참고했다.

흑인 가족 주택을 포함한 신규 주택 건설 관련 정보는 《City Behind a Fence》

를 참고했다. 전후 흑인 학생들의 교육 환경과 관련한 정보는 Bob Fowler, "Before Clinton of Little Rock, Oak Ridge integration made history," 〈Knoxville News Sentinel〉, February 16, 2009; D. Ray Smith, "Education in Oak Ridge—Pre-Oak Ridge and Early Oak Ridge Schools, Part 2," 〈Oak Ridger〉, November 21, 2006; D. Ray Smith, "A 1950s' letter & the integration of area schools," 〈Oak Ridger〉, January 21, 2011; Steele, "A New Hope," 〈Voices〉(PC)를 참고했다.

클린턴 고등학교의 인종 통합 관련 정보는 Green McAdoo Cultural Center, Clinton, TN ; "See it Now: Clinton and the Law," narrated and produced by Edward R. Murrow and Fred Friendly, CBS Television, 1957을 참고했다.

오크리지 자치단체 구성과 권력 이양에 대한 투표는 Robinson, "Oak Ridge Story"; John Bird, "The Atom Town Wants to Be Free," 〈새터데이 이브닝 포스트〉, vol. 231, March 21, 1959을 참고했다.

잡지 인용은 제인 퍼킷의 개인 문서를 참고했다.

우라늄 광산업 정보는 Francie Diep, "Abandoned Uranium Mines: An 'Overwhelming Problem' in the Navajo Nation," 〈Scientific American〉, December 30, 2010; Margaret S. Bearnson, "Moab," 《Utah History Encyclopedia》(University of Utah Press, 1994)를 참고했다.

데이비드 그린글라스와 로젠버그 부부 관련 정보는 "The Atom Spy Case"와 로버츠(PC)를 참고했다. 조지 코발 관련 정보는 Michael Walsh, "George Koval: Atomic Spy Unmasked," 〈Smithsonian Magazine〉, May 2009을 참고했다.

아토믹 칵테일 관련 정보는 보이어(PC)를 참고했다. "Duck and Cover," in public domain, by Archer Productions, Inc., 1950. "Our friend the Atom," Walt Disney Productions, 1957. 아이젠하워의 1953년 11월 대국민 연설은 Dwight D. Eisenhower Presidential Library & Museum을 참고했다.

ORACLE이 세계에서 가장 앞선 컴퓨터라는 내용은 〈Voices〉 p.361(PC)를 참고했다. 케네디 암살 관련 정보는 ORNL: 《The First 50 Years》(PC)를 참고했다. 기세츠 야마다 정보는 저자 인터뷰와 콜린 블랙의 서신을 참고했다. 국제 우정의 종 관련 정보는 저자의 방문과 인터뷰; Ray Smith, "2008 Historically Speaking International Friendship Bell"; Robert Brooks's law suit for peace bell from UNITED STATES COURT OF APPEALS FOR THE SIXTH CIRCUIT 222 F.3d 259: Robert Brooks, Plaintiff-appellant, v. City of Oak Ridge, Defendant-appellee, Argued: March 16, 2000, Decided and Filed: July 21, 2000; D. Ray Smith, "Oak Ridge International Friendship Bell—Part 1 of casting ceremony," 〈Oak Ridger〉, July 8, 2008을 참고했다.

에필로그

'에놀라 게이'호 전시 논란 관련 정보는 Michael J. Hogan(ed.), "From The Enola Gay Controversy: History, Memory, and the Politics of Presentation," 《Hiroshima in History and Memory》(Cambridge: Cambridge University Press, 1996)를 참고했다.

맨해튼계획 국립공원 관련 정보는 저자 인터뷰와 "Manhattan Project National Historical Park Act," Atomic Heritage Foundation, June 21, 2012를 참고했다.

맨해튼 국립공원 제안 관련 정보는 원자유산재단 http://atomicheritage. org/index.php/component/content/article/40-preservation-tab-/518-doi-transmits-recommendations.html(2012년 8월 28일 기준)을 참고했다.

K-25 보존 관련 세부 내용은 John Huotari, "Community celebrates K-25 historic preservation agreement," 〈Oak Ridge Today〉, Aug. 10, 2012를 참고했다.

저자 인터뷰 명단

인터뷰는 2009년에서 2012년 사이에 수행했다. 이 명단이 모든 사람을 포함하고 있지는 않다. 여러 차례 인터뷰를 하다 보니 자연스럽게 주제와 관련이 없는 대화도 많이 생겨났는데, 거기에서도 많은 정보를 얻었다.

실리아 클렘스키, 콜린 블랙, 도로시 윌킨슨, 헬렌 브라운, 버지니아 콜먼, 토니 슈미트, 제인 퍼킷, 캐티 스트릭랜드, 로즈메리 레인, 헬렌 저니건, 로즈메리 워너거, 마티 롬, 일레인 뷰커, 로이스 맬릿, 베티와 할란 화이트헤드, 도로시 스푼, 마사 니컬스, 앤 볼커, 헬렌 슈엔, 아디스와 조지 라이크센링, 지니 윌콕스, 얼라인 배닉, 캐롤린 스텔즈먼, 매지 뉴턴, 디 롱겐도퍼, 릴리안 존스 로스, 헬렌과 레드 린치, 보비 마틴, 루이스 워커, 리안 러셀, 조앤 게일라, 조지아 마리 클로어 베일리, 루이즈 웜리, 미라 키멜먼, D. 레이 스미스, 윌리엄 J. 윌콕스 2세, 윌리엄 튜스, 스티븐 스토, 존 레인, 폴 윌킨슨, 코니 볼링, 발레리아 스틸 로버슨, 캐시 슈미트 고메스, 내닛 비소닛, 마틴 맥브라이드, 앤 맥브라이드, 로즈 위버, 에드 웨스트콧(D. 레이 스미스, 돈 허니컷과 함께), 짐 램지, 프레드 스트롤.

바이 워런의 〈오크리지 저널〉 칼럼은 본문에 인용한 대로 실려 있다.

찾아보기

✦

독일　13, 42~43, 62, 98, 103, 127, 129,
　　141, 190, 235~236, 298, 339~343,
　　356, 360, 366, 377, 379, 385,
　　390~391, 431, 435, 447
듀폰DuPont사　87, 92, 386, 415
드미트리 멘델레예프Mendeleev, Dmitrii
　　64
드와이트 D. 아이젠하워Dwight D. Eisen-
　　hower, 367, 439, 442
드와이트 클라크Dwight Clark　333

ㄹ

라 사피엔자La Sapienza 대학　63
라슨Larson 박사　309, 369
라우라 페르미Laura Fermi　102, 123,
　　127~129
라이트 랭엄Wright Langham　319, 433
〈라이프LIFE〉(잡지)　224, 431
러시아 ⇒ 소련 항목 참조
레늄　64, 238
레드 에번스Redd Evans　59
레슬리 그로브스("장군")　13, 40~41, 43,
　　94, 135, 161, 166~168, 235, 264,
　　267, 278, 290, 292, 296, 334~335,
　　338, 340, 343, 344, 347~348,
　　351~352, 354, 356, 358, 361,
　　363~364, 367, 375~377, 385, 405,
　　426, 429~430, 432, 435
레오 실라르드Leo Szilard　103, 266, 344,
　　364
레이 스미스Ray Smith　461, 477
로버트 P. 패터슨Robert P. Patterson　138,
　　343, 403
로버트 브룩스Robert Brooks　453

로버트 오펜하이머Robert Oppenheimer(책
　　임 과학자)　13, 40, 167, 169, 267,
　　273, 313, 340, 352, 353, 365, 385,
　　386, 431, 432, 433, 442, 458
로스앨러모스Los Alamo(뉴멕시코주, 사이트
　　Y)　13~15, 43, 129, 158~159, 167,
　　169, 171, 204, 266, 268, 312~313,
　　319, 333, 349, 376, 433, 461, 465
로언가　139, 141, 324, 326, 417
로즈메리 마이어스Rosemary Maiers(레인)
　　12, 91, 374
론-앤더슨Roane-Anderson사　144, 211~
212, 217, 227~228
론-앤더슨사의 유색인 노동자회　149
루 파커Lew Parker　91, 415
루이스빌 & 내슈빌Louisville & Nash-
　　ville(L&N) 철도　49, 194
리거스 브라더스Regas Brothers 카페　36,
　　92
리벳공 로지Rosie the Riveter　59, 60, 89
〈리벳공 로지〉(노래)　59
리제 마이트너Lise Meitner　13, 97, 99,
　　104, 129, 340, 349, 366, 390, 392,
　　434, 435, 436
리츠Ritz 클럽　224
립스틱　75, 216, 401, 421

ㅁ

마거릿 미드Margaret Mead　451
마를렌 디트리히Marlene Dietrich　199
마리아나Mariana제도　343, 365, 375
마틴 O. 하윗Martin O. Harwit　461
만국박람회　51, 180
말린크로트Mallinckrodt　158

아토믹 걸스

아토믹 걸스

아토믹 걸스

1판 1쇄 찍음 2019년 3월 25일
1판 1쇄 펴냄 2019년 3월 28일

지은이 드니즈 키어넌
옮긴이 고정아
펴낸이 안지미
편집 김진형 박승기
디자인 안지미 이은주
패턴 그래픽 아트 채병록
제작처 공간

펴낸곳 (주)알마
출판등록 2006년 6월 22일 제2013-000266호
주소 03990 서울시 마포구 연남로 1길 8, 4~5층
전화 02.324.3800 판매 02.324.7863 편집
전송 02.324.1144

전자우편 alma@almabook.com
페이스북 /almabooks
트위터 @alma_books
인스타그램 @alma_books

ISBN 979-11-5992-250-3 03400

이 도서의 국립중앙도서관 출판예정도서목록CIP은 서지정보유통지원시스템 홈페이지
http://seoji.nl.go.kr와 국가자료공동목록시스템 http://www.nl.go.kr/kolisnet에서
이용하실 수 있습니다. CIP제어번호: 2019010945

알마는 아이쿱생협과 더불어 협동조합의 가치를 실천하는 출판사입니다.

종이 자켓_팬시크라프트 110g/㎡ 표지_두성 비비칼라 185g/㎡ 본문_전주 그린라이트 70g/㎡
이 책은 아리따 글꼴을 사용하여 디자인하였습니다.